Vorwort zur ersten Auflage.

Mit diesem Bande gelangt das ganze Werk, das vor drei Jahren mit der Veröffentlichung des dritten Bandes begonnen wurde, zum Abschlusse. Über die Beweggründe, durch die ich mich bei der Auswahl des Stoffes und bei der Darstellungsweise leiten ließ, habe ich mich in den Vorreden zu den früher erschienenen Bänden schon so ausführlich ausgesprochen, daß mir jetzt nicht mehr viel hinzuzufügen bleibt.

Man darf bei der Beurteilung des Werkes nach dieser Richtung hin nicht vergessen, daß es sich um Vorlesungen über technische Mechanik handelt, die nur in etwas erweiterter Form veröffentlicht wurden. Weitergehende Ausführungen, die zur Theorie der Brücken, zur Statik der Baukonstruktionen überhaupt, zur theoretischen Maschinenlehre usf. gehören, darf man in Vorlesungen, die für Studierende der ersten vier Semester gehalten werden, nicht erwarten. Der Vortrag über Mechanik hat nach dieser Richtung hin nur die Grundlage zu bieten, auf der in den einzelnen Fachvorlesungen weitergebaut werden kann. Andererseits muß freilich Wert darauf gelegt werden, daß nicht alles nur auf den unmittelbaren praktischen Gebrauch zugeschnitten wird, sondern daß auch solche Untersuchungen zu ihrem Rechte gelangen, auf die man bei den Anwendungen zwar nur ausnahmsweise stößt, die aber zum genaueren Verständnisse der üblichen Methoden wesentlich beitragen.

Bei der Verteilung des Stoffes auf die einzelnen Bände haben übrigens neben anderen auch manche Erwägungen beigetragen, die in dem besonderen Unterrichtsbetriebe an der hiesigen Hochschule begründet sind. So ist z. B. zu beachten, daß die in diesem Bande behandelte Vorlesung über graphische Statik in demselben Semester mit der Vorlesung über Festigkeitslehre abgehalten wird, und daß beide im wesentlichen von denselben Hörern besucht werden, abgesehen von den Studierenden der Architektur, die nur die graphische Statik hören. Hieraus erklären sich manche Hinweise in diesem Bande auf die Lehren des dritten Bandes. Auch für das Privatstudium empfiehlt es sich daher, diese beiden Bände gleichzeitig nebeneinander zu gebrauchen.

Bei der Ausarbeitung und der Herstellung dieses Bandes hat mich Herr Ingenieur Julius Schenk, z. Z. Assistent für technische Mechanik an unserer Hochschule, wesentlich unterstützt.

1*

Er hat nicht nur die dazugehörigen Figuren gezeichnet und die Korrekturabzüge durchgesehen, sondern mir auch manche Aufgaben vorgeschlagen, die ich hier aufgenommen habe. Für seine eifrige und nützliche Beihilfe spreche ich ihm auch an dieser Stelle meinen besten Dank aus. Auch der Verlagshandlung bin ich für die treffliche Ausführung des Druckes zu großem Danke verbunden.

Möge auch diesem Bande eine ebenso wohlwollende Aufnahme beschieden sein, wie sie den anderen zuteil wurde.

München, im Juli 1900.   A. Föppl.

Aus dem Vorwort zur dritten Auflage.

Als sich wenige Jahre nach dem Erscheinen der ersten eine zweite Auflage dieses Bandes nötig machte, schlug ich der Verlagshandlung vor, die Höhe der Auflage so groß zu bemessen, daß der Bedarf voraussichtlich für eine längere Zeit gedeckt sein würde. Ich ließ mich dabei von der Voraussetzung leiten, daß größere Fortschritte in der graphischen Statik, die eine Besprechung in diesem Lehrbuche finden müßten, einstweilen kaum zu erwarten seien. Darin habe ich mich auch nicht getäuscht. Obschon der Absatz der stark vergrößerten zweiten Auflage nahezu neun Jahre beansprucht hat, habe ich mich jetzt bei der Bearbeitung der dritten Auflage zu durchgreifenden Änderungen kaum veranlaßt gesehen.

Die wichtigste Änderung der Neuauflage besteht in der Zufügung von 14 neuen Aufgaben mit vollständig durchgeführten Lösungen. Ich habe die Übungsaufgaben stets zu den wichtigsten Bestandteilen meines Lehrbuchs gerechnet und bin daher geneigt, in der Vermehrung des Übungsstoffes eine wesentliche Verbesserung zu erblicken.

München, im August 1911.   A. Föppl.

Vorwort zur siebenten Auflage.

Am 12. August 1924 ist August Föppl im 71. Lebensjahre plötzlich verschieden. Die Vorlesungen über „Technische Mechanik" haben damit ihren Schöpfer verloren. Letztwillig hat er bestimmt, daß seine beiden Söhne und Schwiegersöhne, die alle vier seine Schüler waren und mehr oder weniger auch alle wissenschaftlich in seine Fußstapfen getreten sind, die weiteren Neu-

auflagen seines Werkes übernehmen sollen. Von vornherein war
mir klar, daß namentlich an den vier ersten Bänden des Werkes,
die für sich ein geschlossenes Ganzes bilden, der einzelne Bear-
beiter nur mit äußerster Vorsicht größere Änderungen vornehmen
kann, ohne gegen den einheitlichen Geist, der dem ganzen Werke
zugrunde liegt, zu verstoßen. Dazu kam eine begreifliche Scheu,
das Werk des verehrten Vaters und Meisters, das an jeder einzelnen Stelle seine charakteristische, nach Form und Inhalt vorbild-
liche Darstellungsweise atmet, abzuändern, wenn nicht eine
zwingende Notwendigkeit vorliegt. Es ist zwar seit W. S. 1924/25
an der Münchner Hochschule eine für den Unterricht in der
Technischen Mechanik sehr einschneidende Änderung eingetreten,
indem die Zahl der Vorlesungen über Technische Mechanik bis
zum Vorexamen von 4 auf 3 vermindert und außerdem die „Einführung in die Mechanik" vom 2. Semester ins 1. Semester
vorgeschoben worden ist, so daß die Einteilung, die dem vorliegenden Werk in seinen ersten vier Bänden zugrunde liegt,
sich nicht mehr wie früher dem Stoff der Vorlesungen über
Technische Mechanik an der Münchner Hochschule anpaßt. Da
aber einerseits eine Anpassung des Werkes an die neue Stoffein-
teilung in München eine vollständige Umgruppierung und tief-
greifende Änderung in der Auswahl des Stoffes mit sich gebracht
hätte, wodurch nur zu leicht das ganze Werk sein charakteristi-
sches Gepräge hätte verlieren können, und da andererseits die
„Vorlesungen über Technische Mechanik" Gemeingut der Studierenden aller deutschen Technischen Hochschulen geworden sind,
so konnte dieser Umstand nicht den Ausschlag für eine Umar-
beitung des ganzen Werkes geben.

Aus den angeführten Gründen habe ich in der vorliegenden
Auflage gegenüber der vorhergehenden keine wesentlichen Änderungen vorgenommen. Es sind wohl einige Abbildungen neu
gezeichnet und einige offenkundige Druckfehler beseitigt worden.
Im übrigen ist aber alles beibehalten worden, abgesehen von
S. 12, wo ein neuer Beweis für den vorhergehenden geometrischen
Satz angegeben worden ist, da mir der alte, den ich stehen gelassen habe, wegen der Vorkenntnisse aus projektiver Geometrie,
die er erfordert, für den Ingenieur nicht so geeignet schien, wie
der einfache, neu hinzugefügte, der unmittelbar aus der Raum-
anschauung hervorgeht. Das gleiche gilt von einem entsprechenden geometrischen Satz auf S. 193, für den der einfachere Beweis
gleichfalls neu hinzugefügt worden ist.

München, den 12. Januar 1926.   **Ludwig Föppl.**

Vorwort zur neunten Auflage.

Der Absatz des vorliegenden Buches hat sich seit Übergang in den Verlag Oldenbourg so stark gehoben, daß der im Jahre 1939 erschienenen 8. Auflage schon heute eine Neuauflage folgen muß.

In die vorliegende Auflage habe ich zwei neue Absätze § 20 a und 20 b aufgenommen, in denen die graphische Berechnung der Eigenschwingungszahlen von Dreh- und Biegeschwingungsanordnungen behandelt worden ist. Da der Neudruck der Auflage mit Rücksicht auf Kostenersparnis ohne Neusatz durchgeführt werden sollte, war es nötig, die beiden neuen Paragraphen am Ende des Buches anzufügen, so daß die nachfolgenden Abschnitte durch die Einschaltung nicht berührt worden sind. Die neuen Gleichungen und die neuen Abbildungen sind durch Beifügen von Buchstaben gekennzeichnet worden, so daß die Einschiebung auch nach dieser Richtung hin auf die nachfolgenden Abschnitte keinen Einfluß gehabt hat.

Die Berechnung der Eigenschwingungszahlen der Drehschwingungen und Biegeschwingungen von Wellen ist für den praktischen Maschinenbau so wichtig, daß diese Berechnungen nach der Reichsstudienordnung für die Studierenden des Maschinenbaufaches an allen deutschen Hochschulen in einem pflichtmäßigen Unterrichtsfach behandelt werden sollen. Sowohl die Drehschwingungsberechnung als auch die Biegeschwingungsberechnung lassen sich aber auf graphische Weise besonders einfach durchführen, so daß die Aufnahme dieser Berechnung in ein Buch über graphische Statik berechtigt erscheint. Der Nachdruck im Titel des Buches muß dabei auf das erste Wort gelegt werden. Wenn man die bei Schwingungen auftretenden dynamischen Kräfte durch Zusatzkräfte ersetzt, dann liegt eine rein statische Rechenaufgabe vor, die nach den Lehren der graphischen Statik gelöst werden kann. Die Berechnungen selbst sind auf die Eigenschwingungszahlen 1. Grades beschränkt worden, da es für eine Einführungsvorlesung genügt, den Rechnungsgang an einem einfachen Beispiel zu erläutern.

Der übrige Teil des Buches hat keine Veränderungen gegenüber der 7. Auflage erfahren.

Braunschweig, im Januar 1942.

Otto Föppl.

Inhaltsübersicht.

Seite

Erster Abschnitt. Zusammensetzung und Zerlegung der
Kräfte am materiellen Punkte und in der Ebene . . 1—55

§ 1. *Zeichnung und Rechnung in der Statik* 1
　Genauigkeit, Zeichenfehler 3
　Zusammensetzen von Kräften an einem Punkte . . . 4
§ 2. *Zerlegung einer Kraft nach gegebenen Richtungslinien* . 5
　Bockgerüst, Zerlegung nach Culmann 8
　Zerlegung nach Müller-Breslau 10
　Geometrischer Satz über veränderliche *n*-Ecke 11
　Analytische Lösung 13
　Ausnahmefälle 13
§ 3. *Kräftepläne für einfache Dachbinder* 15
　Zweckmäßigste Anordnung des Kräfteplanes 20
§ 4. *Die reziproken Kräftepläne* 21
　Geometrische Beziehungen zwischen Kräfteplan und
　　Bindergestalt 21
　Aufeinanderfolge der äußeren Kräfte 23
§ 5. *Herstellung des reziproken Kräfteplanes nach dem Ver-*
　　fahren von Bow 26
§ 6. *Die Aufeinanderfolge der Pfeile an einer Ecke des rezi-*
　　proken Kräfteplanes 30
§ 7. *Zusammensetzen von Kräften in der Ebene* 35
§ 8. *Zerlegen von Kräften in der Ebene* 37
　Culmannsches Verfahren 37
　Momentenmethode 38
§ 9. *Anwendung des Momentenverfahrens auf die Berechnung*
　　von Fachwerkträgern 39
　Wiegmannbinder 40
　Andere Lösung der Aufgabe, mit Hilfe des Satzes über
　　die Eigenschaften veränderlicher Vielecke 44
　Brückenträger 45

Aufgaben 1—10 45
　Kräfteplan für Winddruckbelastung (Aufg. 3 und 4) . 48
　Krangerüst (Aufg. 6) 51
　Derrickkran (Aufg. 9) 54
　Räumliches Stabgerüst (Aufg. 10) 56

Seite

Zweiter Abschnitt. Das Seileck . . . . 58—112

§ 10. *Zusammensetzung von Kräften in der Ebene mit Hilfe des Seileckes.* 58

Satz über vollständige Vierecke 59

§ 11. *Seilecke zu verschiedenen Polen* 60

§ 12. *Zerlegung von Kräften nach parallelen Richtungslinien* 62

Auflagerkräfte von Balken 64

Schlußlinie des Seilecks 65

§ 13. *Die Seilkurven* 66

Belastungslinie und Belastungsfläche 66

Konstruktion der Seilkurve 67

§ 14. *Differentialgleichung der Seilkurve* 68

Parabel als Seilkurve 70

Näherungsformel für die Bogenlänge der Parabel. . 72

§ 15. *Die Kettenlinie* 73

Hyperbelfunktionen 75

§ 16. *Die Momentenfläche* 77

Gruppen fest miteinander verbundener Lasten . . . 80

Maximalmomentenfläche 80

§ 17. *Besondere Fälle der Momentenfläche.* 81

Mittelbare Belastung. 81

Gerbersche Kragträger 84

§ 18. *Die graphische Ermittlung von Trägheitsmomenten* . 86

Verfahren von Mohr 87

Verfahren von Nehls. 89

§ 19. *Die elastische Linie als Seilkurve* 91

Das zweite Seileck 92

Verzerrung der elastischen Linie 94

Beispiel 95

Veränderliche Trägheitsmomente 97

Zerlegung in Komponenten bei Lasten, die in verschiedenen Ebenen liegen 99

§ 20. *Ermittlung von Flächeninhalten mit Hilfe des Seileckes.* 99

Aufgaben 11—20 und 20a 101

Träger mit schiefer Auflagerung (Aufg. 11) 101

Lokomotive (Aufg. 12) 103

Telegraphendraht (Berücksichtigung der Temperaturänderung, Aufg. 14) 104

Drahtseil, Kettenlinie (Aufg. 15) 105

Gerberscher Kragträger über drei Öffnungen (Aufg. 18) 110

Maximalmomentenfläche (Aufg 19) 111

Telegraphendraht mit Schneebelastung (Aufg. 20a) . 112

Dritter Abschnitt. Die Kräfte im Raume . . . . 113—166

§ 21. *Zurückführung auf ein Kraftkreuz* 113

§ 22. *Zusammensetzung von Kräftepaaren* 116

Momentenvektor als freier Vektor 120

Geometrische Summierung der Momentenvektoren . 124

Seite

§ 23. *Gleichwertigkeit von Kraftkreuzen* 124
 Punkt vorgeschrieben für eine Kraft 126
 Ebene vorgeschrieben für eine Kraft 127
 Wirkungslinie der einen Kraft vorgeschrieben . . . 128
 Nullinie 129
 Nullpunkt und Nullebene 130
§ 24. *Das Nullsystem* 130
 Konjugierte Geraden 131
 Achsenrichtung 131
 Konjugierte Geraden in Achsenrichtung projiziert . 131
 Zusammenhang des Nullsystems mit der Theorie der
  reziproken Kräftepläne 132
§ 25. *Die praktische Ausführung der Kräftezusammen-*
 setzung 132
§ 26. *Drei oder vier windschiefe Kräfte* 133
 Hyperboloidische Lage der Richtungslinien 136
§ 27. *Das Kraftkreuztetraeder* 136
 Bedeutung des Tetraederinhaltes 137
§ 28. *Die Zentralachse einer Kraftgruppe* 138
§ 29. *Die Koordinaten einer Kraftgruppe nach der ana-*
 lytischen Darstellung 140
§ 30. *Zerlegung einer Kraft nach sechs gegebenen Richtungs-*
 linien 142
 Ausnahmefall 143
 Lösung nach der Momentenmethode 146
 Bedingung für den Ausnahmefall 147
§ 31. *Praktische Anwendungen dieser Zerlegungsaufgabe* . 147
 Tisch mit sechs Beinen 149
 Momentengleichungen für unendlich ferne Achsen . 151
 Aufgaben 21—28 152
 Biegungsmomente für die Schwungradwelle einer
  Dampfmaschine (Aufg. 23) 156
 Beispiel für Tisch mit sechs Beinen (Aufg. 26) . . . 162
 Weitere Beispiele für die Zerlegung nach 6 Richtungs-
  linien (Aufg. 27 und 28) 163
Vierter Abschnitt. Das ebene Fachwerk . . . . 167—234
§ 32. *Die Zahl der notwendigen Stäbe* 167
 Überzählige Stäbe 168
 Ausnahmefall 169
 Stabvertauschung 170
§ 33. *Die Stabspannungen* 170
 Einfache Fachwerke 171
 Statisch unbestimmte Fachwerke 171
 Analytische Berechnung der Stabspannungen 172
 Ausnahmefall 175
§ 34. *Die Grundfigur* 176

Seite

§ 35. *Die Bildungsweisen des Fachwerkes*   180
   Scheiben   180
   Gedachte oder imaginäre Gelenke   181
   Zurückführung jeder Grundfigur durch Stabvertau-
   schungen auf ein einfaches Fachwerk   184
§ 36. *Die Methode von Henneberg*   185
   Ersatzstäbe   186
   Zwei Stabvertauschungen   189
§ 37. *Die Berechnung der sechseckigen Grundfigur mit Hilfe
   der imaginären Gelenke*   189
   Ausnahmefall   195
   Pascalsche Sechsecke   196
§ 38. *Die kinematische Methode*   198
   Senkrechte Geschwindigkeiten   199
   Deutung des Ausnahmefalles   201
   Ersatz der Arbeiten durch statische Momente . . .   203
§ 39. *Analytische Untersuchung des Ausnahmefalles* . . .   204
   Eliminationsdeterminante $\varDelta$ 207
   Lehrsatz   209
§ 40. *Die Fachwerkträger*   210
   Auflagerbedingungen   210
   Träger mit drei einzelnen Auflagerbedingungen . .   211
   Beispiele für statisch bestimmte Träger mit vier oder
   mehr Auflagerbedingungen   212
   Versteifte Hängebrücken   213
§ 41. *Der Dreigelenkbogen*   215
   Einflußlinie   217
   Seileck durch drei vorgeschriebene Punkte   217
Aufgaben 29—37   219
   Kragträger im Ausnahmefall (Aufg. 31)   221
   Dachbinder mit sechseckiger Grundfigur (Aufg. 34) .   225
   Traggerüst mit Grundfigur, nach dem Henneberg-
   schen Verfahren berechnet (Aufg. 35)   228
   Träger mit Mittelgelenk und 4 Stützen (Aufg. 36) .   231
   Träger mit imaginärem Auflagergelenk (Aufg. 37) .   233
Fünfter Abschnitt. Das Fachwerk im Raume . . . . .   235—292
§ 42. *Notwendige Stäbe und Auflagerbedingungen*   235
   Starre Körper als Fachwerkelemente   238
   Ersatz der Auflagerbedingungen durch Stäbe . . .   239
§ 43. *Das Flechtwerk*   241
   Satz von Euler   242
   Lehrsatz über das Flechtwerk   243
   Flechtwerkträger   245
§ 44. *Die Schwedlersche Kuppel*   246
   Berechnung für symmetrische Belastung   247
   Gegendiagonalen   249
   Montierungsspannungen   251

Seite

Einzellast, spannungslose Stäbe 252
Praktische Brauchbarkeit der Theorie 255
§ 45. *Die Netzwerkkuppel* 257
Ausnahmefall 259
Endliche Verschieblichkeit der quadratischen Netz-
werkkuppel 261
Berechnung der Stabspannungen für eine Einzellast 263
§ 46. *Das Tonnenflechtwerkdach* 266
Löhlesche Tonnenflechtwerkdächer 269
§ 47. *Flechtwerkträger eines Krangerüstes* 270
§ 48. *Anwendung des Stabvertauschungsverfahrens auf die
Berechnung räumlicher Fachwerke* 277
Zimmermannsche Kuppel 278
Aufgaben 38—39 288
Leipziger Kuppel (Aufg. 38) 288
Beispiel für eine Schwedlersche Kuppel (Aufg. 39) . 290
Sechster Abschnitt. Die elastische Formänderung des
Fachwerks und das statisch unbestimmte Fach-
werk . . . . 293—357
§ 49. *Methode von Maxwell und Mohr* 293
§ 50. *Der Maxwellsche Satz von der Gegenseitigkeit der
Verschiebungen* 298
§ 51. *Der Verschiebungsplan* 300
Durchführung eines Beispieles 304
Zurückdrehen 307
Konstruktion von der Mitte her 309
Verbindung des Verschiebungsplanes mit der Träger-
zeichnung 310
§ 52. *Die Stabspannungen im einfach statisch unbestimmten
Träger* 311
Hauptnetz 312
Formel für die Spannung im überzähligen Stabe . . 315
Auflagerbedingung als überzählig angesehen 315
§ 53. *Träger mit zwei oder mehr überzähligen Stäben* . . . 316
§ 54. *Die Temperaturspannungen* 319
§ 55. *Einflußlinien für die statisch unbestimmten Größen* . 323
§ 56. *Die Ausnahmefachwerke als statisch unbestimmte Kon-
struktionen* 332
§ 57. *Die Ausnahmefachwerke bei beliebiger Belastung* . . 334
Stabgerüst als Beispiel 335
Hinweis auf die allgemeine Lösung 340
Aufgaben 40—50 341
Verschiebungsplan für Kragträger (Aufg. 41) 342
Einfaches Beispiel für einen Fachwerkbogen (Aufg. 45) 348
Beispiel für Berechnung der Temperaturspannungen
(Aufg. 46) 351
Bockgerüst, elastische Formänderung (Aufg. 47) . . 352

Seite

Dreiseitige Netzwerkkuppel mit elastischer Formänderung (Aufg. 48)   353
Räumliche statisch unbestimmte Fachwerke (Aufg. 49
und 50).   355

Siebenter Abschnitt. Theorie der Gewölbe und der
durchlaufenden Träger . . . . 358—401
§ 58. *Gleichgewichtsbedingungen für das Tonnengewölbe* . .   358
Belastungslinie   359
Gewölbe dreifach statisch unbestimmt.   360
§ 59. *Die Einsturzmöglichkeiten*   361
Gleiten   361
Bruchfugen   362
Größte Kantenpressung   363
§ 60. *Stützlinie und Drucklinie.*   364
Lotrechte Fugenschnitte   365
Gewölbe mit Gelenken.   367
§ 61. *Schiefe Projektion des Gewölbequerschnittes mit ein-
gezeichneter Stützlinie*   367
§ 62. *Ältere Ansichten über die wirklich auftretende Stütz-
linie*   368
Prinzip des kleinsten Widerstandes   369
Theorie der günstigsten Drucklinie   370
§ 63. *Die Elastizitätstheorie des Tonnengewölbes*   370
Satz von Winkler   373
§ 64. *Vereinfachte Berechnung der Gewölbe*   375
§ 65. *Die Kuppelgewölbe.*   376
Minimum der Formänderungsarbeit   377
Eisenringe   378
Behandlung eines Beispieles   379
§ 66. *Die graphische Berechnung der durchlaufenden Träger*   382
Träger über zwei Öffnungen   382
Träger über drei oder mehr Öffnungen   387
§ 67. *Gleichung von Clapeyron*   390
Gleichung der drei Momente   393
Gleichungen für die Enden, wenn diese eingespannt
sind   394
Aufgaben 51—54   394
Standsicherheit eines Pfeilers (Aufg. 53)   397
Nachtrag . . . . 401—408
§ 20a. *Berechnung der Eigenschwingungszahl 1. Grades eines
gespannten Seils mit aufgesetzten Lasten* . . .   401
§ 20b. *Berechnung der Biegeschwingungszahl 1. Grades eines
Balkens mit aufgesetzten Massen*   404

Sachverzeichnis . . . . 409—411

Erster Abschnitt.

Zusammensetzung und Zerlegung der Kräfte am materiellen Punkte und in der Ebene.

§ 1. Zeichnung und Rechnung in der Statik.

Die Kräfte sind gerichtete Größen. Um eine anschauliche Vorstellung von ihnen zu gewinnen, stellt man sie in einer Zeichnung durch Strecken dar. Wenn dies geschieht, gehen die Beziehungen, die zwischen den Kräften bestehen, in Beziehungen zwischen den Strecken über, durch die sie abgebildet werden: also in geometrische Beziehungen, die sich mit Hilfe der Zeichnung oder überhaupt auf geometrischem Wege am einfachsten weiter verfolgen lassen. Man kann daher sagen, daß die geometrische Betrachtungsweise der Art des Gegenstandes, den man in der Statik zu behandeln hat, von vornherein sehr gut angepaßt ist.

Aber darum ist man an diese Betrachtungsweise noch keineswegs gebunden. Zunächst ist aus der analytischen Geometrie bekannt, wie man Beziehungen zwischen Vektoren auch auf rechnerischem Wege verfolgen kann, indem man nämlich die Vektoren in ihre Komponenten nach den Achsenrichtungen eines Koordinatensystems zerlegt und mit den Komponenten rechnet. Davon kann man auch in der Statik Gebrauch machen. Hierzu kommt aber noch, daß sowohl der Momentensatz als das Prinzip der virtuellen Geschwindigkeiten, die wir schon im I. Teile dieser Vorlesungen als Gleichgewichtsbedingungen zwischen den an einem Körper angreifenden Kräften kennengelernt haben, eine bequeme Handhabe zur Untersuchung des Gleichgewichts auf rechnerischem Wege abgeben.

Das zeichnerische Verfahren ist daher dem rechnerischen keineswegs in allen Fällen überlegen. Es kommt vielmehr auf den besonderen Gegenstand der Untersuchung an, welchem von beiden der Vorzug zu geben ist.

Solange die Beschäftigung mit der Statik auf die Kreise der Mathematiker und Physiker beschränkt blieb, wurde meist das rechnerische Verfahren bevorzugt oder gar ausschließlich angewandt. Erst als die Techniker anfingen, von den Lehren der Statik zu ihren praktischen Zwecken einen viel weiter ausgedehnten Gebrauch zu machen, kam das graphische Verfahren, das vorher lange Zeit hindurch fast ganz vernachlässigt war, allmählich mehr in Aufnahme. Namentlich war es Culmann, der durch sein 1864 erschienenes bahnbrechendes Werk „Die graphische Statik" das zeichnerische Verfahren zur allgemeinen Anerkennung und Einführung brachte.

Heute wendet man ohne besondere Bevorzugung des einen oder des anderen Verfahrens bald die Zeichnung, bald die Rechnung an, je nachdem sich diese oder jene im Einzelfalle besser eignet. Hierdurch ist die Bezeichnung „graphische Statik" ihres ursprünglichen Sinnes mehr oder weniger entkleidet worden. Die Techniker verstehen darunter gewöhnlich die Statik der Tragkonstruktionen überhaupt, ohne jene Teile, die besser auf dem Wege der Rechnung behandelt werden, davon auszuschließen. Abgesehen von manchen allgemeiner gehaltenen Untersuchungen, die in der graphischen Statik am besten ihren Platz finden, habe ich mich auch selbst in meinen Vorlesungen diesem Gebrauche angeschlossen. Die ihrem ursprünglichen Sinne nach nicht völlig zutreffende, mit dem heutigen Sprachgebrauche jedoch ganz gut in Übereinstimmung stehende Bezeichnung dieses Bandes erklärt sich hiernach aus dem historisch Gewordenen.

Im allgemeinen kann man sagen, daß sich die zeichnerische Behandlung vorwiegend für die Untersuchung eines bestimmt gegebenen Einzelfalles eignet. Für die Ableitung allgemeingültiger Sätze ist dagegen die Rechnung gewöhnlich im Vorteile, — obschon es in beiden Fällen nicht an Ausnahmen fehlt. Wer einen Entwurf ausarbeitet und dabei eine Gleichgewichts-

untersuchung vorzunehmen hat, sieht sich aber nicht leicht veranlaßt, hierbei über allgemeingültige Beziehungen nachzudenken,
sondern ihm liegt nur an der Lösung seiner genau umschriebenen
Aufgabe mit den einfachsten Mitteln, und diese bietet ihm in den
meisten Fällen das graphische Verfahren.

Zuweilen kann wohl als ein Vorzug des rechnerischen Verfahrens der Umstand in Betracht kommen, daß die Rechnung
eine beliebig genaue Annäherung gestattet, während diese bei
der Zeichnung durch die unvermeidlichen Zeichenfehler von vornherein beschränkt ist. Häufig reicht indessen die in der Zeichnung bei gewöhnlicher Sorgfalt zu erreichende Genauigkeit
vollständig aus; manchmal genügt jedoch die zeichnerische
Genauigkeit nicht, so daß vor der endgültigen Ausführung
einer Tragkonstruktion das rechnerische Verfahren angewendet
wird. Diesem Nachteil steht dagegen ein recht wichtiger
Vorzug des graphischen Verfahrens gegenüber: nämlich die
Möglichkeit, wegen der Übersichtlichkeit der Zeichnung gröbere Versehen leichter zu erkennen und zu vermeiden als bei
der Zahlenrechnung, in der ein gröberer Fehler weit eher unbemerkt bleibt.

Von den Lehren des ersten Bandes, die ich als bekannt
voraussetze, kommen zunächst zwei einfache Sätze in Betracht.
Erstens der Satz, daß die Resultierende von Kräften, die an demselben Punkte angreifen, durch geometrische Summierung der
Kräfte gefunden wird, oder daß sich im Falle des Gleichgewichts
die zur Darstellung der Kräfte benutzten Strecken zu einem geschlossenen Vielecke aneinanderreihen lassen müssen. Und dann
der Satz, daß sich der Angriffspunkt einer an einem starren
Körper angreifenden Kraft, solange es auf die Verteilung der
inneren Kräfte in dem Körper nicht ankommt, längs der Richtungslinie verlegen läßt, so daß in solchen Fällen die Angabe
eines Angriffspunktes auf der Richtungslinie auch ganz entbehrt
werden kann.

Wenn die Richtungslinien der an einem Punkte angreifenden
Kräfte nicht alle in einer einzigen Ebene enthalten sind, wird der
Linienzug, mit dessen Hilfe man ihre geometrische Summe bildet,

windschief. Solche Fälle kommen nicht selten vor. Ihre Erledigung macht aber keine Schwierigkeiten: man braucht dazu
nur die Projektionen des Linienzuges in mehreren Rissen zu
zeichnen. Von den Lehren der darstellenden Geometrie muß
man ohnehin schon Gebrauch machen, um die Richtungslinien
der Kräfte in die Zeichnung des Körpers, an dem sie angreifen,
einzutragen, und es macht dann gar keine weiteren Umstände,
im Anschluß hieran auch das Kräftepolygon oder das Krafteck,
wie es neuerdings von vielen lieber genannt wird, durch seine
Risse darzustellen.

   In Abb. 1 ist dies ausgeführt. An dem mit A in Abb. 1a
bezeichneten Angriffspunkte, der durch Aufriß und Grundriß gegeben ist, greifen die mit 1, 2, 3 bezeichneten Kräfte an, die
ebenfalls durch ihre Projektionen dargestellt sind. Man wähle
nebenan in Abb. 1b einen Punkt O oder seine Projektionen in
beiden Tafeln beliebig aus und setze von ihm aus die Strecken 1,
2, 3 im Sinne ihrer Pfeile
aneinander. Dies ge-
schieht, indem man die
Projektionen der Kräfte
in beiden Rissen anein-
anderreiht. Die von O
aus nach dem Endpunkte
des Linienzuges gehende
Schlußlinie R des Kraftecks gibt die Resultie-
rende an. Die Reihen-
folge der Zusammenset-
zung ist, wie schon früher
gezeigt wurde, ohne Ein-
fluß auf das Ergebnis.
Jedenfalls muß man
aber darauf achten, daß

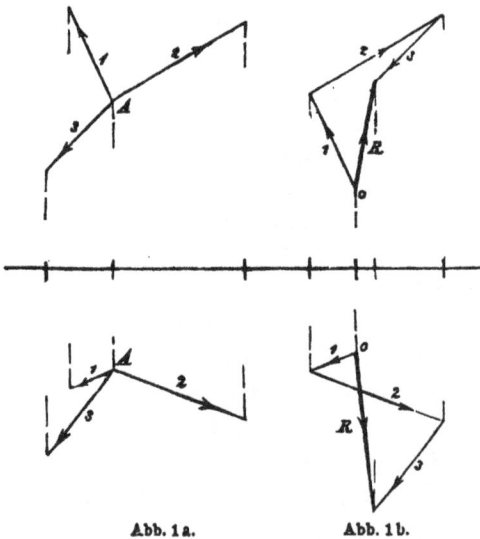

Abb. 1a.   Abb. 1b.

die Pfeile der Kräfte 1, 2, 3 usf. im gleichen Umlaufssinne aufeinanderfolgen, während der Pfeil von R diesem Umlaufssinne
entgegengesetzt ist. Die Größe der Resultierenden findet man

durch Ermittelung der wahren Länge der durch die Projektionen dargestellten Strecke R, die in demselben Maßstabe auszumessen ist, der schon beim Auftragen der gegebenen Kräfte 1, 2, 3 zugrunde gelegt wurde.

Dieses Verfahren bleibt für eine beliebige Anzahl gegebener Kräfte anwendbar. Hat man, wie in dem gewählten Beispiele, nur drei Kräfte zusammenzusetzen, so kann dies auch durch Zeichnen eines Parallelepipeds geschehen, wovon A eine Ecke ist, von der die drei Strecken 1, 2, 3 als Kanten ausgehen. Die von A aus gezogene Hauptdiagonale des Parallelepipeds gibt die Resultierende der drei Kräfte an. Dies folgt leicht daraus, daß die Hauptdiagonale eines Parallelepipeds als geometrische Summe der drei Kanten angesehen werden kann. Man stellt diesen Satz vom Kräfteparallelepiped gern dem Satze vom Kräfteparallelogramm gegenüber. Für die wirkliche Ermittelung von R ist aber die in Abb. 1 angegebene Aneinanderreihung der drei Strecken weit einfacher und bequemer als die Benutzung des Parallelepipeds.

Um die gleiche Aufgabe analytisch zu lösen, ermittelt man zunächst die Projektionen der Kräfte 1, 2, 3 auf drei zueinander rechtwinkligen Achsen. Die Komponenten von R in den Richtungen dieser Achsen sind dann gleich den algebraischen Summen der Komponenten der gegebenen Kräfte in denselben Achsenrichtungen. Hiermit ist auch die Größe von R als Quadratwurzel aus der Quadratsumme der Komponenten bekannt, und die Richtung von R läßt sich durch die Kosinus der Winkel zwischen R und den Achsenrichtungen hinreichend beschreiben. Aus den Lehren von Band I geht dies bereits hinreichend hervor.

§ 2. Zerlegung einer Kraft nach gegebenen Richtungslinien.

Eine gegebene Kraft $\mathfrak{P}$, die am Punkte A angreift (Abb. 2a) soll nach zwei mit ihr in derselben Ebene liegenden Richtungslinien 1 und 2 zerlegt werden. Diese Ebene möge als Zeichenebene gewählt sein. Unter der Zerlegung ist ein Ersatz von $\mathfrak{P}$ durch zwei in den bezeichneten Richtungslinien wirkende Kräfte zu verstehen. Die Zerlegung erfolgt mit Hilfe des in Abb. 2b gezeichneten Kräftedreiecks $\mathfrak{P}$, 1, 2, von dem die eine Seite $\mathfrak{P}$

vollständig gegeben ist, während von den beiden anderen Seiten
die Richtungen bekannt sind. Bei der Festsetzung der den Seiten
des Kräftedreiecks zugehörigen Pfeile hat man darauf zu achten,
daß $\mathfrak{P}$ die Resultierende
von 1 und 2 sein soll. —
Auch mit Hilfe eines
Kräfteparallelogramms,
das unmittelbar vom
Punkte A aus in den ge-

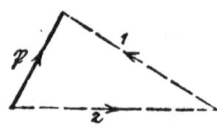

Abb. 2a.   Abb. 2b.

gebenen Richtungen, mit $\mathfrak{P}$ als Diagonale, gezeichnet wird, läßt
sich die verlangte Zerlegung ausführen. In der Regel ist aber
die Benutzung eines nebenan besonders herausgezeichneten Kräftedreiecks für die Lösung der Aufgabe mehr zu empfehlen. Man
sieht dies vielleicht zuerst nicht recht ein, wenn man nur einer
so einfachen Zeichnung wie in Abb. 2 gegenübersteht; sobald
aber dieselbe Konstruktion sehr oft wiederholt auf kleinem Raume
in derselben Zeichnung durchgeführt werden muß, ist der Vorteil
sehr erheblich, den man durch Trennen des Kraftecks vom Lageplane erlangt.

Die Zerlegungsaufgabe steht im engsten Zusammenhange mit einer Gleichgewichtsaufgabe. Weiß man näm-
lich, daß die vollständig gegebene Kraft $\mathfrak{P}$ mit zwei anderen
Kräften, deren Richtungslinien 1, 2 bekannt sind, im Gleichgewichte stehen muß, so findet man aus der Konstruktion des
Kräftedreiecks $\mathfrak{P}$, 1, 2 auch die Größen von 1 und 2. Der einzige Unterschied gegenüber dem vorigen Falle besteht darin, daß
jetzt die Pfeile der Kräfte 1 und 2 umzukehren sind, weil die
geometrische Summe aller drei Kräfte zu Null werden muß. Dasselbe trifft auch bei den anderen Zerlegungsaufgaben zu, mit
denen wir uns in der Folge noch zu beschäftigen haben werden,
und man kann daher jede Zerlegungsaufgabe als gleichbedeutend
mit einer ihr entsprechenden Gleichgewichtsaufgabe betrachten.

Eine gegebene Kraft $\mathfrak{P}$ kann ferner auch in eindeutiger Weise nach drei durch ihren Angriffspunkt gehenden Richtungslinien zerlegt werden, die nicht alle
in derselben Ebene liegen. Am einfachsten gestaltet sich

hier die Lösung oder wenigstens die zu einer Lösung führende
Überlegung auf Grund des Satzes vom Kräfteparallelepiped. Von
diesem ist die Hauptdiagonale $\mathfrak{P}$ vollständig gegeben, während
man zugleich die Richtungen der drei vom Angriffspunkte ausgehenden Kanten kennt. Man lege drei Ebenen durch je zwei der
drei Kanten und ziehe zu jeder durch den Endpunkt von $\mathfrak{P}$ eine
parallele Ebene. Damit hat man die sechs Seitenflächen des
Parallelepipeds, dessen Kanten und Eckpunkte nun leicht aufgesucht werden können.

In Abb. 3 ist dies für den Fall ausgeführt, daß zwei der
gegebenen Richtungslinien,
nämlich 1 und 2, in einer
horizontalen Ebene liegen.
Dann vereinfacht sich die
Zeichnung erheblich. Das
Verfahren selbst bleibt sich
indessen in allen Fällen
gleich. Die Kraft $\mathfrak{P}$ ist durch
die Strecke AB in Aufriß
und Grundriß dargestellt.
Man lege durch den End-
punkt B eine horizontale
(d. h. zu 1, 2 parallele) Ebene
und suche deren Schnitt-
punkt C mit der Richtungs-

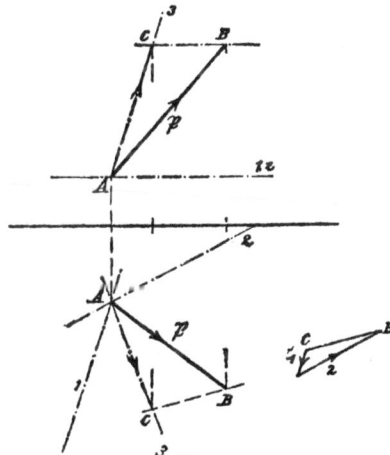

Abb. 3.

linie 3 auf. Die Strecke AC gibt dann schon Größe, Richtung
und Pfeil der Kraft 3 an. Die beiden anderen Kräfte findet man
hierauf am einfachsten durch Zerlegung der durch die Strecke CB
dargestellten Kraft nach den Richtungen von 1 und 2, also durch
Konstruktion eines Kräftedreiecks, von dem CB die vollständig
gegebene Seite bildet. Im Grundrisse ist dies nebenan ausgeführt.

Gewöhnlich bedient man sich aber anderer Verfahren zur
Ausführung der Kräftezerlegung oder zur Lösung der ihr entsprechenden Gleichgewichtsaufgabe. Am häufigsten wird ein
von Culmann angegebenes Verfahren benutzt, das in An-
lehnung an eine öfters vorkommende Aufgabe näher erläutert

2*

werden soll. In Abb. 4a seien 1, 2, 3 die im Aufriß und Grundriß gezeichneten Stäbe eines sogenannten Bockgerüstes, die man sich oben gelenkförmig miteinander verbunden denken mag, während die unteren Endpunkte festgehalten sind. $\mathfrak{P}$ sei eine äußere Kraft, die an dem oberen Knotenpunkte angreift; es handle sich um die Bestimmung der drei Stabspannungen, die durch $\mathfrak{P}$ in den drei Stäben hervorgerufen werden.

Wenn die Stäbe an den unteren Endpunkten festgehalten sind, genügen sie, um eine Verschiebung des oberen Knotenpunktes zu verhindern, abgesehen von den kleinen Bewegungen, die durch die elastischen Längenänderungen der Stäbe unter dem Einfluß der in ihnen auftretenden Spannungen ermöglicht sind. Sieht man aber von diesen geringfügigen Längenänderungen ab, so ist die Lage des oberen Knotenpunktes durch die gegebenen Stablängen aus rein geometrischen Gründen, wie man leicht einsieht, fest vorgeschrieben. Daraus folgt, daß der Knotenpunkt unter dem Einfluß der auf ihn wirkenden Kräfte $\mathfrak{P}$, 1, 2, 3 im Gleichgewichte bleiben muß. Aus der hiermit festgestellten Gleichgewichtsbedingung lassen sich die drei Stabspannungen ableiten.

Hierzu denke man sich die vier Kräfte in zwei Gruppen eingeteilt, von denen die eine aus den Stabspannungen 1 und 2, die andere aus $\mathfrak{P}$ und 3 gebildet wird. Jede dieser beiden Gruppen kann man sich durch eine Resultierende ersetzt denken. Die Resultierende aus 1 und 2 muß jedenfalls in der durch die Richtungslinien beider Stäbe bestimmten Ebene enthalten sein und ebenso die andere Resultierende in der durch $\mathfrak{P}$ und 3 gelegten Ebene. Da die vier Kräfte im Gleichgewichte standen, müssen auch die beiden Resultierenden Gleichgewicht miteinander halten. Dazu gehört aber, daß sie in die gleiche Richtungslinie fallen. Hiernach muß die gemeinsame Richtungslinie von beiden mit der Schnittlinie der Ebenen 1, 2 und $\mathfrak{P}$, 3 zusammenfallen. Sobald man aber die Richtungslinie der Resultierenden aus $\mathfrak{P}$ und 3 kennt, steht nichts mehr im Wege, ein Kräftedreieck aus diesen drei Kräften zu zeichnen, das die Spannung im Stabe 3 und zugleich die Resultierende aus den beiden anderen Stabspannungen

kennen lehrt. Diese selbst ergeben sich schließlich durch Zeichnen
eines zweiten Kräftedreiecks.

In Abb. 4 ist dies ausgeführt. Zuerst wurde in Abb. 4a die
horizontale Spur der Richtungslinie von $\mathfrak{P}$ aufgesucht. Die Verbindungslinie mit
dem Fußpunkte des
Stabes 3 liefert die
horizontale Spur
der Ebene $\mathfrak{P}$, 3. Die
Spur der Ebene 1, 2
wird durch Verbin-
den der Fußpunkte
beider Stäbe erhal-
ten. Der Schnitt-
punkt der Spuren
beider Ebenen lie-
fert einen Punkt der

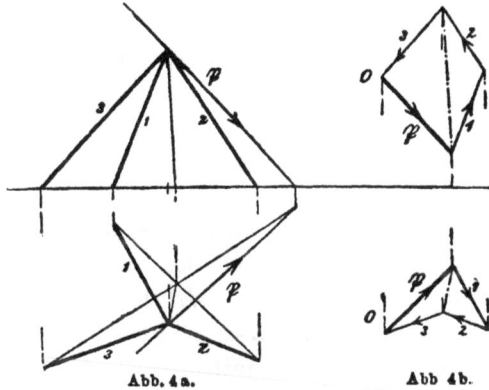

Abb. 4 a.   Abb 4 b.

gesuchten Schnittlinie, und die Schnittlinie selbst wird durch
Ziehen der Verbindungslinie dieses Punktes mit dem oberen
Knotenpunkte erhalten. Sie kann dann auch noch in den Aufriß
eingetragen werden. Nach diesen Vorbereitungen kann man zum
Auftragen des in Abb. 4b gezeichneten Kraftecks übergehen. Man
trägt zunächst, von einem beliebigen Punkte O beginnend, die
gegebene Last $\mathfrak{P}$ in Aufriß und Grundriß auf. Parallelen von den
Endpunkten von $\mathfrak{P}$ zu 3 und zur Schnittlinie beider Ebenen in beiden Projektionstafeln liefern die Risse des ersten Kräftedreiecks.
Zur Prüfung der Genauigkeit der Zeichnung dient die Bemerkung, daß die Projektionen des dritten Dreieckspunktes in beiden
Tafeln senkrecht übereinander liegen müssen. Dann reiht man
Parallelen zu 1 und 2 an, deren Schnittpunkte in beiden Projektionsebenen wiederum von selbst senkrecht übereinander liegen
müssen. Man hat nun den ganzen windschiefen Kräftezug $\mathfrak{P}$, 1,
2, 3 vor sich und trägt nachträglich die Pfeile so ein, daß sie
alle stetig aufeinanderfolgen.

Die Größe der Stabspannungen erhält man hierauf durch
Ermittlung der wahren Längen der Krafteckseiten. In der Ab-

bildung ist dies nicht weiter ausgeführt. Ferner ergibt sich aus
den Pfeilen, ob die Stäbe gezogen oder gedrückt sind. Hierzu
beachte man, daß sich die Pfeile auf jene Kräfte beziehen, die
von den Stäben auf den als materiellen Punkt aufgefaßten Knotenpunkt übertragen werden. Die rückwärts von dem Knotenpunkte
auf die Stäbe übertragenen Kräfte haben nach dem Wechselwirkungsgesetze entgegengesetzte Richtung. Man muß sich dies
genau klarmachen, weil sonst leicht Fehler in der Bestimmung
des Vorzeichens der Stabspannungen vorkommen. Ein Stab, der
gezogen ist (für welchen Fall wir der Stabspannung das positive
Vorzeichen geben wollen), sucht sich wieder zu verkürzen; er
überträgt daher auf jeden seiner beiden Endpunkte eine Kraft, die
diesen Endpunkt nach der Stabmitte hin zu bewegen sucht.
Umgekehrt sucht ein gedrückter Stab die Endpunkte (oder die
Körper, die ihn an diesen Endpunkten fassen) auseinander zu schieben. Ein Pfeil im Kraftecke der Abb. 4, der an den Knotenpunkt
übertragen von der Stabmitte abgewendet ist, zeigt daher eine
Druckspannung im Stabe an. Auf Grund dieser Überlegung
findet man aus der Zeichnung, daß die Stäbe 1 und 2 bei der
angenommenen Belastung des Bockgerüstes gedrückt sind, während 3 gezogen ist.

Eine andere Lösung derselben Aufgabe, die sich auf eine
auch sonst in der graphischen Statik häufig benutzte Überlegung
stützt, rührt von Müller-Breslau her. Man beginnt bei ihr sofort
mit der Konstruktion des windschiefen Kräftevierecks der Kräfte $\mathfrak{P}$,
1, 2, 3. Die Seite $\mathfrak{P}$ kann im Aufrisse und Grundrisse ohne weiteres
aufgetragen werden. An beiden Enden dieser Seite zieht man Parallelen zu den Richtungen der Stabkräfte 1 und 3 (oder überhaupt zu
irgend zwei der drei Stabrichtungen). Es handelt sich dann nur noch
darum, zwischen diese beiden Linien die ihrer Richtung nach gegebene
Seite 2 so einzuschieben, daß ihre Endpunkte auf die Linien 1 und 3 fallen.

Zu diesem Zwecke beginnt man damit (vgl. Abb. 5b), irgendwo
eine Strecke 2′ im Grundrisse in der vorgeschriebenen Richtung zwischen die Linien 1 und 3 zu legen. Im Aufrisse nehme man etwa
den linken Eckpunkt auf der Projektion von 3 an und ziehe die
Linie 2′ dort ebenfalls in der ihr vorgeschriebenen Richtung. Der
rechte Eckpunkt X ist damit bestimmt. Sollte nun die Strecke 2′
zufällig richtig gewählt gewesen sein, so müßte der Punkt X auf
der Vertikalprojektion von 1 enthalten sein. Im allgemeinen wird
dies aber nicht zutreffen. Man verwirft daher die getroffene Wahl

und wiederholt
die Konstruktion
unter einer ande-
ren beliebigen An-
nahme $2''$ für 2,
womit man auf
einen Eckpunkt Y
an Stelle von X
gelangt, der aber
im allgemeinen
wieder nicht auf
der Vertikalpro-
jektion von 1 ent-
halten ist. Es
könnte nun schei-
nen, als wenn man

Abb. 5 a.

Abb. 5 b.

die gleiche Konstruktion noch sehr oft wiederholen müßte, bis man die richtige Lage von 2
ausprobiert hätte. Hier kommt uns aber ein Satz
der projektivischen Geometrie zur Hilfe, der schnell zu der gesuchten
Lösung führt.

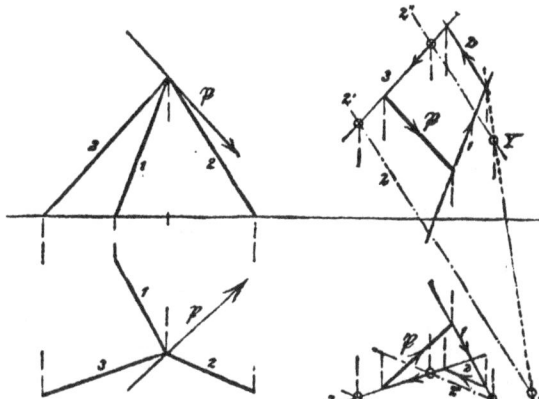

Dieser Satz, der auch bei anderen Konstruktionen der graphischen
Statik verwendet wird, lautet:

„Drehen sich die Seiten eines veränderlichen n-Ecks
um feste Punkte, die auf einer Geraden liegen, und verschieben sich hierbei zugleich
$n - 1$ Ecken längs beliebig gegebener Geraden, so beschreibt
auch die letzte Ecke eine Gerade.‟

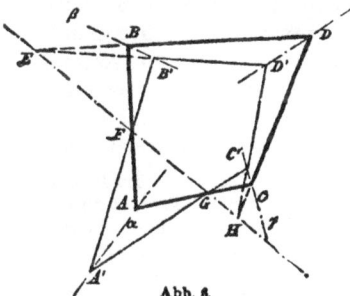

In Abb. 6 sei $A B C D$ die Anfangs-
gestalt des veränderlichen n-Ecks, das
wir etwa als Viereck voraussetzen wollen. Die Seiten mögen sich um die
auf einer Geraden liegenden Punkte E,
F, G, H drehen, während drei Ecken
A, B, C auf den beliebig gewählten
Geraden α, β, γ fortschreiten. Eine

Abb. 6.

neue Lage erhält man, indem man B' auf β beliebig annimmt, hierauf
die Seitenrichtungen $B'D'$ durch E und $B'A'$ durch F zieht, im
Punkte A' die Seite $A'C'$ durch Punkt G anträgt und von C' aus
die Richtung der Seite $C'D'$ durch Punkt H führt. Der vierte Eckpunkt D' ergibt sich dann als Schnittpunkt der Linien EB' und HC'.
Um zu beweisen, daß auch D auf einer geraden Linie nach D' hin
fortwandert, beachte man, daß die Seiten des veränderlichen Vielecks

projektivische Strahlenbüschel um die Strahlenzentren $EFGH$ beschreiben, weil je zwei aufeinander folgende perspektivisch zueinander liegen. Jedenfalls ist also auch Strahlenbüschel E projektivisch zum Büschel H. Der Schnitt von zwei projektivischen Strahlenbüscheln ist nun zwar im allgemeinen eine Kurve zweiter Ordnung. Hier sind aber die Büschel E und H nicht nur projektivisch, sondern zugleich perspektivisch zueinander, da sie den die beiden Zentren E und H verbindenden Strahl entsprechend gemeinsam haben. Eine besondere Lage des veränderlichen Vielecks ist nämlich auch jene, bei der alle Seiten und alle Eckpunkte auf die Gerade EH fallen. Der Punkt D beschreibt hiernach als Schnitt von zwei perspektivischen Strahlenbüscheln in der Tat eine Gerade. *)

Kehrt man nun zur Betrachtung von Abb. 5 b zurück, so erkennt man, daß jeder beliebig getroffenen Wahl 2' oder 2'' von 2 im Grundrisse ein Viereck (nämlich ein Trapez) in der Figur entspricht, das aus dieser Strecke, den sich beiderseits anschließenden Projektionsstrahlen und dem zugehörigen Aufrisse gebildet wird. Die entsprechenden Seiten aller dieser Vierecke sind parallel zueinander, d. h. sie drehen sich, wenn man von einem zu einem anderen Vierecke übergeht, wie wir sagen können, um unendlich ferne Punkte, die auf der unendlich fernen Geraden der Ebene enthalten sind. Zugleich schreiten drei Endpunkte auf den Geraden 1 und 3 des Grundrisses und 3 des Aufrisses weiter. Die Voraussetzungen des zuvor bewiesenen geometrischen Satzes sind hiernach erfüllt, und wir schließen, daß auch die vierte Ecke auf einer Geraden fortschreiten muß, von der zwei Punkte, nämlich X und Y, bereits bekannt sind. Verbinden wir daher X und Y durch eine Gerade; so muß auf dieser auch der vierte Eckpunkt des Vierecks enthalten sein, das wir suchen. Der Schnittpunkt der Geraden XY mit 1 im Aufrisse liefert diesen Eckpunkt, und von ihm aus können wir 2 im Aufriß richtig eintragen, worauf auch der zugehörige Grundriß folgt. Man hat hierbei noch eine Kontrolle für die Genauigkeit der Zeichnung, indem der zu 2 im Aufrisse konstruierte Grund-

---

*) Ohne Zuhilfenahme der projektiven Geometrie läßt sich der Beweis des obigen Satzes dadurch führen, daß man Abb. 6 als ebene Projektion der Schnittfiguren eines räumlichen Daches von 4 Ebenen mit einem Ebenenbüschel ansieht. Es ist dann sofort einzusehen, daß sich die Schnittgeraden zweier Ebenen des Ebenenbüschels mit irgendeiner Dachebene auf der Achse des Ebenenbüschels schneiden müssen und daß das gleiche auch für die Projektionen dieser Geraden gilt. — Die räumliche Anschauung führt auch unmittelbar an Hand der Abb. 5 b zur Lösung, indem man durch die Gerade 3, die in Abb. 5 b schon eingetragen zu denken ist, die Ebene legt, die parallel zu der bekannten Richtung von Stab 2 läuft. Die richtige Lage der Strecke 2 in Abb. 5 b ergibt sich dann aus der weiteren Bedingung, daß Gerade 2 die bekannte und schon eingetragene Gerade 1 schneiden muß. Es ist also nur noch der Schnittpunkt der erwähnten Ebene mit der Geraden 1 zu suchen, und zu dem Zweck konstruiert man zunächst die Schnittgerade dieser Ebene mit der Ebene durch Gerade 1 senkrecht zum Grundriß. Die Aufrißprojektion dieser letzten Schnittgerade ist aber nichts anderes als die Gerade XY in Abb. 5b.

riß von selbst in die vorgeschriebene Richtung fallen muß. — Die Beschreibung und Begründung des Verfahrens machte zwar eine längere Auseinandersetzung nötig; die wirkliche Ausführung der Zeichnung erfordert aber nur das Ziehen weniger Linien und gestaltet sich ganz einfach.

Dieselbe Aufgabe kann schließlich auch noch analytisch gelöst werden. Man zieht zu diesem Zwecke drei rechtwinklig aufeinanderstehende Koordinatenachsen und ermittelt die Winkel zwischen den Stabrichtungen und den Koordinatenrichtungen sowie die Projektionen $P_1 P_2 P_3$ von $\mathfrak{P}$ auf die Koordinatenachsen. Bezeichnet man dann die Spannung des Stabes 1 mit S_1 und die Richtungswinkel dieses Stabes mit $\alpha_1 \beta_1 \gamma_1$ und ähnlich bei den übrigen Stäben, so findet man die Unbekannten $S_1 S_2 S_3$ durch Auflösen der drei Komponentengleichungen

$$\left.\begin{aligned} S_1 \cos \alpha_1 + S_2 \cos \alpha_2 + S_3 \cos \alpha_3 &= P_1, \\ S_1 \cos \beta_1 + S_2 \cos \beta_2 + S_3 \cos \beta_3 &= P_2, \\ S_1 \cos \gamma_1 + S_2 \cos \gamma_2 + S_3 \cos \gamma_3 &= P_3, \end{aligned}\right\} \qquad (1)$$

die alle vom ersten Grade sind. Die Ermittlung der Winkel und die Auflösung der Gleichungen verursacht aber in der Regel weit mehr Mühe als irgendeine der vorher besprochenen graphischen Lösungen.

Schließlich muß noch darauf hingewiesen werden, daß die Aufgabe keine Lösung mehr zuläßt, sobald die drei Stäbe in derselben Ebene enthalten sind. Dieser Ausnahmefall, der in ähnlicher Weise später noch bei anderen Untersuchungen wiederkehren wird, erfordert eine aufmerksame Betrachtung. Er läßt sich in zwei Unterfälle spalten, die durch die Abb. 7 und 8 in achsonometrischer Zeichnung wiedergegeben sind. Im Falle der Abb. 7 liegen zugleich die Fußpunkte A B, C der drei Stäbe auf einer Geraden. Man sieht hier sofort ein, daß der obere Knotenpunkt durch die drei Stäbe nicht mehr in seiner Lage festgehalten werden kann: er vermag sich vielmehr um die Gerade ABC ohne Widerstand zu drehen. Schon aus dieser geometrischen Betrach-

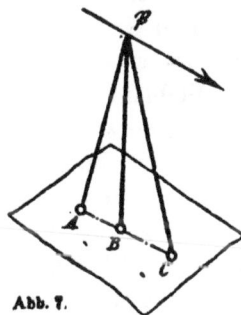

Abb. 7.

tung erkennt man, daß durch die Stabspannungen kein Gleichgewicht mehr am oberen Knotenpunkte hergestellt werden kann; es sei denn, daß die Kraft $\mathfrak{P}$ zufällig auch in der Stabebene liegt. Auch mechanisch geht dies daraus hervor, daß die Resultierende der drei Stabspannungen notwendig wieder in der Stabebene liegen muß und daher mit einer Kraft, die zu dieser Ebene unter irgendeinem Winkel geneigt ist, nicht im Gleichgewichte stehen kann. Liegt aber $\mathfrak{P}$ selbst in der Stabebene, so bleibt die Aufgabe statisch unbestimmt, da man einer Stabspannung einen beliebigen Wert beilegen und durch geeignete Wahl der beiden anderen Gleichgewicht herstellen könnte.

In dem durch Abb. 8 dargestellten Falle liegen die Fußpunkte A, B, C der drei Stäbe nicht mehr in einer Geraden, die Stäbe selbst aber immer noch in einer Ebene. Man nehme etwa an, daß zwei der Stäbe unmittelbar am Fußboden befestigt sind, während der Fußpunkt B des dritten Stabes auf irgendeiner Erhöhung liegt, die um BB' über den Fußboden emporragt. In diesem Falle ist zwar eine endliche Verschiebung des oberen Knotenpunktes ohne Änderung der Stablängen nicht mehr möglich, wohl aber, wie man zu sagen pflegt, eine unendlich kleine. Der obere Knotenpunkt vermag sich nämlich um eine unendlich kleine Strecke senkrecht zur Stabebene zu verschieben, ohne daß sich die Stablängen um mehr als um unendlich kleine Größen zweiter Ordnung zu ändern brauchten, d. h. der Knotenpunktsweg ist ungemein groß gegenüber den sehr kleinen Änderungen der Stablängen, die wegen der Elastizität der Stäbe zu erwarten sind. Man erkennt dies leicht daraus, daß sich die Hypotenuse eines rechtwinkligen Dreiecks, von dem eine Kathete unendlich klein ist, nur um eine unendlich kleine Größe zweiter Ordnung von der anderen Kathete unterscheidet. — Sobald eine Verschiebung des Knotenpunktes eingetreten ist, liegen die drei Stäbe nachher nicht mehr genau in derselben Ebene, so daß schließlich

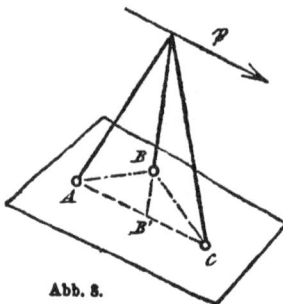

Abb. 8.

doch wieder Gleichgewicht zwischen den Stabspannungen und der Belastung $\mathfrak{P}$ zustande kommen kann.

Hierbei ist zu beachten, daß die Stabspannungen sehr groß im Verhältnis zur Last $\mathfrak{P}$ gefunden werden, wenn die Stäbe nahezu in einer Ebene liegen. Man pflegt daher auch zu sagen, daß die Stabspannungen im Ausnahmefalle unendlich groß werden müßten, womit nur ausgedrückt werden soll, daß selbst durch noch so große Stabspannungen kein Gleichgewicht mehr am Knotenpunkte — im Falle der Abb. 8 wenigstens nicht ohne eine vorausgehende Verschiebung des Knotenpunktes — hergestellt werden könnte.

Im Ausnahmefalle wird die Determinante der Koeffizienten aller S in den Gleichungen (1) zu Null; die Auflösung dieser Gleichungen führt daher beim analytischen Verfahren unmittelbar zu den Werten ∞ für die Stabspannungen.

§ 3. Kräftepläne für einfache Dachbinder.

Zu den einfachsten und häufigsten Anwendungen der graphischen Statik gehört die Ermittlung der Stabspannungen in einfachen Dachbindern oder ihnen ähnlich gestalteten Brückenträgern. Sie beruht auf einer mehrfachen Wiederholung der im Anschlusse an Abb. 2 besprochenen Lösung der Aufgabe, eine gegebene Kraft nach zwei mit ihr in derselben Ebene liegenden Richtungslinien zu zerlegen. Freilich knüpfen sich daran alsbald noch weitergehende Überlegungen, die eingehend besprochen werden müssen.

Die Hauptträger von Brücken oder Dächern bestehen — wenigstens in dem gewöhnlich vorliegenden Falle, der uns hier beschäftigen soll — aus ebenen Stabverbänden, deren geometrische Figur eine Aneinanderreihung von Dreiecken bildet, so daß sich, vom einen Ende anfangend, jedes folgende Dreieck mit einer Seite und zwei Eckpunkten an das vorausgehende anschließt. Diese Eckpunkte werden die Knotenpunkte des Binders genannt. Da die Gestalt eines Dreiecks unveränderlich ist, solange die Seiten ihre Längen behalten, ist unter der gleichen Voraussetzung auch die aus allen diesen Dreiecken zusammengesetzte Binderfigur von unveränderlicher Gestalt.

Man erkennt aus dieser einfachen geometrischen Betrachtung, daß es möglich ist, aus Stäben, die nur gegen Längenänderungen, also gegen Zug- oder Druckbeanspruchung hinreichend widerstandsfähig sein müssen, während sie gegen Biegungen nur wenig widerstandsfähig zu sein brauchen, einen tragfähigen Stabverband nach dem besprochenen Plane herzustellen. Der Vorteil, den man hiermit erreicht, liegt darin, daß die Zug- oder Druckfestigkeit eines langen Stabes von verhältnismäßig kleinem Querschnitte weit größer ist als die Biegungsfestigkeit gegenüber gleichen Lasten.

Wegen des geringen Biegungswiderstandes der Stäbe sieht man davon bei der Berechnung der Stabspannungen gewöhnlich ganz ab. Man hat dann nur noch auf die Kräfte zu achten, die in der Richtung der Stabmittellinie von einem Endpunkte zum anderen übertragen werden. Es genügt dann, jeden Stab durch eine Strecke zu veranschaulichen, die man sich längs der Mittellinie des Stabes gezogen zu denken hat. Die an den Knotenpunkten des Binders angreifenden Lasten sind als gegeben anzusehen; verlangt wird die Berechnung der von ihnen hervorgerufenen Stabspannungen.

Dies sei zunächst an dem Beispiele des viel angewendeten einfachen Polonçeau- oder Wiegmannbinders in Abb. 9a erläutert. Die Binderfigur entsteht durch Aneinanderreihung von fünf Dreiecken und hat eine lotrechte Symmetrieachse. Der Stab 6 liegt gewöhnlich etwas höher als die Verbindungslinie beider Auflagerknotenpunkte; doch ist dies nicht wesentlich, die Stäbe 2 und 6 können vielmehr auch in dieselbe (horizontale) Gerade fallen. Das eine Ende des Binders wird mit der Mauer, auf die es sich stützt, fest verbunden, das andere mit Hilfe eines Gleit- oder Rollenlagers in horizontaler Lage verschieblich aufgelagert. Dies geschieht einerseits, um dem Träger eine freie Ausdehnung oder Zusammenziehung bei Temperaturänderungen zu gestatten, andererseits um einen Seitenschub auf die Mauern, solange nur senkrecht gerichtete Lasten vorkommen, zu vermeiden. Das Rollenlager ist in der Zeichnung am linken Ende angenommen und durch einige kleine Kreise angedeutet. Da die rollende Reibung nur sehr gering ist, kann der Auflagerdruck auf dieser Seite unter allen Umständen als lotrecht gerichtet angesehen werden. Falls nur lotrechte Lasten auf den Binder wirken, muß dann auch der Auflagerdruck am festen Auflager lotrecht gerichtet sein, weil die geometrische Summe aller äußeren Kräfte, also der Lasten und der beiden Auflagerdrücke, zu Null werden muß. In der Abbildung ist ferner angenommen, daß auf die drei mittleren Knotenpunkte der oberen „Gurtung" (so nennt man den Zug der aufeinanderfolgenden Stäbe 1, 4 usf., die die Binderfigur nach oben hin begrenzen) gleich große Lasten P einwirken. Der Symmetrie

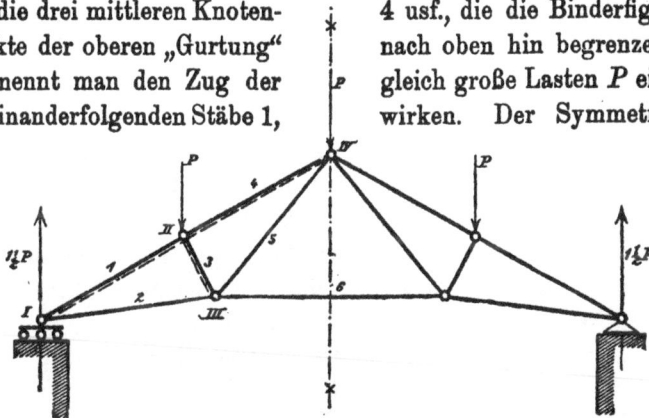

Abb. 9a.

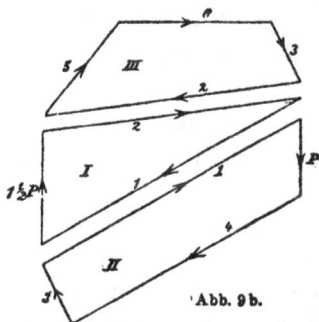

Abb. 9b.

wegen ist dann der Auflagerdruck auf jeder Seite gleich der Hälfte dieser Lasten, also gleich $1\frac{1}{2}\, P$. Eine Last, die etwa außerdem noch auf einen Auflagerknotenpunkt wirkt, kommt für den Binder nicht in Betracht, da sie unmittelbar auf die Mauer übertragen wird, ohne Stabspannungen hervorzurufen.

Aus der Symmetrie der Gestalt und der Belastung folgt auch, daß die spiegelbildlich zueinander liegenden Stäbe gleiche Spannungen erfahren. Es genügt daher, die zur linken Hälfte des Trägers gehörigen Stabspannungen zu berechnen. Diese sind mit arabischen Ordnungsnummern bezeichnet, während den Knotenpunkten römische Ziffern beigeschrieben sind.

Man beginnt mit der Betrachtung des Gleichgewichts der Kräfte am Knotenpunkte I. Hier müssen die von den Stäben 1

und 2 übertragenen Spannungen, die nach den vorausgehenden
Bemerkungen in die Richtungen der Stäbe fallen, mit dem Auflagerdrucke $1\frac{1}{2}$ P im Gleichgewichte stehen. Man kann also
sofort das ebenfalls mit I bezeichnete Kräftedreieck in Abb. 9b
zeichnen. Der Pfeil des Auflagerdrucks geht nach oben, und
damit folgen auch die beiden anderen in die Abbildung eingetragenen Pfeile, da alle drei im selben Umlaufssinne aufeinanderfolgen müssen. Denkt man sich den Pfeil von 1 in die Binderfigur nach dem Knotenpunkt I übertragen, so erkennt man, daß
die Stabspannung 1 den Knotenpunkt I vom Stabe fortzubewegen
sucht. Der Stab 1 ist daher gedrückt. Ebenso erkennt man,
daß Stab 2 gezogen ist. Es ist üblich, die gedrückten Stäbe in
der Binderfigur durch Beisetzen von Schattenstrichen zu kennzeichnen. Dies ist in der Abbildung durch gestrichelte Linien
geschehen, die neben den Stäben herlaufen.

Hierauf geht man zu einem anderen Knotenpunkte weiter,
an dem nur noch zwei der Größe nach unbekannte Kräfte angreifen. Dies ist in unserem Falle Knotenpunkt II. Die Stabspannung 1 ist nämlich aus der vorhergehenden Untersuchung
bereits bekannt; wir müssen nur beachten, daß sie am Knotenpunkte II mit dem entgegengesetzten Pfeile angreift als am
Knotenpunkte I. Wir zeichnen hiernach das ebenfalls mit II
bezeichnete Kräfteviereck, indem wir zuerst 1 und die Last P
mit aufeinanderfolgenden Pfeilen aneinander reihen und dann
durch die Endpunkte Parallelen zu den Richtungen der Stäbe 3
und 4 ziehen. Die Pfeile sind wieder einzutragen und nach ihnen
festzustellen, daß die Stäbe 3 und 4 beide gedrückt sind, genau
wie dies vorher geschehen war. Da die gleiche Seite 1 im Kraftecke II wie in I vorkommt, wurden, um dies hervorzuheben,
beide Kraftecke unmittelbar untereinander gezeichnet.

Dann geht man zu Knotenpunkt III über und verfährt ebenso.
Die Stabspannungen 2 und 3 kennt man schon aus den vorausgehenden Kraftecken, und man hat nur zu beachten, daß beide
entgegengesetzte Pfeile erhalten müssen als in den früheren Fällen. Man reiht also im Kraftecke III die nach Größe und Pfeil
bekannten Strecken 3 und 2 mit aufeinanderfolgenden Pfeilen

aneinander und zieht die Parallelen zu 5 und 6. Dann kennt
man bereits alle Stabspannungen; die Stäbe 5 und 6 sind beide
gezogen.

Die Aufgabe ist hiermit gelöst; aber noch nicht auf dem einfachsten Wege. Zunächst erkennt man sofort, daß die Zeichnung
vereinfacht wird, wenn man die übereinander liegenden Kraftecke mit den gleich bezeichneten Seiten 1 und 2 zu einer einzigen Figur zusammenrückt. Man spart dadurch nicht nur einige
Linien und etwas Platz, sondern die Zeichnung kann auch genauer ausgeführt werden, je weniger Linien sie im ganzen enthält. Bei den Anwendungen in der Praxis zieht man daher alle
Kraftecke stets zu einer einzigen Figur zusammen, die man den
Kräfteplan nennt. In Abb. 10, die sich von Abb. 9b im übrigen
gar nicht unterscheidet, ist dies aus-
geführt. Nur die eine kleine Unbe-
quemlichkeit muß man dabei mit in
Kauf nehmen, daß man die Pfeile auf
die gemeinsamen Seiten von zwei
aneinander grenzenden Kraftecken
nicht mehr unmittelbar eintragen
kann, da im einen Krafteck der eine,
im anderen der entgegengesetzte Pfeil

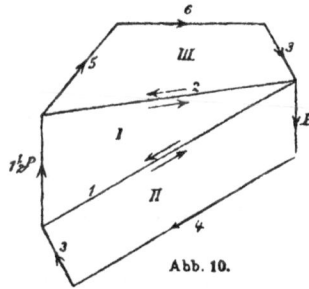

Abb. 10.

gilt. Hat man, wie in Abb. 10, die einzelnen Kraftecke so eingerichtet, daß sie alle einfache Polygone bilden, die sich nicht
überschlagen und die nebeneinander liegen, ohne sich zu überdecken, so kann man sich allerdings, wie es auch in der Figur geschehen ist, leicht dadurch helfen, daß man nicht mehr auf den
Linien 1 und 2 selbst, aber zu beiden Seiten davon zwei Pfeile
angibt, von denen jeder zu jenem Polygone gehört, in dessen
Fläche er hineinfällt.

Aber auch hiermit sind wir noch nicht zu dem einfachsten,
d. h. aus der Mindestzahl von Linien gebildeten **Kräfteplane**
gelangt. In den Kraftecken II und III kommt noch dieselbe
Stabspannung 3 vor, und man muß diese Strecke aus dem einen
entnehmen und sie in das andere eintragen, was nicht nur unbequem, sondern auch mit unvermeidlichen kleinen Zeichenfehlern

verbunden ist. Bei einem so einfachen Beispiele, wie wir es im
Augenblicke behandeln, macht dies freilich nicht viel aus; wir
wollen aber das Verfahren schon hier so ausbilden, wie es in
verwickelteren Fällen am besten verwendet wird. Daß man den
Kräfteplan auch so einrichten kann, daß jede Stabspannung nur einmal in ihm als Seite vorkommt, erkennt

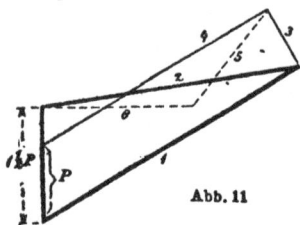

man sofort aus Abb. 11, die in allen
Strecken vollkommen mit Abb. 10 übereinstimmt und sich nur durch die verschiedene Anordnung der Kraftecke von
ihr unterscheidet. Um die Entstehungsart dieser Figur deutlich hervorzuheben
— und nur aus diesem Grunde, der

Abb. 11

späterhin, wenn man sich mit diesen Dingen erst vertraut gemacht hat, wegfällt — ist das Krafteck I, das mit dem in Abb. 10
übereinstimmt, durch starke Striche hervorgehoben. Das Krafteck II (diese Bezeichnungen sind in der Figur weggelassen), oder
wenigstens die Seiten, die hinzutreten müssen, um dieses Krafteck zu bilden, sind mit schwächeren Strichen ausgezogen, während die beim Kraftecke III neu hinzukommenden Seiten durch
gestrichelte Linien angegeben sind. Das Krafteck II ist mit dem
ihm in Abb. 10 entsprechenden immer noch kongruent; es ist
nur um 180° dagegen gedreht und überdeckt sich mit dem Kraftecke I. Auf ein Beisetzen von Pfeilen muß man hier freilich
verzichten, da z. B. bei der Seite 1 nicht ersichtlich gemacht
werden könnte, welcher von beiden Pfeilen zum Kraftecke I oder
zu II gehören soll. Auf diesen kleinen Nachteil legt man aber
nicht viel Gewicht, da man sich bei einiger Übung sehr leicht
daran gewöhnt, die Pfeile jedesmal in Gedanken richtig beizufügen, sobald man auf irgend eins der in dem Kräfteplan enthaltenen Kraftecke sein Augenmerk richtet.

Das Krafteck III ist in Abb. 11 überschlagen. Man hätte
es auch so wie in Abb. 10 zeichnen können, da man das Aneinanderschließen der Seiten 3 und 2, wodurch ein wiederholtes
Auftragen von 3 entbehrlich gemacht werden sollte, schon durch
die passende Übereinanderlagerung der Kraftecke I und II er-

reicht hat. Daß es so wie geschehen gezeichnet wurde, hat nur den Zweck, einer Fortsetzung des Kräfteplanes auf die übrigen Knotenpunkte den Weg vorzubereiten. Hier kommt eine solche Fortsetzung freilich nicht in Betracht; falls aber die Lasten nicht symmetrisch verteilt sind, wie sie hier angenommen wurden, muß man den Kräfteplan auch für die rechte Hälfte des Binders weiterzeichnen. Man kommt dann zum Kraftecke IV und findet hierfür die Zeichnung in Abb. 11 schon vorbereitet, da sich die am Knotenpunkte IV angreifenden bekannten Stabspannungen 4 und 5 schon in richtiger Aufeinanderfolge in der Figur vorfinden. Hätte man das Krafteck III so wie in Abb. 10 gewählt, so würde dies nicht zutreffen.

· Neuerdings verwendet man überall, wo es angeht, fast nur noch die nach dem Muster der Abb. 11 angeordneten Kräftepläne. Sie werden aus einem Grunde, der bald hervortreten wird, als reziproke Kräftepläne oder auch als Cremonasche Kräftepläne bezeichnet, weil Cremona sie eingehend in bezug auf ihre geometrischen Eigenschaften untersuchte und dadurch ihrer Anwendung in der graphischen Statik den Weg ebnete. Gerechter wäre es eigentlich, sie als Bowsche Kräftepläne zu bezeichnen, da von dem Engländer Bow zuerst eine leicht befolgbare Anweisung dafür gegeben wurde, wie sie in den gewöhnlich vorliegenden einfachen Fällen konstruiert werden können.

§ 4. Die reziproken Kräftepläne.

Wir wollen uns jetzt genauer überlegen, wie man den Kräfteplan einrichten muß, um zu erreichen, daß jede Stabspannung in ihm nur einmal als Seite vorkommt, also so, daß man beim Übergange zum folgenden Kraftecke die dazu gehörigen bekannten Stabspannungen schon in richtiger Lage zueinander vorfindet.

Zu diesem Zwecke müssen wir uns zunächst die geometrischen Beziehungen zwischen der Binderfigur und dem Kräfteplane klar machen. Zur Bindergestalt oder dem Lageplane wollen wir hierbei auch die Richtungslinien der äußeren Kräfte (der Lasten und der Auflagerkräfte) rechnen. Dann ist zunächst klar, daß jeder Linie in der einen Figur eine zu ihr parallele Linie in der anderen Figur entsprechen muß, wenn der Kräfteplan so gezeichnet ist, wie wir ihn wünschen. Ferner entspricht jedem Eckpunkte in der Binderfigur ein Polygon im Kräfteplane, nämlich das diesem Knotenpunkte zugehörige Krafteck.

Man kann aber leicht zeigen, daß auch umgekehrt jedem Punkte im Kräfteplane, an dem mehrere Stabspannungen aneinander stoßen, ein Polygon in der Binderfigur entsprechen muß. Dies soll zunächst an dem bereits in Abb. 11 vorliegenden Kräfteplane nachgewiesen werden. Man betrachte etwa den Punkt, in dem die Seiten 1, 2, 3 zusammenstoßen. Dieser Punkt wird (ebenso wie jeder andere, von dem keine der äußeren Kräfte ausgeht) während der Konstruktion des Kräfteplanes zuerst durch Schnitt von zwei Linien (hier der Linien 1 und 2) gefunden. Diese beiden Linien gehören zu einem Kraftecke, das sich auf einen der Knotenpunkte (hier I) des Binders bezieht. Demnach gehen die Seiten 1 und 2 im Binder jedenfalls von einem Punkte (nämlich hier von I) aus, und sie schließen sich daher schon so aneinander wie zwei aufeinanderfolgende Seiten in einem Polygone. Man wird zugleich bemerken, daß dieser Schluß ganz allgemein und nicht nur für das hier zur Erleichterung der Vorstellung gewählte Beispiel zutrifft; wenn man dieses entbehren zu können glaubt, möge man den Betrachtungen nur ohne Beachtung des Beispiels folgen, und man wird sie dann unter allen Umständen als zutreffend finden.

Nun bedenke man, daß jeder Stab zwei Knotenpunkte verbindet und daß daher in dem für die ganze Binderfigur bis zu Ende durchgeführten Kräfteplane auch jede Seite, die eine Stabspannung angibt, zu zwei Kraftecken gehört. Bisher haben wir nur eines der Kraftecke ins Auge gefaßt, die im Punkte 1, 2, 3 zusammenstoßen. Die Seite 1 gehört aber jedenfalls noch zu einem zweiten Kraftecke (hier II), und im Punkte 1, 2, 3 muß sich daher an 1 noch eine andere Stabspannung anreihen, da wir angenommen haben, daß im Punkte 1, 2, 3 keine äußeren Kräfte anstoßen sollen. Diese andere Stabspannung (hier 3) greift aber in der Binderfigur mit 1 an demselben Knotenpunkte an, und demnach schließen sich im Binder auch 1 und 3 aneinander an wie zwei aufeinanderfolgende Seiten in einem Polygone.

Aber auch die Stabspannung 3 kommt jedenfalls noch in einem anderen Kraftecke vor. Am Punkte 1, 2, 3 muß sich daher außer 1 auch noch eine andere Stabspannung (hier 2) an sie anschließen, und wir schließen wieder wie vorher, daß sich beide (nämlich 3 und 2) in der Binderfigur an dem betreffenden Knotenpunkte (III) aufeinander folgen müssen. Im vorliegenden Falle sind wir damit schon zur ersten Stabspannung zurückgelangt, von der wir bei dieser Betrachtung ausgingen. In der Binderfigur schließen sich alle, wie bewiesen, aneinander an, und wenn wir zur ersten zurückkehren, so bilden sie dort ein geschlossenes Polygon. Zugleich erkennt man aber, daß dieselbe Schlußweise, wenn mehr als drei Stabspannungen an einem Punkte des Kräfteplans zusammenstoßen sollten, in der gleichen Art fortgesetzt werden könnte, bis man schließlich wieder, nachdem alle anderen Seiten erschöpft sind, zur ersten zurückkommen müßte. Hiernach ist ganz allgemein bewiesen, daß jedem Eckpunkte eines reziproken Kräfteplanes, von dem keine äußeren Kräfte ausgehen, ein geschlossenes Polygon in der Binderfigur entsprechen muß, dessen Ecken durch Knotenpunkte gebildet werden. So gehört auch zur Ecke 3, 4, 5 in Abb. 11 das Dreieck 3, 4, 5 in der Binderfigur Abb. 9.

Es bleibt uns noch übrig, jene Ecken im Kräfteplane zu betrachten, von denen auch äußere Kräfte ausgehen. Eine äußere Kraft kommt im Gegensatze zu den Stabspannungen immer nur in einem Kraftecke vor, nämlich in jenem, das zu dem Knotenpunkte gehört, an dem sie angreift. Daraus folgt, daß im vollständigen reziproken Kräfteplane von einer Ecke niemals bloß eine einzige äußere Kraft ausgehen kann, sondern entweder gar keine oder zwei oder auch vier oder überhaupt eine gerade Anzahl. Um dies zu beweisen, nehme man an, es gehe nur eine einzige äußere Kraft von der Ecke aus. Diese gehört zu einem Kraftecke, in dem außer ihr noch eine Stabspannung vorkommt, die wir (ohne Bezugnahme auf das vorige Beispiel) mit 1 bezeichnen wollen. Die Spannung 1 kommt dann noch in einem zweiten Kraftecke vor, in dem sich eine andere Spannung 2 an sie in der betrachteten Ecke anschließt. Auch 2 gehört noch zu einem zweiten Kraftecke, von dem wieder eine neue Stabspannung 3 an der Ecke vertreten ist, und so fort. Haben wir in dieser Weise alle Stabspannungen erschöpft, so bleibt schließlich eine übrig, die nur noch in einem Kraftecke vorkäme. Bei einem Kräfteplane, wie wir ihn voraussetzen, ist dies aber nicht möglich, da in ihm jede Seite zu zwei Kraftecken gehören soll. In der Tat kann also nicht eine einzige äußere Kraft von der Ecke ausgehen, sondern es muß noch eine zweite hinzukommen, die sich mit der vorher übriggebliebenen Stabspannung zum letzten Kraftecke zusammenschließt. Ebenso kann man beweisen, daß die Zahl der äußeren Kräfte an der Ecke jedenfalls gerade sein muß, wenn mehr als zwei vorkommen sollten. Im übrigen kommt dieser Fall bei den einfacheren Aufgaben, die wir jetzt im Auge haben, überhaupt nicht vor.

Gehen von jeder Ecke des Kräfteplanes entweder gar keine oder zwei, aber nicht mehr als zwei Strecken aus, die äußere Kräfte darstellen, so folgt, daß alle Ecken, an denen sie vertreten sind, durch diese Strecken zu einem geschlossenen Vielseite verbunden werden. Unter Umständen kann dieses Vielseit auch in eine Gerade übergehen, nämlich immer dann, wenn die äußeren Kräfte alle parallel zueinander sind. Damit überhaupt Gleichgewicht möglich sei, muß die geometrische Summe der äußeren Kräfte gleich Null sein. Wir sehen nun, daß das geschlossene Vielseit der äußeren Kräfte, das die Erfüllung dieser Bedingung vor Augen führt, ebenfalls in dem Kräfteplane mit enthalten sein muß. Dies gibt uns einen weiteren Fingerzeig dafür ab, wie man den Kräfteplan einrichten muß, damit er unseren Wünschen entspricht: jede äußere Kraft, die neu hinzukommt, muß an einem Endpunkte der vorigen angesetzt werden. Darin unterschied sich auch in der Tat die Anordnung der Abb. 10 von der in Abb. 11. Während bei der früheren Figur die äußere Kraft P im Kraftecke II so angetragen wurde, daß beide Kraftecke auseinanderfielen, ließ man diese in Abb. 11 sich überdecken und reihte P an den Endpunkt des Auflagerdrucks $1\frac{1}{2}\,P$ an, der im vorigen Kraftecke I vorkam, und zwar so, daß sich die Pfeile

beider äußeren Kräfte an dem gemeinsamen Punkte aufeinanderfolgen.

Kämen schließlich an einer Ecke des Kräfteplanes vier äußere
Kräfte vor, so fielen an dieser Stelle zwei Ecken des Kraftecks der
äußeren Kräfte zusammen, oder mit anderen Worten, das Krafteck
zerfiele in zwei geschlossene Polygone mit einer gemeinsamen Ecke,
und ähnlich wäre es in noch verwickelteren Fällen, die hier keine
weitere Besprechung erfordern. Dagegen sei noch darauf hingewiesen,
daß an einer Ecke des Kräfteplanes auch nur zwei äußere Kräfte
und gar keine Stabspannung vorkommen könnten. Dann würden
aber in der Binderfigur beide äußeren Kräfte zu demselben Knotenpunkte gehören. Man kann diese Ecke aus dem Kräfteplane abschneiden, indem man die anderen Endpunkte beider Kräfte miteinander verbindet. Diese Verbindungslinie stellt dann die Resultierende
der beiden äußeren Kräfte an dem Knotenpunkte dar.

Ferner folgt noch aus den vorhergehenden Betrachtungen, daß
jedem Punkte des Kräfteplanes, von dem zwei äußere Kräfte und
eine beliebige Zahl Stabspannungen ausgehen, im Lageplane ein
Linienzug entspricht, der mit der Richtungslinie von einer der
äußeren Kräfte beginnt, sich den Stäben entlang fortsetzt und
mit der Richtungslinie der anderen äußeren Kraft aufhört. Dieser
Linienzug stellt zwar nicht gerade ein Polygon im Sinne der
Planimetrie dar; wir können aber diese Bezeichnung im erwei-
terten Sinne darauf übertragen. Dann läßt sich aussagen, daß
die Binderfigur in ebenso viele Polygone zerlegt werden kann,
als Ecken im Kräfteplane vorkommen, und daß ferner auch jede
Seite in der Binderfigur zweien dieser Polygone gemeinsam ist.
Hiermit zeigt sich aber, daß zwischen dem Lageplane und dem
Kräfteplane eine wechselseitige Beziehung besteht, die für beide
in der gleichen Art gilt. Jeder Ecke in der einen Figur
entspricht ein Vielseit in der anderen, und jeder Seite
eine zu ihr parallele Seite. Rein geometrisch betrachtet,
könnten daher beide Figuren auch die Rollen miteinander vertauschen, d. h. man kann ebensogut die Aufgabe stellen und
lösen, zu dem gegebenen Kräfteplane einen zugehörigen Lageplan zu konstruieren, als umgekehrt. Zwei Figuren, die in dem
näher bezeichneten Verhältnisse stehen, bezeichnet man in der
graphischen Statik als reziprok zueinander.

§ 5. Herstellung des reziproken Kräfteplanes nach dem Verfahren von Bow.

Wir sind vorher von der Absicht ausgegangen, einen Kräfteplan zu zeichnen, dem wir die Stabspannungen des Binders entnehmen können, und sind dann zu dem Schlusse gelangt, daß der möglichst einfache Kräfteplan in einer gewissen geometrischen Verwandtschaft zur Binderfigur stehen müsse. Dadurch sind wir jetzt in den Stand gesetzt, die Aufgabe von einer ganz anderen Seite her anzugreifen. Wir brauchen gar nicht mehr von dem Kräfteplane zu reden, sondern nur noch von der dem Binder reziproken Figur, die wir rein geometrisch, ohne auf ihre mechanische Bedeutung zu achten, aufbauen können. Nur beim Anfange der Zeichnung nehmen wir darauf Rücksicht, daß die Figur nachher als Kräfteplan angesehen werden soll, indem wir mit dem Kraftecke der äußeren Kräfte, die hierbei im Maßstabe aufgetragen werden müssen, beginnen. Nachher denken wir aber bei der Fortsetzung der Zeichnung nur noch an die reziproke Figur, die wir herzustellen wünschen. Dabei leistet die von Bow eingeführte Bezeichnung, bei der nicht die Stäbe und Knotenpunkte des Binders, sondern die Vielseite des Lageplans einzeln aufgeführt werden, sehr gute Dienste. Ein einfaches Beispiel wird dies am besten zeigen.

Abb. 12a gibt einen Binder an, der etwa als Brückenträger angesehen werden kann, und an dem in einem Knotenpunkte der unteren Gurtung die einzige Belastung P angreift. Kommen mehr Lasten vor, so ändert sich zwar nicht viel; wir wollen uns aber zunächst auf den einfachsten Fall beschränken. Der Untergurt ist geradlinig angenommen; der Obergurt bilde einen beliebigen Linienzug, der nicht symmetrisch zu sein braucht. Die Einzellast P bringt beiderseits Auflagerkräfte von den Größen $\frac{1}{2}P$ und $\frac{1}{2}P$ hervor. Den Kräfteplan in Abb. 12b beginnen wir mit dem Vielseite für die drei äußeren Kräfte. Die Seiten und Ecken des Kraftecks fallen hier freilich auf eine Gerade, da die Kräfte alle gleichgerichtet sind. Wir wollen uns aber dadurch nicht stören lassen, in der durch die drei Ecken und ihre Verbindungsstrecken gebildeten geradlinigen Figur ein Dreieck zu erblicken. In der Abbildung ist dieses Dreieck *abc* durch einen starken, in lotrechter Richtung gehenden Strich angegeben. Die Seite *ab* stellt die Belastung *P*, *ac* den linken und *cb* den rechten Auflagerdruck dar. Die Pfeile sind in der Figur weggelassen, weil sich die Strecken überdecken; man hat sie sich aber entsprechend hinzuzudenken.

Nun suchen wir im Lageplan die Vielseite auf, die den Ecken *a, b, c* des Polygons der äußeren Kräfte im Kräfteplane entsprechen. Im Punkte *a* stoßen im Kräfteplane die Last *P* und der linke Auflagerdruck zusammen. Daher muß nach den Betrachtungen im vorigen Paragraphen dem Punkte *a* ein Linienzug im Binder entsprechen, der mit der Richtungslinie des linken Auflagerdrucks beginnt und mit der Richtungslinie von *P* schließt, während die zwischenliegenden Seiten jedenfalls aus Stäben gebildet werden. Dieser

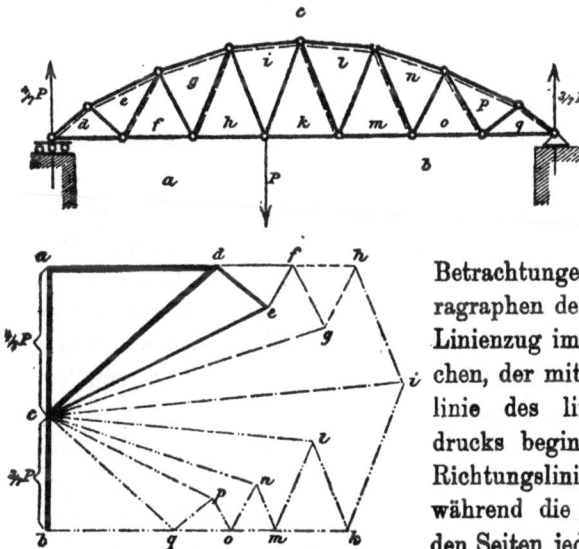

Abb. 12a und 12b.

Überlegung entsprechend sind die Buchstaben *a, b, c* in die Figur eingeschrieben; sie bedeuten alle drei offene Vielseite, d. h. solche, die mit der Richtungslinie einer äußeren Kraft anfangen und mit einer anderen endigen.

Allen anderen Punkten des Kräfteplanes, die zu *a, b, c* noch hinzukommen, können im Lageplane nur geschlossene Polygone entsprechen, deren Seiten aus Stäben gebildet werden. Bei den einfachen Bindern sind diese Vielseite stets die Dreiecke, durch deren Aufeinanderfolge die geometrische Figur des Binders entstanden gedacht werden kann. Wir schreiben demnach die Zeichen *d, e, f* usf. in die Stabdreiecke ein. Unsere Aufgabe besteht dann, geometrisch gesprochen, darin, die diesen Polygonen *d, e, f,* ... im Kräfteplane entsprechenden Punkte aufzusuchen.

Punkt *d* kann leicht gefunden werden. Das Dreieck *d* in der Binderfigur grenzt nämlich zu beiden Seiten an die Vielseite *a* und *c* an, die im Kräfteplane bereits durch Punkte vertreten sind. Unter *ad* sei der Stab verstanden, der den Polygonen *a* und *d* gemeinsam ist, also der erste Stab des Untergurts. In derselben Weise können auch alle anderen Stäbe durch Angabe der in ihnen aneinander grenzenden Polygone angegeben werden. Wir brauchen jetzt nur die Linien *ad* und *cd* im Kräfteplane von den bekannten Punkten *a* und *c* aus parallel zu den gleichbezeichneten Stäben der Binderfigur zu ziehen; der Schnittpunkt liefert den Punkt *d*.

Dann folgt Punkt *e*. Das Dreieck *e* in der Binderfigur grenzt an *c* und *d* an; wir ziehen also von den bereits bekannten Punkten *c* und *d* im Kräfteplane Parallelen zu den Richtungen der Stäbe *ce* und *de*. Der Schnitt gibt den Punkt *e*. Ebenso grenzt nachher *f* an *a* und *e* an, und Punkt *f* wird daher von *a* und *e* aus mit Hilfe der Parallelen zu den Stäben *af* und *ef* gefunden. In dieser Weise fährt man fort bis zum rechten Ende des Binders hin, also bis zum Punkte *q* im Kräfteplane. Man muß nur nach Überschreitung des Knotenpunktes, an dem die Last *P* angebracht ist, beachten, daß die Dreiecke *k, m* usf. nicht mehr an *a*, sondern an *b* angrenzen. Die Punkte *k, m, o, q* liegen daher auf der durch *b* gezogenen Wagrechten.

Eine besondere Bemerkung ist nur noch hinsichtlich des letzten Punktes *q* zu machen. Das Dreieck *q* in der Binderfigur grenzt nämlich an die Vielseite *b, c* und *p* an, die alle drei schon durch Punkte im Kräfteplane vertreten sind. Hiernach müssen sich die drei durch diese Punkte zu den Stäben *bq, cq* und *pq* gezogenen Parallelen in demselben Punkte *q* schneiden. Zieht man also die Linie *pq* parallel zum Stabe *pq* und sucht deren Schnitt *q* mit der durch *b* gelegten Wagrechten auf, so muß die Verbindungslinie *cq* von selbst parallel zum Stabe *cq* gehen.

Hiermit erhält man eine sehr willkommene Probe für die Richtigkeit und Genauigkeit der Zeichnung. Hätte man z. B. die Auflagerkräfte nicht richtig gewählt, würde also Punkt c auf der Geraden ab nicht an der richtigen Stelle sitzen, so könnte man die ganze Zeichnung zunächst genau so wie vorher auftragen, die Verbindungslinie cq würde aber dann nicht parallel zum Stabe cq laufen, und wir würden dadurch auf den begangenen Fehler aufmerksam gemacht.

Auch in Abb. 12b sind, wie schon in Abb. 11, die zuerst zu ziehenden Linien stark ausgezogen, die folgenden schwächer, dann gestrichelt, mit Strichpunkten usf. Dem Anfänger soll hierdurch der Überblick über die Entstehungsart der Figur erleichtert werden.

Nachdem die reziproke Figur konstruiert ist, überzeuge man sich davon, daß sie in der Tat als der Kräfteplan des Binders aufgefaßt werden kann. Zu diesem Zwecke greife man irgendeinen Knotenpunkt des Binders heraus und suche das ihm zugehörige Krafteck im Kräfteplane auf. In jenem Punkte z. B., an dem die Last P angreift, stoßen die Vielseite a, h, i, k, b des Lageplans zusammen; wir können ihn geradezu als den Knotenpunkt $ahikb$ bezeichnen. Ihm entspricht im Kräfteplane das gleichbezeichnete Krafteck $ahikb$, und in derselben Weise kann zu jedem Knotenpunkte das zugehörige Krafteck angegeben werden. — Wir haben ferner noch die Vorzeichen der Stabspannungen festzustellen. Am einfachsten geschieht dies für jene Stäbe, die von einem Knotenpunkte ausgehen, an dem zugleich eine äußere Kraft angreift, weil deren Pfeil von vornherein bekannt ist. Im Kraftecke $ahikb$ stellt die Seite ab die Last P mit dem Pfeile nach abwärts dar. Daraus folgt z. B. der Pfeil von bk, sofern er auf den Knotenkunkt $ahikb$ bezogen wird, nach rechts hin usf. Trägt man diese Pfeile an dem Knotenpunkte in der Binderfigur ab, so überzeugt man sich, daß alle vier von diesem Knotenpunkte ausgehenden Stäbe gezogen sind. Um die Pfeile der Stabspannungen für einen Knotenpunkt, an dem keine äußere Kraft angreift, ermitteln zu können, muß man von einem Stabe ιs Vorzeichen der Stabspannung bereits kennen. So wirken

z. B. am Knotenpunkte *bklm* vier Stabspannungen, die im Kräfteplane das Krafteck *bklm* bilden. Aus der vorhergehenden Betrachtung wissen wir bereits, daß Stab *bk* gezogen ist. Für den
jetzt betrachteten Knotenpunkt geht also der Pfeil von *bk* nach
links; hieraus folgt der Pfeil von *bm* nach rechts, von *ml* nach
rechts oben und von *lk* nach rechts unten. Die Stäbe *bm* und *ml*
sind daher gezogen und *lk* ist gedrückt. Daß in dem Vierecke
bklm drei Punkte und zwei Seiten auf eine Gerade fallen, rührt
nur von dem zufälligen Umstande her, daß der Untergurt des
Binders geradlinig angenommen war. Darum hört aber dieses
Krafteck (ebenso wie die übrigen, bei denen dasselbe zutrifft)
nicht auf, als Viereck zu gelten.

Es kann dem Anfänger nicht eindringlich genug empfohlen werden, der Reihe nach sämtliche Kraftecke im Kräfteplane aufzusuchen
und die Vorzeichen aller Stabspannungen festzustellen. Die gedrück
ten Stäbe sind in der Binderfigur wieder durch beigesetzte Schattenstriche gekennzeichnet.

§ 6. Die Aufeinanderfolge der Pfeile an einer Ecke des reziproken Kräfteplanes.

Die früheren Betrachtungen lehren wohl, daß ein Kräfteplan,
in dem jede Stabspannung nur einmal als Seite auftritt, eine
zum Lageplane reziproke Figur bilden muß Ob aber eine reziproke Figur, die wir zur Binderfigur auf Grund rein geometrischer Überlegungen konstruiert haben, auch umgekehrt einen
Kräfteplan bildet, geht daraus noch nicht deutlich genug hervor.
Man könnte sich zwar, um diesen Zweifel zu heben, damit be-
gnügen, nach Aufzeichnung der Figur nachträglich jedes Krafteck in ihr aufzusuchen und sich davon zu überzeugen, daß in
ihm nicht nur die richtigen Seiten vorkommen (woran auf Grund
der früheren Überlegungen kein Zweifel möglich ist), sondern
daß auch die Pfeile der Stabspannungen in ihm richtig aufeinanderfolgen. Wünschenswert bleibt aber immerhin eine allgemein
gültige Entscheidung der Frage, die uns der Sorge überhebt, in
jedem Einzelfalle von neuem zu prüfen, ob die richtige Aufeinanderfolge der Pfeile gewahrt ist.

Dies lehrt die folgende Überlegung. Man betrachte zunächst irgendeine Ecke a des Kräfteplanes (Abb. 13), von der nur drei Stabspannungen ausgehen mögen. Während der Konstruktion des Kräfteplanes erhält man diesen Punkt zuerst als Schnitt von zwei Stabspannungen, die in Abb. 13 mit 1 und 2 bezeichnet seien. In dem zugehörigen Kraftecke müssen die Pfeile von 1 und 2 aufeinanderfolgen; der eine Pfeil muß also auf die Ecke zu, der andere von ihr ab gerichtet sein. In der Abbildung sind diese Pfeile auf die Linien 1 und 2 selbst eingetragen, und zwar ist jene Stabspannung, deren Pfeil auf die Ecke zu gerichtet ist, mit 1, die andere mit 2 bezeichnet. Offenbar steht es uns nämlich frei, diese Bezeichnungen so zu verteilen, wie es uns beliebt, ohne dadurch die Allgemeingültigkeit der Betrachtung einzuschränken. Späterhin kommt dann die Stabspannung 3 hinzu. Während wir sie ziehen, sind wir im Begriff, ein Krafteck zu zeichnen, in dem außer 3 noch eine der beiden anderen Stabspannungen — sagen wir 2 — vorkommt. In diesem zweiten Kraftecke, das zu dem anderen der durch den Stab 2 in der Binderfigur verbundenen Knotenpunkte gehört, hat aber die Stabspannung 2 den entgegengesetzien Pfeil wie vorher; dieser zweite Pfeil ist neben der Linie 2 in die Abbildung eingetragen. Der Pfeil von 3 im zweiten Kraftecke folgt dann aus der Bedingung, daß er in diesem auf den Pfeil von 2 folgen muß. Er ist von der Ecke a ab gerichtet und so auf die Linie 3 selbst eingetragen. Bei der weiteren Konstruktion des Kräfteplanes kommt man aber noch zu einem dritten Kraftecke, in dem die Spannungen 1 und 3 an der betrachteten Ecke aufeinanderfolgen. Die Frage, um deren Entscheidung es sich handelt, besteht nun darin, ob auch in diesem dritten Kraftecke die Pfeile von 1 und 3, die durch die vorhergehenden Überlegungen bereits festgelegt sind unter allen Umständen richtig aufeinanderfolgen. Man sieht bereits, daß die Frage zu bejahen ist. Im dritten Kraftecke sind nämlich an Stelle der auf die Linien selbst eingetragenen die daneben angegebenen umgekehrten Pfeilrichtungen zu nehmen, und diese folgen in der Tat richtig aufeinander.

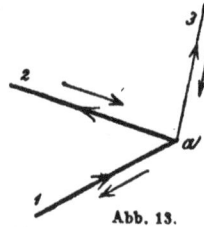

Dies bleibt auch noch gültig, wenn beliebig viele Stabspannungen in derselben Ecke *a* des Kräfteplanes zusammentreffen. Es wird genügen, wenn ich es für 4 Stabspannungen nachweise, da die Betrachtung in anderen Fällen ebenso durchgeführt werden kann. Die Spannungen, durch deren Schnitt die Ecke zuerst gefunden wird, seien wieder mit 1, 2, die beim weiteren Aufbau zunächst hinzutretende mit 3 und die letzte mit 4 bezeichnet. Dabei sollen die Bezeichnungen überdies noch so verteilt sein, daß 2 mit 3 zum zweiten Kraftecke und — wie dies dann nicht anders sein kann — 3 und 4 zum dritten und 1 und 4 zum letzten Kraftecke gehören. Angenommen, der Pfeil von 1 gehe im Kraftecke 1, 2 (wie es der Kürze halber genannt werden kann) auf die Ecke *a* zu; der von 2 ist dann von *a* ab gerichtet. Im Kraftecke 2, 3 hat dann 2 den entgegengesetzten Pfeil, der in Abb. 14 wieder neben die Linie eingetragen ist. Überhaupt sollen die auf die Linien selbst eingetragenen Pfeile immer jene sein, die beim ersten Auftreten dieser Linien gültig sind, während sie beim zweiten Auftreten entgegengesetzt sind und mit dieser Richtung daneben eingetragen wurden. Man sieht jetzt, daß der auf Linie 3 einzutragende Pfeil von *a* ab gerichtet ist. Da sich der Pfeil von 3 beim zweiten Auftreten wieder umkehrt, ist auch der auf 4 selbst einzutragende Pfeil von *a* ab gerichtet. Beim letzten Kraftecke sind sowohl von 4 als von 1 die daneben gezeichneten Pfeile zu nehmen, und diese folgen wieder richtig aufeinander, wie wir es verlangen müssen. Wären noch mehr Stabspannungen von *a* ausgegangen, so wären alle auf die Linien selbst einzutragenden Pfeile von *a* ab gerichtet anzunehmen gewesen, mit Ausnahme von 1. Dies hätte in jedem Falle zuletzt auch zur richtigen Aufeinanderfolge von 1 und der letzten Stabspannung führen müssen. — Wenn der erste Pfeil von 1 etwa entgegengesetzt dem hier angenommenen gewesen sein sollte, so hätte man nur auch alle übrigen umzukehren, ohne daß dadurch sonst etwas geändert würde.

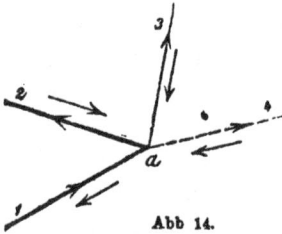

Auch auf den Fall, daß an der Ecke *a* außer Stabspannungen noch zwei äußere Kräfte zusammenstoßen, läßt sich die vorige Überlegung ohne weiteres übertragen. Man muß nur beachten, daß die Pfeile der beiden äußeren Kräfte ebenfalls aufeinanderfolgen müssen, da der Punkt *a* zugleich zum Kraftecke der äußeren Kräfte gehört. Eine der äußeren Kräfte ist daher auf den

Punkt *a* zu, die andere von ihm ab gerichtet. Betrachtet man nun die Stabspannung 1, die zuerst von *a* aus beim Auftragen des Kräfteplanes gezogen wird, so bestimmt sich deren Pfeil aus jenem der äußeren Kraft, die mit ihr zum selben Kraftecke gehört. Beim nächsten Kraftecke, in dem 1 vorkommt, ist deren Pfeil umzukehren, usf. Man findet dann auch im letzten Kraftecke die richtige Aufeinanderfolge der Pfeile an der Ecke *a*.

Aus dieser Untersuchung folgt, daß in der Tat in der zur Bindergestalt reziproken Figur — falls nur die äußeren Kräfte vorher richtig aufgetragen waren — alle Pfeile vorschriftsmäßig aufeinanderfolgen müssen. Die reziproke Figur ist daher der gesuchte Kräfteplan.

Für das Auftragen der Kräftepläne kann man übrigens aus den in diesem und im vorhergehenden Paragraphen durchgeführten Überlegungen einige praktische Regeln ableiten, nach denen man sich in den gewöhnlich vorkommenden einfacheren Fällen zu richten vermag, ohne dabei genötigt zu sein, auf die reziproke Verwandtschaft zwischen Lageplan und Kräfteplan im einzelnen Falle irgendwie näher einzugehen. Wenn es sich nur darum handelt, einem Gehilfen eine Anweisung dafür zu geben, wie er den Kräfteplan zeichnen soll, kann man sich überhaupt auf eine Wiedergabe dieser Regeln als Verhaltungsvorschriften beschränken, ohne sie näher zu begründen. Einem Studierenden gegenüber, der zur Bildung eines eigenen Urteils befähigt werden soll, wäre ein solches Verhalten freilich nicht angebracht. Ich habe daher in den früheren Auflagen dieses Buches davon abgesehen, auf diese Regeln ausdrücklich hinzuweisen, auf die jeder Leser von selbst kommt, der die geometrischen Beziehungen zwischen Trägergestalt und Kräfteplan klar erfaßt hat. Von manchen Lesern wurde aber diese Unterlassung doch als ein Mangel empfunden, dem ich jetzt noch durch die folgenden Bemerkungen abhelfen möchte.

Die am häufigsten angewendeten Trägerarten bestehen nämlich, dem in Abb. 12 auf S. 27 gegebenen Beispiele entsprechend, aus zwei Gurtungen, auf denen alle Knotenpunkte enthalten sind, und aus einem in sich zusammenhängenden Zuge von Füllungsstäben,

die zwischen Obergurt und Untergurt hin und her laufen, so daß
sie eine Zickzacklinie bilden. Anstatt dessen kann man auch
sagen, daß die ganze Bindergestalt eine einfache Dreieckskette
bildet, so daß sich jedes Dreieck an das vorhergehende mit einem
Füllungsstabe anschließt. Dieser besondere Aufbau der Bindergestalt hat auch einen entsprechend einfachen Aufbau des dazu
gehörigen reziproken Kräfteplans zur Folge.

Man kann zunächst sagen, daß sich der Kräfteplan ebenfalls
in drei gesonderte Bestandteile zerlegen läßt. Der erste besteht
aus dem Krafteck der äußeren Kräfte, mit dem man, wie schon
früher bemerkt wurde, beim Auftragen des Kräfteplans in jedem
Falle zu beginnen hat. In diesem Kraftecke muß man die äußeren
Kräfte in derselben Reihe aufeinanderfolgen lassen, in der sie
beim Umfahren der Binderzeichnung in einem bestimmten Umlaufsinne nacheinander angetroffen werden.

Der zweite Bestandteil des Kräfteplans besteht aus der Aufeinanderfolge der Stabspannungen der Füllungsstäbe, die sich
hier ebenfalls zu einer Zickzacklinie aneinanderschließen, deren
Seiten denen der Zickzacklinie der Füllungsstäbe im Lageplan
parallel laufen. In Abb. 12b auf S. 27 ist dies die Zickzacklinie
defghiklmnopq. Der letzte Bestandteil endlich wird aus den
Gurtspannungen gebildet, die zwischen den Ecken des ersten und
des zweiten Bestandteiles verlaufen.

Wenn man diese Gliederung des Kräfteplans als eine Regel
ansieht, die in den gewöhnlich vorkommenden Fällen erfüllt ist,
ersetzt die Kenntnis der Regel die eingehendere geometrische
Betrachtung. Man braucht dann nur noch an die Kraftecke zu
denken, aus denen sich der Kräfteplan zusammensetzt, und bei
jedem neuen Kraftecke, das man an die früheren anreiht, die beiden Parallelen zu den bis dahin noch unbekannt gebliebenen Stabspannungen so zu ziehen, wie es dieser Regel entspricht, also so,
daß sich die Spannung des neu hinzukommenden Füllungsstabs
an die des vorhergehenden anschließt, während die neu hinzu-
kommende Gurtspannung von einer Ecke des Kraftecks der
äußeren Kräfte aus zu ziehen ist.

Anstatt dessen kann man auch sagen, daß die Aufeinander-

folge der Seiten in jedem Kraftecke dieselbe sein muß wie die
Aufeinanderfolge der Stäbe im Knotenpunkte der Binderfigur,
wenn man sie in einem bestimmten Umlaufsinn umkreist. Diese
Regeln können als Gedächtnishilfen recht nützlich sein für den,
der mit dem Aufzeichnen der Kräftepläne schnell zum Ziele
kommen will, und man muß es dem einzelnen überlassen, sie
sich zu diesem Zwecke so zurecht zu legen, wie sie ihm am klar-
sten erscheinen, so daß er sich ihrer jederzeit schnell zu erinnern
vermag. Ein genaues Studium der reziproken Beziehungen zwischen Lageplan und Kräfteplan vermögen sie indessen für den Zweck
einer klaren Erkenntnis des inneren Zusammenhanges dieser Dinge
jedenfalls nicht zu ersetzen.

Anmerkung. Um Mißverständnisse zu vermeiden, mache ich noch
darauf aufmerksam, daß freilich nicht jedem Vielseite, das man aus
beliebig herausgegriffenen zusammenhängenden Stäben in der Binderfigur bilden kann, eine Ecke im reziproken Kräfteplane entspricht.
Betrachtet man z. B. das aus den Dreiecken *d* und *e* in Abb. 12 zusammengesetzte Viereck, so entspricht diesem keine Ecke im Kräfteplane
Die Aufgabe, den Kräfteplan als reziproke Figur zu zeichnen, setzt vielmehr voraus, daß man bereits eine Zerlegung der Binderfigur in solche
Vielseite kennt, deren Seiten nur aus Stäben oder Richtungslinien von
äußeren Kräften gebildet werden, derart, daß in jeder dieser Seiten
zwei der Vielseite aneinandergrenzen. Eine solche Zerlegung zu finden, kann unter Umständen recht schwierig sein. Bei den einfach
gegliederten Bindern, um die es sich in diesem Abschnitte handelt,
ist diese Zerlegung aber von selbst gegeben.

§ 7. Zusammensetzen von Kräften in der Ebene.

Wenn hier und in der Folge von der Zusammensetzung von
Kräften die Rede ist, die nicht alle an demselben Punkte angreifen, so ist in Gedanken überall die Voraussetzung hinzuzufügen, daß die Angriffspunkte alle auf demselben starren Körper
oder auch auf einer Verbindung von Körpern enthalten sein
sollen, die von unveränderlicher Gestalt ist und die daher als ein
einziger starrer Körper aufgefaßt werden kann. Sehr häufig werde
ich von dem starren Körper, an dem die Kräfte angreifen, nicht
einmal den Umriß hinzeichnen, da seine Gestalt für das, was gerade auseinandergesetzt werden soll, gleichgültig ist. Man darf

aber darum niemals außer acht lassen, daß ein solcher Körper hinzugedacht werden muß, da Kräfte, die an verschiedenen starren Körpern angreifen, überhaupt nicht zusammengesetzt werden können.

Wenn die Richtungslinien gegebener Kräfte in einer Ebene liegen, aber nicht parallel zueinander sind, führt das durch Abb. 15a und 15b erläuterte Verfahren am schnellsten zu ihrer Vereinigung. Man suche zuerst den Schnittpunkt A der Richtungslinien von $\mathfrak{P}_1$ und $\mathfrak{P}_2$ in Abb. 15a auf, verlege diese beiden

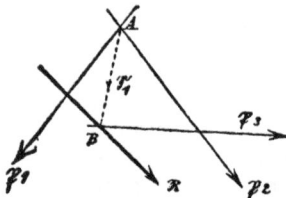 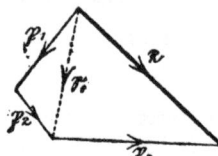

Kräfte nach A als Angriffspunkt und ersetze sie durch ihre geometrische Summe $\mathfrak{S}_1$, die in Abb. 15b mit Hilfe eines Kräftedreieckes gefunden wird. Dann suche

Abb. 15a.   Abb. 15b.

man im Lageplan, also in Abb. 15a, den Schnittpunkt B von $\mathfrak{S}_1$ mit $\mathfrak{P}_3$ auf und setze an diesem $\mathfrak{S}_1$ mit $\mathfrak{P}_3$ auf dieselbe Weise zur Resultierenden $\mathfrak{R}$ zusammen. In der Abbildung waren nur drei gegebene Kräfte angenommen; man sieht aber sofort ein, daß bei einer größeren Zahl dasselbe Verfahren fortgesetzt werden kann, bis schließlich alle Kräfte durch eine einzige Resultierende $\mathfrak{R}$ ersetzt sind.

Natürlich hätte man die Reihenfolge in der Zusammensetzung auch ändern, also z. B. mit der Zusammensetzung von $\mathfrak{P}_1$ und $\mathfrak{P}_3$ beginnen können. Auf das Schlußergebnis kann dies aber keinen Einfluß haben. Dies folgt daraus, daß eine auf diesem Wege gefundene Resultierende die gegebenen Kräfte (sofern von der Verteilung der inneren Kräfte im starren Körper abgesehen wird) vollständig ersetzt. Eine einzelne Kraft $\mathfrak{R}$ kann aber niemals durch eine von ihr verschiedene vollständig ersetzt werden. Gelangt man also auf zwei verschiedenen Wegen zu Resultierenden gegebener Kräfte, so müssen beide in jeder Hinsicht, d. h. nach Richtung, Größe und Lage miteinander übereinstimmen.

Sind die Kräfte parallel zueinander, so fügt man zwei neue, $\mathfrak{T}$ und $\mathfrak{T}' = -\mathfrak{T}$ hinzu, die sich gegenseitig aufheben, die sonst aber beliebig in passender Weise gewählt werden können, vereinigt $\mathfrak{T}$ mit $\mathfrak{P}_1$ zu $\mathfrak{S}_1$, dies mit $\mathfrak{P}_2$ zu $\mathfrak{S}_2$ usf. und setzt das letzte $\mathfrak{S}$ mit $\mathfrak{T}'$ zur Resultierenden $\mathfrak{R}$ zusammen. Im I. Bande war dies schon beschrieben, und im nächsten Abschnitte werde ich darauf nochmals ausführlicher zurückkommen.

Im allgemeinen kann man, wie aus diesen Betrachtungen hervorgeht, Kräfte in der Ebene stets durch eine einzige Kraft $\mathfrak{R}$ ersetzen. Nur der eine Ausnahmefall kommt in Betracht, daß man zuletzt auf zwei Kräfte geführt wird, die gleich groß, parallel, aber entgegengesetzt gerichtet sind. Im ersten Bande setzte ich schon auseinander, daß man ein solches „Kräftepaar" auch als gleichwertig mit einer unendlich kleinen Kraft ansehen kann, deren Richtungslinie die unendlich ferne Gerade der Ebene ist. Macht man von dieser Ausdrucksweise Gebrauch, so kann man sagen, daß sich Kräfte in der Ebene immer durch eine einzige Resultierende ersetzen lassen.

§ 8. Zerlegen von Kräften in der Ebene.

Eine gegebene Kraft $\mathfrak{P}$ soll in drei andere zerlegt werden, deren Richtungslinien sonst beliebig vorgeschrieben sind, so jedoch, daß sie mit der Richtungslinie von $\mathfrak{P}$ in derselben Ebene liegen und sich nicht in einem Punkte schneiden. Diese Aufgabe läßt immer eine eindeutige Lösung zu. Dieselbe Lösung bleibt auch noch gültig, wenn verlangt wird, daß sich die drei gesuchten Kräfte mit $\mathfrak{P}$ im Gleichgewichte halten sollen. Nur die Pfeile der gesuchten Kräfte kehren sich in diesem Falle um, während sich sonst nichts ändert.

Die Aufgabe ist ganz ähnlich der in § 2 behandelten, eine gegebene Kraft nach drei nicht in derselben Ebene liegenden, aber durch den gleichen Angriffspunkt gehenden Richtungslinien zu zerlegen. Auch hier kennt man verschiedene Wege, die zum Ziele führen, und der eine, der von Culmann angegeben ist, stimmt im wesentlichen mit dem schon damals beschriebenen Culmannschen Verfahren überein. In Abb. 16a seien 1, 2, 3 die Richtungslinien, nach denen die gegebene Kraft $\mathfrak{P}$ zerlegt werden soll. Man teile die vier Kräfte in zwei Gruppen ein, so daß zur einen Gruppe etwa $\mathfrak{P}$ und 1, zur anderen die Kräfte 2 und 3 gehören. Sollen die Kräfte 1, 2, 3 mit $\mathfrak{P}$ im Gleichgewichte sein,

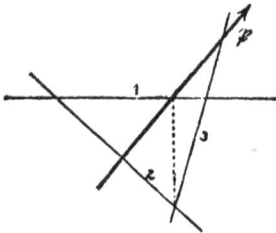 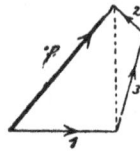

so muß die Resultierende aus $\mathfrak{P}$ und 1 mit der Resultierenden aus 2 und 3 in dieselbe Gerade fallen. Diese Gerade kann nur die Verbindungslinie der Schnittpunkte von $\mathfrak{P}$ mit 1 und von 2 mit 3

Abb. 16a.   Abb. 16b.   sein. Sie ist in den Lageplan gestrichelt eingetragen. Nachdem man die Richtungslinie der Resultierenden aus $\mathfrak{P}$ und 1 kennt, kann man für diese drei Kräfte in Abb. 16b ein Kräftedreieck zeichnen. Daran läßt sich sofort ein zweites anreihen, das der Zusammensetzung von 2 und 3 zu ihrer Resultierenden entspricht, wie es in der Abbildung geschehen ist. Die Pfeile der Kräfte 1, 2, 3 trägt man nachträglich so ein, daß sie unter sich aufeinanderfolgen, dem Pfeile von $\mathfrak{P}$ aber entgegengesetzt sind, falls die 1, 2, 3 die Kraft $\mathfrak{P}$ ersetzen sollen. Sollen sie mit $\mathfrak{P}$ Gleichgewicht halten, so sind die drei Pfeile umzukehren. — Die beiden Zeichnungen in Abb. 16a und 16b können übrigens in dem früher besprochenen Sinne als reziproke Figuren aufgefaßt werden.

Dieselbe Aufgabe kann auch auf Grund des Momentensatzes gelöst werden. Man geht dabei von der Erwägung aus, daß die Summe der statischen Momente aller Kräfte, wenn diese Gleichgewicht miteinander halten sollen, für jeden Momentenpunkt zu Null werden muß. Um hiernach die Kraft 1 in der durch Abb. 16a gestellten Aufgabe zu ermitteln, lege man den Momentenpunkt auf den Schnittpunkt der Richtungslinien von 2 und 3. In der Momentengleichung kommen dann nur die Momente von $\mathfrak{P}$ und 1 vor. Man erkennt zunächst, daß der Pfeil von 1 nach links gehen muß, und findet die Größe von 1 durch Ziehen der Hebelarme (rechtwinklig zu 1 und $\mathfrak{P}$) und Gleichsetzen der Momente. Die Größe von 2 oder 3 findet man auf dieselbe Art unter Verlegung des Momentenpunktes nach dem Schnittpunkte von 1 und 3 oder von 1 und 2. Man kann daher den Schnittpunkt von zwei der gegebenen Richtungslinien auch geradezu als den zur dritten der gesuchten Kräfte gehörigen Momentenpunkt bezeichnen.

Daß die Richtungslinien 1, 2, 3 nicht durch einen Punkt gehen dürfen, wenn die Lösung der Aufgabe möglich sein soll, war schon vorher bemerkt. Gehen sie nicht genau, sondern nur nahezu durch einen Punkt, schneiden also die drei Richtungslinien etwa ein unendlich kleines Dreieck in der Ebene ab, so werden die Kräfte 1, 2, 3 unendlich groß, denn der Hebelarm einer jeden wird für den zugehörigen Momentenpunkt unendlich klein, während das Moment von $\mathfrak{P}$ endlich ist. Auch parallel zueinander dürfen die drei Richtungslinien nicht sein, weil sie sonst niemals eine Resultierende von beliebiger Richtung liefern könnten. Dieser Fall ist indessen im vorigen schon mit enthalten, da auch parallele Linien durch denselben Punkt, nämlich durch den ihnen gemeinsamen unendlich fernen Punkt gehen.

Zwei der Richtungslinien dürfen indessen parallel zueinander sein. Der Momentensatz bleibt in diesem Falle allerdings zur Bestimmung der in der dritten Richtungslinie gehenden Kraft nicht mehr verwendbar, weil der ihr zugehörige Momentenpunkt im Unendlichen liegt. Man hilft sich aber leicht, indem man entweder auf die Culmannsche Methode zurückgreift oder indem man den Komponentensatz an die Stelle des Momentensatzes treten läßt. Nach dem Komponentensatze muß nämlich die algebraische Summe der Projektionen auf jede Gerade, also auch auf eine senkrecht zu den beiden parallelen Richtungslinien gezogene, gleich Null sein. Da in der Komponentengleichung im vorliegenden Falle nur zwei Glieder auftreten, erhält man daraus sofort die Größe der gesuchten Kraft.

§ 9. Anwendung des Momentenverfahrens auf die Berechnung von Fachwerkträgern.

Der Momentensatz wird sehr häufig zur Berechnung der Stabspannungen in Dachbindern oder Brückenträgern benützt. Durch einen solchen Binder kann man nämlich gewöhnlich einen Schnitt in ungefähr senkrechter Richtung legen, der nur drei

Stäbe trifft, deren Richtungslinien nicht durch einen Punkt gehen. Denkt man sich dann die rechte Hälfte des Binders entfernt, so muß die linke Hälfte immer noch im Gleichgewichte bleiben, wenn man an den Stümpfen der durch den Schnitt getroffenen Stäbe Kräfte anbringt, die nach Größe und Richtungssinn mit den vorher in den Stäben übertragenen Stabspannungen übereinstimmen. Von diesen Kräften kennt man die Richtungslinien, und die Lösung der vorher besprochenen Aufgabe führt daher zur Kenntnis der Stabspannungen.

Die Rittersche Methode, wie man dieses Verfahren nach seinem Urheber August Ritter gewöhnlich nennt, tritt demnach in Wettbewerb mit dem früher für die Ermittelung der Stabspannungen angegebenen Verfahren, einen Kräfteplan zu zeichnen. Das frühere Verfahren bleibt freilich immer im Vorteile, sobald man alle Stabspannungen ermitteln soll, die zu einer gegebenen Belastung gehören. Wünscht man aber aus irgendeinem Grunde nur eine einzige Spabspannung zu kennen, während die Spannungen der übrigen Stäbe gleichgültig sind, so kommt man mit der Ritterschen Methode schneller zum Ziele.

Außerdem hat die Rittersche Methode noch den Vorzug, daß sie in manchen Fällen ohne jede Schwierigkeit zur Lösung führt, bei denen der Kräfteplan nach den bisher dafür gegebenen Anleitungen nicht mehr hergestellt werden kann. Ein einfaches Beispiel dafür bildet der sogenannte zusammengesetzte Polonçeau- oder Wiegmannbinder, der in Abb. 17a dargestellt ist. Aus dem einfachen Binder in Abb. 9 (Seite 17) geht er dadurch hervor, daß jeder Stab des Obergurtes sowie die Stäbe 2, 5 und die ihnen auf der anderen Seite von Abb. 9 entsprechenden durch einen in der Mitte liegenden Knotenpunkt in zwei Hälften zerlegt werden, worauf die neu hinzugekommenen Knotenpunkte durch Einfügen von Stäben unter Einhaltung des Dreiecksverbandes gegen die übrigen abgestützt werden. Die Absicht bei der Konstruktion des „zusammengesetzten" Binders in Abb. 17 geht darauf hinaus, eine größere Zahl von Stützpunkten am Binder für die Auflagerung der Dachhaut zu gewinnen. Bei großen Spannweiten würden die Dachsparren bei

der Anordnung in Abb. 9 auf eine zu große Länge frei zu tragen
haben, während in Abb. 17 diese Länge — nämlich der Abstand
zwischen zwei aufeinanderfolgenden Knotenpunkten des Ober-
gurts — auf die Hälfte herabgesetzt ist.

Der Binder in Abb. 17a bildet keinen einfachen Fachwerk-

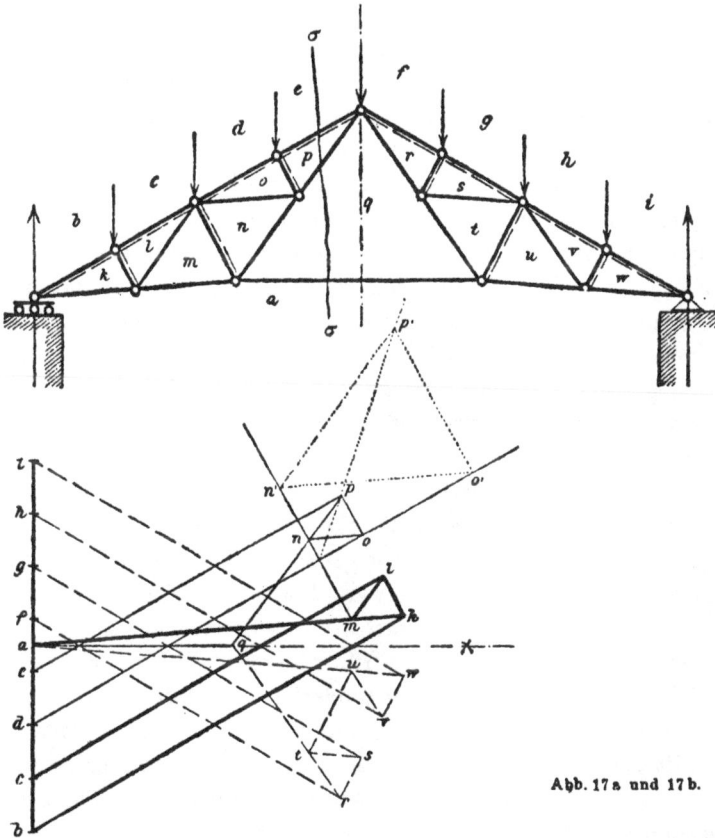

Abb. 17a und 17b.

träger mehr. Er kann nämlich nicht auf die früher angegebene
Art durch Aneinanderfügen von Dreiecken erhalten werden, nämlich nicht so, daß jedes folgende Dreieck mit einer Seite an das
vorhergehende angeschlossen wird. Auf den ersten Blick erkennt
man den Unterschied vielleicht nicht; man bedenke aber, daß
sich das mit q bezeichnete Vielseit gleichzeitig an die beiden

vorhergehenden Dreiecke *n* und *p* mit einer Seite anschließt, was der früher gegebenen Vorschrift widerspricht. In der Tat ist daher *q* auch gar nicht als Dreieck in dem hier in Frage kommenden Sinne aufzufassen, sondern als Fünfeck, von dem nur zweimal zwei Seiten zufällig in je eine Gerade fallen.

Zu ähnlichen Schlüssen gelangt man auch, wenn man von dem fertig vorliegenden Binder die einzelnen Dreiecke wieder abzubauen sucht, so daß man jedes Dreieck längs einer Seite abbricht, in der es mit dem Reste zusammenhängt. Die Dreiecke *k*, *l*, *m* auf der linken Seite und die ihnen entsprechenden *w*, *v*, *u* auf der rechten Seite kann man in dieser Weise nacheinander abbrechen. Dann gelangt man aber auf ein Gebilde, das in der gleichen Weise nicht weiter zerlegt werden kann und das man als die **Grundfigur des Fachwerks** bezeichnet In einem späteren Abschnitte wird auf diese Dinge ausführlicher eingegangen werden. Hier genügt es, wenn im übrigen nur darauf hingewiesen wird, daß die geometrische Gestalt des Binders jedenfalls immer noch unveränderlich ist, solange die Stablängen sich nicht ändern.

In Abb. 17b ist der reziproke Kräfteplan für den Binuer gezeichnet. Er kann zunächst genau so begonnen werden, wie es früher auseinandergesetzt war. Dadurch erhält man die mit starken Strichen ausgezogenen Linien. Sowie man so weit gekommen ist, versagt aber das früher angegebene Verfahren. Das Vielseit *n*, auf das man in der Binderfigur stößt, sobald die Polygone *k*, *l*, *m* erledigt sind, grenzt nur an eines der bereits im Kräfteplane vertretenen, nämlich an *m* an. Man weiß daher nur, daß der Punkt *n* im Kräfteplane auf der durch *m* zum Stabe *m n* gezogenen Parallelen enthalten sein muß.

Auch rein mechanisch betrachtet, ist die Schwierigkeit, auf die man hier stößt, leicht verständlich. Sobald man nämlich alle Stabspannungen bis auf jene, die zur Grundfigur des Binders gehören, ermittelt hat, vermag man keinen Knotenpunkt mehr anzugeben, an dem nur noch zwei der Größe nach unbekannte Kräfte angreifen. In der Grundfigur gehen nämlich, wie man

leicht erkennt, von jedem Knotenpunkte mindestens drei zur
Grundfigur gehörige Stäbe aus.

Für die Rittersche Methode besteht eine solche Schwierigkeit im vorliegenden Falle aber keineswegs. Man vermag nämlich in Abb. 17a den Schnitt σσ zu legen, der durch die Grundfigur geht und nur drei Stäbe trifft, die sich nicht in demselben
Punkte schneiden. Die Spannung des untersten Stabes aq z. B.
kann daher leicht mit Hilfe einer Momentengleichung ermittelt
werden. Der zu diesem Stabe gehörige Momentenpunkt ist der
Scheitelknotenpunkt des Binders. Auch die Spannungen der
übrigen Stäbe können hierauf nach der Ritterschen Methode
ohne Schwierigkeit berechnet werden.

Anstatt dessen kann man auch nach Berechnung der Stabspannung aq mit dem Zeichnen des Kräfteplanes fortfahren. Man
trage zu diesem Zwecke die Spannung aq im Maßstabe von a
aus ab, wodurch man in Abb. 17b zum Punkte q gelangt. Nachdem dieser Punkt bekannt ist, erhält man auf gewöhnliche Art
Punkt n als Schnitt der zum Stabe qn gezogenen Parallelen qn
mit der schon von früher her bekannten Parallelen mn. Ebenso
findet man o und p. Beim Polygone p ist aber zu beachten, daß
dieses an die drei schon im Kräfteplane vertretenen Polygone o,
e und q anstößt. Die zu den drei Anschlußseiten von den Punkten o, e, q des Kräfteplanes gezogenen Parallelen müssen sich
daher von selbst in dem gleichen Punkte p treffen. Dies dient
zur Prüfung nicht nur für die Genauigkeit der Zeichnung, sondern auch für die Richtigkeit der Berechnung der Stabspannung aq nach der Ritterschen Methode. — Nachdem der Kräfteplan bis zum Punkte p konstruiert ist, kann er in derselben
Weise auch für die rechtsseitige Binderhälfte weitergezeichnet
werden. Die zugehörigen Linien sind in Abb. 17 gestrichelt
ausgezogen. Da der Binder symmetrisch gestaltet und symmetrisch belastet sein sollte, wird auch der Kräfteplan symmetrisch; die vom Punkte a aus gezogene Horizontale bildet die
Symmetrieachse.

Freilich kann man die Schwierigkeit, auf die man bei der
Konstruktion des Kräfteplanes stößt, sobald man an der Grund-

figur angelangt ist, auch auf rein geometrischem Wege, ohne Zuhilfenahme der Momentenmethode, überwinden. Diesem Zwecke
dienen die ebenfalls in Abb. 17b eingetragenen punktiert ausgezogenen Linien. Man bedenke nämlich, daß in dem Kraftecke $nopq$, das zu dem gleichnamigen Knotenpunkte des Binders
gehört, zwei Seiten, nämlich nq und pq, wie aus der Binderfigur
hervorgeht, gleichgerichtet sein müssen. Da sie ferner auch von
demselben Punkte q ausgehen, müssen sie demnach auf dieselbe
Gerade fallen. Das gesuchte Krafteck besteht also aus einem
Dreiecke nop und einem auf der Dreieckseite np oder ihrer Verlängerung liegenden Punkte q. Das Dreieck nop muß aber sechs
geometrischen Bedingungen entsprechen, auf Grund deren es gefunden werden kann. Die drei Ecken müssen nämlich auf den
durch die bereits bekannten Punkte m, d, e zu den Stäben mn,
do, ep gezogenen Parallelen liegen, und die Seiten müssen zu den
Stabrichtungen no, op und nq oder pq parallel laufen.

Um das diesen Bedingungen genügende Dreieck nop zu finden,
kann man sich entweder auf den schon in § 2, S. 11 besprochenen
geometrischen Satz über veränderliche Vielecke stützen, der hier
in ganz ähnlicher Weise benutzt werden kann, wie es damals
geschehen war, oder man kann auch ohne Berufung auf diesen
Satz durch eine besondere Überlegung leicht zur Lösung der
Aufgabe gelangen. Wir ziehen nämlich die Linie $n'o'$ in der vorgeschriebenen Richtung no, sonst aber beliebig und von n' und
o' aus Parallelen zu den Richtungen op und nq oder pq. Dadurch
erhalten wir das durch punktierte Linien angegebene Dreieck
$n'o'p'$. Dieses erfüllt fünf der angegebenen Bedingungen, die
sechste aber nicht, da p' nicht auf der von e zum Stabe ep gezogenen Parallelen enthalten ist. Man kann sich unendlich viele
Dreiecke $n'o'p'$ konstruiert denken, und unter ihnen muß auch
das gesuchte Dreieck nop enthalten sein. Nach dem in Erinne-
rung gebrachten Satze liegen alle Punkte p' dieser Dreiecke auf
einer Geraden. Dies folgt indessen auch aus der Bemerkung, daß
offenbar alle diese Dreiecke ähnlich sind und ähnlich zueinander
liegen. Für sie bildet der Schnittpunkt der Linien mn und do
das Ähnlichkeitszentrum, und auf einer von diesem Punkt aus-

gebenden Geraden müssen daher auch alle Eckpunkte p' enthalten sein. Man erhält diese Gerade als Verbindungslinie des Ähnlichkeitszentrums mit dem Eckpunkte p' des zuerst gezeichneten Dreiecks. Der Punkt p des gesuchten Dreieckes wird nun ohne weiteres als Schnittpunkt der gezogenen Verbindungslinie mit der bereits bekannten Richtungslinie ep gefunden. Von da aus erhält man sofort auch die Punkte n und o, sowie in der Verlängerung von np den Punkt q. Hiermit sind wir zu demselben Ergebnisse gelangt, das vorher unter Zuhilfenahme der Ritterschen Methode abgeleitet worden war.

Schließlich muß noch einer wichtigen Verwendung der Ritterschen Methode gedacht werden. Bisher war nämlich immer nur von der Ermittelung der Stabspannungen die Rede, die zu einem bestimmten, gebenen Lastsysteme gehören. Bei der Berechnung von Dachbindern kommt man damit freilich gewöhnlich aus, indem man außer auf gleichförmig verteilte senkrechte Lasten nur noch auf die Belastung durch Winddruck zu achten braucht. Diese erfordert zwar die Herstellung weiterer Kraftpläne, die aber genau so wie in den vorhergehenden Fällen erfolgen kann. Anders ist es aber bei Brückenträgern. Die Lasten können hier auf sehr verschiedene Arten verteilt sein, und man steht dann vor der Frage, bei welcher Lastverteilung die größte Spannung in einem bestimmten Stabe hervorgerufen wird. In diesem Falle braucht man sich in der Tat jeweilig nur um eine einzige Stabspannung zu kümmern, während die übrigen einstweilen gleichgültig sind. Das Rittersche Verfahren ist dann allein praktisch brauchbar. Man verfährt so, daß man zunächst nur eine Belastung des Trägers durch eine Einzellast ins Auge faßt. Nach dem Ritterschen Verfahren läßt sich schnell entscheiden, bei welchen Stellungen dieser Last Zug- oder Druckspannungen in dem betrachteten Stabe hervorgerufen werden. Dann weiß man, welche Stellen des Trägers möglichst viel oder möglichst wenig belastet werden müssen, um die größte Zug- oder Druckspannung in dem Stabe hervorzubringen.

Aufgaben.

1. Aufgabe. Vier gleich lange Stangen sind an den Enden gelenkförmig miteinander verbunden; außerdem ist ein Diagonalstab d eingeschaltet (vgl. Abb. 18a). Man soll die Spannung in d ermitteln, wenn das Vieleck längs der anderen Diagonalen mit einer Kraft P zusammengedrückt wird. In welcher Beziehung steht das Verhältnis der Kräfte P und S_d zu den Längen der Diagonalen im Rhombus?

Lösung. Abb. 18b gibt den Kräfteplan an, der zu der angenommenen Belastung der Stangenverbindung gehört. Er konnte leicht als reziproker Kräfteplan eingerichtet werden. Man erkennt, daß im vor-

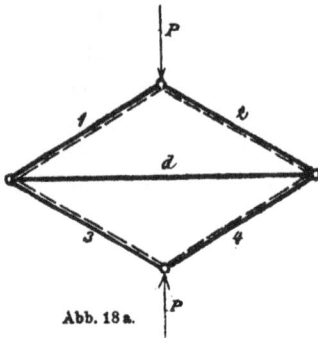

Abb. 18a.

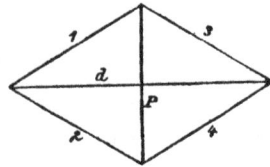

Abb. 18b.

liegenden Falle der Kräfteplan zugleich der Figur der Stangenverbindung ähnlich ist. Freilich entsprechen sich die ähnlich liegenden Seiten in beiden Figuren nicht einander. Die Last *P* und die Spannung in *d* verhalten sich, wie aus dem Vergleiche beider Figuren hervorgeht, wie die beiden Rhombusdiagonalen zueinander.

2. Aufgabe. Man soll den Kräfteplan für den in Abb. 19a gezeichneten Dachbinder auftragen. Die an den Knotenpunkten des Obergurtes angreifenden Lasten sind alle senkrecht und gleich groß.

Lösung. In solchen Fällen wird man den Kräfteplan immer als reziproken einrichten. Ich will das Verfahren hier gleich so beschreiben, wie man es handhabt, wenn man schon eine gewisse Übung er-

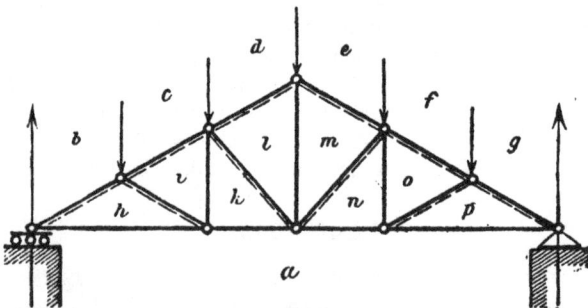

Abb. 19a.

langt hat. Von früher her ist bekannt, daß man den reziproken Kräfteplan mit dem Kraftecke der äußeren Kräfte beginnen muß. Man zieht also eine Senkrechte, trägt die fünf Knotenpunktlasten darauf ab,

schreibt die Buchstaben *b* bis *g*, den im Binder bereits eingetragenen
Bezeichnungen entsprechend, bei, halbiert die Strecke *bg*, beachtet,
daß nun jede der beiden Hälften einen Auflagerdruck bedeutet, und
schreibt dem Halbierungspunkte hiernach den Buchstaben *a* bei. Die
doppelt zu denkende Strecke *bcdefgab* bildet das Krafteck der äußeren Kräfte.

Nun zieht man durch *a* eine Wagrechte und bedenkt, daß auf
dieser sämtliche Stabspannnngen des Untergurtes übereinander von
a aus abgeschnitten werden müssen, d. h. die den Polygonen *h, k, n, p*
in der Binderfigur entsprechenden Punkte des Kräfteplanes müssen
auf jener Wagrechten liegen. Ebenso zieht man sofort durch die
Punkte *b, c, d* Parallelen zum linksseitigen und durch *e, f, g* Parallel-
len zum rechtsseitigen Obergurt des Binders. Auf diesen müssen die
Punkte enthalten sein, die den an
den Obergurt angrenzenden Polygonen *h, i, l* und *m, o, p* des Binders entsprechen. Man braucht zwar
diese Parallelen erst nach und nach
für die Konstruktion des Kräfteplanes; es ist aber am vorteilhaf-
testen, sie alle gleich auf einmal zu
ziehen, weil man damit Zeit und
Mühe spart und auch größere Genauigkeit erzielen kann, als wenn
man später jede einzelne. für sich
zöge.

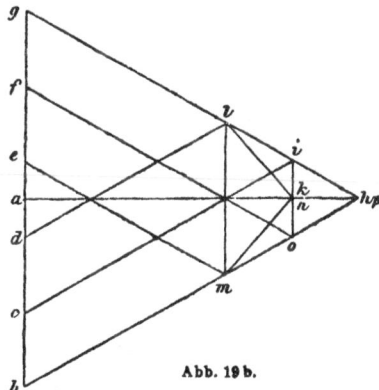

Abb. 19 b.

Nachdem die Parallelen zu den
Gurtstäben alle gezogen sind, sucht
man den Punkt *h* auf, der als Schnitt von zwei bereits vorhandenen
Linien gefunden wird, zieht dann der Reihe nach die Parallelen *hi*,
ik, *kl* usf., womit schnell alle Punkte des Kräfteplanes gefunden
werden. Beim Ziehen dieser Linien braucht man übrigens nicht mehr
an die reziproke Figur zu denken. Es ist vielmehr besser, wenn man
dabei den Kräfteplan sofort als solchen, d. h. als Aneinanderreihung
von Kraftecken auffaßt. Beim Aufsuchen des in Abb. 19 b mit *h* bezeichneten Punktes denke man also sofort an das Kräftedreieck *ahb*,
beim Aufsuchen von *i* an das Kräfteviereck *bcih*, das dem gleichbezeichneten Knotenpunkte des Binders entspricht, und ermittele hieraus das Vorzeichen der Stabspannungen. — Auch das Einschreiben
der Bowschen Bezeichnung der Polygone in die Binderfigur wird für
den Geübten bald entbehrlich; man kann dann wieder zu der in
anderer Hinsicht bequemeren Numorierung der Stäbe übergehen.
Für die erste Einübung und solange man sich noch nicht recht

sicher fühlt, wird aber die Bowsche Bezeichnung die besseren Dienste tun.

3. *Aufgabe. Man soll den Kräfteplan für den durch Winddruck
einseitig belasteten Dachbinder in Abb. 20a zeichnen.*

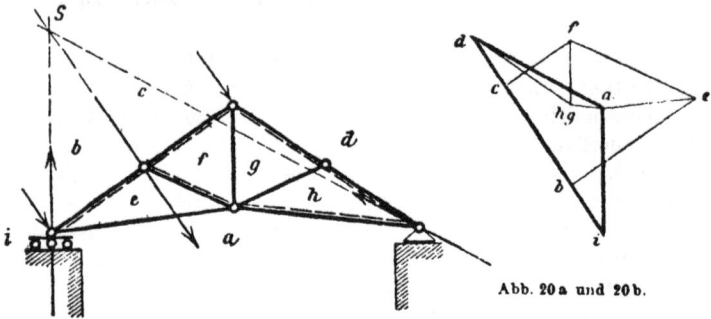

Abb. 20a und 20b.

Lösung. Zuerst sind die durch die Windbelastung hervorgerufenen Auflagerkräfte zu ermitteln. In Abb. 20a ist angenommen, daß
die zum beweglichen Auflager gehörige Dachseite belastet ist. Die
Resultierende des Winddruckes geht durch den in der Mitte der Dachseite gelegenen Knoten-
punkt und steht senkrecht
zur Dachfläche. Mit dieser
Resultierenden müssen die
beiden Auflagerkräfte im
Gleichgewicht stehen. Die
Richtungslinien aller drei
Kräfte müssen sich daher
in einem Punkte schneiden.
Da im beweglichen Auf-
lager (von der geringen rol-
lenden Reibung abgesehen)
nur ein senkrecht zur Auflagerbahn stehender Auf-
lagerdruck übertragen werden kann, findet man den
Schnittpunkt S der drei
Kräfte und hiermit auch
die Richtungslinie des im
festen Auflager übertragenen Auflagerdruckes ohne
weiteres. Nach dieser Vorbereitung kann man mit

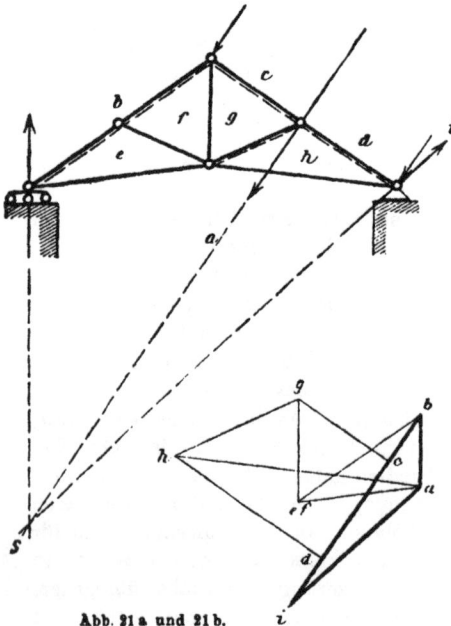

Abb. 21a und 21b.

dem Aufzeichnen des Kräfteplanes in Abb. 20 b sofort beginnen. Man trägt zuerst den ganzen Winddruck auf und zieht Parallelen zu den Richtungslinien beider Auflagerkräfte. Dann teilt man den Winddruck noch in die zu den drei Knotenpunkten gehörigen Teile dc, cb und bi ein. Dann bleibt nur noch übrig, die zum Binder reziproke Figur zu konstruieren, was genau so wie in den vorhergehenden Fällen ausgeführt werden kann. Dabei findet man, daß die Punkte g und h zusammenfallen. Der Stab gh ist nämlich bei diesem Belastungsfalle spannungslos.

4. *Aufgabe. Dasselbe für den Fall, daß die Windbelastung auf die zum festen Auflager gehörige Dachseite entfällt (Abb. 21a).*

Lösung. In bezug auf Windbelastung ist der Träger nicht symmetrisch, da sich die zum festen Auflager gehörige Dachseite anders verhält als die jenseitige. Man muß daher in allen solchen Fällen zwei Kräfte-

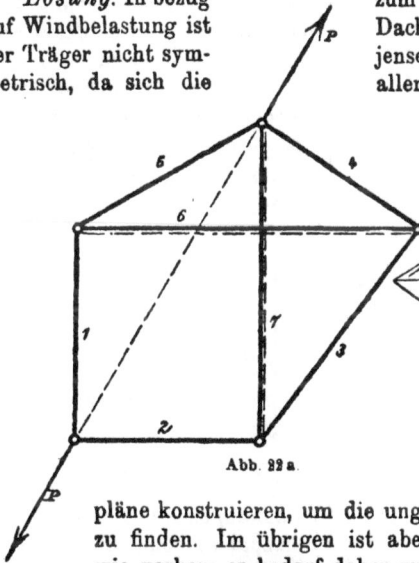
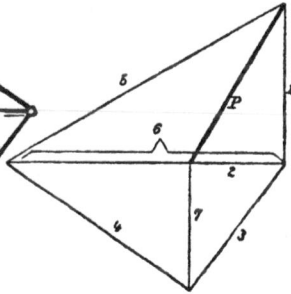

Abb. 22 a.   Abb. 23 b.

pläne konstruieren, um die ungünstigsten Stabspannungen zu finden. Im übrigen ist aber das Verfahren genau so wie vorher; es bedarf daher zu Abb. 21 b keiner besonderen Erläuterung.

5. *Aufgabe. An dem durch Abb. 22a dargestellten Stangenfünfecke mit den sich überkreuzenden Diagonalstäben 6 und 7 greifen die beiden Kräfte P als Lasten an; man soll die Stabspannungen ermitteln.*

Lösung. Man beginnt mit dem Knotenpunkte, in dem die Stäbe 1 und 2 zusammenstoßen, da an ihm nur zwei der Größe nach unbekannte Kräfte angreifen; dann geht man zum Knotenpunkte 1, 5, 6 oder auch zu 2, 7, 3 über usf. Wünscht man, daß der Kräfteplan ein reziproker wird wie in Abb. 22 b, so läßt sich dies auch leicht nach einigem Probieren erreichen. Im übrigen ist darauf in solchen Fällen nicht viel Wert zu legen, da ein beliebig angeordneter anderer Kräfteplan die gleichen Dienste tut. — Eine einfache Regel für die Herstellung des reziproken Kräfteplanes läßt sich im vorliegenden Falle deshalb nicht geben, weil nicht unmittelbar klar ist, wie man die Figur des Stabwerkes in Vielseite zerlegen kann, so daß jede Richtungslinie als gemeinschaftliche Seite in zwei aneinandergrenzenden Vielseiten auftritt. Die Zerlegung ist freilich möglich; die Vielseite greifen aber dann übereinander. Es sind die offenen Züge P, 1, 5, P und P, 2, 7, P, ferner die geschlossenen Vielseite 1, 2, 3, 6; 3, 4, 7 und 4, 5, 6.

Eine andere Lösung derselben Aufgabe ist in den Abb. 23 dargestellt. Bei ihr ist angenommen, daß die sich überkreuzenden Stäbe 6 und 7 an der Kreuzungsstelle miteinander verbunden seien. Je- der von beiden Stäben zerfällt dann in zwei andere; man hat daher zwei Unbekannte mehr, wofür aber auch ein neuer Knotenpunkt hinzutritt, für den Gleichgewicht bestehen muß. Solange dieser Knotenpunkt nicht durch äußere Kräfte belastet wird, ändert sich durch die Ver-

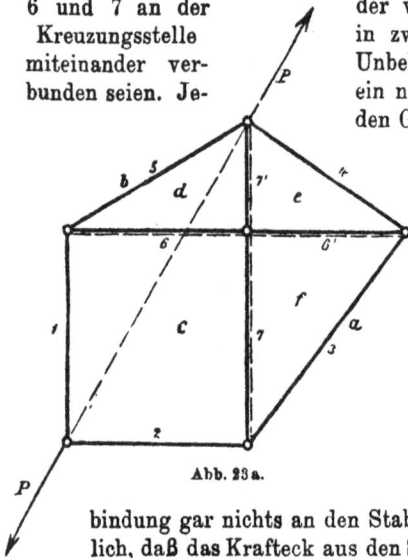

Abb. 23 a.

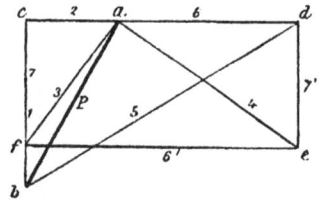

Abb. 23 b.

bindung gar nichts an den Stabspannungen. Man bedenke nämlich, daß das Krafteck aus den Stabspannungen 6, 6', 7, 7' jedenfalls als Parallelogramm (hier als Rechteck) gezeichnet werden kann. Die Spannungen 6 und 6' sind daher nach Größe und Vorzeichen einander gleich und ebenso 7 und 7'. Es ist also in der Tat genau so, als wenn die Stäbe ohne Verbindung aneinander vorbeigingen.

Bei dieser Fassung der Aufgabe läßt sich sofort nach einfacher Regel ein reziproker Kräfteplan zeichnen, der freilich mit dem im vorigen Falle nicht übereinstimmt, wenn auch dieselben Spannungen in ihm vorkommen. Man kann hier nämlich die Figur des Stabverbandes in Vielseite zerlegen, die der gestellten Forderung genügen, ohne sich zu überdecken. Diese Vielseite sind wieder nach Bow durch Buchstaben bezeichnet, während der Übersichtlichkeit wegen zugleich die Stabnummern der vorigen Zeichnung beibehalten sind. Der Kräfte-

plan kann dann
in Abb. 23 b so-
fort als rezipro-
ke Figur des
Stabverbandes
hingezeichnet
werden. — Zu-
gleich ist noch
zu beachten, daß
Abb. 23 b auch als Kräfteplan zu
Abb. 22 a angesehen werden kann.
Zu dieser Figur ist er aber nicht reziprok, da die Seiten 6 und 7 in ihm
doppelt vertreten sind.

*6. Aufgabe. Abb. 24 a gibt eine
Stabverbindung an, die aus der vorigen durch Hinzufügung eines Dreieckes entsteht. Man verwendet sie in
dieser oder einer ähnlichen Form zum
Aufbau von Krangerüsten. Dementsprechend ist angenommen, daß die
unteren Knotenpunkte auf einem festen
Unterbau oder einem Wagengestelle
aufgelagert sind, wobei der sie vorher
verbindende Stab als solcher fortfallen
kann, da er schon durch den Unterbau ersetzt ist. An dem vorkragenden
Ende ist eine in sonst beliebiger Richtung gehende, aber in der Ebene des
Stabverbandes liegende Last A angebracht; man soll die dadurch hervorgebrachten Stabspannungen ermitteln.*

Lösung. Der am linken Auflagerknotenpunkte übertragene Auflagerdruck *C* kann, da von dort nur
ein Stab ausgeht, nur in dessen Richtung fallen. Man verlängert diese
Richtungslinie bis zum Schnittpunkte

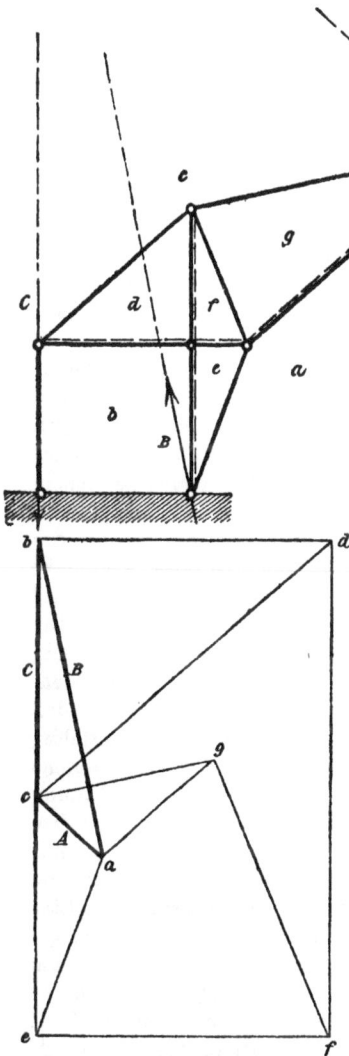

Abb. 24 a und 24 b.

mit der Richtungslinie der Last und zieht von da eine Verbindungslinie zum rechten Auflagerpunkte. Dadurch erhält man, wie schon
bei Aufg. 3, die Richtung des Auflagerdruckes *B*. (Der Schnittpunkt
der drei Richtungslinien ist auf der Zeichnung weggelassen.) Dann
beginnt man den Kräfteplan mit dem Kraftecke *A B C* der drei äußeren

Kräfte. Von da aus kann er in derselben Weise weiter gezeichnet werden wie im vorigen Beispiele.

Wenn A in lotrechter Richtung geht, können B und C, die dann parallel zu A werden, nicht mehr durch das Kräftedreieck ABC ermittelt werden. Man berechnet sie dann am einfachsten mit Hilfe des Momentensatzes. Im übrigen wird aber dadurch am Aufzeichnen des Kräfteplanes nichts geändert, denn daß die drei Seiten des Dreieckes ABC dann in eine Gerade fallen, hindert nicht, die Zeichnung, sobald nur die drei Eckpunkte des Dreieckes aufgetragen sind, in derselben Weise weiterzuführen wie vorher.

Schließlich möge noch darauf hingewiesen werden, daß bei einem Krane außer den Stabspannungen auch noch Seilspannungen vorkommen. Von dem Knotenpunkte, an dem die Last A angebracht ist, möge etwa ein Seil oder eine Kette längs des Stabes gc und von dessen Endpunkt über eine Leitrolle längs der Stäbe df und eb herabgeführt werden. Die Seilspannungen sind aus der Berechnung der Windevorrichtung jedenfalls bekannt. Man bedenke dann, daß die durch den Kräfteplan ermittelten Spannungen die algebraische Summe aus Seilspannung und Stabspannung angeben. Geht also das Seil neben einem gezogenen Stabe wie gc entlang, so bewirkt die Seilspannung eine ihr gleiche Entlastung des Stabes, während die Spannung eines gedrückten Stabes, wie df oder be, um diesen Betrag vergrößert wird. —

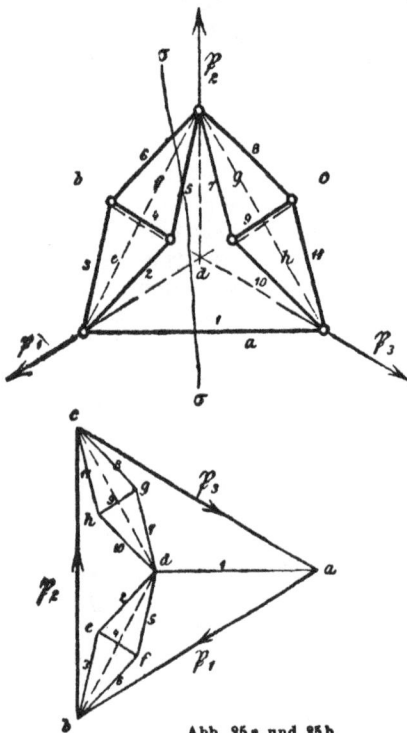

Abb. 25 a und 25 b.

Anstatt dessen kann man sich natürlich auch das Seil ganz entfernt denken und dafür die auf die Rollen von ihm übertragenen Kräfte als Lasten am Stabverbande anbringen. Die vorher angestellte Überlegung führt aber gewöhnlich schneller zum Ziele.

7. Aufgabe. Man soll für den in Abb. 25a dargestellten Stabverband, an dem sich die äußeren Kräfte $\mathfrak{P}_1$, $\mathfrak{P}_2$, $\mathfrak{P}_3$ im Gleichgewichte halten, den Kräfteplan zeichnen.

Lösung. Hier ist wieder eine „schlichte" Zerlegung der Figur

in Vielseite möglich, d. h. eine Zerlegung in Vielseite, die nebenein-
anderliegen, ohne sich zu überdecken. Daher kann auch ein reziproker Kräfteplan ohne mehr Schwierigkeit als ein anderer gezeichnet
werden. Eine Schwierigkeit bleibt jedoch auf jeden Fall bestehen.
An jedem Knotenpunkte greifen nämlich mindestens drei Stabspannungen an; man kann daher den Kräfteplan nicht in der gewöhnlichen Weise beginnen. Auch wenn man den Kräfteplan nicht vom
mechanischen Gesichtspunkte aus betrachtet, sondern ihn als reziproke
Figur rein geometrisch auffaßt, steht man vor derselben Schwierigkeit, da keines der geschlossenen Stabvielseite an zwei der zu den
äußeren Kräften gehörigen offenen Züge a, b, c angrenzt. Der zugehörige Punkt des Kräfteplanes kann daher nicht als Schnitt von zwei
Parallelen aufgefunden werden

Dagegen kann die Rittersche Methode ohne weiteres angewendet
werden, da sich ein Schnitt $\sigma\sigma$ legen läßt, der nur drei nicht durch
denselben Punkt gehende Stäbe trifft. Hat man auf diese Weise die
Spannung des unteren horizontalen Stabes 1 gefunden, so steht der
weiteren Entwicklung des Kräfteplanes auf dem gewöhnlichen Wege
kein Hindernis mehr im Wege.

Anstatt dessen führt hier auch eine andere Überlegung sehr einfach zum Ziele. Man bedenke nämlich, daß die Stäbe 2, 3, 4, 5, 6 für
sich genommen eine unverschiebliche Figur bilden, die im ganzen
Verbande nur die Aufgabe hat, die Angriffspunkte der Kräfte $\mathfrak{P}_1$ und
$\mathfrak{P}_2$ miteinander zu verbinden. Dies könnte ebensogut auch durch einen
einzigen Stab geschehen, dessen Richtungslinie gestrichelt eingetragen ist, ohne daß sich dadurch für die übrigen Stäbe etwas änderte.
Das gleiche gilt für das auf der rechten Seite aus den Stäben 7, 8,
9, 10, 11 zusammengestellte Stabviereck. Man beginne also den Kräfteplan in Abb. 25b zunächst wie gewöhnlich mit dem Kraftecke abc
für die äußeren Kräfte. Dann suche man den Punkt d unter der Voraussetzung, daß die vorerwähnten beiden Stabvierecke durch einfache
Stäbe ersetzt seien, so daß der Stabverband nur noch aus drei Stäben bestehe Dies geschieht durch Ziehen der drei Parallelen von
a, b, c aus, die sich von selbst in einem Punkte schneiden müssen.
Damit hat man schon die Spannung ad des Stabes 1. Die Linien
cd und bd geben die Kräfte an, die von den beiden Stabvierecken
aufgenommen werden müssen. Diese können dann genau wieder so
in die einzelnen Stabspannungen zerlegt werden, wie es im gleichen
Falle bei Aufgabe 1 geschehen war. — Die Stäbe 4 und 9 sind gedrückt, alle übrigen gezogen.

*8. Aufgabe. Für den in Abb. 26 gezeichneten Dachbinder soll
die Spannung des mit 1 bezeichneten Untergurtstabes nach der Ritterschen Methode berechnet werden, wenn jeder Knotenpunkt des Ober-*

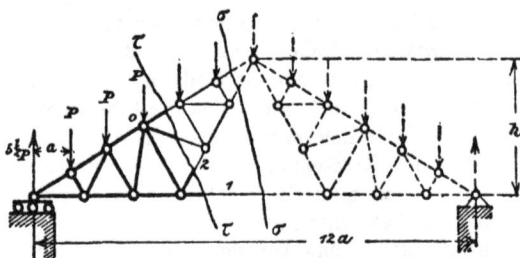

Abb. 26.

gurtes die senkrechte Last P trägt. Nachher ebenso die Stabspannung von 2.

Lösung. Man lege den Schnitt $\sigma\sigma$; der Momentenpunkt für Stab 1 ist der Firstknotenpunkt. Der Auflagerdruck ist $5\frac{1}{2}P$, sein Hebelarm $6a$. Die Summe der Momente der äußeren Kräfte links vom Schnitte für den Momentenpunkt ist

$$5\tfrac{1}{2}P \cdot 6a - P \cdot 5a - P \cdot 4a - P \cdot 3a - P \cdot 2a - Pa = + 18Pa.$$

Ebenso groß, aber von entgegengesetztem Vorzeichen muß das Moment der Stabspannung S_1 des Stabes 1 sein. Daraus folgt zunächst, daß S_1 eine Zugspannung ist. Die Größe beträgt

$$S_1 = \frac{18Pa}{h}.$$

Um auch S_2 zu erhalten, lege man den Schnitt $\tau\tau$, der freilich außer 2 noch drei andere Stäbe trifft. Unter diesen ist aber der Stab 1, dessen Spannung man schon kennt. Als Momentenpunkt für Stab 2 ist daher der Schnittpunkt O der beiden anderen Stabrichtungen zu wählen. Für die äußeren Kräfte links vom Schnitte erhält man die Momentensumme

$$5\tfrac{1}{2}P \cdot 3a - P \cdot 2a - P \cdot a = 13{,}5\,Pa.$$

Dazu kommt das im negativen Sinne drehende Moment von S_1, das für O wegen des auf die Hälfte verminderten Hebelarmes nur noch $9Pa$ beträgt. Das Moment von S_2 muß hiernach $- 4{,}5\,Pa$ betragen. Demnach ist auch der Stab 2 gezogen. Da der Hebelarm von 2 ebenso groß als der von 1, also gleich $\frac{h}{2}$ ist, findet man

$$S_2 = 4{,}5\,Pa : \frac{h}{2} = \frac{9\,Pa}{h},$$

d. h. die Spannung von 2 ist halb so groß als die von 1.

In der Abb. 26 sind der besseren Übersicht wegen die links vom Schnitte $\tau\tau$ liegenden Teile stark, die links von $\sigma\sigma$ liegenden schwächer und die rechts davon liegenden gestrichelt ausgezogen.

9. Aufgabe. In Abb. 27 ist das Gerüst für einen sogenannten Derrickkran in axonometrischer Zeichnung angegeben. Auf der horizontalen Ebene EE sind die Stäbe 1 und 2 und die senkrechte Kransäule befestigt. Der Ausleger A kann sich mit der Kransäule um deren *senkrechte Achse drehen. Bei irgendeiner Stellung des Auslegers trägt dieser an seinem Ende eine Last $\mathfrak{P}$, deren Richtungslinie in der Ebene von A enthalten sein muß (weil sonst eineDrehung von A eintreten würde), in dieser Ebene aber beliebig gerichtet sein kann.* Man soll die Spannungen der Stäbe 1 und 2 ermitteln.

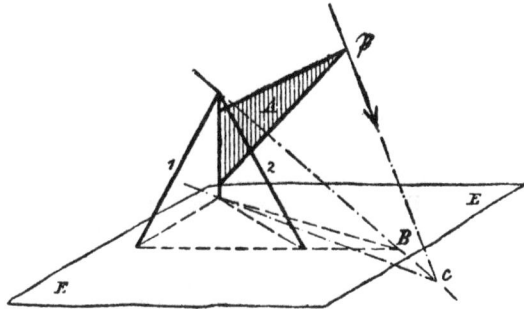

Abb. 27.

Lösung. Am Ausleger greifen drei Kräfte an; die Last $\mathfrak{P}$, der Auflagerdruck am unteren Ende der Kransäule und die Resultierende der Stabspannungen 1 und 2 am oberen Ende. Damit Gleichgewicht bestehen kann, müssen sich die Richtungslinien der drei Kräfte in einem Punkte schneiden. Von $\mathfrak{P}$ ist die Richtungslinie bereits gegeben. Die Resultierende der Stabspannungen 1 und 2 muß einerseits in die durch 1 und 2 gelegte Ebene, andererseits in die Ebene A fallen; sie liegt daher in der Schnittlinie beider Ebenen. Diese erhält man als Verbindungslinie des Schnittpunktes B der Horizontalspuren beider Ebenen mit dem oberen Endpunkte der Kransäule. Der Schnitt dieser Linie mit der Richtung von $\mathfrak{P}$ liefert den Punkt C, in dem sich die drei Kraftrichtungslinien treffen, und die Verbindungslinie von C mit dem unteren Endpunkte der Kransäule gibt daher die Richtung des Auflagerdruckes an diesem Endpunkte an.

Nach diesen Vorbemerkungen kann die Kräftezerlegung leicht ausgeführt werden. In Abb. 28a ist das Krangerüst in Grundriß und Aufriß gezeichnet und Punkt C im Aufrisse konstruiert. Dann wird im Kräfteplane, Abb. 28b, zuerst das Kräftedreieck aus $\mathfrak{P}$, dem Auflagerdrucke und der Resultierenden aus 1 und 2 gezeichnet, das sich im Grundrisse auf eine Gerade projiziert. Es bleibt nur noch übrig, die Resultierende aus 1 und 2 nach diesen beiden Richtungslinien zu zerlegen. Nachträglich kann man von dieser Resultierenden ganz absehen und den Kräfteplan als ein Kräfteviereck für den Auflagerdruck, die Last $\mathfrak{P}$ und die beiden Stabspannungen ansehen, die sämtlich am Ausleger angreifen. Dementsprechend sind die Pfeile in Abb. 28b eingetragen. Stab 1 ist gezogen und Stab 2 gedrückt. Die Größe der Stabspannungen ergibt sich durch Ermittlung der wahren Längen der Krafteckseiten 1 und 2.

Man bemerkt übrigens, daß der Auflagerdruck bei der angenom-

menen Auslegerstellung und Belastung an der Kransäule schief nach
abwärts gerichtet ist. Die Kransäule drückt daher das Lager schief
nach aufwärts. Sofern nicht das Eigengewicht der Kransäule bereits
ausreicht, um ein Abheben zu verhüten, muß man daher die Lagerung,
wenn solche Belastungsfälle vorkommen können, so einrichten, daß
sie ein Abheben unmöglich macht. — Die Kransäule
wird auf Biegung in Anspruch genommen und ist
dementsprechend zu berechnen.

10. *Aufgabe. In Abb. 29a ist ein aus 6 Stäben
gebildetes räumliches Stabgerüst im Aufriß, in Abb. 29b
im Grundriß und in Abb. 30 in axonometrischer Ansicht dargestellt. An den Knotenpunkten I und II
greifen Lasten von je 3000 kg an. Man soll die dadurch hervorgerufenen Stabspannungen ermitteln.*

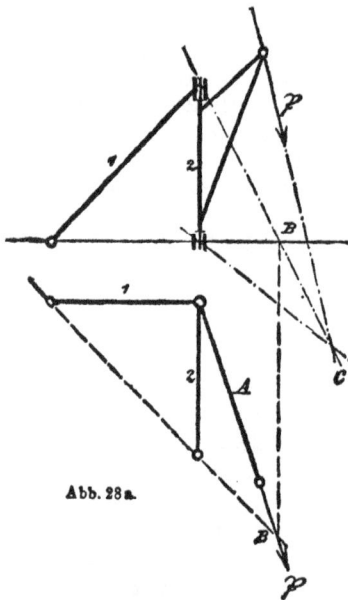

Lösung. Die Last P
am Knotenpunkt II kann
ohne weiteres nach dem
Culmannschen Verfah-
ren nach den Richtungen
der Stäbe 4, 5, 6 zer-
legt werden. Zu diesem
Zwecke ist durch P und
4 eine Ebene gelegt und
durch 5 und 6 eine an-
dere und die im Auf-
risse durch eine strich-
punktierte Linie ange-
gebene Schnittgerade
beider Ebenen ermittelt.
Abb. 31a gibt den Auf-
riß des zur Zerlegung
gehörigen Kräfteplanes
an. An $P = 3000$ kg
ist unten eine Parallele
zu Stab 4, oben eine
Parallele zur Schnitt-

Abb. 28a.

Abb. 28b.

geraden angetragen. Im Grundrisse Abb. 31b erscheint dieses Kräftedreieck als gerade Linie 4, indem sich P als Punkt projiziert. Parallelen zu 5 und 6 im Aufriß und Grundriß vervollständigen den zum
Knotenpunkt II gehörigen Kräfteplan.

Dann kann der Kräfteplan für Knotenpunkt I in Abb. 32a (Aufriß) und 32b (Grundriß) gezeichnet werden. Man beginnt damit, die
Resultierende R aus den bereits bekannten Kräften P und 4 im Auf-

risse zu bilden. Diese ist dann nach den Stabrichtungen 1, 2, 3 zu
zerlegen. Man legt im Stabgerüst eine Ebene durch R und 1 (das
ist eine Lotebene) und eine andere durch 2 und 3. Die Schnittlinie
beider Ebenen geht parallel zum Aufriß und ist darin wieder durch

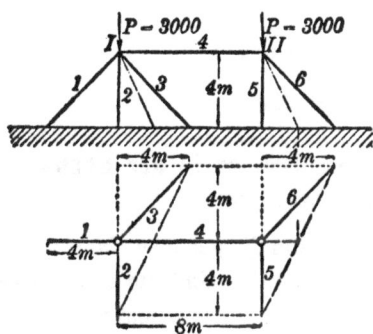

Abb. 30.

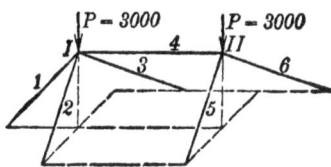

Abb. 29 a und 29 b.

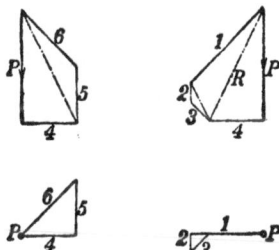

Abb. 31 a u. 31 b.   Abb. 32 a u. 32 b.

eine strichpunktierte Linie dargestellt. Im Aufriß des Kräfteplanes
reiht man an R Parallelen zu 1 und zur Schnittgeraden, worauf das
Dreieck aus dieser und den Parallelen zu 2 und 3 folgt. Im Grundriß projiziert sich P als Punkt und 1, 4 und R fallen auf eine zur
Aufrißebene parallele Gerade, aus der nur 2 und 3 heraustreten.

Trägt man in den Aufrissen der Kräftepläne die Pfeile, mit dem
von P beginnend, so ein, daß sie stetig aufeinanderfolgen, und überträgt die so bestimmten Pfeile auf die Richtungslinien der Stäbe
im Aufrisse des Stabgerüstes, so bemerkt man, daß alle Pfeile auf
den Knotenpunkt I oder II zu gerichtet sind. Alle Stäbe sind daher
gedrückt. Nachdem man von den Strecken, durch die 5, 6, 2, 3 in den
Kräfteplänen dargestellt sind, noch die wahren Längen bestimmt hat,
erhält man die Spannungen der Stäbe 1, 2, 3 usf. der Reihe nach zu

2850; 650; 850; 1500; 2100 und 2650 kg Druck.

Zweiter Abschnitt.

Das Seileck.

§ 10. Zusammensetzung von Kräften in der Ebene mit Hilfe des Seileckes.

In Abb. 33a seien die Kräfte $\mathfrak{P}_1$ und $\mathfrak{P}_2$ gegeben. Man findet ihre Resultierende $\mathfrak{R}$, falls sie nicht parallel sind, am einfachsten durch Aufsuchen des Schnittpunktes A ihrer Richtungslinien, Zeichnen des Kräftedreieckes $\mathfrak{P}_1 \mathfrak{P}_2 \mathfrak{R}$ in Abb. 33b und Ziehen einer Parallelen zu $\mathfrak{R}$ durch A. Schon wenn der Schnittpunkt A weit wegfällt, ist das Verfahren aber nicht mehr anwendbar. Man fügt dann zwei neue Kräfte $\mathfrak{T}$ und $\mathfrak{T}'$ hinzu, vereinigt $\mathfrak{T}$ mit $\mathfrak{P}_1$ zu $\mathfrak{S}_1$, dies mit $\mathfrak{P}_2$ zu $\mathfrak{S}_2$ und schließlich $\mathfrak{S}_2$ mit $\mathfrak{T}'$ zu $\mathfrak{R}$. Mit Hilfe des Kräfteplanes in Abb. 33b kann dies leicht ausgeführt werden.

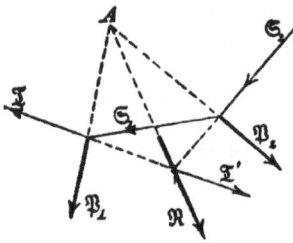

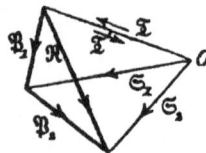

Der Linienzug $\mathfrak{T} \mathfrak{S}_1 \mathfrak{S}_2$ in Abb. 33a wird ein Seileck

Abb. 33a.

Abb. 33b

oder Seilpolygon, manchmal auch ein Seilzug genannt, weil ein Seil von dieser Gestalt unter den Lasten $\mathfrak{P}_1$ und $\mathfrak{P}_2$ im Gleichgewichte bleibt, wenn die beiden Enden mit Kräften von der Größe $\mathfrak{T}$ und $\mathfrak{S}_2$ angespannt werden. Die Spannung des mittleren Seilstückes ist gleich $\mathfrak{S}_1$. Für ein Seil hat freilich $\mathfrak{S}_1$ keinen eindeutig bestimmten Pfeil, da dieser am Knotenpunkte $\mathfrak{T} \mathfrak{P}_1 \mathfrak{S}_1$ entgegengesetzt zu nehmen ist wie am anderen Knotenpunkte $\mathfrak{S}_1 \mathfrak{P}_2 \mathfrak{S}_2$. Ebenso wäre auch der Pfeil der von außen her am letzten Seilstücke anzubringenden Kraft $\mathfrak{S}_2$ entgegengesetzt dem in Abb. 33b eingetragenen zu wählen. Gewöhnlich denkt man aber bei der Benutzung des Seileckes gar nicht an ein wirkliches Seil, das die Lasten P aufzunehmen hätte, sondern man benutzt es nur zur Kräftezusammensetzung. Die anschauliche Bezeichnung behält man trotzdem bei; man muß nur beachten, daß den „Seilspannungen" $\mathfrak{T}$, $\mathfrak{S}_1$, $\mathfrak{S}_2$ in diesem Falle eindeutig bestimmte Pfeile zukommen, nämlich jene, die aus dem Kräfteplane hervorgehen.

Abb. 33a gibt an, wie die Kräfte, die man zusammensetzen soll, zueinander liegen. Man nennt daher diese Figur auch den „Lageplan" im Gegensatze zum „Kräfteplan" Abb. 33b. Beide Pläne sind in dem schon früher erklärten Sinne zueinander reziprok.

Man kann sich die eine Figur willkürlich hingezeichnet denken und nachträglich die andere so, daß sie zu ihr paßt. Hat man Abb. 33a beliebig angenommen, so kann man in Abb. 33b eine Seite, etwa $\mathfrak{P}_1$, noch in beliebiger Größe (aber in der vorgeschriebenen Richtung) wählen, von den Endpunkten Parallelen zu $\mathfrak{S}_1$ und $\mathfrak{T}$ (oder $\mathfrak{T}'$) ziehen und dann Parallelen zu $\mathfrak{P}_2$ und $\mathfrak{S}_2$ anreihen. Die letzte Linie $\mathfrak{R}$ ergibt sich dann als Verbindungslinie der beiden bereits vorhandenen Endpunkte. Jedenfalls muß sie aber, wenn sie so gezogen wird, von selbst in die ihr durch die reziproke Figur vorgeschriebene Richtung fallen. Dasselbe trifft zu, wenn man zuerst Abb. 33b willkürlich annimmt und dann Abb. 33a dazu zeichnet: in jedem Falle ist die letzte Linie, die man zu ziehen hat, schon als Verbindungslinie von zwei Punkten bestimmt, und zugleich muß sie der ihr in der reziproken Figur entsprechenden parallel gehen.

Diese Eigenschaft kann zunächst als eine willkommene Gelegenheit zur Prüfung der Genauigkeit der Zeichnung betrachtet werden. Man bemerkt aber zugleich, daß sie eine rein geometrische Eigenschaft beider Figuren darstellt, da sie auch noch gültig bleibt, wenn man ganz von der mechanischen Bedeutung, die wir den Figuren gaben, absieht. Der Beweis beruht zwar auf dieser Deutung; die dadurch herausgefundene geometrische Gesetzmäßigkeit ist aber von ihr unabhängig. Wir können sie in dem Satze aussprechen: Laufen in zwei vollständigen Vierecken fünf Seiten (oder Diagonalen) paarweise parallel, so trifft dies auch für das letzte Paar zu.

Der Schnittpunkt A in Abb 33a kann auch ins Unendliche

rücken, d. h. die beiden Kräfte $\mathfrak{P}_1$ und $\mathfrak{P}_2$ können parallel sein,
ohne daß dadurch an dem besprochenen Verfahren, noch an dem
daraus soeben abgeleiteten Satze etwas geändert würde. Drei
Eckpunkte und drei Seiten des Kräfteplanes in Abb. 33b fallen
dann in eine Gerade. — Außerdem sieht man auch leicht ein,
daß mehr als zwei Kräfte $\mathfrak{P}$ in derselben Weise zusammengesetzt
werden können wie hier die beiden. Der Seilzug erhält dann
nur entsprechend mehr Seiten, und im Kräfteplane gehen alle
dazu parallel gezogenen „Polstrahlen" durch denselben Punkt O
wie jetzt schon $\mathfrak{T}$, $\mathfrak{S}_1$ und $\mathfrak{S}_2$. Dieser Punkt O wird der Pol
des Kräfteplanes genannt. In jedem Falle geht die Resul-
tierende aller $\mathfrak{P}$ in Abb. 33a durch den Schnittpunkt der letzten Seilspannung mit der Richtungslinie von $\mathfrak{T}'$ oder, wie wir
auch sagen können, durch den Schnittpunkt der äußersten
Seilzugseiten.

§ 11. Seilecke zu verschiedenen Polen.

Zu gegebenen Kräften $\mathfrak{P}$ kann man beliebig viele Seilecke
zeichnen. Wir wollen uns irgend zwei gezogen und die ihnen
entsprechenden Kräftepläne aufeinandergelegt denken, so daß sie
die Seiten $\mathfrak{P}$ (und daher auch $\mathfrak{R}$) gemeinsam haben. Man kann
dann sagen, daß sich die beiden Kräftepläne nur durch eine verschiedene Wahl des Poles O voneinander unterscheiden. Mit O
ändern sich auch die Richtungen aller von ihm ausgehenden
Polstrahlen. Wie nun auch die zu beiden Kräfteplänen gehörigen Seilecke im übrigen gezogen sein mögen; auf jeden Fall besteht zwischen ihnen eine beachtenswerte geometrische Beziehung. Die Schnittpunkte entsprechender Seilstrahlen
(oder Seileckseiten) liegen nämlich auf einer Geraden,
und diese Gerade geht parallel zur Verbindungslinie
beider Pole im Kräfteplane.

In der nachstehenden Abbildung sind zwar nur zwei Kräfte $\mathfrak{P}$
angenommen, aber die nachfolgenden Betrachtungen gelten ebenso
auch für den Fall, daß die Seilecke beliebig viele Kräfte $\mathfrak{P}$ miteinander verbinden. Der Lageplan in Abb. 34a gibt die beiden
Seilzüge $\mathfrak{T}$, $\mathfrak{S}_1$, $\mathfrak{S}_2$ und $\mathfrak{T}^*$, $\mathfrak{S}_1^*$, $\mathfrak{S}_2^*$ und Abb. 34b die zugehö-

rigen Kräftepläne mit den Polen O und O* an. Man suche zunächst die Schnittpunkte A von $\mathfrak{T}$ und $\mathfrak{T}^*$ und B von $\mathfrak{S}_1$ und $\mathfrak{S}_1{}^*$ in Abb. 34a auf und verbinde beide durch eine Gerade. Dann muß nach der Behauptung des Satzes auf dieser Geraden auch der Schnittpunkt C von $\mathfrak{S}_2$ und $\mathfrak{S}_2{}^*$ liegen.

Um den Beweis zu führen, beachte man, daß die Anfangsspannung $\mathfrak{T}^*$ des einen Seilecks aus der Anfangsspannung $\mathfrak{T}$ des anderen dadurch erhalten werden kann, daß man eine neue Kraft zufügt, die wir mit $\mathfrak{K}$ bezeichnen wollen. Nach Größe und Richtung findet man $\mathfrak{K}$ aus einem Kräftedreiecke, in dem $\mathfrak{T}$ und $\mathfrak{T}^*$ die anderen beiden Seiten bilden. Im Kräfteplane Abb. 34b ist dieses Dreieck schon von vornherein vorhanden, und die dritte Seite O^*O gibt daher die Kraft $\mathfrak{K}$ an. Im Lageplan muß $\mathfrak{K}$ durch den Schnittpunkt A von $\mathfrak{T}$ und $\mathfrak{T}^*$ gehen.

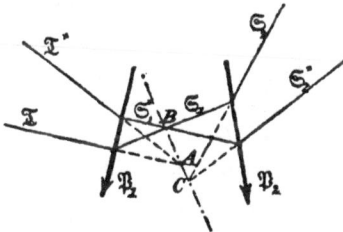 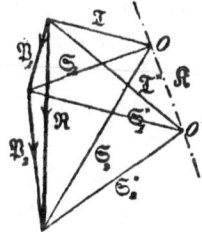

Abb. 34a.   Abb. 34b.

Nun betrachte man irgend zwei andere entsprechende Seileckseiten, also etwa $\mathfrak{S}_2$ und $\mathfrak{S}_2{}^*$. Hiervon ist $\mathfrak{S}_2{}^*$ die Resultierende der links davon liegenden Kräfte $\mathfrak{T}^*, \mathfrak{P}_1, \mathfrak{P}_2$ oder auch von $\mathfrak{T}, \mathfrak{K}, \mathfrak{P}_1, \mathfrak{P}_2$. Andererseits ist aber auch $\mathfrak{S}_2$ die Resultierende von $\mathfrak{T}, \mathfrak{P}_1, \mathfrak{P}_2$, und wenn man beide Aussagen miteinander vergleicht, folgt, daß $\mathfrak{S}_2{}^*$ auch die Resultierende von $\mathfrak{S}_2$ und $\mathfrak{K}$ ist. Hiernach muß sich $\mathfrak{S}_2{}^*$ mit $\mathfrak{S}_2$ auf der Richtungslinie von $\mathfrak{K}$ schneiden. Wir sahen aber vorher, daß die Richtungslinie von $\mathfrak{K}$ eine durch den Punkt A parallel zu O^*O gezogene Gerade war. Auf dieser müssen sich daher auch $\mathfrak{S}_2{}^*$ mit $\mathfrak{S}_2$ und überhaupt je zwei einander entsprechende Seileckseiten schneiden, womit der Satz bewiesen ist.

Man macht von diesem Satze mit Vorteil Gebrauch, wenn man genötigt ist, zu gegebenen Lasten nacheinander mehrere Seilzüge zu

zeichnen. Dies kommt, wie man später sehen wird, namentlich bei
der Konstruktion der Drucklinien von Gewölben vor. Man erspart
dann, nachdem ein Seileck gezeichnet ist, bei den übrigen das Ziehen
der Parallelen zu den Polstrahlen im Kräfteplane, das mühsamer ist
als das Ziehen von Verbindungslinien nach den Schnittpunkten der
Seilstrahlen des ersten Seileckes mit der zu OO^* parallelen Linie.

§ 12. Zerlegung von Kräften nach parallelen Richtungs- linien.

Eine gegebene Kraft $\mathfrak{P}$ läßt sich in eindeutiger Weise nach
zwei zu ihr gleichlaufenden Richtungslinien zerlegen, die mit
ihr in derselben Ebene liegen. Man kann diese Aufgabe als
einen Sonderfall der schon in § 2 behandelten Aufgabe ansehen,
eine Kraft nach zwei Richtungslinien zu zerlegen, die sich mit
ihr in einem Punkte schneiden und mit ihr in derselben Ebene
liegen. Der gemeinsame Schnittpunkt ist hier nur ins Unendliche
gerückt. Mit Hilfe eines Kräftedreieckes läßt sich die Aufgabe
freilich nicht mehr lösen. Am einfachsten führt gewöhnlich die
Anwendung des Momentensatzes zum Ziele. Man bedenke, daß
die geometrische Summe beider Kräfte gleich der gegebenen
sein muß und daß beide für einen auf der Richtungslinie der
gegebenen liegenden Momentenpunkt gleich große und entgegengesetzt gerichtete Momente haben müssen. Liegen die vorgeschriebenen Richtungslinien zu verschiedenen Seiten der gegebenen Kraft $\mathfrak{P}$, so sind beide gesuchten Kräfte gleichgerichtet mit
$\mathfrak{P}$ und sie teilen sich in die Größe von $\mathfrak{P}$ im umgekehrten Verhältnisse ihrer Abstände von $\mathfrak{P}$. Im anderen Falle ist die $\mathfrak{P}$ zunächst liegende Kraft mit ihr gleichgerichtet und größer als $\mathfrak{P}$,
die andere entgegengesetzt gerichtet und gleich dem Unterschiede
der vorigen. Dabei verhalten sich auch hier die Größen beider
Kräfte umgekehrt wie ihre Abstände von $\mathfrak{P}$. Aus der Verbindung beider Bedingungen folgt sofort die Lösung der Aufgabe. —
Sollen die gesuchten Kräfte mit der gegebenen im Gleichgewichte
stehen, so kehren sich natürlich ihre Pfeile gegenüber den vorher angegebenen um.

Wenn es sich nur um die Zerlegung einer einzigen Kraft

nach gegebenen parallelen Richtungslinien handelt, wird man
kaum von dem soeben besprochenen Verfahren abgehen. In
anderen Fällen kann aber die Lösung mit Hilfe des Seilecks, die
ich jetzt, und zwar zunächst für die Zerlegung einer einzigen
Kraft geben werde, mit Vorteil benutzt werden. In Abb. 35a
sei $\mathfrak{P}$ die Kraft, die nach den
Richtungslinien 1 und 2 zer-
legt werden soll. Man ziehe
die Richtungslinien 3, 4, 5
sonst beliebig, aber so, daß
die Ecken des von ihnen gebildeten Dreieckes auf den
gegebenen Geraden liegen.
Dann sehe man den Linien-

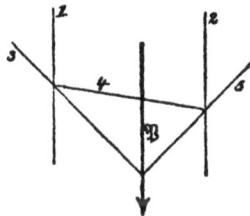
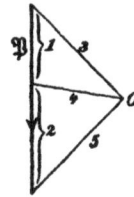

Abb. 35a.   Abb. 35b.

zug 3, 4, 5 als ein Seileck an, mit dessen Hilfe sich die längs 1
und 2 wirkenden gesuchten Kräfte wieder zu ihrer Resultierenden $\mathfrak{P}$ vereinigen ließen. Zu diesem Seilecke läßt sich der Kräfteplan in Abb. 35b ohne weiteres zeichnen, indem man $\mathfrak{P}$ im Maßstabe abträgt und durch Ziehen der Parallelen zu 3 und 5 den
Pol O aufsucht. Eine Parallele von O zu 4 schneidet dann auf $\mathfrak{P}$
die beiden gesuchten Kräfte 1 und 2 ab. Der Beweis folgt daraus,
daß in der Tat zwei Kräfte von dieser Größe längs 1 und 2 mit
Hilfe des Seilecks zur Resultierenden $\mathfrak{P}$ vereinigt werden können.

Liegen 1 und 2 auf der-
selben Seite von $\mathfrak{P}$, so ändert
sich die Figur so ab, wie es
in Abb. 36a und 36b ange-
geben ist; das Verfahren bleibt
aber sonst dasselbe. Die Kraft 2
ist gleichgerichtet mit $\mathfrak{P}$ und
1 entgegengesetzt gerichtet.

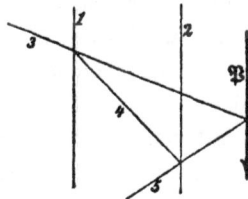
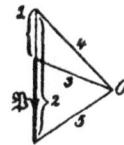

Abb. 36a.   Abb. 36b.

Sollen die Kräfte 1 und 2 mit $\mathfrak{P}$ Gleichgewicht halten, so sind
ihre Pfeile umgekehrt zu nehmen.

Für einen Balken, der an zwei Stellen unterstützt ist und
eine Einzellast $\mathfrak{P}$ trägt, kann man nach diesem Verfahren die
Auflagerkräfte ermitteln. Vorausgesetzt wird dabei, daß die Auf-

lagerung des Balkens so erfolgt, daß unter senkrechten Lasten auch nur senkrecht gerichtete Auflagerkräfte übertragen werden können. Trägt der Balken eine beliebige Zahl senkrecht gerichteter Lasten, so kann man diese erst zu einer Resultierenden vereinigen und diese nach den Richtungen der Auflagerkräfte zerlegen. Die Zusammensetzung zur Resultierenden bewirkt man ebenfalls mit Hilfe des Seilecks, wie dies bereits näher auseinandergesetzt wurde.

In Abb. 37a und 37b ist dies ausgeführt. Man trägt in Abb. 37b die Lasten 1, 2, 3, 4 auf einer Lastlinie mit aufeinanderfolgenden Pfeilen im Maßstabe auf, wählt einen beliebigen Pol O und zieht die Polstrahlen. Zu diesen werden in Abb. 37a

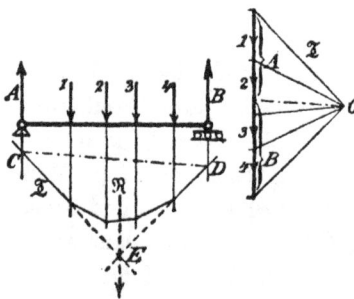

die Seilstrahlen parallel gezogen. Der Schnittpunkt E der äußersten Seilstrahlen liefert einen Punkt der Resultierenden $\mathfrak{R}$. Diese wird dann so wie in Abb. 35 in die Auflagerkräfte A und B zerlegt. Den Linien 3 und 5 in Abb. 35 entsprechen hier bereits die äußersten Seilstrahlen; man braucht daher nur noch die Ver

Abb. 37a.	Abb. 37b.

bindungslinie CD der Schnittpunkte der äußersten Seilstrahlen mit den Auflagervertikalen zu ziehen, um die mit 4 in Abb. 35 bezeichnete Linie zu erhalten. Eine Parallele zu dieser im Kräfteplane vom Pole O aus schneidet daher, wie schon früher gezeigt wurde, auf der Lastlinie die Auflagerkräfte A und B ab. — Zugleich erkennt man, daß für die Lösung der Aufgabe die Ermittlung der Richtungslinie von $\mathfrak{R}$ in Abb. 37a ganz entbehrlich ist. Sie wurde nur zur Zurückführung der hier behandelten Aufgabe auf die frühere, also zum Beweise, aber nicht zur Aufsuchung von CD und zur Ermittlung von A und B im Kräfteplane gebraucht. Bei der Anwendung des Verfahrens läßt man daher die Linie $\mathfrak{R}$, die deshalb auch nur gestrichelt angegeben wurde, ganz fort.

Man kann dieses Verfahren auch noch auf andere Art be-

gründen, ohne auf die in Abb. 35 ausgeführte Kräftezerlegung
zurückzugreifen. Dazu bedenke man, daß die Lasten 1, 2 usf.
mit den beiden Auflagerkräften jedenfalls im Gleichgewichte
stehen. Fügt man nun zu Kräften, die im Gleichgewichte sind,
eine neue Kraft $\mathfrak{T}$ willkürlich zu, vereinigt diese mit der ersten
zu einer Resultierenden $\mathfrak{S}_1$, diese mit der folgenden zu $\mathfrak{S}_2$ usf., so
muß, wenn alle gegebenen Kräfte zusammengesetzt sind, die letzte
Resultierende wieder mit $\mathfrak{T}$ nach Lage, Richtung und Größe
übereinstimmen. Mit anderen Worten heißt dies, daß das zu
einer Gleichgewichtsgruppe von Kräften gehörige Seileck ein geschlossenes Vielseit bilden muß.

Wenden wir diese Überlegung auf Abb. 37 an, so finden
wir, daß dort die durch die Wahl des Poles O näher bestimmte
Kraft $\mathfrak{T}$ der Reihe nach mit den Lasten 1, 2 ... vereinigt war.
Ziehen wir nun noch die Auflagerkräfte A und B in den Seil-
zug herein, so muß die letzte Resultierende wieder $\mathfrak{T}$ ergeben.
Die Resultierende aus der vorher letzten Seilspannung mit dem
Auflagerdrucke B muß aber durch den Schnittpunkt D gehen,
und damit sich diese Resultierende mit A wieder zu $\mathfrak{T}$ vereinigen kann, muß sie auch durch den Schnittpunkt C gehen.
Die Richtungslinie dieser Resultierenden ist daher durch die
Verbindungslinie CD bestimmt, d. h. CD ist die letzte Seite des
zu dem Gleichgewichtssysteme gehörigen geschlossenen Seileckes. Man bezeichnet daher diese Linie auch als die Schluß-
seite.

Die Beschreibung des ganzen Verfahrens läßt sich hiernach
in die einfache Vorschrift zusammenfassen: Man vereinige
alle Lasten durch ein Seileck, trage die durch die
Schnittpunkte der äußersten Seileckseiten mit den Auf-
lagerkraftrichtungen gehende Schlußlinie ein und
ziehe zu dieser vom Pole des Kräfteplanes aus eine Parallele; diese schneidet dann auf der Lastlinie die beiden Auflagerkräfte ab.

§ 13. Die Seilkurven.

Die vorausgehenden Betrachtungen sind nur so lange anwendbar, als es sich um die Zusammensetzung einer endlichen
Anzahl von Einzelkräften handelt. Es kommt aber auch häufig
vor, daß z. B. ein Balken eine stetig verteilte Belastung trägt.
Man spricht dann von der Belastungsintensität oder der
Belastungsdichte an einer bestimmten Stelle. Ist die Belastung
an dieser Stelle auf eine gewisse Strecke hin gleichförmig verteilt, so versteht man unter der Belastungsdichte jene Belastung,
die auf die Längeneinheit kommt, d. h. also jenen Wert, der
durch Multiplikation mit der Länge der Strecke die zugehörige
Belastung liefert. Bei ungleichförmiger Verteilung ist jener Wert
darunter zu verstehen, der durch Multiplikation mit einem Längenelemente des Balkens die Belastung dieses Längenelementes angibt. Es ist dies zugleich die auf die Längeneinheit bezogene
durchschnittliche Belastung des Längenelementes.

Trägt man in einer Zeichnung des Balkens über jedem Punkte
der Mittellinie die Belastungsdichte in einem beliebig gewählten
Maßstabe ab, so erhält man durch Verbinden der Endpunkte die
Belastungslinie, die mit der Mittellinie selbst und den beiden
Endloten die Belastungsfläche einschließt, aus der man die
Art der Lastverteilung am besten zu übersehen vermag.

Eine stetig verteilte Belastung kann auch als ein Verband
von unendlich kleinen Lasten aufgefaßt werden, die in unendlich
kleinen Abständen aufeinanderfolgen. Wegen der unendlich
großen Anzahl dieser Einzellasten geht das zugehörige Seileck
in ein Polygon mit unendlich vielen Seiten über, von denen
sich je zwei aufeinanderfolgende wegen der unendlich kleinen
Last, die zwischen ihnen liegt, nur unendlich wenig in der Richtung voneinander unterscheiden. Man erhält daher an Stelle des
Seilpolygons eine stetige Seilkurve.

Eine krumme Linie kann, abgesehen von besonderen Fällen,
wie beim Kreise, den man mit dem Zirkel schlägt, nur durch
Aufsuchen einer genügenden Zahl von Punkten oder Tangenten
gezeichnet werden, zwischen die man die Linie freihändig oder

mit Hilfe eines Kurvenlineals einträgt. So genau, als es hiernach zeichnerisch überhaupt ausführbar ist, läßt sich auch die
zu einer irgendwie gegebenen Belastungsfläche gehörige Seillinie ermitteln.

Zur Begründung des Verfahrens nehme ich zunächst an, die
in Abb. 38a angegebene Seilkurve sei bereits bekannt. Man
teile hierauf die durch Schraffierung hervorgehobene Belastungsfläche in eine Anzahl senkrechter Streifen ein, die in der Abbildung mit den Ziffern 1 bis 4 bezeichnet sind. Verlängert man
die Grenzlinien der Streifen nach abwärts, so wird auch die
Seillinie dadurch in eine Anzahl Abschnitte eingeteilt, von denen
jeder als eine besondere Seilkurve angesehen werden kann, die
zu dem darüber liegenden Ab-
schnitte der Belastungsfläche
gehört. Man denke sich ferner
alle Lasten, die zu einem solchen Abschnitte gehören, zu
einer Resultierenden vereinigt
Diese muß dann durch den
Schwerpunkt des Streifens
gehen. Zugleich findet man
aber einen Punkt dieser Re-

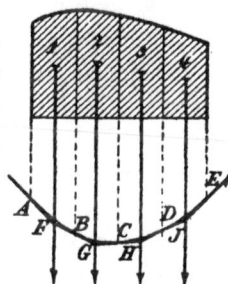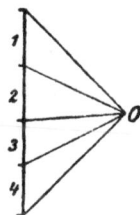

Abb. 38a.   Abb. 38b.

sultierenden im Schnittpunkte der äußersten Seilspannungen des
betreffenden Abschnittes der Seilkurve. Die Richtungen dieser
äußersten Seilspannungen werden durch die Endtangenten des
Seilkurvenabschnittes angegeben. Denkt man sich also in den
Punkten A, B, C usf. Tangenten an die Seilkurve gelegt, so
fallen deren Schnittpunkte F, G usf. auf die Schwerlinien 1, 2 usf.
der Belastungsstreifen.

Bei dieser Betrachtung war angenommen worden, daß die
Seilkurve bereits gegeben sei, und es wurde gezeigt, wie man
mit ihrer Hilfe das Tangentenvielseit AFBG usf. finden könnte.
Man kann aber auch umgekehrt verfahren. Das Tangentenviel-
eck bildet nämlich zugleich ein Seileck für die Einzellasten 1,
2 usf., und es kann daher mit Hilfe des Kräfteplanes in Abb. 38b
sofort gezeichnet werden, ohne daß die Seilkurve vorher schon

bekannt zu sein brauchte. Dazu ist nur nötig, daß man die
Schwerlinien der Belastungsstreifen und ihre Inhalte' angeben
kann. Wenn die Zahl der Streifen, in die man die Belastungsfläche einteilte, nicht zu klein ist, kann man sie mit so großer
Genauigkeit, als sie in einer Zeichnung überhaupt erreichbar ist,
als Trapeze ansehen und dementsprechend Schwerpunkt und Inhalt ermitteln. Für einen geübten Zeichner genügt es oft vollständig, den Abstand des Schwerpunktes von der Streifenmitte
einfach einzuschätzen. Um die Inhalte möglichst einfach zu finden, nimmt man die Streifen am besten alle von gleicher Breite.
Die Inhalte sind dann den mittleren Höhen der Trapeze proportional. Da es nun gar nicht auf den Maßstab des Kräfteplanes
ankommt, könnte man diese mittleren Höhen ohne weiteres als
Maß für die Streifengewichte in den Kräfteplan eintragen. Damit
dieser nicht eine unbequeme Größe erlangt, zieht man indessen
vor, von allen Höhen nur einen bestimmten Bruchteil im Kräfteplane aufzutragen. Der Pol des Kräfteplanes kann wieder beliebig gewählt werden, da man zu einer stetig verteilten Belastung
ebensogut beliebig viele Seillinien konstruieren kann wie beim
Zusammensetzen von Einzellasten.

Nachdem das Seileck auf diese Weise hergestellt ist, verlängert man die Streifengrenzen bis zu den Schnittpunkten A,
B usf. mit den Seileckseiten. Man weiß dann, daß diese Punkte
der gesuchten Seilkurve angehören, und kennt zugleich die Tan-
gentenrichtungen an diesen Punkten. Es bedarf gar keiner besonders großen Anzahl von Punkten und Tangenten, um die
Seilkurve so genau, als man es für praktische Zwecke nur irgend
wünschen kann, freihändig oder mit Hilfe des Kurvenlineals dazwischen einzulegen.

§ 14. Differentialgleichung der Seilkurve.

In Abb. 39a ist oben eine beliebige Belastungsfläche, unten
eine zugehörige Seilkurve gezeichnet. Im Abstande x vom linken
Ende der Belastungsfläche sei die Belastungsdichte mit q, die
von irgendeiner Horizontalen aus senkrecht nach abwärts ge-
rechnete Ordinate der Seilkurve mit y bezeichnet. Außerdem ist

an dieser Stelle eine Tangente an die Seilkurve gelegt, deren Winkel mit der Horizontalen gleich φ sei. Dieser Tangente entspricht eine gewisse Seilspannung, deren Größe in Abb. 39b durch einen parallel dazu gezogenen Polstrahl dargestellt wird. Sie läßt sich in eine senkrechte Komponente V und eine horizontale Komponente H zerlegen, die im Kräfteplane ersichtlich gemacht sind. Der Winkel φ kommt im Kräfteplane ebenfalls vor und man hat $\operatorname{tg}\varphi = \dfrac{V}{H}$.

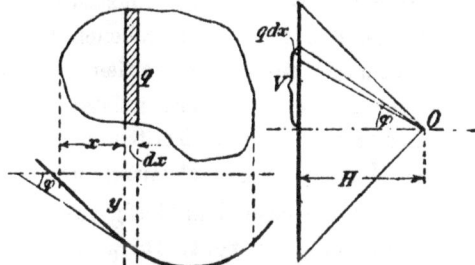

Nun gehe man um dx weiter. Man erhält einen neuen Punkt der Seilkurve und eine ihm zugehörige Tangente, die in Abb. 39a nicht besonders angegeben ist, weil sie sich mit der vorigen nahezu decken würde. Dagegen ist im Kräfteplane die zugehörige Parallele eingetragen.

Beachtet man, daß nach den Lehren der analytischen Geometrie $\operatorname{tg}\varphi$ im Differentialquotienten von y ausgedrückt werden kann, so läßt sich die vorige Gleichung auch

$$\frac{dy}{dx} = \frac{V}{H}$$

schreiben, und für die Änderung von $\operatorname{tg}\varphi$ beim Weitergehen um dx erhält man daher

$$d\left(\frac{dy}{dx}\right) = d\left(\frac{V}{H}\right).$$

Nun ändert sich H überhaupt nicht, während V sich, wie aus dem Kräfteplane entnommen werden kann, um das Gewicht des Belastungsstreifens $q\,dx$ verringert. Man hat daher

$$H d\left(\frac{dy}{dx}\right) = - q\,dx$$

oder nach Division mit dx

$$H\frac{d^2 y}{dx^2} = - q. \tag{2}$$

Dies ist die **Differentialgleichung der Seilkurve.** Wenn

q analytisch als Funktion von x gegeben ist, findet man daraus die endliche Gleichung der Seilkurve durch zweimalige Integration. Hierbei treten zwei willkürliche Integrationskonstanten auf. Da auch der Horizontalzug H des Seilpolygons willkürlich gewählt werden kann, enthält die allgemeine Gleichung der Seilkurve drei willkürliche Konstanten. Dies entspricht dem Umstande, daß zu einer gegebenen Belastungsfläche beliebig viele Seilkurven gezeichnet werden können. Um eine unter ihnen näher zu kennzeichnen, müssen noch besondere Bedingungen hinzutreten, die zur Ermittlung der Integrationskonstanten und des Horizontalzuges H ausreichen.

Für den besonders häufig vorkommenden Fall einer **gleichförmigen Lastverteilung** soll die Rechnung sofort weiter durchgeführt werden. Wenn q konstant ist, so erhält man aus Gl. (2) durch zweimalige Integration

$$\left. \begin{array}{l} H\dfrac{dy}{dx} = -qx + C_1 \\[2mm] Hy = -q\dfrac{x^2}{2} + C_1 x + C_2, \end{array} \right\} \qquad (3)$$

wenn die Integrationskonstanten mit C_1 und C_2 bezeichnet werden. Die Seilkurve bildet demnach eine Parabel.

Seile, Ketten oder dünne Drähte, deren Biegungswiderstand vernachlässigt werden kann und die eine der horizontalen Richtung nach wenigstens annähernd gleichförmig verteilte Belastung zu tragen haben, kommen bei Ketten- und Kabelbrücken, bei Telegraphenleitungen und bei Drahtseilbahnen vor. Ein Telegraphendraht z. B., der zwischen zwei weit voneinander entfernten Stützen ausgespannt ist, hat seine Eigenlast, zuzüglich einer im Winter bei Rauchfrost oder Schneefall ihm anhaftenden Eislast zu tragen, die als der ganzen Länge nach gleichförmig verteilt angenommen werden kann. Freilich ist die Eigenlast streng genommen der Bogenlänge und nicht der Abszisse x proportional. Wenn der Draht, wie es gewöhnlich zutrifft, ziemlich flach gespannt ist, ist der Unterschied aber geringfügig, und er kommt um so weniger in Betracht, als die Schneebelastung, die unter Umständen erheblich mehr ausmachen kann als das Eigengewicht, eher proportional mit x als mit der Bogenlänge angenommen werden kann. Der Biegungswiderstand des Drahtes kommt in solchen Fällen gar nicht in Betracht; der Draht kann vielmehr bei den großen Krümmungshalbmessern, um die es sich dabei handelt, als ein vollkommen biegsames Seil angesehen werden.

In Abb. 40, die sich auf einen solchen Fall bezieht, sind A und B die beiden Stützen, zwischen denen 'der Draht ausgespannt ist. Dabei ist angenommen, daß beide gleich hoch liegen. Der Ursprung des Koordinatensystems ist auf die linke Stütze A und die X-Achse in die Verbindungslinie AB gelegt. An beiden Stützen gilt die Grenzbedingung, daß y zu Null werden muß. Hieraus folgen die Werte der Integrationskonstanten C_1 und C_2 in Gl. (3); C_2 muß zu Null werden und C_1 folgt aus

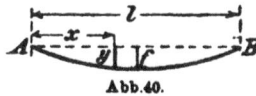

$$0 = -\frac{ql^2}{2} + C_1 l \text{ zu } C_1 = \frac{ql}{2}.$$

Die Parabelgleichung geht damit über in

$$H y = \frac{q l x}{2} - \frac{q x^2}{2}. \tag{4}$$

Den Pfeil f der Seilkurve in der Mitte findet man hieraus zu

$$f = \frac{q l^2}{8 H} = \frac{Q l}{8 H}, \tag{5}$$

wobei in der letzten Form unter Q die Gesamtbelastung ql des Seiles oder Drahtes zu verstehen ist. Umgekehrt hat man auch

$$H = \frac{Q l}{8 f}, \tag{6}$$

und damit ist der Horizontalzug der Seilkurve bekannt für den Fall, daß die Durchhängung f des Seiles gegeben ist.

So wird die Aufgabe gewöhnlich gestellt. Es kann aber auch vorkommen, daß zur Ermittlung von H nicht f, sondern die Länge des Seiles, das zwischen den Punkten A und B aufgehängt werden soll, gegeben ist. Dafür ist die Aufstellung einer Gleichung zwischen f und der Bogenlänge der Parabel erforderlich, also die Lösung einer rein geometrischen Aufgabe. Von dieser kann hier abgesehen werden; dagegen soll eine Näherungsformel, von der man bei flachen Parabelbögen mit Vorteil Gebrauch machen kann, abgeleitet werden.

6*

Versteht man unter ds die Länge eines Bogenelementes, so hat man

$$ds = dx\sqrt{1 + \left(\frac{dy}{dx}\right)^2}.$$

Bei einem flachen Bogen ist $\frac{dy}{dx}$ überall ein kleiner Bruch. Vernachlässigt man das Quadrat davon ganz gegen die Einheit, so kann in erster Annäherung $ds = dx$ und die ganze Bogenlänge gleich der Entfernung l der beiden Stützen gesetzt werden. Diese Annäherung genügt aber bei manchen Aufgaben nicht, nämlich immer dann nicht, wenn es sich gerade um den Unterschied der Bogenlänge b von l handelt. Man erhält dann eine bis auf kleine Größen höherer Ordnung genaue Annäherung, wenn man die Wurzel nach dem binomischen Satze entwickelt und sich auf die Beibehaltung der beiden ersten Glieder beschränkt. Man setze also

$$ds = dx\left(1 + \frac{1}{2}\left(\frac{dy}{dx}\right)^2\right).$$

Führt man hier den Wert von $\frac{dy}{dx}$ aus der Parabelgleichung ein und integriert von 0 bis l, so erhält man

$$b = \int_0^l \left[1 + \frac{1}{2}\frac{q^2}{H^2}\left(\frac{l}{2} - x\right)^2\right] dx.$$

Die Integration kann leicht bewerkstelligt werden und liefert

$$b = l + \frac{q^2 l^3}{24 H^2}. \tag{7}$$

Schließlich kann auch noch der Wert von H aus Gl. (5) oder Gl. (6) eingesetzt werden, womit die vorige Gleichung übergeht in

$$b = l + \frac{8}{3}\frac{f^2}{l}. \tag{8}$$

Von diesen Näherungsformeln kann man z. B. mit Vorteil Gebrauch machen, um den Einfluß, den eine Temperaturänderung des Drahtes auf f und damit auch auf H ausübt, zu berechnen. Hierbei kann es (bei sehr flachen Bögen) auch nötig werden, die elastische Verlängerung des Drahtes unter dem Einflusse des Horizontalzuges H in Berücksichtigung zu ziehen. Unter den Aufgaben am Schlusse des Abschnittes findet man einige Beispiele, die sich auf Fragen dieser Art beziehen.

§ 15. Die Kettenlinie.

Wenn ein Seil, das nur sein Eigengewicht zu tragen hat,
stärker durchhängt, als bisher vorausgesetzt war, genügt die vorige Annäherung nicht mehr. Man muß dann von vornherein
Rücksicht darauf nehmen, daß die Belastung jedes Seilelementes
nicht dem zugehörigen Abszissenelemente, sondern dem Bogen-
differentiale proportional ist. Die einer solchen Belastung entsprechende Seilkurve wird als eine Kettenlinie bezeichnet.

Man kann die Theorie der Kettenlinie zwar unmittelbar an
die vorher schon abgeleitete Differentialgleichung der Seilkurve
anknüpfen; da sich aber die Rechnungen bei einer etwas anderen
und für diesen Fall zweckmäßigeren Wahl des Koordinatensystems
einfacher gestalten, soll von den vorausgehenden Entwicklungen
kein Gebrauch gemacht werden.

In Abb. 41a ist eine Kettenlinie gezeichnet. Die Y-Achse des
Koordinatensystems fällt mit der Symmetrieachse zusammen,
während die horizontale X-Achse um einen später noch näher
anzugebenden Abstand a unterhalb des Scheitels der Kurve liegen soll. Die Ordinaten y
werden hier im Gegensatze
zu der bei der Ableitung der
allgemeinen Differentialgleichung der Seilkurven getroffenen Festsetzung nach oben
hin positiv gerechnet. Im
Punkte xy der Kettenlinie
ist eine Tangente gezogen,
die den Winkel φ mit der
X-Achse bilden möge. Par-
allel zu ihr ist im Kräfteplane, Abb. 41b, ein Pol-

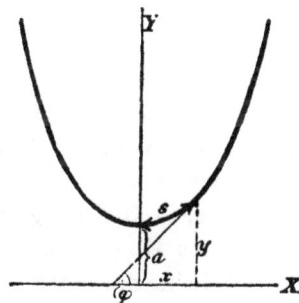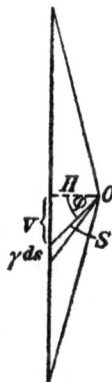

Abb. 41 a.   Abb. 41 b.

strahl gezogen, der die Seilspannung S im Punkte xy angibt.
Außerdem ist auch noch ein zweiter Polstrahl gezogen, der zu
einem dem vorigen unendlich nahe benachbarten Punkte gehören soll. Zwischen beiden Punkten liegt das Bogendifferen-

tial ds der Kettenlinie, dessen Gewicht gleich $\gamma\,ds$ gesetzt werden kann, wenn man unter γ das Gewicht der Längeneinheit des
Seiles versteht. Man hat wieder wie bei der ähnlichen Entwicklung des vorigen Paragraphen

$$\operatorname{tg}\varphi = \frac{V}{H} \text{ oder auch } H\frac{dy}{dx} = V,$$

und wenn wir zum nächsten Punkte übergehen:

$$H d\left(\frac{dy}{dx}\right) = dV = \gamma\,ds,$$

oder in Form einer Differentialgleichung geschrieben:

$$H\frac{d^2y}{dx^2} = \gamma\frac{ds}{dx}. \tag{9}$$

Da H und γ konstant sind, kann die Gleichung sofort einmal
integriert werden. Man erhält

$$H\frac{dy}{dx} = \gamma s + C.$$

Die Integrationskonstante C bestimmt sich aus der Bedingung,
daß im Scheitel $\frac{dy}{dx}$ gleich Null ist. Zählen wir also die Bogenlänge s bis zum Punkte xy vom Scheitel aus, so muß $C = 0$
sein, und die Gleichung geht über in

$$H\frac{dy}{dx} = \gamma s. \tag{10}$$

Diese Gleichung lehrt uns bereits eine merkwürdige Eigenschaft der Kettenlinie kennen: sie zeigt, daß die trigonometrische Tangente des Neigungswinkels φ proportional der
Bogenlänge s wächst.

Um zur endlichen Gleichung der Kettenlinie zu gelangen,
müssen wir aber zu Gl. (9) zurückkehren und darin ds durch
dx und dy mit Hilfe des Pythagoräischen Satzes ausdrücken
Die Gleichung geht dann über in

$$H\frac{d^2y}{dx^2} = \gamma\sqrt{1+\left(\frac{dy}{dx}\right)^2}. \tag{11}$$

Die Variable y selbst kommt in dieser Gleichung nicht vor, sondern
nur ihre Differentialquotienten. Bezeichnen wir den ersten Differentialquotienten von y nach x vorübergehend mit p, so läßt sie
sich in der Form

$$H \frac{dp}{dx} = \gamma \sqrt{1 + p^2}$$

anschreiben, die in bezug auf die Variable p von der ersten Ordnung ist. Um die Gleichung zu integrieren, ordnen wir sie wie
folgt:

$$H \frac{dp}{\sqrt{1 + p^2}} = \gamma\, dx,$$

und von da können wir unmittelbar zur Stammgleichung gelangen, indem wir beiderseits integrieren. Dabei ist die Integral-
formel

$$\int \frac{dp}{\sqrt{1 + p^2}} = \lg \left(p + \sqrt{1 + p^2} \right)$$

zu beachten, von deren Richtigkeit man sich leicht durch Ausführung der Differentiation an dem Logarithmus überzeugt. Die
vorhergehende Gleichung liefert daher

$$H \lg \left(p + \sqrt{1 + p^2} \right) = \gamma x + C_1.$$

Auch die hierbei auftretende Integrationskonstante C_1 ist wegen
der Grenzbedingung $p = 0$ für $x = 0$ gleich Null zu setzen. Geht
man ferner vom Logarithmus zum Numerus über, so erhält man

$$p + \sqrt{1 + p^2} = e^{\frac{\gamma x}{H}}.$$

Diese Gleichung lösen wir nach p auf; sie ist, wie man dabei
findet, nur scheinbar vom zweiten Grade, in Wirklichkeit vielmehr vom ersten Grade in bezug auf p, und die Lösung lautet

$$p = \frac{1}{2} \left(e^{\frac{\gamma x}{H}} - e^{-\frac{\gamma x}{H}} \right). \tag{12}$$

Die auf der rechten Seite stehende Funktion von $\frac{\gamma x}{H}$ kommt
öfters vor, und man hat ihr wegen der Verwandtschaft, in der
sie zu den goniometrischen Funktionen steht, die Bezeichnung
des hyperbolischen Sinus gegeben. Gebraucht man dafür die Bezeichnung sinh und erinnert man sich zugleich der Bedeutung
von p, so läßt sich die Gleichung auch in der kürzeren Form

$$\frac{dy}{dx} = \sinh \frac{\gamma x}{H} \tag{13}$$

anschreiben. Setzt man diesen Wert von $\frac{dy}{dx}$ in Gl. (10) ein, so
findet man auch die Bogenlänge s als Funktion von x, nämlich

$$s = \frac{H}{\gamma} \sinh \frac{\gamma x}{H}. \tag{14}$$

Um auch y zu erhalten, müssen wir Gl. (13) noch einmal integrieren. Wer mit den Hyperbelfunktionen ein wenig bekannt ist, weiß schon, daß das Integral von sinh den hyperbolischen Kosinus liefert. Im anderen Falle braucht man aber nur auf Gl. (12) zurückzugehen und die leicht auszuführende Integration an den Exponentialfunktionen vorzunehmen. Man erhält dann

$$y = \frac{H}{\gamma} \cdot \frac{1}{2} \left(e^{\frac{\gamma x}{H}} + e^{-\frac{\gamma x}{H}} \right) + C_2. \tag{15}$$

Der Faktor von $\frac{H}{\gamma}$ bildet jene Funktion, die man den hyperbolischen Kosinus nennt. Die neu auftretende Integrationskonstante C_2 ist aus der Bedingung zu ermitteln, daß $y = a$ wird für $x = 0$. Wir wollen nun den Abstand a, dessen Größe bisher unbestimmt gelassen wurde, so wählen, daß auch die Integrationskonstante C_2 verschwindet, damit wir zu möglichst einfachen Formeln gelangen. Für $x = 0$ geht Gl. (15) über in

$$a = \frac{H}{\gamma} + C_2,$$

und C_2 verschwindet daher, wenn wir

$$a = \frac{H}{\gamma} \tag{16}$$

wählen. Hiermit nimmt die Gleichung der Kettenlinie die einfache Form

$$y = a \cosh \frac{x}{a} \tag{17}$$

an. Der Wert von a läßt, wie aus Gl. (16) hervorgeht, wenn man sie in der Form $H = a\gamma$ schreibt, eine anschauliche Deutung zu. Es ist nämlich jene Seillänge, deren Gewicht gleich dem Horizontalzuge der Kettenlinie ist.

Auch für die Seilspannung S an irgendeinem Punkte xy der Kettenlinie kann man einen einfachen Ausdruck aufstellen. Zunächst hat man, wie aus Abb. 41b hervorgeht,

$$V = H \operatorname{tg} \varphi \quad \text{und} \quad S = H \sqrt{1 + \operatorname{tg}^2 \varphi} = H \sqrt{1 + p^2},$$

wenn die vorher schon gebrauchte Abkürzung p für $\frac{dy}{dx}$ oder $\operatorname{tg} \varphi$

wieder benutzt wird. Setzt man p aus Gl. (12) ein, so erhält man

$$\sqrt{1+p^2} = \frac{1}{2}\sqrt{4 + \left(e^{\frac{\gamma x}{H}} - e^{-\frac{\gamma x}{H}}\right)^2}$$

$$= \frac{1}{2}\left(e^{\frac{\gamma x}{H}} + e^{-\frac{\gamma x}{H}}\right) = \cosh\frac{\gamma x}{H}.$$

Setzt man diesen Wert in die vorige Gleichung ein und drückt zugleich H nach Gl. (16) in a aus, so findet man

$$S = a\gamma \cosh\frac{x}{a},$$

und mit Rücksicht auf Gl. (17) geht dies über in

$$S = \gamma y. \tag{18}$$

Die Seilspannung ist daher an jeder Stelle der Ordinate y proportional, und die Gleichung $H = a\gamma$ ist nur als ein besonderer Fall von Gl. (18) anzusehen, da der Horizontalzug H zugleich die Spannung im Scheitel der Kettenlinie angibt.

Für die Hyperbelfunktionen hat man Tafeln ausgerechnet, die ganz ähnlich eingerichtet sind wie die Tafeln der goniometrischen Funktionen. Sie sind zwar nicht so häufig verbreitet wie die gewöhnlichen Sinustafeln, aber doch in manchen Logarithmentafeln und in vielen anderen Tabellenwerken wenigstens in auszugsweiser Form zu finden. Auch das bekannte Werk „Hütte, Des Ingenieurs Taschenbuch" enthält solche Tafeln. Mit deren Hilfe gestalten sich die Zahlenrechnungen über Kettenlinien auf Grund der vorausgehenden Formeln in manchen Fällen fast noch einfacher, als wenn man — bei flachen Kurven — Parabeln an Stelle der Kettenlinien annimmt.

§ 16. Die Momentenfläche.

In Abb. 42a sind die Kräfte $\mathfrak{P}_1$, $\mathfrak{P}_2$ ... durch ein Seileck $\mathfrak{S}_0 \mathfrak{S}_1$ ... verbunden, wozu der Kräfteplan Abb. 42b gehört. Man lege irgendwo einen Schnitt $\sigma\sigma$ durch den Seilzug, der ihn im Punkte C trifft. Es handle sich darum, das statische Moment aller links vom Punkte C liegenden Kräfte $\mathfrak{P}_1$, $\mathfrak{P}_2$, $\mathfrak{P}_3$ in bezug auf diesen Punkt als Momentenpunkt festzustellen. An diesem Momente wird nichts geändert, wenn wir auch die Kräfte $\mathfrak{S}_0$ und $\mathfrak{S}_0{}'$, die sich gegenseitig aufheben, mit einrechnen. Nun war aber $\mathfrak{S}_0$ mit allen links vom Schnitte liegenden Kräften $\mathfrak{P}$

zur Resultierenden $\mathfrak{S}_3$ vereinigt, die durch den Momentenpunkt C
geht und deren Moment daher verschwindet. Das Moment der
links von C liegenden Kräfte $\mathfrak{P}$ ist daher dem Momente von $\mathfrak{S}_0'$
gleich. Um dieses Moment zu bilden, suchen wir den Schnittpunkt D
der in lotrechter Richtung durch C gelegten Geraden $\sigma\sigma$ mit der Rich-

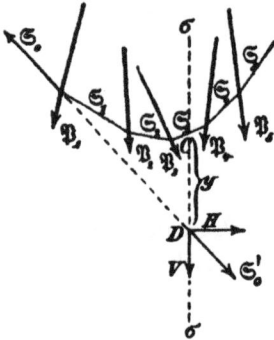

tungslinie von $\mathfrak{S}_0'$ auf und
zerlegen $\mathfrak{S}_0'$ in diesem Punkt
in die Komponenten V und
H. Das Moment der vertikalen Komponenten V verschwindet aber für den Momentenpunkt C und das gesuchte Moment der links
von C liegenden Kräfte $\mathfrak{P}$
kann daher

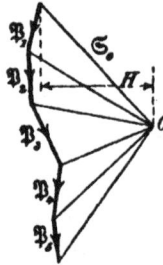

$$M = Hy \qquad (19)$$

Abb. 42 a   Abb. 42 b   gesetzt werden, wenn unter

y der Abschnitt CD auf der durch den Punkt C in lotrechter
Richtung geführten Linie zwischen den Richtungen der Seilstrahlen $\mathfrak{S}_3$ und $\mathfrak{S}_0'$ verstanden wird.

Von dieser Anwendung des Seileckes zur Ermittlung der statischen Momente gegebener Kräfte wird namentlich Gebrauch gemacht, wenn die Kräfte $\mathfrak{P}$ alle parallel zueinander gerichtet sind.
Geht dann der Schnitt $\sigma\sigma$ ebenfalls parallel zu ihnen, so ist es
gleichgültig, welchen Punkt der Richtungslinie von $\sigma\sigma$ man als
Momentenpunkt wählt. Man spricht daher in diesem Falle oft nur
von dem Momente M aller links von einem Schnitte liegenden Kräfte,
ohne einen bestimmten Momentenpunkt zu bezeichnen, auf den sich
das Moment beziehen soll. Da ferner H für alle Schnitte $\sigma\sigma$ denselben Wert hat, so ist M überall der Strecke y proportional. Die
zwischen dem Seilecke und dem Seilstrahle $\mathfrak{S}_0'$ liegende Fläche
wird aus diesem Grunde als die Momentenfläche bezeichnet.

Die wichtigste Anwendung dieser Betrachtungen wird durch
Abb. 43 dargestellt. In Abb. 43a ist ein Balken gezeichnet, der
auf zwei Stützen aufruht und die Lasten 1, 2 ... trägt. Diese
und die zugehörigen Auflagerkräfte sind durch das geschlossene

Seileck, das darunter gezeichnet ist, miteinander verbunden. Wie man die Auflagerkräfte A und B im Kräfteplane Abb. 43b findet, ist schon von früher her bekannt.

Das statische Moment aller links von irgendeinem Schnitte $\sigma\sigma$ liegenden Kräfte, mit Einschluß des Auflagerdruckes A, ist von Wichtigkeit, weil von ihm die Biegungsbeanspruchung des Balkens in diesem Querschnitte abhängt. Es wird als das **Biegungsmoment** bezeichnet. Damit der Auflagerdruck A von vornherein in das Seileck mit eingeschlossen ist, betrachten wir die Schlußlinie

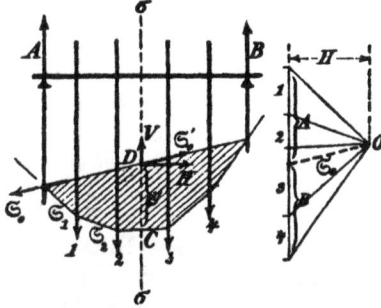

Abb. 43a.   Abb. 43b.

als den ersten Seilstrahl $\mathfrak{S}_0$, der dann mit A zu $\mathfrak{S}_1$ zusammengesetzt ist. Den Momentenpunkt C wählen wir wiederum auf dem Schnitte der Linie $\sigma\sigma$ mit dem Seilzuge. Wie vorher kann dann das Biegungsmoment gleich dem Momente von $\mathfrak{S}_0'$ oder gleich Hy gesetzt werden, wenn die Buchstaben dieselbe Bedeutung behalten wie im vorigen Falle. Die Momentenfläche ist die von dem geschlossenen Seilecke umgrenzte Fläche; sie ist in der Abbildung schraffiert. Das Biegungsmoment ist für jeden Querschnitt dem in die Momentenfläche hineinfallenden lotrechten Abschnitte y proportional. Man kann daher z. B. sofort erkennen, an welcher Stelle das Biegungsmoment bei der gegebenen Laststellung seinen größten Wert annimmt, indem man mit dem Zirkel in der Hand den größten Abschnitt y aufsucht. Gerade darauf, daß man nicht nur für einen bestimmten Querschnitt, sondern sofort für alle Querschnitte die zugehörigen Biegungsmomente findet, beruht der Vorteil des graphischen Verfahrens gegenüber der Aufsuchung des Biegungsmomentes durch Rechnung, die freilich an sich auch gar keine Schwierigkeiten macht.

Man nehme z. B. an, daß es sich darum handele, für jeden Querschnitt eines Brückenträgers das größte Biegungsmoment festzustellen, das in ihm während der Überfahrt eines Eisenbahnzuges von gegebener

Zusammensetzung auftritt. Man hat es dann mit einer Gruppe fest miteinander verbundener Lasten zu tun, deren Stellung zur Brücke alle möglichen Lagen annehmen kann. Man vereinigt zunächst die Lasten durch irgendein Seileck. Dann denkt man sich die Lastengruppe in Ruhe und den Brückenträger dagegen verschoben, wobei man eine hinreichende Anzahl aufeinanderfolgender Stellungen herausgreift. Die jeweilige Stellung des Brückenträgers relativ zum Eisenbahnzuge wird schon durch zwei in lotrechter Richtung gezogene Linien, die durch die Stützpunkte gehen und deren Abstand daher gleich der Spannweite des Balkens ist, hinreichend gekennzeichnet. Man trägt die zugehörige Schlußlinie ein und hat damit sofort die Momentenfläche für die betreffende Stellung gefunden. Jeder anderen Stellung entspricht eine andere Momentenfläche, zur deren Ermittlung wiederum schon das Einzeichnen einer neuen Schlußlinie genügt. Man könnte nun mit Hilfe des Zirkels für jeden Querschnitt den größten Wert von y in allen diesen in derselben Zeichnung vereinigten Momentenflächen aufsuchen. Übersichtlicher wird es aber, wenn man in einer zweiten Figur den Balken in unveränderlicher Stellung zeichnet und alle Momentenflächen, auf dieselbe Schlußlinie bezogen, nämlich von der Balkenachse selbst aus, übereinander abträgt. Man hat dann nur nötig, eine Umhüllungslinie freihändig einzutragen, die alle diese Momentenflächen umschließt. Dadurch erhält man die Maximalmomentenfläche, deren Ordinaten für jeden Querschnitt das größte in ihm während des Vorbeifahrens des Eisenbahnzuges auftretende Biegungsmoment angeben. In Aufgabe 19 am Schlusse des Abschnittes ist dies durchgeführt. Man kann auch durch Rechnung nachweisen, daß der Umriß der Maximalmomentenfläche durch Parabelbögen gebildet wird, die sich polygonartig aneinander schließen.

Aus diesen Betrachtungen läßt sich ferner ein einfacher Satz ableiten, der besondere Erwähnung verdient. Zeichnet man nämlich zu denselben gegebenen Lasten zwei verschiedene Seilecke mit den Horizontalzügen H_I und H_II, so stellt jedes von ihnen nach Eintragen der Schlußlinie eine Momentenfläche dar. Das Biegungsmoment hat aber für jeden Querschnitt des Balkens einen bestimmten Wert, der nur von der Belastung abhängt und nicht von den besonderen Annahmen, die den verschiedenen Seilecken zugrunde liegen. Für jeden Querschnitt muß daher

$$y_\mathrm{I} H_\mathrm{I} = y_\mathrm{II} H_\mathrm{II}$$

sein, wenn y_I aus der ersten und y_II aus der zweiten Momentenfläche entnommen ist. Hatte man die beiden Seilecke mit gleichen Horizontalzügen entworfen, ohne daß sich jedoch die beiden Pole im Kräfteplane zu decken brauchen, so ist hiernach

$$y_\mathrm{I} = y_\mathrm{II}$$

zu setzen, gültig für jeden Querschnitt des Balkens oder auch für jeden Schnitt durch die beiden Momentenflächen parallel zur Lastrichtung.

§ 17. Besondere Fälle der Momentenfläche.

Bei größeren Brückenbauten wird die bewegliche Last nicht unmittelbar von den Hauptträgern selbst aufgenommen. Dazu dient vielmehr eine „Fahrbahntafel", die sich ihrerseits auf die Hauptträger stützt. Die Stützpunkte sind gewöhnlich in gleichen Abständen voneinander angeordnet. Als Lasten an den Hauptträgern sind hier nicht die unmittelbar gegebenen Lasten, sondern

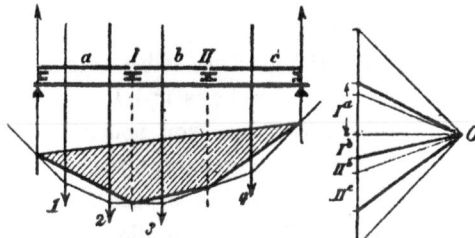

Abb. 44a. Abb. 44b.

die von der Fahrbahntafel darauf übertragenen Auflagerkräfte anzusehen. Die diesem Falle der „mittelbaren Belastung" entsprechende Momentenfläche kann indessen aus dem Seilecke der gegebenen Lasten stets leicht gefunden werden.

In Abb. 44a ist ein auf zwei Stützen ruhender Balken gezeichnet, dessen ganze Länge durch die Zwischenträger a, b, c in drei Teile geteilt ist. Auf die Zwischenträger wirken die Lasten 1, 2, 3 ..., und der Balken ist nur an den Auflagerstellen I und II durch die dort übertragenen Auflagerdrücke der Fahrbahntafel belastet. Man soll die dazu gehörige Momentenfläche bilden.

Zu diesem Zwecke zeichnet man zunächst mit Hilfe des Kräfteplanes Abb. 44b einen Seilzug, der die gegebenen Lasten verbindet, und trägt die Schlußlinie ein. Man hätte damit schon die Momentenfläche, wenn die Lasten unmittelbar an dem Balken angriffen Hierauf zieht man lotrechte Linien durch die Knotenpunkte I, II, wodurch der Seilzug in ebenso viele Abschnitte getrennt wird, als Zwischenträger a, b, c vorhanden sind. Jeder dieser Seileckabschnitte kann als ein dem betreffenden Zwischenträger und den von ihm aufgenommenen Lasten entsprechendes, besonderes Seileck aufgefaßt werden. Man trage auch die zu diesen Abschnitten gehörigen, in Abb. 44a durch starke Striche hervorgehobenen Schlußlinien ein. Parallelen dazu in Abb. 44b, die ebenfalls durch starke Striche gekennzeichnet sind, schneiden auf der Lastlinie die Auflagerkräfte ab, die von der Fahrbahntafel auf den Hauptträger übertragen werden. Mit I^a ist in der Abbildung der Auflagerdruck bezeichnet, der vom Zwischenträger a auf den Stützpunkt I übertragen wird, und I^b gibt den auf denselben Stützpunkt vom Zwischenträger b her gelangenden Druck an.

Die vom Hauptträger selbst aufgenommenen Lasten bestehen hiernach am Punkte I aus $I^a + I^b$ und am Punkte II aus $II^b + II^c$. Zu diesen Lasten wäre von neuem ein Seileck zu bilden. Man sieht aber, daß dieses schon fertig vorliegt, ohne daß man noch weitere Linien zu ziehen braucht. Denn die stark ausgezogenen Polstrahlen im Kräfteplane, die wir den Schlußlinien der kleinen Seileckabschnitte parallel gezogen hatten, bilden sofort schon den Kräfteplan, der zu den Lasten $I^a + I^b$ und $II^b + II^c$ gehört, und ihm entspricht im Lageplane auch der Zug der stark ausgezogenen Linien als Seilzug. Die Schlußlinie ist dieselbe wie beim Seilzuge für die unmittelbar gegebenen Lasten 1, 2 ... Hiernach stellt die in der Abbildung durch Schraffierung hervorgehobene Fläche zwischen dieser Schlußlinie und dem durch starke Striche angegebenen Seilecke die gesuchte Momentenfläche des Hauptträgers dar. Die weiß gelassenen Flächen zwischen beiden Seilzügen bilden die Momentenflächen für die Zwischenträger a, b, c. Man erkennt hieraus auch, in welcher Weise sich das gesamte Moment der links von irgendeinem Schnitte liegenden äußeren Kräfte am ganzen Verbande auf ein durch die Biegungsfestigkeit des Hauptträgers aufzunehmendes Moment und auf ein anderes verteilt, das von dem durch den gleichen Schnitt getroffenen Zwischenträger aufzunehmen ist.

Zugleich bemerkt man, daß das Eintragen der Parallelen zu
den Schlußlinien der einzelnen Seileckabschnitte in den Kräfteplan nur für den Zweck des Beweises nötig war. Nachdem dieser
einmal geführt ist, braucht man die Parallelen bei den Anwendungen gar nicht mehr zu ziehen. Es genügt dazu, nach Auftragen des Seilzugs, der die unmittelbar gegebenen Lasten verbindet, von den Knotenpunkten, in denen zwei Zwischenträger
zusammenstoßen, Senkrechte zu ziehen und deren Schnittpunkte
mit den Seileckseiten durch Linien zu verbinden. Das auf diese
Weise gewonnene, dem Seilzuge eingeschriebene Vieleck schließt
dann in Verbindung mit der Schlußlinie des ganzen Seilzuges
die Momentenfläche für den Hauptträger ein.

Ist z. B. eine gleichförmig verteilte stetige Belastung auf der
Fahrbahn gegeben, so geht das dieser zugehörige Seileck, wie aus
den Untersuchungen in § 14 folgt, in eine Parabel über, und die
Momentenfläche für den Hauptträger wird durch das in der angegebenen Weise der Parabel eingeschriebene Vieleck gebildet.

In Abb. 44a waren nur drei Zwischenträger angenommen. Trotzdem wich auch hier schon die Momentenfläche für die mittelbare Belastung nur wenig von jener ab, die der unmittelbaren Belastung des
Hauptträgers durch die gegebenen Lasten entsprochen hätte. Die
Abweichung wird um so geringer, je größer die Zahl der Zwischenträger oder je größer die Zahl der Knotenpunkte I, II ... ist, an
denen der Hauptträger die Fahrbahntafel stützt. Da nun diese Zahl
in der Regel ziemlich groß ist (gewöhnlich mindestens 8 oder 10),
kommt der Unterschied zwischen beiden Momentenflächen meistens
gar nicht in Betracht, und man behandelt daher den Fall gewöhnlich
so, als wenn die Lasten unmittelbar am Hauptträger angriffen. —
Wenn einer der Zwischenträger gar keine Last trägt, fällt übrigens
der zugehörige Seileckabschnitt von selbst schon gerade mit dem
Umrisse der Momentenfläche für den Hauptträger zusammen.

Ein anderer Fall wird durch Abb. 45a dargestellt. Ein
Träger reicht über zwei Öffnungen, ist aber, um die statische
Unbestimmtheit, die sonst hereinkäme, zu vermeiden, bei D in
zwei Teile getrennt, die durch ein Gelenk miteinander zusammenhängen. Hiernach wird die rechts liegende Öffnung durch einen
Balken überdeckt, der bis D in die linke Öffnung hinein vorkragt und auf den sich bei D ein nur von A bis D reichender,

kürzerer Balken stützt. Trägerverbindungen dieser Art werden
im neueren Brückenbaue häufig angewendet; man bezeichnet sie
als Kragträger oder nach dem Konstrukteur, der sie zuerst
in sorgfältiger Ausbildung
und in größerem Maßstabe
zur Anwendung brachte,
als Gerbersche Träger.
Der Vorteil, der mit dieser
Anordnung verbunden ist,
wird sich aus der weiteren
Betrachtung alsbald er-
geben.

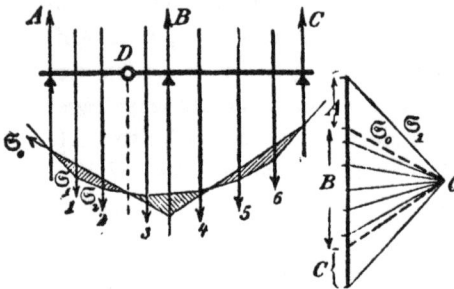

Abb. 45 a.   Abb. 45 b.

Um die Momentenfläche
zu erhalten, verbindet man zunächst die Lasten 1, 2 ... durch
einen Seilzug. Dieser wird durch eine vom Gelenko D aus gezogene Senkrechte in zwei Abschnitte geteilt, und der linke Abschnitt davon bezieht sich sofort auf den die Spannweite von A
bis D selbständig überbrückenden Balken. Trägt man für diesen
Abschnitt die Schlußlinie ein, so hat man ohne weiteres die zu
dem linken Balken gehörige Momentenfläche, die durch eine
Schraffierung hervorgehoben ist.

Man denke sich ferner auch die Auflagerkräfte A, B, C in
den Seilzug mit einbezogen. Da sie mit den gegebenen Lasten
im Gleichgewichte stehen, muß das Seileck zu einem geschlossenen werden. Der Auflagerdruck, den der linke Balken auf den
rechten im Gelenke D überträgt, kommt hierbei nicht in Betracht, weil ihm nach dem Wechselwirkungsgesetze ein gleich
großer, aber entgegengesetzt gerichteter Druck vom rechten
auf den linken Balken gegenübersteht und beide als innere
Kräfte ohne Einfluß auf die Gleichgewichtsbedingungen zwischen
den äußeren Kräften sind, sobald man die Kräfte an dem ganzen
Trägerverbande ins Auge faßt. Das Gelenk D hat nur zur Folge,
daß das Biegungsmoment an dieser Stelle zu Null werden muß,
und beim Eintragen der Schlußlinie für den linken Abschnitt des
Seileckes ist von dieser Bedingung bereits Gebrauch gemacht.

Die Schlußlinie des linken Seileckabschnittes betrachten wir, wie schon im Falle der Abb. 43, als die erste Seilspannung, die mit dem Auflagerdrucke A zu $\mathfrak{S}_1$ zusammengesetzt ist, und bezeichnen sie, um dies hervorzuheben, mit $\mathfrak{S}_0$. Für jeden Querschnitt in der ersten Öffnung, wenn er auch rechts vom Gelenke D liegt, können dann alle Kräfte links vom Schnitte durch die davon getroffene Seilspannung und die Gegenkraft $\mathfrak{S}_0'$ von $\mathfrak{S}_0$ ersetzt werden. An der Mittelstütze greift der nach oben gerichtete Auflagerdruck B an. Da B in dem zuerst gebildeten Seilecke nicht vorkam, denken wir uns B mit $\mathfrak{S}_0'$ zu einer Resultierenden vereinigt, von der wir zunächst nur wissen, daß sie durch den Schnittpunkt beider Richtungslinien gehen muß. Dann können auch in der rechten Öffnung für jeden Querschnitt alle links davon liegenden äußeren Kräfte durch diese Resultierende und die von dem Schnitte getroffene Seilspannung ersetzt werden. Denkt man sich ferner die letzte Seilspannung mit dem Auflagerdrucke C zu einer Resultierenden vereinigt, die durch den Schnittpunkt dieser beiden Richtungslinien gehen muß, so sind nachher alle Kräfte am ganzen Träger auf diese Resultierende und auf die vorher besprochene Resultierende aus B und $\mathfrak{S}_0'$ zurückgeführt. Da aber alle Kräfte im Gleichgewichte miteinander stehen, müssen sich auch die beiden Resultierenden im Gleichgewichte halten, d. h. ihre Richtungslinien müssen zusammenfallen. Man findet daher diese Richtungslinie durch Verbindung der beiden Punkte, die wir von ihr bereits kennen. Nach Eintragen der Verbindungslinie ist das Seileck geschlossen, und die Momentenfläche wird durch die zwischen den Schlußlinien und dem Seilzuge eingeschlossenen, durch Schraffierung hervorgehobenen Flächen gebildet. Dabei ist zu beachten, daß die mittlere Fläche, deren Schraffierungsstriche von links nach rechts fallen, negativen Momenten entspricht. Alle links liegenden Kräfte ergeben nämlich für einen an dieser Stelle geführten Schnitt ein Moment, das dem Uhrzeigersinne entgegengesetzt ist, und der Balken wird von diesem Momente so gebogen, daß er seine Hohlseite nach unten hin kehrt, während die Hohlseite bei positiven Momenten, die in der Abbildung durch von rechts nach links fallende Schraffierungsstriche gekennzeichnet sind, nach oben hin gerichtet ist.

Auch hier ist die Überlegung, die zur Lösung führt, weitläufiger als die wirkliche Ausführung. Bei dieser braucht man nur darauf zu achten, daß zu jeder Öffnung des Kragträgers eine besondere Schlußlinie gehört, daß diese Schlußlinien auf den Richtungslinien der Auflagerkräfte aneinander stoßen und daß sie auf den durch die Gelenke gezogenen Vertikalen und den Vertikalen durch die beiden äußersten Stützpunkte die Seileckseiten schneiden. Diese Bedingungen genügen in allen Fällen dieser Art, um alle Schlußlinien einzutragen. Die zwischen ihnen und dem Seilzuge eingeschlossenen Flächen bilden die Momentenflächen. Um die Vorzeichen festzusetzen, braucht man nur zu beachten, daß solche Trägerteile, die eine Spannweite für sich überdecken, ohne über die Stützen vorzukragen (wie hier der zwischen A und D liegende), nur positive Biegungsmomente aufzunehmen haben und daß bei jeder Überschneidung einer Schlußlinie mit dem Seilzuge ein Wechsel im Momentenvorzeichen eintritt.

Würde jede der beiden Öffnungen in Abb. 45 a durch einen Träger für sich überdeckt, der ohne Zusammenhang mit dem anderen wäre, wobei natürlich das Gelenk in D wegfallen müßte, so hätte man für jede Öffnung ohne Rücksicht auf die andere die Momentenfläche so wie in Abb. 43 zu zeichnen. Für die linke Öffnung würde man also z. B. die Schnittpunkte der Richtungslinien von A und B mit den Seileckseiten zu verbinden haben, um die Schlußlinie und hiermit die Momentenfläche für diese Öffnung zu erhalten. Denkt man sich diese Linie in die Abbildung eingetragen, so erkennt man sofort, daß die Momentenfläche dann viel größer ausfällt als vorher. Von der Größe der Momente hängt aber die Biegungsbeanspruchung des Balkens ab. Der Kragträger wird demnach durch die gegebenen Lasten weniger stark beansprucht, als wenn jede Öffnung für sich überdeckt wäre, und in diesem Umstande ist der Vorteil begründet, der sich durch die Gerbersche Anordnung erzielen läßt

§ 18. Die graphische Ermittlung von Trägheitsmomenten.

Das Seileck kann auch dazu verwendet werden, das Trägheitsmoment einer Querschnittsfläche für irgendeine in deren Ebene enthaltene Achse (und zwar gewöhnlich für eine Schwerlinie als Achse) zu ermitteln. Zur Begründung des Verfahrens diene Abb. 46. Die Belastungsfläche ist hier genau der in Abb. 38 (S. 67) nachgebildet, und die Seilkurve, deren Konstruktion dort erläutert wurde, ist hier ebenfalls von dort übernommen. Nur die Einteilung in die Belastungsstreifen und das den Einzellasten

entsprechende, aus Tangenten der Seilkurve bestehende Seileck
ist in der neuen Figur weggelassen, weil diese Linien zwar zum
Zeichnen der Seilkurve nötig sind, nachher aber nicht mehr gebraucht und daher fortgelöscht werden können. Verlängert man
die äußersten Seileckseiten, also die Endtangenten der Seilkurve,
bis sie sich schneiden, so geht durch diesen Punkt die Resultierende der das Seil belastenden Gewichte, d. h. die Linie SS
ist die Schwerlinie der Belastungsfläche.

Man betrachte ferner einen unendlich schmal zu denkenden
Streifen dF der Belastungsfläche
im Abstande y von SS. Verlängert man die Grenzlinien des
Streifens bis zur Seilkurve und
zieht an beiden Punkten der Seilkurve Tangenten, so schließen
diese mit SS das in der Abbildung schwarz hervorgehobene,
schmale Dreieck ein. Die auf SS
liegende Grundlinie des Dreieckes sei mit dg bezeichnet. Der
gegenüberliegende Eckpunkt,
also der Schnittpunkt beider Tangenten liegt auf der Schwerlinie
des Streifens dF. Die zu dg gehörige Höhe des Dreieckes ist
daher gleich y und der Inhalt des Dreieckes gleich $\frac{1}{2} dg \cdot y$.

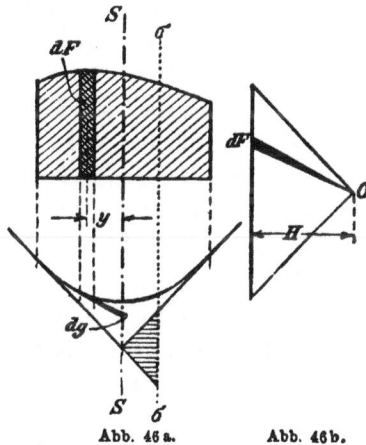

Im Kräfteplane Abb. 46b kann man durch Ziehen von Parallelen zu den beiden Tangenten ein ebenfalls schwarz hervorge-
hobenes Dreieck abgrenzen, das dem in Abb. 46a ähnlich ist, weil
die Seiten parallel zueinander gehen. Man hat daher die Proportion

$$\frac{dF}{H} = \frac{dg}{y} \quad \text{oder} \quad Hdg = ydF.$$

Um auf die Momente zweiten Grades zu kommen, multipli-
ziere man die Gleichung mit y. Damit erhält man

$$y^2 dF = Hy dg \quad \text{und daher} \quad \int y^2 dF = H \int y dg.$$

Die Summierung auf der rechten Seite kann aber unmittelbar ausgeführt werden. Denn das Integral gibt das Doppelte aus der Summe aller jener Dreiecke an, von denen vorher eines besprochen wurde. Diese Dreiecke folgen alle stetig aufeinander und füllen den zwischen der Seilkurve, der Anfangstangente und der Linie SS liegenden Raum aus. Dabei ist übrigens gar nicht einmal nötig, daß SS die Schwerlinie sei; auch für irgendeine andere, parallel zu SS gezogene Linie $\sigma\sigma$ bleibt die Betrachtung anwendbar, und die zwischen ihr, der Kurve und der Anfangstangente abgegrenzte Fläche gibt nach Multiplikation mit $2H$ das Moment zweiten Grades für $\sigma\sigma$ von dem links davon liegenden Teile der Belastungsfläche an.

Um das Moment für die ganze Belastungsfläche zu erhalten, braucht man nur das Moment für die rechte Hälfte hinzuzufügen. Für dieses gilt dieselbe Betrachtung; es kann auch gleich dem Produkte aus $2H$ und dem zwischen der Seilkurve, der Endtangente und der Linie SS oder $\sigma\sigma$ liegenden Flächenstücke gesetzt werden. Dabei ist zu beachten, daß jedes Flächenelement der Belastungsfläche nur positive Beiträge zum Trägheitsmomente liefern kann; die von links und rechts her stammenden Beiträge sind daher ohne Vorzeichenunterschied zusammenzuzählen.

Ein Blick auf Abb. 46a lehrt, daß das Trägheitsmoment unter allen parallel zueinander gezogenen Achsen für die Schwerlinie SS am kleinsten ausfällt. Es ist nämlich gleich dem Produkte $2H$ und der zwischen der Seilkurve und ihren beiden Endtangenten eingeschlossenen Fläche. Für eine Achse $\sigma\sigma$ vergrößert sich dagegen diese Fläche um das zwischen $\sigma\sigma$ und den beiden Endtangenten abgeschnittene Dreieck, das in Abb. 46a durch eine horizontale Schraffierung ausgezeichnet ist.

Der Horizontalzug H der Seilkurve hat die Bedeutung eines Flächeninhaltes. Als Lasten dienten nämlich die Flächeninhalte der Belastungsstreifen, und mit diesen muß H von gleicher Art sein. Am besten wählt man H im Kräfteplane so, daß es die Hälfte der Belastungsfläche F darstellt. Dies wird sofort erreicht, wenn man die beiden äußersten Polstrahlen in Richtungen von 45° zieht.

Dann bildet nämlich H die Höhe eines rechtwinklig gleichschenk-
ligen Dreieckes, dessen Hypotenuse die Summe aller dF, also F
selbst angibt. Bezeichnet man ferner die zwischen der Seilkurve
und ihren beiden Endtangenten liegende Fläche mit F' und das
Trägheitsmoment für die Schwerlinie SS mit Θ, so hat man, unter
der Voraussetzung, daß H in der eben angegebenen Weise gewählt wurde, $\Theta = F \cdot F'$.   (20)

Die Inhalte der Flächen F und F' ermittelt man am besten
mit Hilfe eines Planimeters.

In Abb. 47 ist das Verfahren auf ein Schienenprofil angewendet. — Um die Zentralellipse oder den Querschnittskern einer Querschnittsfläche zu erhalten, muß man dasselbe Verfahren für die andere
Hauptachse wiederholen.

Außer dem bisher besprochenen Verfahren, das von Mohr
herrührt, ist noch eine
andere graphische Me-
thode zur Bestimmung
von Trägheitsmomen-
ten zu erwähnen, die
von Nehls angegeben
ist. Freilich hat diese
mit dem Seileck nichts
zu schaffen; sie soll
aber an dieser Stelle
ebenfalls besprochen
werden. Das Nehls-
sche Verfahren be-
ruht auf einer ein-
fachen Umformung des
für das Trägheitsmo-

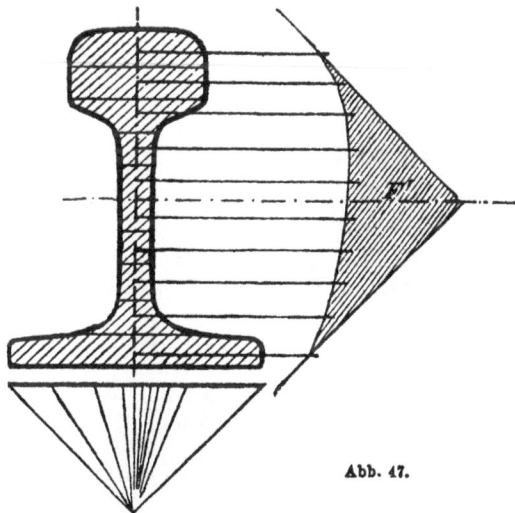

Abb. 47.

ment aufgestellten Summenausdruckes, nämlich

$$\Theta = \int y^2 dF = a^2 \int \left(\frac{y}{a}\right)^2 dF,$$

wobei a irgendeine beliebig zu wählende Strecke bedeutet. Man
formt jeden Flächenstreifen dF so um, daß er in $\left(\frac{y}{a}\right)^2 dF$ über-

geht, und erhält dann Θ als Produkt aus der Summe dieser umgeformten Flächenstreifen und aus a^2.

Gewöhnlich wird bei der Anwendung des Verfahrens der Schwerpunkt der Querschnittsfläche noch nicht bekannt sein. Man zieht dann irgendwo eine Parallele AA zur Schwerlinie, für die das Trägheitsmoment gesucht wird, und bestimmt sowohl das statische Moment als das Trägheitsmoment der Querschnittsfläche für diese Parallele als Achse. Bei einem Schienenprofile, das in Abb. 48 wiederum als Beispiel gewählt wurde, kann man etwa die Grundlinie dazu benutzen. Dann zieht man in einem Abstande a, der beliebig angenommen werden kann, eine Parallele BB zu AA. Den Querschnitt denkt man sich in Streifen eingeteilt, die parallel zu AA und BB gehen. Ein solcher Streifen, der in der Abbildung durch Querschraffierung hervorgehoben ist, möge die Breite (oder auch die halbe Breite bei einem symmetrischen Profile) ε, die Höhe dy und den Abstand y von AA haben. Dann kann $dF = \varepsilon\,dy$ und der Beitrag von dF zum statischen Momente S gleich $y\varepsilon\,dy$ gesetzt werden. Nun suche man eine Strecke ε' so, daß

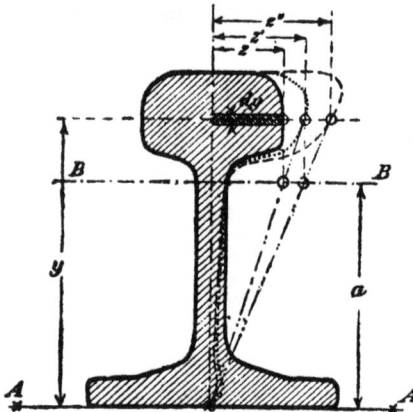

Abb. 48.

$$z' = \varepsilon\,\frac{y}{a}$$

ist, was durch Ziehen der aus der Abbildung ersichtlichen Linien ohne weiteres geschehen kann. Dann ist

$$S = \int y\,dF = \int y\varepsilon\,dy = a\int z'\,dy = aF',$$

wenn jetzt unter F' die Fläche verstanden wird, die von der durch die Endpunkte der ε' geführten Kurve umschlossen wird. Diese Kurve kann nach Ermittlung einer genügenden Zahl ihrer Punkte nach dem angenommenen Verfahren eingetragen und die von ihr umschlossene Fläche mit Hilfe des Planimeters ermittelt werden. Andererseits ist aber, wenn s den Schwerpunktsabstand von AA bedeutet, auch

$$S = sF \quad\text{und daher}\quad s = a\,\frac{F'}{F}. \tag{21}$$

Hierbei ist unter F der Inhalt der Querschnittsfläche zu verstehen. Der Schwerpunkt ist hiermit bekannt und damit auch die Schwerlinie, für die das Trägheitsmoment gesucht wird. Anstatt die Konstruktion für diese Schwerlinie unmittelbar weiterzuführen, tut man aber besser daran, auch das Trägheitsmoment zunächst für die Achse AA zu ermitteln. Es sei zum Unterschiede von dem für die Schwerlinie gültigen mit Θ' bezeichnet.

Zu jedem z' konstruiert man nun auf dieselbe Weise wie vorher ein z'', so daß

$$z'' = z'\frac{y}{a}, \qquad \text{also} \qquad z'' = z\frac{y^2}{a^2}$$

ist. Nachdem dies für eine genügende Zahl von Punkten ausgeführt ist, erhält man durch deren Verbindung eine zweite Kurve, die in der Abbildung durch eine gestrichelte Linie angegeben ist, während die vorige punktiert ausgezogen war. Die von dieser neuen Kurve umschlossene Fläche, die ebenfalls mit Hilfe des Planimeters auszumessen ist, sei mit F'' bezeichnet. Man hat nun

$$\Theta' = \int y^2 dF = \int y^2 z\, dy = a^2 \int z'' dy = a^2 F''. \qquad (22)$$

Hiermit ist also in der Tat Θ' bekannt. Um daraus Θ zu finden, beachte man, daß

$$\Theta' = \Theta + s^2 F \quad \text{und daher} \quad \Theta = a^2\left(F'' - \frac{F'^2}{F}\right) \qquad (23)$$

ist. Damit ist die Aufgabe gelöst.

§ 19. Die elastische Linie als Seilkurve.

Ein Balken, der auf Biegung beansprucht wird, erfährt eine elastische Gestaltänderung, durch die seine vorher geradlinige Längsachse in eine Kurve übergeht, die man als die elastische Linie des Balkens bezeichnet. Wie Mohr gezeigt hat, kann die Gestalt der elastischen Linie mit Hilfe von zwei Seilecken gefunden werden.

Rechnet man die Abszissen x im Sinne der Stabachse und bezeichnet man die Ordinate der elastischen Linie für den Querschnitt x mit y, so gilt nach den Lehren des dritten Bandes, auf die ich mich hier beziehen muß, um Wiederholungen zu vermeiden, die Differentialgleichung

$$E\Theta\frac{d^2 y}{dx^2} = -M. \qquad (24)$$

Hierin ist M das Biegungsmoment für den Querschnitt x, während E den Elastizitätsmodul und Θ das Trägheitsmoment des Querschnittes bedeutet.

Vergleicht man mit Gl. (24) die in § 14 abgeleitete Differentialgleichung einer Seilkurve (Gl. (2), S. 69)

$$H\frac{d^2y}{dx^2} = -q,$$

so erkennt man, daß beide leicht zur Übereinstimmung miteinander gebracht werden können. Falls Θ konstant ist, braucht man nur q überall proportional mit M anzunehmen und zugleich durch geeignete Wahl von H dafür zu sorgen, daß

$$\frac{M}{E\Theta} = \frac{q}{H} \tag{25}$$

ist. Dann stimmen beide Gleichungen völlig miteinander überein, und daraus folgt, daß die elastische Linie zugleich eine jener Seilkurven ist, die zu einer Belastungsfläche gehören, deren Ordinaten überall verhältnisgleich mit M sind. Um unter allen, von denen dies zutrifft, gerade jene herauszusuchen, die sich mit der elastischen Linie deckt, muß man noch die Grenzbedingungen beachten, die der elastischen Linie durch die Art der Auflagerung des Balkens vorgeschrieben sind.

Eine Fläche, deren Ordinaten mit M proportional sind, ist die Momentenfläche des Balkens. Diese finden wir in der aus § 16 bekannten Weise mit Hilfe eines Seilecks, das wir in diesem Zusammenhang als das „erste" Seileck bezeichnen wollen. Der Horizontalzug sei H_I, und für den früher mit y bezeichneten Abschnitt wollen wir, um Verwechslungen zu vermeiden, jetzt den Buchstaben u gebrauchen. Dann ist, wie damals gezeigt wurde,

$$M = H_I u \tag{26}$$

zu setzen.

Diese Momentenfläche sehe man nun als Belastungsfläche für ein „zweites" Seileck an, dessen Belastungsrichtung mit jener des ersten übereinstimmt und dessen Horizontalzug H_{II} heißen soll. Das ist der in Gl. (25) vorkommende Wert von H, während an

Stelle von M nach Gl. (26) $H_\mathrm{I} u$ zu setzen ist. Gl (25) geht damit über in

$$\frac{H_\mathrm{I} u}{E\Theta} = \frac{q}{H_\mathrm{II}},$$

und wir erreichen, daß $q = u$ wird, wenn wir

$$H_\mathrm{II} = \frac{E\Theta}{H_\mathrm{I}} \qquad (27)$$

annehmen. Die Dimension von H_II geht daraus ebenfalls hervor; sie ist

$$[H_\mathrm{II}] = \frac{\frac{\mathrm{kg}}{\mathrm{cm}^2} \cdot \mathrm{cm}^4}{\mathrm{kg}} = \mathrm{cm}^2.$$

H_II ist daher eine Fläche, und dies muß auch so sein, weil auch die Lasten, die mit H_II vereinigt werden sollen, durch Flächen, nämlich durch den Inhalt der Momentenfläche dargestellt sind.

Die Aufgabe, die elastische Linie darzustellen, kommt demnach darauf hinaus, zu einer gegebenen Belastungsfläche eine Seilkurve zu zeichnen, deren Horizontalzug durch Gl. (27) angegeben ist und die zugleich die Grenzbedingungen an den Auflagern erfüllt. In dieser Form wäre aber die Lösung der Aufgabe aus verschiedenen Gründen unbequem, und man ändert sie daher noch ein wenig ab. Man kann nämlich leicht darauf verzichten, die wahre Gestalt der elastischen Linie auf der Zeichnung zu erhalten — um so mehr, als sich diese nur sehr undeutlich von der vorher geraden Stabachse abheben würde —, wenn man nur anzugeben vermag, wie groß die Ordinate y an jeder Stelle ist.

Anstatt darauf zu bestehen, daß die elastische Linie durch die Auflagerpunkte gehen müsse, zeichnet man irgendeine Seilkurve, die im übrigen den obigen Bedingungen genügt, und trägt in sie eine Schlußlinie ein, die den Grenzbedingungen an beiden Balkenenden entspricht; also z. B. für den beiderseits frei aufliegenden Balken die Verbindungslinie der beiden Enden der Seilkurve; für den einseitig eingespannten Balken, der vorkragt, die Tangente im Endpunkt der Seilkurve unter der Einspannstelle des Balkens. Mißt man nun die Abschnitte zwischen der Schlußlinie und der Seilkurve, die auf lotrechten Linien gebildet werden, so geben diese die gesuchten Ordinaten y der elastischen Linie an. Man kann dies auf verschiedene Art nachweisen, am einfachsten, wenn man bedenkt, daß das Produkt $H_\mathrm{II} y$, wie auch die Seilkurve im übrigen konstruiert sein mag, immer denselben Wert behalten muß, da es das Biegungsmoment darstellt, das in einem Balken hervorgerufen würde, der die durch die erste Momentenfläche angegebene Belastung wirklich zu tragen hätte.

Auf einer ganz ähnlichen Erwägung beruht auch die zweite Änderung, zu der man sich aus Rücksicht auf die bessere Ausführung der Zeichnung veranlaßt sieht. Rechnet man nämlich H_{II} nach Gl. (27) aus, so erhält man in praktisch vorliegenden Fällen eine Fläche, die ganz bedeutend größer ist als der Inhalt der Momentenfläche. Wählt man nun den Maßstab im Kräfteplane so, daß H_{II} die Grenzen des verfügbaren Raumes nicht überschreitet, so fallen die Lasten, die durch die Momentenfläche dargestellt werden, zu klein aus, als daß sie noch genau genug aufgetragen werden könnten. Dies kann auch nicht überraschen; denn man weiß ja in der Tat, daß sich der Balken unter den gewöhnlich vorliegenden Umständen verhältnismäßig nur sehr wenig durchbiegt. Die elastische Linie ist daher eine sehr flache Seilkurve, deren Horizontalzug sehr groß gegenüber ihren Lasten sein muß. Wollte man darauf bestehen, die Ordinaten y der elastischen Linie in der richtigen verhältnismäßigen Größe zu erhalten, so würden sie daher in der Zeichnung so klein ausfallen, daß man sie mit dem Zirkel kaum noch abstechen könnte.

Man umgeht diese Schwierigkeit, indem man das zweite Seileck gar nicht mit dem Horizontalzuge H_{II}, sondern mit einem erheblich kleineren H'_{II} versieht, der etwa $\frac{1}{n}$ von H_{II} betragen mag. Dies hat zur Folge, daß dann alle y in n-facher Größe, etwa als y', erscheinen. Man bedenke nämlich, daß auf jeden Fall

$$H_{II}\, y = H'_{II}\, y'$$

sein muß, da, wie vorher schon bemerkt, jedes dieser Produkte die Bedeutung eines Biegungsmomentes für einen Balken hat der die durch die erste Momentenfläche angegebenen Lasten wirklich zu tragen hätte.

Am besten richtet man es gewöhnlich so ein, daß die y' die wahren Werte der y in natürlicher Größe darstellen, während alle übrigen Längen, also namentlich die Spannweite des Balkens, in stark verkleinertem Maßstabe aufzutragen sind. Hat man also die Zeichnung ursprünglich in $\frac{1}{n}$ der natürlichen Größe angefertigt, so setze man an Stelle von H_{II} in Gl. (27)

$$H'_{\text{II}} = \frac{1}{n} \frac{E\,\Theta}{H_{\text{I}}}, \tag{28}$$

und man findet dann die elastische Linie in verzerrter Gestalt,

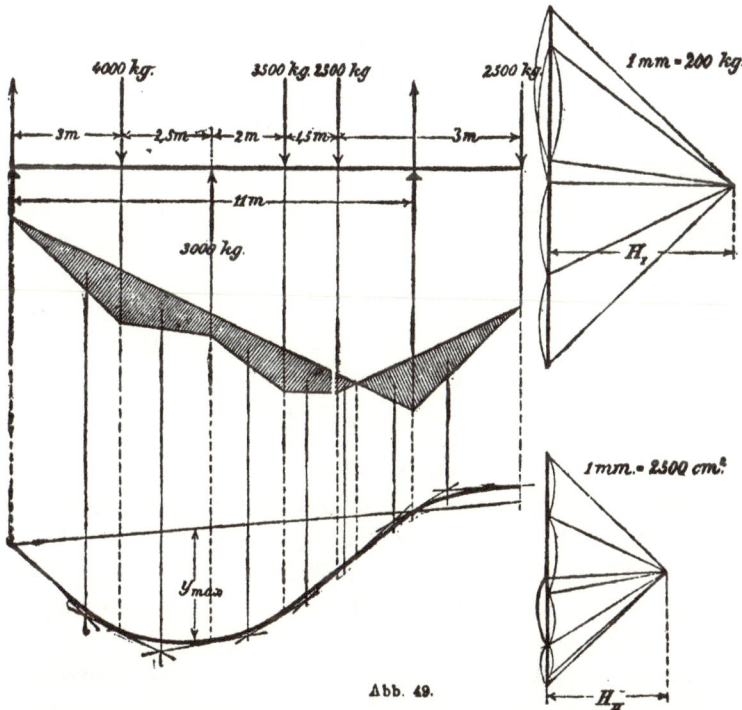

Abb. 49.

so daß ihre Abszissen im Maßstabe $1 : n$, die Ordinaten y aber in wahrer Größe auszumessen sind.

In Abb. 49 ist die Zeichnung für einen bestimmten Fall im Maßstabe durchgeführt. Ein I-Träger von 30 cm Höhe, dessen Trägheitsmoment nach den Profiltabellen 9888 cm⁴ beträgt, überdeckt eine Spannweite von 11 m, über die er nach rechts hin noch um 3 m vorkragt, und nimmt die in die Zeichnung einge-

tragenen Lasten auf, von denen eine senkrecht nach oben gerichtet ist. Unmittelbar unterhalb der Ansichtszeichnung des
Trägers ist mit Hilfe eines Seileckes, dessen Horizontalzug H_I
zu 5000 kg gewählt ist, die Momentenfläche gebildet. Der rechte
Teil stellt negative Momente dar, und die ihm entsprechenden
Lasten sind daher mit nach oben gerichtetem Pfeile in das zweite
Seileck aufzunehmen.

Wenn der Elastizitätsmodul $E = 2\,100\,000$ atm angenommen wird, erhält man für H_{II} nach Gl. (27)

$$H_{II} = \frac{2\,100\,000\ \frac{\text{kg}}{\text{cm}^2} \cdot 9888\ \text{cm}^4}{5000\ \text{kg}} = 4\,150\,000\ \text{cm}^2.$$

Beim Ausmessen der Belastungsflächen des zweiten Seilecks
ist zu beachten, daß die Spannweite des Trägers im Maßstabe
1 : 200 aufgetragen ist. Hiernach bedeutet 1 qmm der Momentenfläche in der Zeichnung in Wirklichkeit das 40000 fache oder
400 cm². Eine zweckmäßige Größe des zweiten Kräfteplanes erhält man bei der Wahl des Maßstabes 1 mm = 2500 cm². Hiernach würde freilich H_{II} gleich 1660 mm aufzutragen sein. Hiervon nehmen wir aber nur $\frac{1}{100}$, setzen also

$$H'_{II} = 16,6\ \text{mm}$$

im Kräfteplane. Die Ordinaten der elastischen Linie erscheinen
dann in hundertfacher Verzerrung oder, da der Maßstab der Längen 1 : 200 ist, in der Hälfte der natürlichen Größe. Hätte man
H_{II} nur halb so groß gewählt, so hätte man die Durchbiegungen
in natürlicher Größe gefunden.

Für die Herstellung des zweiten Seileckes wurde die Momentenfläche in Dreiecke und Trapeze zerlegt. In den Schwerpunkten waren
Einzellasten anzubringen, die den Flächeninhalten proportional sind.
Durch deren Zusammensetzung erhielt man das Tangentenpolygon,
in das nachträglich die Seilkurve selbst mit Hilfe eines Kurvenlineals
eingetragen werden konnte. Die Schlußlinie geht durch die Schnittpunkte der beiden Auflagervertikalen mit dem Seilzuge, und von ihr
aus sind die Ordinaten der elastischen Linie auf lotrechten Linien
abzumessen. Mit dem Zirkel findet man leicht die Stelle der größten
Durchbiegung y_{max} des Trägers heraus. In dem Beispiele ergibt sich
diese auf der Zeichnung zu 15 mm; wegen des vorher besprochenen

Maßstabes bedeutet dies aber in Wirklichkeit eine Durchbiegung von
30 mm. — Der nach rechts vom rechten Auflager aus vorkragende
Teil des Trägers hebt sich, wie aus der Zeichnung zu erkennen ist,
nach oben hin auf und ist mit der Hohlseite nach unten hin gekrümmt, wie es den negativen Biegungsmomenten entspricht. Auf
der durch den Schnittpunkt des ersten Seilzuges mit seiner Schlußlinie gezogenen Vertikalen liegt der Wendepunkt der elastischen Linie.

Bisher war angenommen, daß das Trägheitsmoment Θ konstant
sei. Die Lösung wird aber nicht wesentlich geändert, wenn Θ in beliebiger, aber gegebener Weise veränderlich ist. Man muß dann nur,
um die Übereinstimmung der Differentialgleichung für die elastische
Linie mit der Gleichung der Seilkurve herzustellen, dafür sorgen,
daß nun q nicht mehr mit M, sondern mit $\dfrac{M}{\Theta}$ überall proportional
ist. Man wähle irgendeinen Querschnitt des Trägers, etwa den in der
Mitte aus, um dessen Trägheitsmoment Θ_m mit dem Trägheitsmomente
Θ an irgendeiner anderen Stelle zu vergleichen. Dann forme man die
Momentenfläche so um, daß ihre Ordinaten u überall durch

$$u\,\frac{\Theta_m}{\Theta}$$

ersetzt werden. Da Θ überall gegeben sein sollte, ist dies leicht auszuführen. Die so umgeformte Fläche ist dann als Belastungsfläche
des zweiten Seilpolygones anzunehmen, dessen Horizontalzug H_{II} nun
an Stelle von Gl. (27)

$$H_{II} = \frac{E\,\Theta_m}{H_I} \tag{29}$$

zu wählen ist.

Unter manchen Umständen kann auch noch ein anderes Verfahren am Platze sein, das in Abb. 50 zur Ausführung gebracht wurde.
Ist das Trägheitsmoment des Trägers nämlich absatzweise konstant,
so kann man die elastische Linie zu jedem Abschnitte von gleichem
Trägheitsmomente genau wie in Abb. 49 konstruieren. Zu jedem
anderen Abschnitte gehört ein anderer Ast der elastischen Linie, der
zwar ebenfalls als Seilkurve, aber unter Anwendung eines anderen
Horizontalzuges gebildet werden kann. Die elastische Linie setzt sich
dann aus der Aneinanderreihung aller dieser Seilkurvenstücke zusammen, die sich ohne Knick aneinanderschließen und die Grenzbedingungen an den Auflagerstellen erfüllen müssen. Man beginnt mit
der Zeichnung etwa am linken Ende, indem man den Pol O_1 im
Kräfteplane beliebig wählt. An der Übergangsstelle zum nächsten
Aste muß der Seilstrahl eine gemeinsame Tangente an beide Äste
bilden. Im Kräfteplane verlängert (oder verkürzt) man daher den zugehörigen Polstrahl so lange, bis der Polabstand gleich dem für den
zweiten Ast nach Gl (27) berechneten Horizontalzuge H_{II} geworden

ist. Den hierdurch bestimmten Punkt wählt man als Pol O_2 für die
Herstellung des zweiten Astes. Auch für jeden folgenden Ast wird
auf diese Art ein neuer Pol gewählt; also so, daß je zwei aufeinanderfolgende Pole auf dem Polstrahle liegen, der zu dem Seilstrahle
an der Übergangsstelle parallel ist, und so, daß der Abstand des Poles
von der Lastlinie für jeden Abschnitt des Trägers gleich dem nach

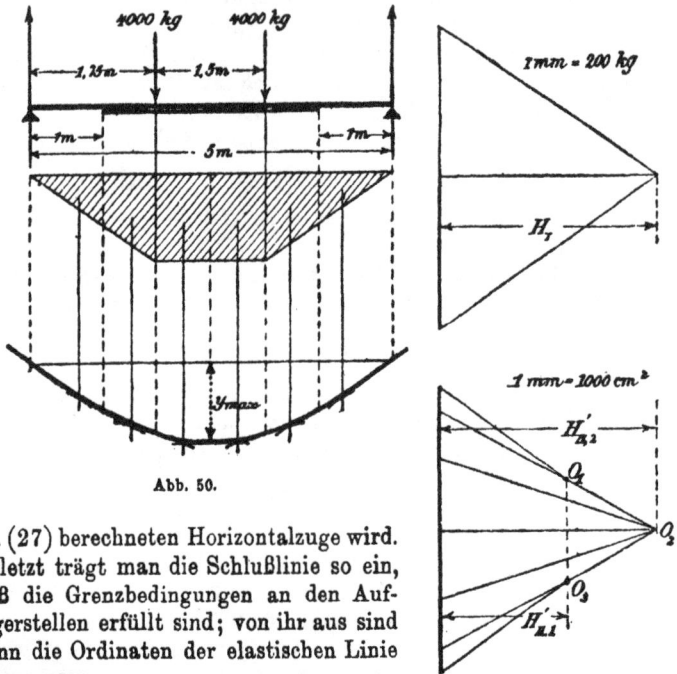

Abb. 50.

Gl. (27) berechneten Horizontalzuge wird.
Zuletzt trägt man die Schlußlinie so ein,
daß die Grenzbedingungen an den Auflagerstellen erfüllt sind; von ihr aus sind
dann die Ordinaten der elastischen Linie
abzumessen.

In dem Beispiele der Abb. 50 sind die Längen im Maßstabe
1 : 100 aufgetragen. In dem durch einen Doppelstrich hervorgehobenen mittleren Teile des Trägers ist das Trägheitsmoment zu 17 350 cm⁴,
an den beiden Enden zu 10 000 cm⁴ angenommen. Der Horizontalzug H_I, mit dem die Momentenfläche konstruiert ist, beträgt 6000 kg.
Für den Horizontalzug des ersten Astes der elastischen Linie erhält
man nach Gl. (27) 3 500 000 cm². Hiervon ist aber nur der 200. Teil
als $H'_{II,1}$ genommen. Ebenso findet man

$$H'_{II,2} = \frac{1}{200} \cdot \frac{2\,100\,000 \cdot 17\,350}{6000} = 30\,362 \text{ cm}^2,$$

die durch 30,4 mm im Kräfteplane des zweiten Seilecks dargestellt werden; als Elastizitätsmodul ist dabei wieder $E = 2\,100\,000$ atm angenommen. Die elastische Linie erscheint in 200facher Verzerrung. Da aber zugleich alle Längen 100fach verkleinert sind, werden die Ordinaten der elastischen Linie in doppelter Größe aus der Zeichnung genommen. Die größte Durchbiegung y_{max} findet hier in der Mitte statt; die Zeichnung liefert dafür 11 mm, in Wirklichkeit beträgt daher der Biegungspfeil 5,5 mm.

Schließlich muß noch auf einige andere Fälle hingewiesen werden, die gelegentlich vorkommen können. Geht nämlich die Belastungsebene nicht durch eine Querschnittshauptachse des Trägers (vgl. hierzu die einschlägigen Lehren des dritten Bandes), so zerlegt man die Biegungsmomente in zwei rechtwinklige Komponenten, so daß die Ebene jeder Komponente durch eine Querschnittshauptachse geht, führt dann für beide Komponenten die vorher beschriebene Zeichnung durch und findet nachträglich Größe und Richtung der gesamten Durchbiegung als geometrische Summe der Durchbiegungen in jenen beiden Hauptrichtungen.

Derselbe Weg führt auch zum Ziele, wenn die am Balken angreifenden Lasten überhaupt nicht in einer Ebene enthalten sind. Bei Maschinenwellen kommt es z. B. vor, daß sie durch mehrere Kräfte auf Biegung beansprucht werden, die zwar alle rechtwinklig zur Wellenachse stehen, aber nicht parallel zueinander sind (einige etwa lotrecht, andere wagrecht). Die elastische Linie wird dann eine doppelt gekrümmte Kurve. Man findet ihre Projektionen, indem man zuerst nur die lotrechten Komponenten aller Lasten berücksichtigt, hiernach die Momentenfläche und das zweite Seileck aufsucht, womit man die Durchbiegungskomponenten im lotrechten Sinne findet, und dann die Untersuchung für die wagrechten Lastkomponenten wiederholt. Hierbei ist ein kreisförmiger Stabquerschnitt vorausgesetzt oder wenigstens ein Querschnitt, von dem jede Schwerpunktsachse zugleich eine Hauptachse ist. Aber auch im anderen Falle entsteht keine Schwierigkeit; man zerlegt dann alle Lasten anstatt in lotrechte und wagrechte in solche Komponenten, die in die Richtungen der Querschnittshauptachsen fallen.

§ 20. Ermittlung von Flächeninhalten mit Hilfe des Seileckes.

Flächeninhalte ermittelt man am besten mit Hilfe eines Planimeters oder, wenn ein solches nicht zu Gebote steht, durch Zerlegen der Figur in einfachere Teile, deren Inhalte auf Grund geometrischer Sätze sofort berechnet werden können. So gelangt man z. B. auf jeden Fall zu einem hinreichend genauen Resultate, indem man die

Figur in schmale Streifen zerlegt, die sich als Trapeze ansehen lassen, den Inhalt für jeden Streifen berechnet und alle addiert, oder anstatt dessen durch Anwendung der Simpsonschen Regel.

Aus diesem Grunde ist eine Anwendung des Seileckes zur Berechnung von Flächeninhalten, die von Culmann angegeben worden ist, nur von geringer Bedeutung. Man macht indessen immerhin zuweilen davon Gebrauch, und sie soll daher hier nicht ganz übergangen werden.

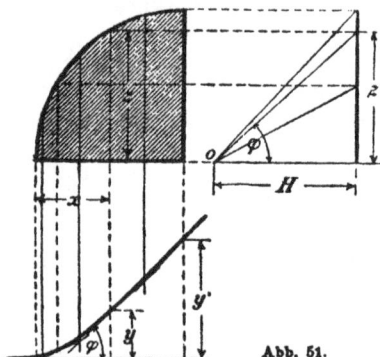

Abb. 51.

Das Verfahren ist durch Abb. 51, in der es auf die Ermittlung des Inhaltes eines Kreisquadranten angewendet wurde, erläutert. In Wirklichkeit würde man es natürlich bei so einfachen Fällen nicht gebrauchen; man wird aber sehen, daß es in derselben Form auch zum Ziele führt, wenn der Kreisbogen durch irgendeine andere Kurve ersetzt wird.

Man teilt den Umfang der Grenzkurve (also hier den Kreisbogen) in eine Anzahl von gleichen oder auch ungleichen Teilen. Eigentlich sollte diese Anzahl unendlich groß sein; in der Abbildung sind aber nur drei Teile genommen, und wenn dies auch etwas wenig ist, so genügt es doch fast schon zur Erzielung einer genügenden Genauigkeit. In der Mitte jedes Bogenelementes bringt man eine in lotrechter Richtung gehende Kraft an, die der Projektion des Elementes auf die lotrechte Richtung proportional ist. Diese Kräfte setzt man mit Hilfe eines Seilpolygons zusammen. Der zugehörige Kräfteplan kann nebenan leicht aufgetragen werden, indem man durch die Teilpunkte auf der Kurve Horizontalen zieht, die auf der lotrechten Lastlinie die Lasten in der gewünschten Größe ohne weiteres abschneiden. Den Pol O wählt man auf der X-Achse; der Horizontalzug H kann beliebig angenommen werden. Nachdem hierauf der Seilzug zu den Lasten unterhalb hergestellt ist, kann man auch noch die Seilkurve freihändig eintragen, da man weiß, daß diese die Vieleckseiten auf den durch die Teilpunkte der Begrenzungskurve der gegebenen Fläche gezogenen Lotrechten berührt. Man kann nun leicht beweisen, daß die Ordinate y der Seilkurve, von der horizontalen ersten Seilspannung aus gemessen, mit dem Horizontalzuge H multipliziert den bis zur zugehörigen Abszisse x reichenden Teil der gegebenen Fläche angibt.

Zu diesem Zwecke denke man sich im Punkte xy der Seilkurve eine Tangente eingetragen, die den Winkel φ mit der Horizontalen

bilden möge. Diesen Winkel bildet auch der zur Tangente parallel
gezogene Polstrahl im Kräfteplane mit der Horizontalen. Bezeichnet
man die Ordinate der Grenzkurve der gegebenen Fläche mit z, so
hat man für tg φ die beiden Werte

$$\text{tg}\,\varphi = \frac{dy}{dx} = \frac{z}{H}.$$

Hieraus folgt $\qquad\qquad H\,dy = z\,dx$

und

$$Hy = \int_0^x z\,dx. \qquad\qquad (30)$$

Das Integral gibt aber in der Tat den bis zur Abszisse x reichenden
Teil des Flächeninhaltes an, und der Satz ist damit bewiesen. Für
den Inhalt des ganzen Quadranten hat man natürlich das Produkt
aus der letzten Ordinate y' und dem Horizontalzuge H zu nehmen.
Ergänzung § 20a und 20b auf S. 401—408.

Aufgaben.

*11. Aufgabe. Ein Träger ist am einen Ende fest, am anderen
Ende auf einem in schiefer Richtung gehenden Rollenlager aufgelagert;
man soll die durch gegebene Lasten hervorgebrachten Auflagerkräfte
ermitteln (vgl. Abb. 52).*

Lösung. Denkt man sich die gegebenen Lasten zu einer Resultierenden vereinigt, so muß diese mit den beiden Auflagerkräften im
Gleichgewichte stehen. Von dem Auflagerdrucke am beweglichen Auflager kennt man von vornherein die Richtung, da diese senkrecht
zur Auflagerbahn stehen muß. Verlängert man diese Richtungslinie
bis zum Schnittpunkte mit der Richtungslinie der Resultierenden aller
Lasten, so muß durch den Schnittpunkt auch die Richtungslinie des
am festen Auflager übertragenen Auflagerdruckes gehen. Die Größen
beider Auflagerkräfte ergeben sich nach Feststellung der Richtungen
einfach durch Zeichnen eines Kräftedreieckes, in dem die Resultierende der Lasten die dritte Seite bildet.

Anstatt dessen kann man aber auch die Auflagerkräfte unmittelbar mit Hilfe eines Seilecks bestimmen. Durch dieses verbindet man
zunächst die Lasten; durch Einbeziehen der beiden Auflagerkräfte
muß es nachher zu einem geschlossenen werden. Hat man die Schlußlinie, so findet man die Auflagerkräfte aus dem Kräfteplane. Insofern gleicht das Verfahren vollständig dem in § 12 beschriebenen
Nur das Eintragen der Schlußlinie erfordert noch eine besondere
Überlegung. Da nämlich die Richtung des Auflagerdruckes am festen
Auflager zunächst unbekannt ist, muß man die erste Seileckseite durch

den festen Auflagerpunkt hindurch legen, damit man den Schnittpunkt der ersten Seilspannung mit dem Auflagerdrucke angeben kann.

In Abb. 52 ist dies durchgeführt. Zunächst wurden die Lasten
1, 2, 3 im Kräfteplane (52b) aufgetragen und der Pol O beliebig
gewählt. Das Seileck wird dann in Abb. 52a vom festen Auflagerpunkte A aus gezeichnet. Die letzte Seileckseite trifft die durch den
Auflagerpunkt B zur Richtung der Auflagerbahn gezogene Senk-
rechte $\mathfrak{B}$ in einem Punkte C, der mit A verbunden die Schlußlinie S
des Seilecks liefert. Dann trägt man S in den Kräfteplan (parallel
zur Schlußlinie) ein und beachtet, daß die letzte Seilspannung mit
dem Auflagerdrucke $\mathfrak{B}$ eine in die Richtung der Schlußlinie fallende
Resultierende ergeben muß. Man zieht daher die Parallele zu $\mathfrak{B}$, die
S im Punkte O' trifft. Auch $\mathfrak{A}$ ergibt sich dann sofort.

Man kann nachträglich auch den Punkt O' als Pol eines neuen

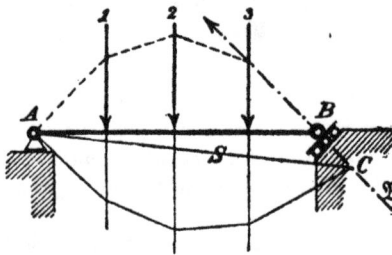
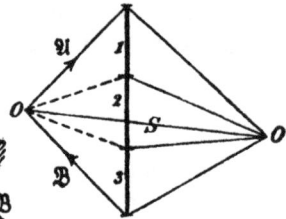

Abb. 52a.   Abb. 52b.

Seilecks wählen, das mit gestrichelten Linien in Abb. 52a eingetragen ist. Bei diesem Seilecke wird die Anfangsspannung durch den
Auflagerdruck gebildet. Man braucht hier keine Kraft willkürlich
beizufügen, um den Seilzug herzustellen, sondern kann die in Wirklichkeit schon vorhandenen benutzen. Legt man nachher einen Schnitt
durch den Träger, so werden alle Kräfte links vom Schnitte durch
eine einzige, nämlich durch die vom Schnitte mitgetroffene Seilspannung ersetzt. Ein Seilzug von dieser Art wird auch als eine Drucklinie bezeichnet.

Ein Seil könnte die zum Pole O' gehörige Gestalt des Seileckes
unter dem Einflusse der gegebenen Lasten freilich nicht aufrecht-
erhalten, weil in den Seilstrecken Druckspannungen vorkämen, die
das Seil nicht aufzunehmen vermag. Man kann sich aber das Seil
durch Stangen ersetzt denken, die an den Lastangriffspunkten gelenkförmig miteinander verbunden sind. Manche nennen daher das Seileck
in diesem Falle ein Gelenkpolygon; ich werde aber an der Bezeichnung Seilpolygon oder Seileck auch in solchen Fällen festhalten.

Schließlich bemerke ich noch, daß man ganz ähnlich wie hier

auch dann zu verfahren hat, wenn der Träger zwar als gewöhnlicher
Balkenträger mit einem horizontal verschieblichen Rollenlager auf-
gelagert ist, dabei aber schief gerichtete Lasten trägt, wie z. B. ein
Dachbinder, der durch Winddruck belastet ist. Auch dann ist der
Seilzug mit der Anfangsseite durch den festen Auflagerpunkt zu füh-
ren, damit man von hier aus die Schlußlinie eintragen kann.

*12. Aufgabe. Das Gewicht Q einer Lokomotive (ohne Einrech-
nung der Radsätze) soll auf 4 Achsen so verteilt werden, daß das zu
den beiden vordersten Achsen gehörige Drehgestell den Anteil P_1 davon
aufzunehmen hat, während auf die beiden hinteren Achsen die Anteile*

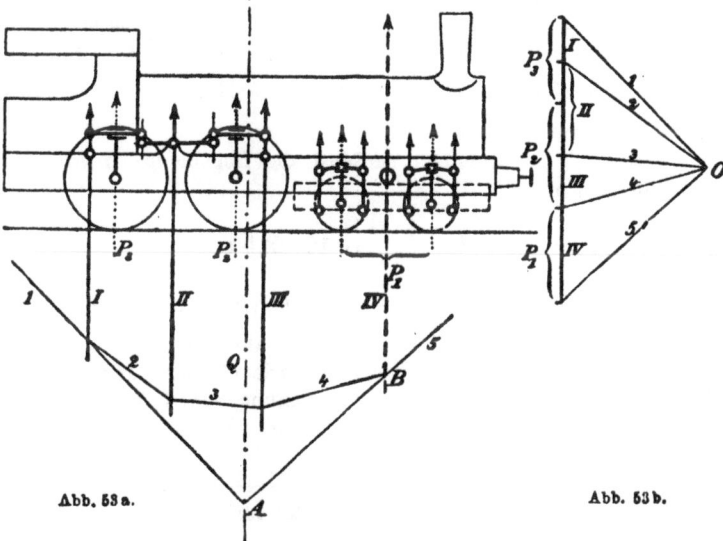

Abb. 53 a.   Abb. 53 b.

P_2 *und* P_3 *entfallen. Die Federaufhängung ist aus Abb. 53 zu entnehmen. Der Schwerpunkt der Lokomotive und die Stellung der beiden
hinteren Achsen sind gegeben. Man soll die Lage der vorderen Achsen
so bestimmen, daß die verlangte Lastenverteilung eintritt.*

Lösung. Im Kräfteplane Abb. 53 b trage man zunächst die
Lasten P_3, P_2, P_1 ab, beachte dann, daß der Druck auf dem Stütz-
punkte I aus der Hälfte von P_3 besteht und ähnlich bei II und III.
Dann wähle man einen Pol O und konstruiere zu den Lasten I, II,
III das Seileck mit den Seilstrahlen 1, 2, 3, 4. Die Richtung der
Last IV oder P_1 ist dann so in die Zeichnung der Lokomotive ein-
zutragen, daß der Schnittpunkt A der äußersten Seileckseiten 1 und
5 auf die gegebene Richtungslinie der Resultierenden Q fällt. Dieser

8*

Punkt A ist aber durch 1 und Q bereits bekannt, und eine Parallele
durch ihn zum Polstrahle 5 im Kräfteplane liefert den Schnittpunkt B
der Seilstrahlen 4 und 5, durch den die Last IV gehen muß. Hiermit ist die Lage der vorderen Achsen bekannt.

*13. Aufgabe. Ein Telegraphendraht (von ungefähr 4 mm Stärke)
wiegt 100 g für den laufenden Meter. Er soll über einer Spannweite
von 100 m ausgespannt werden, aber so, daß die durch das Eigengewicht hervorgebrachte Anspannung nicht mehr als 80 kg ausmacht;
um wieviel muß man ihn in der Mitte durchhängen lassen?*

Lösung. Man setze $l = 100$ m, $Q = 10$ kg, $H = 80$ kg in
Gl. (5) S. 71 ein, so erhält man $f = 1,56$ m.

*14. Aufgabe. Um wieviel ändern sich H und f im vorhergehen-
den Falle infolge einer Temperaturerniedrigung um 20^0 C, wenn der
Ausdehnungskoeffizient zu $\dfrac{1}{80000}$ und der Elastizitätsmodul zu 2 200 000
atm angenommen werden?*

Lösung. Wir berechnen zunächst die Bogenlänge b für den
Pfeil $f = 1,56$ m nach Gl. (8)

$$b = l + \frac{8}{3} \frac{f^2}{l} = 100,065 \text{ m.}$$

Diese Drahtlänge wird durch die Abkühlung um 20^0 um $\dfrac{1}{4000}$, also
um 25 mm verkürzt. Gleichzeitig wird sie aber durch die elastische
Ausdehnung, die mit der Erhöhung des Horizontalzuges H verbunden
ist, wieder etwas verlängert. Eine Spannung von 1 kg verlängert
den Draht nach dem Elastizitätsgesetze um

$$\triangle l = \frac{Pl}{EF} = \frac{1\text{ kg} \cdot 100\,000 \text{ mm}}{2\,200\,000 \, \dfrac{\text{kg}}{\text{cm}^2} \cdot 0,1256 \text{ cm}^2} = 0,36 \text{ mm}$$

Bezeichnen wir den Horizontalzug, der sich nachher einstellt, mit x,
so wird durch die Erhöhung um $(x - 80)$ kg eine Verlängerung des
Drahtes um $0,36$ $(x - 80)$ mm herbeigeführt, und im ganzen wird
aus b

$$b' = 100065 - 25 + 0.36 \, (x - 80) = (100011 + 0,36 \, x) \text{ mm.}$$

Andererseits ist aber nach Gl. (7)
$$b = l + \frac{Q^2 l}{24 H^2}$$

oder nach Einsetzen der hier zutreffenden Werte

$$b' = 100000 \left(1 + \frac{10^2}{24 \, x^2}\right) \text{ mm.}$$

Setzt man beide Werte von b' einander gleich, so erhält man für x die kubische Gleichung

$$11 + 0{,}36\, x = \frac{10^7}{24 x^2}.$$

Am einfachsten erhält man deren Lösung durch Probieren und findet genau genug

$$x = 95{,}8 \text{ kg.}$$

Der zugehörige Biegungspfeil f' folgt aus Gl. (5) zu

$$f' = \frac{10 \text{ kg} \cdot 100 \text{ m}}{8 \cdot 95{,}8 \text{ kg}} = 1{,}30 \text{ m,}$$

und die Bogenlänge b' wird

$$b' = 100\,045{,}5 \text{ mm.}$$

15. Aufgabe. Ein Drahtseil, von dem ein laufender Meter 2 kg wiegt, überspannt eine horizontale Entfernung von 40 m. Es hängt in der Mitte um 2 m durch; wie lang ist das Seil und wie stark ist es gespannt?

Lösung. Man sucht zunächst die Konstante a in der Gleichung der Kettenlinie

$$y = a \cosh \frac{x}{a}$$

(Gl. 17, S. 74) oder den sogenannten Parameter der Kettenlinie auf. Man weiß, daß für $x = 20$ m, $y = a + 2$ m ist; a folgt daher aus der Lösung der transzendenten Gleichung

$$a + 2 = a \cosh \frac{20}{a},$$

die mit Hilfe der Tafeln der Hyperbelfunktionen aufgelöst werden kann. Um zunächst einen Näherungswert für a zu erhalten, betrachte man die Seilkurve als eine Parabel, setze $Q = 80$ kg und berechne nach Gl. (6)

$$H = \frac{80 \text{ kg} \cdot 40 \text{ m}}{16 \text{ m}} = 200 \text{ kg.}$$

Nach Gl. (16) würde dies einem Werte $a = 100$ m entsprechen. Wir können daher

$$a = 100 + \delta$$

setzen, worin δ einen Wert bezeichnet, der jedenfalls klein gegen 100 ist. Anstatt nun die Gleichung

$$\cosh \frac{20}{a} = 1 + \frac{2}{a}$$

unmittelbar durch Probieren aufzulösen, was bei Verwendung der gewöhnlich zur Verfügung stehenden vierstelligen Tafeln nicht genau genug möglich wäre, beachte man, daß

$$\frac{d}{dx} \cosh x = \sinh x$$

ist, wovon man sich auf Grund der für die Hyperbelfunktonen gültigen Exponentialausdrücke leicht überzeugt, und daß daher nach dem Taylorschen Satze

$$\cosh\frac{20}{a} = \cosh\frac{20}{100} + \sinh\frac{20}{100}\cdot\frac{d}{da}\left(\frac{20}{a}\right)\cdot\delta$$

$$= \cosh 0,2 - \sinh 0,2 \,.\, 0,0020\cdot\delta$$

gesetzt werden kann.

Verfährt man ebenso mit dem anderen Gliede der Gleichung, so geht diese über in

$$\cosh 0,2 - 0,0020\cdot\delta\cdot\sinh 0,2 - 1,02 + 0,0002\cdot\delta = 0.$$

Aus den Tafeln entnimmt man, daß

$$\cosh 0,2 = 1,0201 \quad\text{und}\quad \sinh 0,2 = 0,2013$$

ist. Setzt man dies in die vorausgehende Gleichung ein und löst nach δ auf, so erhält man

$$\delta = 0,49 \quad\text{und daher}\quad a = 100,49 \text{ m.}$$

Freilich sind auch diese Zahlen wegen Verwendung von vierstelligen Tafeln nicht sehr genau; für die praktische Verwendung reicht die Genauigkeit aber immerhin aus. Nachdem a bekannt ist, findet man leicht alle übrigen Größen. Der Horizontalzug H ist

$$H = a\gamma = 200,98 \text{ kg.}$$

Die größte Seilspannung tritt indessen an den Aufhängepunkten auf und ist nach Gl. (18)

$$S = 102,49\cdot 2 = 204,98 \text{ kg.}$$

Die Länge des halben Seiles beträgt nach Gl. (14)

$$s = a\sinh\frac{x}{a} = 100,49\sinh\frac{20}{100,49} = 20,128 \text{ m.}$$

Betrachtet man dagegen die Seilkurve als eine Parabel und berechnet den Bogen b nach der Näherungsformel Gl. (8), so erhält man

$$b = 40 + \frac{8}{3}\cdot\frac{4}{40} = 40,267 \text{ m}$$

gegenüber 40,256 m bei der Kettenlinie. Der Unterschied beträgt nur 11 mm; wenn keine besondere Genauigkeit verlangt wird, genügt es daher im vorliegenden Falle noch, die Seilkurve als Parabel zu betrachten.

16. Aufgabe. An dem in der vorigen Aufgabe besprochenen Drahtseile soll nachträglich eine Last von 300 kg in der Mitte aufgehängt werden. Wie groß wird die Seilspannung und um wieviel hängt das Seil nachher in der Mitte durch, wenn von der elastischen Längenänderung, die das Seil infolge der höheren Spannung erfährt, abgesehen wird?

Erste Lösung. Die Seilkurve setzt sich aus zwei symmetrisch zueinander liegenden Ästen zusammen, von denen jeder einen Kettenlinienbogen bildet. Es genügt daher, einen von beiden zu betrachten. Dort, wo beide zusammenstoßen, bilden beide Endtangenten einen Winkel 2φ miteinander, wenn hier φ dieselbe Bedeutung hat wie in § 15. Aus dem Kräftedreiecke, das für beide Seilspannungen und die Last $P = 300$ kg gezeichnet werden kann, folgt

$$\operatorname{tg}\varphi = \frac{P}{2H} = \frac{dy}{dx} = \sinh\frac{x}{a}.$$

In dieser Gleichung kommen als Unbekannte der Parameter a der Kettenlinie und die Abszisse x des zur Seilmitte gehörigen Kettenlinienanfanges vor. Rechnet man auch den Bogen s vom Scheitel der Kettenlinie bis zu diesem Bogenanfange, so läßt sich nach Gl. (14) die vorige Gleichung ersetzen durch

$$\frac{P}{2\gamma} = s \quad \text{oder} \quad s = 75 \text{ m.}$$

Fügt man hierzu die in der vorigen Aufgabe bereits berechnete halbe Seillänge, so ist der vom Scheitel bis zum Aufhängepunkte berechnete Bogen s'

$$s' = 95{,}128 \text{ m.}$$

Andererseits ist aber nach Gl. (14) für diese Stelle auch

$$s' = a \sinh\frac{x+20}{a}.$$

Wir haben demnach die beiden transzendenten Gleichungen

$$a \sinh\frac{x}{a} = 75 \quad \text{und} \quad a \sinh\frac{x+20}{a} = 95{,}128$$

nach den Unbekannten a und x aufzulösen. Um die Unbekannte x zu eliminieren, schreibe man die Gleichungen

$$\frac{x}{a} = \operatorname{arcsinh}\frac{75}{a} \quad \text{und} \quad \frac{x+20}{a} = \operatorname{arcsinh}\frac{95{,}128}{a}.$$

Man erhält dann für a die Gleichung

$$a\left(\operatorname{arcsinh}\frac{95{,}128}{a} - \operatorname{arcsinh}\frac{75}{a}\right) = 20.$$

Durch einfaches Probieren mit Hilfe der Tafeln für die Hyperbelfunktionen, aus denen natürlich auch deren Umkehrungen entnommen werden können, läßt sich die Gleichung nicht gut auflösen. Setzt man z. B. $a = 100$, so liefert die linke Seite $15{,}34$, setzt man $a = 500$,

so wird sie 19,90, und für $a = \infty$ geht sie erst in 20,128 über
Man weiß also zwar, daß a zwischen 500 und ∞ liegen muß; zu
einer genaueren Bestimmung reichen aber wenigstens die gewöhnlich
zur Verfügung stehenden vierstelligen Tafeln nicht aus.

Man hilft sich am besten durch eine Reihenentwicklung für arcsinh.
Für kleine Werte von u ist nämlich die Reihe

$$\text{arcsinh } u = u - \frac{1}{2}\frac{u^3}{3} + \frac{1 \cdot 3}{2 \cdot 4}\frac{u^5}{5} - \frac{1 \cdot 3 \cdot 5}{2 \cdot 4 \cdot 6}\frac{u^7}{7} + \cdots$$

sehr schnell konvergent, und es genügt gewöhnlich, nur die beiden
ersten Glieder beizubehalten. Führt man dies aus, so geht die vorige
Gleichung über in

$$20,128 - \frac{1}{6}\left(\frac{95,128^3}{a^2} - \frac{75^3}{a^2}\right) = 20.$$

Diese läßt sich nach a sofort auflösen und liefert $a = 756,0$ m.
Nachdem a bekannt ist, findet man leicht auch alle übrigen Größen,
nach denen gefragt ist. Zunächst erhält man x aus

$$\sinh\frac{x}{756} = \frac{75}{756} \quad \text{zu} \quad x = 74,88 \text{ m.}$$

Die zu x gehörige Ordinate y ist

$$y = 756 \cosh\frac{74,88}{756} = 759,70 \text{ m}$$

und die zum Aufhängepunkte, d. h. zur Abszisse $x + 20$ gehörige

$$y' = 756 \cosh\frac{94,88}{756} = 761,97 \text{ m.}$$

Der Unterschied von y' und y gibt die Durchhängung des Seiles in
der Mitte an; diese beträgt daher jetzt 2,27 m, wobei freilich die
letzte Stelle wegen Verwendung von vierstelligen Tafeln ganz un-
sicher ist.

Die größte Seilspannung ist nach Gl. (18)

$$S = \gamma y' = 2\frac{\text{kg}}{\text{m}}\,761,97 \text{ m} = 1524 \text{ kg.}$$

Nachträglich kann man übrigens, wenn man will, auch noch den
Einfluß der elastischen Dehnung des Seiles berücksichtigen, indem
man die zu $S =$ rund 1500 kg gehörende elastische Dehnung berechnet und $s' = 95,128$ m in der vorhergehenden Rechnung entsprechend größer nimmt. Freilich ist dann die ganze Rechnung noch
einmal mit dem neuen Werte von s' zu wiederholen.

Zweite (angenäherte) Lösung von Aufgabe 15. Man achte
nicht auf die Krümmung des Seiles, sondern setze die Sehne gleich
dem Bogen. Die Sehne ist zwar etwas kleiner als der Bogen; da

sich das Seil außerdem aber auch etwas streckt, so ist der Fehler
um so geringer anzuschlagen. In Aufgabe 14 war die Bogenlänge
des halben Seiles zu 20,128 m gefunden. Sieht man dies nun als
Sehne des Kettenlinienbogens an, so erhält man die Durchhängung f
nach dem Pythagoräischen Satze

$$f = \sqrt{20,128^2 - 20^2} = 2,26 \text{ m,}$$

also fast genau dieselbe wie vorher. Die Spannung ist im tiefsten
Punkte

$$S = \frac{Pl}{4f} = 300 \cdot \frac{40}{9,04} = 1330 \text{ kg.}$$

Im höchsten Punkte würde sie sich um etwa $2 \cdot 2,26 = 4,53$ kg erhöhen. Das ist nun freilich zu niedrig. Das Eigengewicht der Seilstücke trägt, wie der Vergleich der Werte zeigt, verhältnismäßig viel
zur Spannung des Seiles bei.

Man kann sich des Näherungsverfahrens auch nur zur Ermittlung
von f bedienen, und nachdem dies gefunden ist, mit den Kettenlinienbogen weiter rechnen.

*17. Aufgabe. Die Belastungsfläche eines Balkenträgers ist
ein rechtwinkliges Dreieck; ermittele die zugehörige Momentenfläche!
(S. Abb. 54.)*

Lösung. Es genügt schon, die ganze Spannweite in vier gleiche
Teile zu teilen; will man genauer verfahren, so nimmt man sechs
oder acht Teile, aber nicht
leicht mehr, da eine Einteilung
in noch mehr Teile der Genauigkeit der Zeichnung kaum noch
förderlich wäre. Die Schwerpunkte der Trapeze, in die das
Dreieck zerlegt wurde, liegen
einerseits sämtlich auf der
Schwerlinie des Dreieckes, andererseits liegt jeder auf einer
Linie, die nach einer der in
Band I gegebenen Anleitungen
gefunden werden kann.

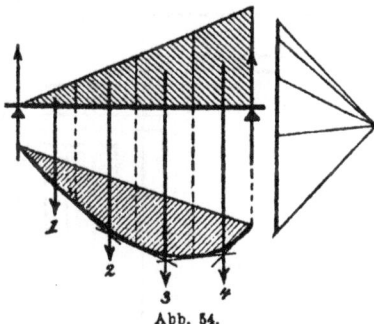

Abb. 54.

Nachdem dies geschehen ist, legt man Kräfte durch die Schwerpunkte, die den Flächen proportional sind. Im Kräfteplane werden
sie durch die mittleren Höhen der Trapeze dargestellt. Dann wählt
man einen Pol, zeichnet den zugehörigen Seilzug und sucht die Be-
rührungspunkte auf, die zwischen diesem und der eingeschriebenen
Seilkurve bestehen. Nachher bleibt nur noch übrig, die Seilkurve
mit Hilfe des Kurvenlineals oder aus freier Hand einzutragen.

18. Aufgabe. *Ein über drei Öffnungen reichender Gerberscher Kragträger trägt gegebene Lasten (Abb. 55); man soll die zugehörige Momentenfläche aufsuchen.*

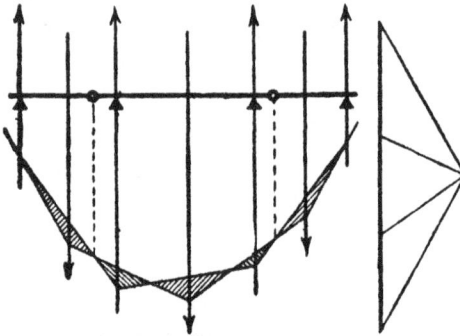

Lösung. Man vereinigt zuerst die gegebenen Lasten durch einen Seilzug und trägt in diesen ein System von Schlußlinien ein, die an den Auflagervertikalen aneinander grenzen und auf den Gelenkvertikalen den Seilzug durchschneiden. Zwischen diesen Schlußlinien und dem Seilzuge liegt die Momentenfläche, die in der Abbildung durch Schraffierung hervorgehoben ist. Von links nach rechts steigende Schraffierungsstriche entsprechen dabei positiven und von links nach rechts fallende entsprechen negativen Momentenvorzeichen.

Abb. 55.

19. Aufgabe. *Ein Wagen von 5 m Radstand und je 5 t Rad-*

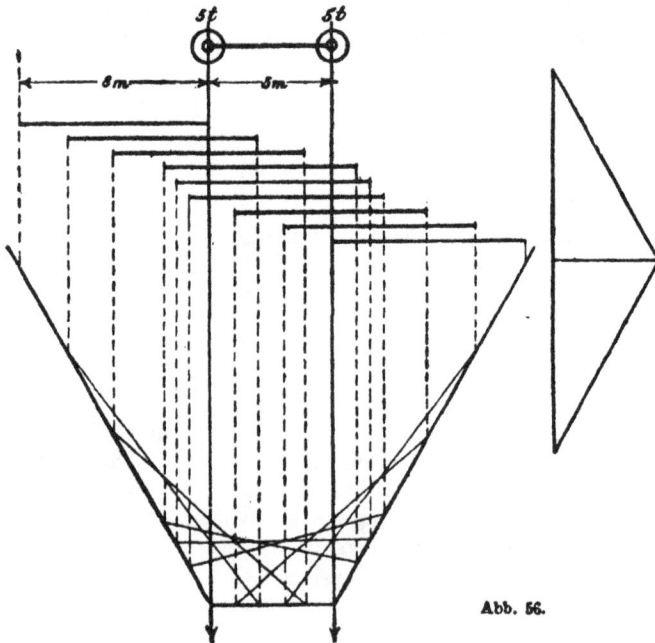

Abb. 56.

druck fährt über einen Balkenträger von 8 m Spannweite; ermittele graphisch die Maximalmomentenfläche (Abb. 56).

Lösung. Man setzt die zwei Einzellasten durch einen Seilzug zusammen, in den man eine Anzahl von Schlußlinien einträgt, die verschiedenen Stellungen der Lastengruppe zum Träger entsprechen. Die Momentenflächen sind entweder Dreiecke (wenn nur eine Last über dem Träger steht) oder Vierecke (wenn beide Lasten über dem Träger stehen). Auf ihre be-

Abb. 57.

sondere Gestalt kommt es nicht an, sondern nur auf die Abschnitte, die sie auf lotrechten Linien bilden. Man trägt nachträglich alle diese Momentenflächen in Abb. 57 von einer gemeinsamen Grundlinie aus ab und sucht die Umhüllungslinie auf. Wie diese ungefähr ausfällt, ist aus der Abbildung zu entnehmen.

20. Aufgabe. *Ein I-Balken vom Normalprofile 30, dessen Trägheitsmoment $\Theta = 9888$ cm^4 ist, überbrückt eine Spannweite von 6 m und trägt in der Mitte eine Last von 4000 kg. Man zeichne die elastische Linie des Balkens, so daß die Abszissen in $^1/_{100}$ der natürlichen Größe und die Ordinaten in natürlicher Größe erscheinen (Abb. 58).*

Lösung. Als Horizontalzug für das erste Seileck ist $H_1 = 2000$ kg gewählt. Die Momentenfläche wird ein Dreieck, das wir nur in zwei Teile

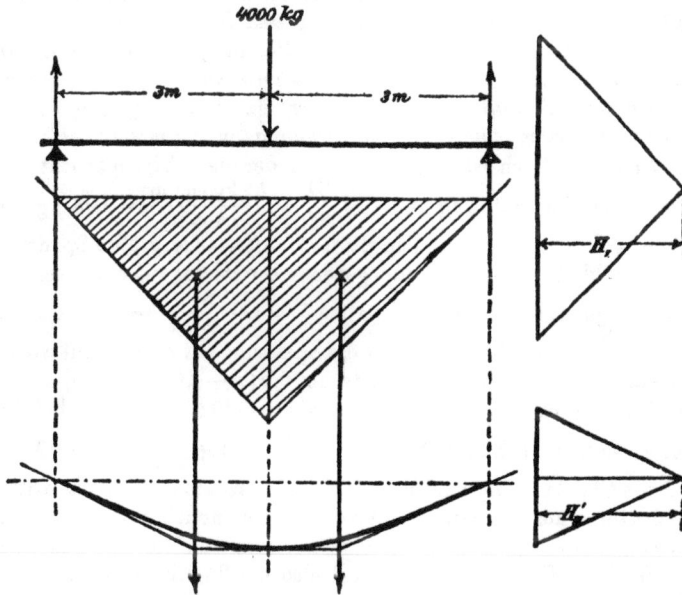

Abb. 58.

zerlegen wollen, die in der Mitte aneinander stoßen. Jeder Teil hat in natürlicher Größe eine Fläche von $\dfrac{300 \cdot 300}{2}$ oder 45 000 cm². — Wird der Elastizitätsmodul zu 2 000 000 atm angenommen, so erhält man für den Horizontalzug des zweiten Seilecks nach Gl. (27)

$$H_{II} = \frac{E\,\Theta}{H_I} = \frac{2 \cdot 10^6\,\frac{\text{kg}}{\text{cm}^2} \cdot 9888\ \text{cm}^4}{2000\ \text{kg}} = 9\,888\,000\ \text{cm}^2.$$

Der verlangten 100 fachen Verzerrung wegen nehmen wir aber anstatt dessen nur den Horizontalzug $H'_{II} = 98\,880$ cm² an. Der Kräfteplan zum zweiten Seilecke konnte hiernach aufgetragen und das Seileck selbst dazu gezeichnet werden. Als Maßstab wurde 1 mm = 5000 cm² gewählt. Allerdings hat man damit nur einen Punkt, nämlich jenen in der Mitte, genau erhalten. Man findet, daß die Durchbiegung an dieser Stelle 0,91 cm beträgt. Oft genügt dies aber schon; im anderen Falle steht natürlich nichts im Wege, die Momentenfläche in eine größere Zahl von Teilen einzuteilen, womit man auch eine entsprechend größere Zahl von Punkten der elastischen Linie erhält.

20 a. Aufgabe. Ein Telegraphendraht, von dem ein Meter 120 g wiegt, ist zwischen zwei gleich hohen Stützen ausgespannt, die um 60 m voneinander entfernt sind, und hängt in der Mitte um 50 cm durch. Wie groß ist die durch das Eigengewicht hervorgebrachte Spannung und um wieviel wachsen Durchhängung und Spannung an, wenn der Draht außerdem noch eine gleichförmig über die ganze Spannweite verteilte Schneebelastung von 15 kg aufzunehmen hat? Hierbei soll angenommen werden, daß der Draht durch eine Spannung von 1 kg im Ganzen genommen eine elastische Dehnung um 0,2 mm erfährt.

Lösung: Nach Gl. (6) ergibt sich der dem Eigengewicht entsprechende Horizontalzug zu $H = \dfrac{Q\,l}{8\,f} = \dfrac{7{,}2\ \text{kg} \cdot 60\ \text{m}}{4\ \text{m}} = 108$ kg und davon weicht auch die an den Stützen auftretende, größte Spannung nicht merklich ab. Die der angegebenen Durchhängung entsprechende Bogenlänge ergibt sich aus Gl. (8) zu $b = l + \dfrac{8}{3} \cdot \dfrac{f^2}{l} = 60011{,}1$ mm. Unter der Schneebelastung steige die Spannung auf x kg; damit wächst die elastische Dehnung des Drahts um $0{,}2\,(x - 108)$ mm an, so daß nachher $b' = 60011{,}1 + 0{,}2\,(x - 108) = 59989{,}5 + 0{,}2\,x$ beträgt. Andererseits ist nach Gl. (7) $b' = l + \dfrac{Q^2 l}{24\,x^2} = \left(1 + \dfrac{22{,}2^2}{24\,x^2}\right) \cdot 60000$ mm und die Gleichsetzung beider Ausdrücke liefert eine Gleichung dritten Grades für x, aus der man durch Probieren hinlänglich genau $x = 202{,}5$ findet. Hiermit wird ferner $b' = 60030$ mm und die Durchhängung $f' = 0{,}82$ m. Die Spannung wächst also um 94,5 kg und die Durchhängung um 0,32 m an.

Dritter Abschnitt.

Die Kräfte im Raume.

§ 21. Zurückführung auf ein Kraftkreuz.

Zwei Kräfte, deren Richtungslinien windschief zueinander liegen, lassen sich niemals durch eine einzige Kraft ersetzen. Dagegen kann man beliebig viele an einem starren Körper angreifende Kräfte, die alle oder teilweise windschief zueinander liegen, sofern sie sich nicht ausnahmsweise auf einzige Resultiende zurückführen lassen, stets auf unendlich verschiedene Arten durch zwei windschiefe Kräfte ersetzen. Der Verein von zwei windschief zueinander liegenden Kräften spielt daher für die Zusammensetzung von Kräften im Raume eine ähnliche Rolle wie eine Einzelkraft in der Ebene. Er bildet die einfachste Form, auf die sich jede gegebene Kräftegruppe mindestens bringen läßt. Aus diesem Grunde ist eine besondere kurze Bezeichnung dafür erwünscht. Wir nennen den Verein von zwei windschiefen Kräften ein Kraftkreuz. Um ein Kraftkreuz vollständig zu beschreiben, muß man beide Richtungslinien oder „Wirkungslinien" und auf jeder von ihnen eine mit Pfeil versehene Strecke angeben, die die Größe der auf ihr enthaltenen Kraft darstellt.

Legt man einer von beiden Kräften des Kraftkreuzes den Wert Null bei, so geht das Kraftkreuz in eine Einzelkraft über; wir können daher, um die möglichen Ausnahmen nicht jedesmal besonders hervorheben zu müssen, eine Einzelkraft auch als einen besonderen Fall eines Kraftkreuzes auffassen. Ebenso soll es uns freistehen, auch ein Kräftepaar gelegentlich als Sonderfall eines Kraftkreuzes aufzufassen; denn das Kraftkreuz geht in ein Kräftepaar über, sobald wir beide Wirkungslinien parallel zueinander werden lassen und zugleich beide Kräfte gleich groß und entgegengesetzt gerichtet annehmen. In der Regel wird aber, wenn von einem Kraftkreuze die Rede ist, vorausgesetzt, daß keiner von diesen Ausnahmefällen vorliege.

Die Zurückführung einer beliebig gegebenen Kräftegruppe auf ein Kraftkreuz beruht auf der folgenden einfachen Betrachtung. In Abb. 59 stelle K den Umriß des Körpers dar, an dem die Kräfte angreifen, und M sei der Angriffspunkt einer dieser Kräfte, die mit $\mathfrak{P}$ bezeichnet sei. Die übrigen Kräfte, die in der Zeichnung weggelassen sind, denke man sich an beliebigen Angriffspunkten und in beliebiger Größe und Richtung hinzu. Man wähle ferner einen Punkt A und eine Ebene ε beliebig aus, jedenfalls aber so, daß A nicht in ε liegt. Dann lege man von A aus eine Ebene π durch die Kraft $\mathfrak{P}$, durch die, wie wir sagen können, $\mathfrak{P}$ von A als Projektionszentrum aus projiziert wird. Auch durch jede andere der gegebenen Kräfte denke man sich eine solche projizierende Ebene gelegt. Diese Ebenen schneiden im allgemeinen die Ebene ε, und die Schnittlinie geht durch jenen Punkt M', in dem die Richtungslinie von $\mathfrak{P}$ die Ebene ε durchstößt. Von den Ausnahmefällen, die hier möglich sind, sei zunächst abgesehen, da sie nachher besonders besprochen werden sollen.

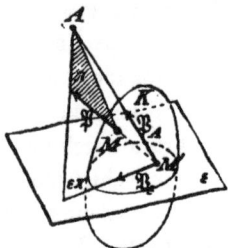

Abb. 59.

Nun verschiebe man den Angriffspunkt von $\mathfrak{P}$ nach dem in der Ebene ε liegenden Punkte M' und zerlege $\mathfrak{P}$ in zwei Kräfte $\mathfrak{P}_A$ und $\mathfrak{P}_\varepsilon$, von denen die erste längs der Verbindungslinie $M'A$, die zweite längs der Schnittlinie $\varepsilon\pi$ geht. Diese Zerlegung ist ohne weiteres ausführbar, da alle drei Richtungslinien in der Ebene π enthalten sind.

Nachdem die gleiche Zerlegung auch mit allen übrigen gegebenen Kräften vorgenommen ist, haben wir doppelt soviel Kräfte als zu Anfang. Hiervon geht aber die eine Hälfte durch den Punkt A, während die andere in der Ebene ε enthalten ist. Wir können die erste Gruppe ohne weiteres durch eine Resultierende $\mathfrak{R}_A$ ersetzen, und auch die in der Ebene ε liegenden liefern im allgemeinen eine Resultierende $\mathfrak{R}_\varepsilon$, die nach den früher besprochenen Regeln gefunden werden kann. Hierbei kann zwar der Ausnahmefall vorkommen, daß die Kräfte in der Ebene ε ein Kräftepaar liefern; wenn wir dieses aber als eine unendlich kleine, unendlich ferne Kraft deuten, braucht davon nicht besonders gesprochen zu werden. — Jedenfalls sind nach Ausführung der Zusammensetzung die gegebenen Kräfte vollständig durch das Kraftkreuz der Kräfte $\Re_A$ und $\Re_\varepsilon$ ersetzt, wobei es freilich vorkommen kann, daß eine der beiden Kräfte eine unendlich kleine und unendlich ferne Kraft ist, oder daß auch eine von beiden ganz verschwunden ist, nämlich dann, wenn zufällig die durch den Punkt A gehenden oder die in der Ebene ε liegenden Kräfte im Gleichgewichte miteinander gestanden haben sollten.

Was nun die Ausnahmefälle anbelangt, von denen vorher schon die Rede war, so kann es zunächst vorkommen, daß eine der Kräfte $\mathfrak{P}$ zur Ebene ε parallel ist. Im allgemeinen wird auch dann noch die projizierende Ebene π die Ebene ε längs einer Geraden $\varepsilon\pi$ schneiden, die dann zur Richtung von $\mathfrak{P}$ parallel ist. In diesem Falle ziehe man auch durch A eine Gerade, die zu jenen beiden parallel ist, und zerlege $\mathfrak{P}$ in der Ebene π in zwei parallele Kräfte, von denen eine durch A geht, während die andere in die Schnittlinie $\varepsilon\pi$ fällt. Diese Aufgabe läßt sich nach den Lehren des vorigen Abschnittes stets ohne weiteres lösen. Hiermit ist aber gerade so wie im früheren Falle $\mathfrak{P}$ in zwei Kräfte zerlegt, von denen eine durch A geht, während die andere in ε liegt.

Nun kann es freilich vorkommen, daß auch die projizierende Ebene π parallel zu ε wird. Die Schnittgerade $\varepsilon\pi$ fällt dann mit der unendlich fernen Geraden der Ebene ε zusammen, und die Kraft $\mathfrak{P}$ ist in eine durch A gehende Kraft, die mit $\mathfrak{P}$ gleich groß und gleichgerichtet ist, und in eine unendlich kleine und unendlich ferne Kraft zu zerlegen, deren Richtungslinie mit der unendlich fernen Geraden der Ebenen ε und π zusammenfällt. Wenn man die Benutzung der unendlich fernen Elemente zur Durchführung der Betrachtung nicht scheut, ist daher auch in diesem Falle die verlangte Zerlegung von $\mathfrak{P}$ sofort ausgeführt. Anstatt dessen kann man auch sagen, daß bei der Parallelverlegung von $\mathfrak{P}$ nach A ein Kräftepaar auftritt, dessen Ebene parallel zu ε ist und das nachträglich in die Ebene ε verschoben werden kann. Dann ist $\mathfrak{P}$ durch eine Einzelkraft am Punkte A und ein Kräftepaar in der Ebene ε ersetzt. — Die fernere Zusammensetzung der Kräfte am Punkte A und in der Ebene ε kann aber auf jeden Fall genau so erfolgen, als wenn diese besonderen Lagen gar nicht vorgekommen wären.

§ 22. Zusammensetzung von Kräftepaaren.

Von den Eigenschaften der Kräftepaare war schon früher, namentlich im ersten Bande, wiederholt die Rede. Hier wird es aber nötig, das Wichtigste davon noch einmal zusammenzustellen und die Betrachtungen zugleich so weit zu ergänzen, als erforderlich ist, um den Gegenstand vollständig zu erledigen.

Zunächst erinnere ich daran, daß als graphische Darstellung eines Kräftepaares das Parallelogramm betrachtet werden kann, von dem zwei gegenüberliegende Seiten die beiden Kräfte des Paares angeben (vgl. Abb. 60). Wählt man irgendeinen Punkt in der Ebene des Kräftepaares als Momentenpunkt, so ist das Moment des Kräftepaares — worunter man die Summe der Momente beider Kräfte versteht — stets gleich groß, und der Wert dieses Momentes wird durch den Flächeninhalt des Parallelogrammes angegeben. Das Vorzeichen des Momentes folgt zugleich aus dem Umlaufsinne, der durch die Pfeile beider Kräfte bestimmt ist.

Abb. 60.

Wir wollen uns nun überlegen, welche Veränderungen man mit dem Kräftepaare und mit seinem sichtbaren Ausdrucke, dem Parallelogramm, vornehmen darf, ohne an dem Verhalten des Körpers, an dem es angreift, etwas zu ändern. Zunächst läßt sich zeigen, daß das Parallelogramm beliebig innerhalb seines Parallelstreifens verschoben werden darf, solange nur die beiden Grundlinien, die die Kräfte darstellen, hierbei ihre Längen und das Parallelogramm selbst daher seinen Inhalt nicht ändern. An Stelle des Parallelogrammes I in Abb. 61 kann also das Parallelogramm II genommen werden. Dies folgt nämlich aus dem Satze von der Verschiebung des Angriffspunktes, indem II aus I durch bloße Verschiebungen der Angriffspunkte beider Kräfte des Paares längs ihrer Richtungslinien hervorgeht.

Abb. 61.

Ferner kann man innerhalb des Parallelogrammes eine Vertauschung jener Seiten vornehmen, die man als Darstellungen

der beiden Kräfte des Paares betrachtet. Der Beweis für diese
Behauptung ergibt sich aus Abb. 62. In dieser sei zunächst das
Kräftepaar der Kräfte 1 und 1' gegeben. Man füge ihnen zwei
neue Kräfte 2 und 2' zu, die sich gegenseitig aufheben und von
denen jede so groß ist, wie es der Diagonale des Parallelogrammes
entspricht, mit der ihre Richtungslinien zusammenfallen. Setzt
man nun 1 und 2 zu einer Resultierenden 3 zusammen, so geht
diese durch den Schnittpunkt ihrer Richtungslinien, und Größe
und Richtung ergibt sich durch geometrische Summierung aus
1 und 2. Es ist nicht nötig, dazu ein besonderes Kräftedreieck
zu zeichnen, da schon innerhalb des vorhandenen Parallelogrammes ein Dreieck vorkommt, von dem eine Seite die Kraft 1, die
andere die Kraft 2 darstellt. Die dritte Seite
gibt daher Größe und Richtung der Resultierenden 3 an, und man erkennt, daß diese
Kraft durch die mit der Ziffer 3 bezeichnete
Parallelogrammseite schon vollständig nach
Größe, Richtung und Lage dargestellt ist.
Hierbei ist nur der Angriffspunkt auf den näch-

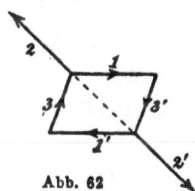

Abb. 62

sten Eckpunkt des Parallelogrammes längs der Richtungslinie
zurückverlegt. Ebenso geben die Kräfte 1' und 2' die durch die
Parallelogrammseite 3' dargestellte Resultierende.

Damit ist aber der Satz bewiesen, denn in der Tat ist gezeigt,
daß das Kräftepaar aus 1 und 1' durch Hinzufügung der beiden
sich gegenseitig aufhebenden Kräfte 2 und 2' in das Kräftepaar
aus 3 und 3' übergeführt werden kann, das demnach mit dem
vorigen gleichwertig ist. Es ist daher gar nicht nötig, beim Auftragen eines Parallelogramms zur Darstellung eines Kräftepaares
genauer anzugeben, welches Paar Gegenseiten die Kräfte des
Paares bezeichnen soll; man kann es vielmehr dem freien Belieben anheimstellen, welches Paar dazu gewählt werden soll,
wenn nur der Umlaufssinn etwa durch Beifügung eines Dreh-
pfeiles näher bezeichnet wird.

Durch eine bekannte planimetrische Umformung läßt sich
ein Parallelogramm in ein anderes verwandeln, das gleichen Inhalt hat und dessen Grundlinie daher in demselben Verhältnisse

verkleinert, als die Höhe vergrößert ist (oder umgekehrt). Betrachtet man beide Parallelogramme als Darstellungen von Kräftepaaren von gleichem Umlaufssinne, so sind auch beide Kräftepaare gleichwertig miteinander, so daß sich das eine durch das
andere ersetzen läßt. Der Beweis folgt aus Abb. 63. Man hat
zunächst das Parallelogramm $ABCD$, in dem
die Seiten DA und BC die Kräfte 1 und 2
des ursprünglich gegebenen Kräftepaares
darstellen. Nachdem das inhaltsgleiche Parallelogramm $AEFG$ gebildet ist, denke man

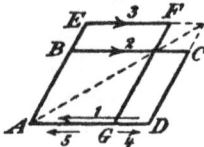

Abb. 63.

sich die Kraft 2 in zwei parallele Kompo-
nenten 3 und 4 zerlegt, von denen eine auf die Grundlinie AG
oder AD, die andere auf die Gegenseite EF fällt. Die Summe
aus den Kräften 3 und 4 muß gleich 2 sein, und außerdem muß
für einen auf 2 liegenden Momentenpunkt das Moment von 3
gleich groß und entgegengesetzt gerichtet dem Momente von 4
sein. Daraus folgt, daß die gesuchte Kraft 3 durch die Strecke
EF, und die Kraft 4 durch die Strecke GD dargestellt wird.

Nachdem 2 zerlegt ist, kann man 1 und 4, die auf dieselbe
Gerade fallen, zu einer Resultierenden vereinigen, die mit 5
bezeichnet werden mag. Da 1 und 4 entgegengesetzten Pfeil
haben, ist 5 gleich der Differenz von beiden und wird durch die
Strecke GA dargestellt. Hiermit sind
die ursprünglich gegebenen Kräfte 1
und 2 vollständig durch die Kräfte 3
und 5 ersetzt. Die durch die Parallelogramme $ABCD$ und $AEFG$ dar-
gestellten Kräftepaare sind also in der Tat gleichwertig
miteinander.

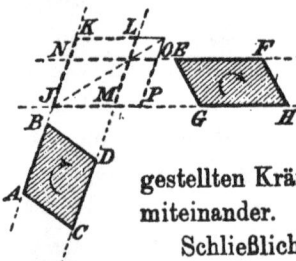

Schließlich läßt sich noch zeigen, daß zwei Kräfte-

Abb. 64.

paare, die durch irgend zwei in derselben Ebene liegende
Parallelogramme dargestellt werden, falls diese nur gleichen Inhalt haben und zu demselben Umlaufssinne gehören, gleichwertig
miteinander sind. In Abb. 64 seien $ABCD$ und $EFGH$ die in-
haltsgleichen Parallelogramme. Man verschiebe zunächst $ABCD$
innerhalb des Parallelstreifens in die Lage $JKLM$; dann forme

man um auf $JNOP$. Dieses Parallelogramm läßt sich aber, da es
mit $EFGH$ gleichen Inhalt haben soll und mit ihm in demselben
Parallelstreifen liegt, durch $EFGH$ ersetzen, und hiermit ist in
der Tat nachgewiesen, daß die durch die Parallelogramme $ABCD$
und $EFGH$ dargestellten Kräftepaare gleichwertig miteinander
sind.

Ein Kräftepaar kann daher in seiner Ebene beliebig
verschoben und zugleich sonst umgeformt werden, solange nur das statische Moment weder dem Werte noch
dem Vorzeichen nach geändert wird. Es genügt daher zur
Darstellung des Kräftepaares auch, irgendwo in der Ebene eine
Normale nach jener Seite hin zu ziehen, von der aus gesehen
das Kräftepaar eine Drehung im Uhrzeigersinne hervorzubringen
sucht, und die Größe des Momentes auf dieser Normalen in irgendeinem Maßstabe abzutragen. Diese Strecke
heißt der Momentenvektor, und aus den
vorhergehenden Betrachtungen folgt, daß
dieser beliebig parallel zu sich verschoben
werden darf. In dieser Hinsicht steht er
durchaus im Gegensatze zu jener Strecke,
durch die man eine Einzelkraft darstellt.

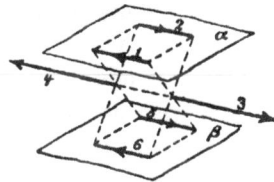

Abb. 65.

Diese darf keineswegs, oder wenigstens nicht ohne einen ander-
weitigen Ausgleich parallel zu sich verschoben werden, während
beim Momentenvektor die Verschiebung ohne weiteres zulässig ist.

Ein Kräftepaar kann ferner auch in eine parallele
Ebene verschoben werden. Um sich hiervon zu überzeugen,
betrachte man Abb. 65. In der Ebene α sei das aus den Kräften 1 und 2 gebildete Kräftepaar gegeben. Man ziehe irgendeine
zu α parallele Ebene β und projiziere das Parallelogramm 1, 2
durch rechtwinklige Projektionsstrahlen auf β; die Projektion
liefert das Parallelogramm 5, 6. Dann lege man in dem hierbei
entstehenden Parallelepiped die Diagonalebenen durch 1 und 5
und durch 2 und 6 und suche deren Schnittlinie auf, die in der
Mitte zwischen α und β verläuft. Nach diesen Vorbereitungen
bringe man zwei neue Kräfte 3 und 4 an dem Körper an, die
sich gegenseitig aufheben und deren Richtungslinien mit der

vorher ermittelten Schnittlinie zusammenfallen. Jede dieser beiden Kräfte sei doppelt so groß als eine der Kräfte 1 oder 2. An Stelle des Kräftepaares 1, 2 tritt jetzt der Verein der vier Kräfte 1, 2, 3, 4. Diese kann man nun in geeigneter Weise zusammenfassen. Wir bilden zunächst die Resultierende aus 1 und 3. Da beide Kräfte entgegengesetzt gerichtet sind und 3 doppelt so groß ist als 1, ist die Resultierende gleich gerichtet mit 3 und so groß wie 1 oder 2. Dabei liegt sie außerhalb des aus den Richtungslinien von 1 und 3 gebildeten Parallelstreifens nach der Seite der größeren Kraft hin, in solchem Abstande, daß für einen auf 3 gelegenen Momentenpunkt das Moment der Resultierenden gleich dem Momente von 1 ist. Daraus folgt, daß die Resultierende aus 1 und 3 durch die mit 5 bezeichnete, in der Ebene β enthaltene Strecke dargestellt wird. Ebenso liefern 2 und 4 die durch die Strecke 6 dargestellte Resultierende.

Nach Ausführung dieser Zusammensetzungen sind die Kräfte 1, 2, 3, 4 und daher auch das ursprünglich gegebene Kräftepaar 1, 2 durch das Kräftepaar 5, 6 ersetzt. Das Parallelogramm 5, 6 bildet aber die Projektion des Parallelogramms 1, 2 auf die Ebene β, und damit ist bewiesen, daß das Kräftepaar 1, 2 ohne weitere Änderung auch in die beliebig angenommene parallele Ebene β verschoben werden darf. Nachträglich können natürlich auch mit dem Kräftepaare 5, 6 innerhalb der Ebene β wieder alle jene Verschiebungen und Umformungen vorgenommen werden, von denen vorher die Rede war.

Hieraus folgt zugleich auch, daß der Momentenvektor eines Kräftepaares nicht nur, wie wir vorher sahen, parallel zu sich selbst, sondern zugleich auch längs seiner eigenen Richtungslinie beliebig verschoben werden darf. Man kann daher alles, was bisher von den Kräftepaaren bewiesen wurde, auch dahin zusammenfassen, daß das Kräftepaar durch Angabe des Momentenvektors bereits genügend beschrieben wird und daß dieser Vektor ein völlig freier Vektor ist, der an jedem beliebig gewählten Punkte angeheftet werden darf. Es kommt bei ihm gar nicht auf die Lage, sondern nur auf seine Größe und seine Richtung an. Der Vektor, durch den eine Einzelkraft dargestellt wird,

kann im Gegensatze zum Momentenvektor nur längs seiner Richtungslinie und nicht parallel dazu verschoben werden; bei ihm
kommt es nicht nur auf Richtung und Größe, sondern auch auf
die Lage der Richtungslinie an. Um diesen Unterschied in anschaulicher Sprache hervorzuheben, bezeichnet man die Einzelkraft als einen linienflüchtigen Vektor im Gegensatze zu dem
völlig freien Vektor, durch den ein Kräftepaar dargestellt wird.

Sind zwei Kräftepaare gegeben, die entweder in derselben
Ebene oder in zwei parallelen Ebenen liegen, so schiebe man
sie zunächst in dieselbe Ebene, stelle jedes durch ein Parallelogramm dar, so daß die Seiten in beiden parallel laufen und die
Grundlinien gleich groß sind, und lege die Parallelogramme mit
einer gemeinsamen Grundlinie nebeneinander oder aufeinander,
aber so jedenfalls, daß die gemeinsame Grundlinie im einen Parallelogramme eine Kraft von entgegengesetztem Pfeile wie im
anderen Parallelogramme bedeutet. Von den vier Kräften heben
sich dann die beiden aufeinander gelegten gegenseitig auf, und
die beiden anderen bilden ein neues Kräftepaar, das die Resultierende der beiden gegebenen Kräftepaare bildet. Hatten beide
Kräftepaare gleichen Drehsinn, so liegen ihre Flächen nebeneinander, und das Parallelogramm des resultierenden Kräftepaares
ist gleich der Summe aus den Flächen der Parallelogramme der
einzelnen Kräftepaare. War der Umlaufssinn entgegengesetzt, so
tritt an die Stelle der Summe die Differenz der Flächen.

Man kann diese einfache Betrachtung auch dahin zusammenfassen, daß der Momentenvektor des resultierenden Kräftepaares
gleich der geometrischen Summe der Momentenvektoren der
gegebenen Kräftepaare ist. Bei gleichem Umlaufssinne sind
beide Momentenvektoren gleich gerichtet und ihre geometrische
Summe ist gleich der numerischen Summe aus beiden, also
gleich der durch einfaches Zusammenzählen der Momentenbeträge gebildeten Summe. Bei entgegengesetztem Umlaufssinne
sind die Momentenvektoren entgegengesetzt gerichtet und ihre
geometrische Summe wird durch die Differenz der absoluten
Beträge angegeben. — Diese Betrachtungen bleiben natürlich
auch noch anwendbar, wenn mehr als zwei Kräftepaare in der-

selben oder in parallelen Ebenen zu einer Resultierenden vereinigt werden sollen.

Um zwei Kräftepaare zusammenzusetzen, die in verschiedenen Ebenen liegen, kann man sich des durch Abb. 66 dargestellten Verfahrens bedienen. Das Kräftepaar in der Ebene α sei durch das Parallelogramm 1, 2 zur Darstellung gebracht, von dem die Grundlinie 2 mit der Schnittlinie $\alpha\beta$ beider Ebenen zusammenfällt. Auf gleiche Art führe man auch das in der Ebene β liegende Kräftepaar auf ein Parallelogramm 3, 4 zurück, von dem eine Seite 3 in die Schnittlinie $\alpha\beta$ fällt. Wir können es dabei so einrichten, daß beide Parallelogramme gleiche Grundlinien haben und daß sie mit einer gemeinschaftlichen Seite in der Schnittlinie $\alpha\beta$ aneinander grenzen. Ferner sollen auch beide so aneinander geschoben sein, daß die gemeinschaftliche Seite in beiden Parallelogrammen Kräfte von entgegengesetztem Pfeile darstellt. Dies läßt sich immer leicht erreichen; denn sollten etwa 2 und 3 nicht, wie in Abb. 66 angenommen ist, von entgegengesetztem, sondern von gleichem Pfeile sein, so brauchte man nur die Ebene β über die Schnittlinie $\alpha\beta$ hinaus zu verlängern und das Parallelogramm 3, 4 in die Verlängerung zu schieben, so daß nachher 4 sich mit 2 deckte. Diese wären dann von entgegengesetztem Pfeile, und die Figur würde sich von Abb. 62 nur dadurch unterscheiden, daß das, was jetzt in einem der zwischen den Ebenen α und β gebildeten Keile gezeichnet ist, sich nachher in dem Nebenkeile abspielte.

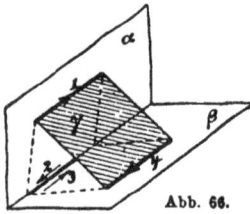

Die zum Zusammenfallen gebrachten Kräfte 2 und 3 heben sich gegenseitig auf und es bleiben nur noch die Kräfte 1 und 4 übrig, die ein Kräftepaar miteinander bilden, das die Resultierende aus den Kräftepaaren 1, 2 und 3, 4 ausmacht. Das resultierende Kräftepaar liegt in einer neuen Ebene γ, die von α und β verschieden ist; es wird durch das mit einer Schraffierung versehene Parallelogramm dargestellt. Nachträglich kann man das Parallelogramm in der Ebene γ wieder beliebig umformen oder es

auch in eine zu γ parallele Ebene verschieben, wenn man nur
darauf achtet, daß der Momentenvektor dabei nach Größe und
Richtung unverändert bleibt.

Um den Zusammenhang zu erkennen, der zwischen den Momentenvektoren der drei Kräftepaare besteht, fertigen wir in
Abb. 67 eine neue Zeichnung an, die als
rechtwinklige Projektion auf eine zur
Schnittlinie $\alpha\beta$ senkrechte Ebene zu betrachten ist. Die drei Parallelogramme projizieren sich als Abschnitte auf den Spuren
der Ebenen α, β, γ. Da die drei Parallelogramme gleiche Grundlinien hatten, ver-

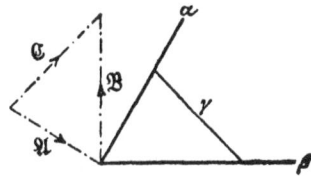

Abb. 67.

halten sich ihre Flächen oder die von ihnen dargestellten Momente wie die Seiten des von den Spuren α, β, γ gebildeten
Dreieckes. Die Momentenvektoren der drei Kräftepaare seien
mit $\mathfrak{A}$, $\mathfrak{B}$, $\mathfrak{C}$ bezeichnet; sie liegen in der Ebene der Abb. 67 und
können in dieser ohne weiteres aufgetragen werden. Der Mo-
mentenvektor $\mathfrak{B}$ des Kräftepaares in der Ebene β steht rechtwinklig zu β und ist, wie aus dem Vergleiche mit Abb. 66 ohne
weiteres folgt, mit dem Pfeile senkrecht nach oben gerichtet.
Der Maßstab, in dem die Momentenvektoren aufgetragen werden
sollen, kann nach Belieben gewählt werden. Da wir schon wissen,
daß sich die Momente jedenfalls wie die Seiten des Dreieckes α,
β, γ verhalten, ist es am einfachsten, die Strecke $\mathfrak{B}$ gleich der
auf β liegenden Dreieckseite zu machen. Auch $\mathfrak{A}$ und $\mathfrak{C}$ sind
dann gleich den Abschnitten auf α und γ zu setzen. Der Momentenvektor $\mathfrak{A}$ des in der Ebene α liegenden Kräftepaares hat,
wie aus Abb. 66 hervorgeht, einen dort dem Beschauer zuge-
wendeten Pfeil. Hiernach ist auch der Pfeil von $\mathfrak{A}$ in Abb. 67
gewählt, und zwar ist die Strecke so angetragen, daß die Pfeile
von $\mathfrak{A}$ und $\mathfrak{B}$ aufeinander folgen. Nachdem $\mathfrak{A}$ und $\mathfrak{B}$ aufgetragen
sind, verbinde man ihre Endpunkte miteinander. Man erhält
dann ein Dreieck, das mit dem Dreiecke α, β, γ kongruent ist,
da es mit ihm in zwei Seiten und dem dazwischen liegenden
Winkel übereinstimmt. Hieraus folgt, daß auch die dritte Seite
gleich lang mit dem Abschnitte auf γ ist und daß beide ebenso

wie die anderen einander entsprechenden Seiten rechtwinklig
zueinander stehen. Die dritte Seite gibt daher den Momenten-
vektor $\mathfrak{C}$ an. Der Pfeil von $\mathfrak{C}$ folgt wieder aus dem Vergleiche
mit der Übersichtszeichnung in Abb. 66.

Hiermit ist bewiesen, daß der Momentenvektor des resultierenden Kräftepaares gleich der geometrischen
Summe der Momentenvektoren der beiden gegebenen
Kräftepaare ist. Wir sind damit zu dem einfachsten Verfahren
gelangt, dessen man sich zur Vereinigung beliebig gegebener
Kräftepaare bedienen kann. Man stellt alle gegebenen Kräftepaare durch ihre Momentenvektoren dar und bildet aus diesen
die geometrische Summe. Der Vektor, den man hierbei erhält,
gibt das resultierende Kräftepaar an. Zugleich erkennt man,
daß sich beliebig gegebene Kräftepaare stets durch ein einziges
Kräftepaar ersetzen lassen. Ist die geometrische Summe der
Momentenvektoren gleich Null, so stehen die Kräftepaare im
Gleichgewichte miteinander.

Ich bemerke schließlich noch, daß man durch analytische Beweis-
führung auf Grund des Momentensatzes die vorhergehenden Betrachtungen freilich erheblich abkürzen kann; ich halte es aber für nützlicher, diese Untersuchung mit den einfachsten Hilfsmitteln, deren
man sich beim Zusammensetzen von Kräften bedienen kann, folge-
recht, wenn auch vielleicht etwas weitschweifig, durchzuführen. Man
wird dadurch mit dem Gegenstande genauer vertraut, als wenn man
sich damit begnügt, die letzten Folgerungen, zu denen wir gelangten,
als Behauptungen aufzustellen, die mit Hilfe des Momentensatzes
bewiesen werden.

§ 23. Gleichwertigkeit von Kraftkreuzen.

Wir kehren jetzt zu den Untersuchungen in § 21 zurück.
Um beliebig gegebene Kräfte auf ein Kraftkreuz zurückzuführen,
wählten wir einen Punkt A und eine Ebene ε beliebig aus und
zerlegten dann alle Kräfte so, daß eine Komponente durch A
ging, während die andere in ε lag. Dadurch gelangten wir schließlich zu einem Kraftkreuze, dessen eine Kraft ebenfalls durch den
beliebig gewählten Punkt A ging, während die andere in der
beliebig gewählten Ebene ε enthalten war.

Hieraus folgt, daß man eine gegebene Gruppe von Kräften nicht nur auf ein einziges Kraftkreuz zurückführen kann, sondern daß man, je nach anderer Wahl des Punktes A und der Ebene ε, unendlich viele Kraftkreuze erhält, die alle die gegebene Kräftegruppe ersetzen und die daher auch alle untereinander gleichwertig sind. Hierbei mag noch bemerkt werden, daß zwei Kraftkreuze oder überhaupt zwei Kräftegruppen als „gleichwertig" bezeichnet werden, wenn sich die eine durch die andere am starren Körper vollständig ersetzen läßt, so daß es für das Verhalten des Körpers gleichgültig ist, ob die eine oder andere an ihm angreift. Eine Einzelkraft, die gegebenen Kräften gleichwertig ist, bezeichnet man als deren Resultierende. Man kann aber nicht wohl ein Kraftkreuz, das gegebene Kräfte ersetzt, als ein resultierendes Kraftkreuz bezeichnen, weil es nicht nur eines, sondern sehr viele gibt, die derselben Bedingung genügen. Deshalb gebraucht man in solchen Fällen das Wort „gleichwertig".

Wenn zwei Kräftegruppen gleichwertig miteinander sind und man kehrt in der einen von ihnen die Pfeile aller Kräfte um, so hält sie, wenn sie nachher mit der anderen zugleich an einem starren Körper angebracht wird, mit ihr Gleichgewicht. Denn die andere Gruppe ist ihr nach Voraussetzung gleichwertig, solange die Pfeile noch nicht umgekehrt sind. Wir haben daher, wenn wir diesen Ersatz eintreten lassen, die eine Gruppe mit den ursprünglichen Pfeilen und zugleich auch dieselbe Gruppe mit den umgekehrten Pfeilen vor uns, und in beiden heben sich je zwei zur selben Richtungslinie gehörige Kräfte gegeneinander fort, so daß in der Tat Gleichgewicht bestehen muß. Der Fall des Gleichgewichtes zwischen zwei Kraftkreuzen wird daher schon sofort mit erledigt, sobald wir nur die Gleichwertigkeit näher untersuchen.

Wir wollen jetzt annehmen, daß die vorher beliebig gewählte Ebene ε nun durch eine andere Ebene ε' ersetzt werde, während der Punkt A seine frühere Lage behalten soll. Anstatt das frühere Verfahren für diesen Fall ganz von neuem durchzuführen, können wir sofort von dem Kraftkreuze $\Re_A$, $\Re_\varepsilon$ ausgehen, das die gegebenen Kräfte ersetzt. Die Kraft $\Re_A$ geht bereits durch den vorgeschriebenen Punkt A, und es bleibt uns daher nur übrig, die Kraft $\Re_\varepsilon$ in zwei Komponenten zu zerlegen, von denen eine durch A geht, während die andere in der Ebene ε' enthalten ist. Diese Zerlegung ist genau nach der früher dafür gegebenen Vorschrift in Abb. 68 ausgeführt. Man projiziert $\Re_s$ von A aus

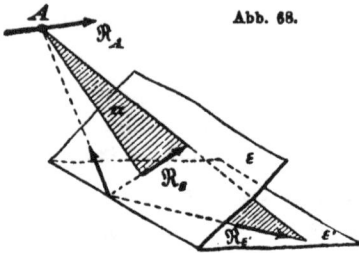

Abb. 68.

durch die mit α bezeichnete Ebene, verlegt den Angriffspunkt von $\Re_s$ nach der Schnittlinie der Ebenen ε und ε' und zerlegt dort $\Re_s$ in der Ebene α längs der durch A gehenden Linie und längs der Schnittlinie $\alpha\varepsilon'$. Die letzte Komponente liefert unmittelbar die Kraft $\Re_{\varepsilon'}$ des neuen Kraftkreuzes, während die andere Komponente am Punkte A mit $\Re_A$ zur zweiten Kraft dieses Kraftkreuzes zu vereinigen ist. In der Abbildung ist dies nicht weiter ausgeführt.

Aus dieser Betrachtung folgt, daß die Kraft $\Re_{\varepsilon'}$ des neuen Kraftkreuzes, wie nun auch die Ebene ε' gewählt werden möge, jedenfalls in der Ebene α enthalten sein muß, in der sich $\Re_s$ von A aus projiziert. Geht also die eine Kraft eines Kraftkreuzes, das einer gegebenen Kräftegruppe gleichwertig ist, durch einen beliebig vorgeschriebenen Punkt A, so muß die andere auf jeden Fall in einer dem Punkte A zugeordneten und durch ihn hindurchgehenden Ebene α enthalten sein.

Ferner sei angenommen, daß der Punkt A durch irgendeinen

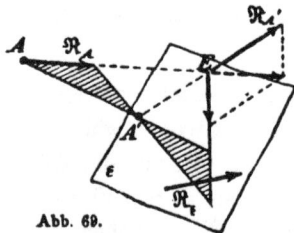

Abb. 69.

anderen Punkt A' ersetzt werden soll, während die Ebene ε beibehalten wird. Wir können auch in diesem Falle von dem früheren Kraftkreuze $\Re_A$, $\Re_s$ ausgehen und haben nur $\Re_A$ von A' aus in zwei Komponenten zu zerlegen, von denen die eine durch A' geht, während die andere in ε liegt. Wir projizieren $\Re_A$ von A' aus durch eine Ebene, die keine besondere Bezeichnung erhalten hat, in Abb. 69 aber durch stückweise Schraffierung hervorgehoben ist. Dann zerlegen wir den Angriffspunkt von

$\Re_A$ nach dem Punkte E, in dem $\Re_A$ die Ebene ε trifft. An diesem Punkte wird $\Re_A$ in eine Komponente zerlegt, die durch A' geht, während die andere in der Ebene ε liegt. Die erste Komponente liefert unmittelbar $\Re_{A'}$, während die andere mit $\Re_\varepsilon$ zur zweiten Kraft des neuen Kraftkreuzes, die in der Ebene ε liegt, zu vereinigen ist.

Auch von dieser Betrachtung ist ein Umstand besonders hervorzuheben. Solange nämlich die Ebene ε festgehalten wird, muß die andere Kraft des Kraftkreuzes, wohin man auch den Punkt A' verlegen möge, jedenfalls durch den Punkt E gehen, in dem $\Re_A$ die Ebene ε traf. **Liegt also die eine Kraft eines Kraftkreuzes, das einer gegebenen Kräftegruppe gleichwertig ist, in einer beliebig vorgeschriebenen Ebene ε, so muß die andere auf jeden Fall durch einen der Ebene zugeordneten und in ihr enthaltenen Punkt E hindurchgehen.**

Man erkennt aus den vorausgehenden Betrachtungen bereits, daß man bei einer gegebenen Kräftegruppe nicht nur einen bestimmten Punkt A vorschreiben kann, durch den die eine Kraft des Kraftkreuzes gehen soll, sondern daß auch noch unendlich viele durch diesen Punkt gehende Richtungslinien möglich sind, mit denen diese Kraft zusammenfallen kann, je nach der Wahl, die man für die Ebene ε trifft. Ebenso kann man nicht nur verlangen, daß eine Kraft des Kraftkreuzes in einer beliebig gewählten Ebene ε liegen soll, sondern innerhalb dieser Ebene sind auch noch unendlich viele Richtungslinien für diese Kraft möglich, je nach der uns freistehenden Wahl des Punktes A. Hierdurch werden wir zu der Vermutung geführt, daß die Richtungslinie der einen Kraft des Kraftkreuzes überhaupt ganz beliebig vorgeschrieben werden darf. Wir wollen uns jetzt davon überzeugen, ob diese Vermutung begründet ist.

In Abb. 70 sei l die für die eine Kraft des Kraftkreuzes vorgeschriebene Richtungslinie. Wir wählen einen Punkt A beliebig auf l aus und legen irgendeine Ebene ε. Dann fassen wir die gegebenen Kräfte zunächst auf gewöhnliche Art zu einem Kraftkreuze $\Re_A$, $\Re_\varepsilon$ zusammen. Nachdem dies geschehen ist, legen

wir durch $\Re_A$ und die gegebene Gerade l eine Ebene, die in
Abb. 70 durch Schraffierung kenntlich gemacht ist. Wir suchen
den Schnittpunkt M dieser Ebene mit $\Re_e$ auf und verbinden M
mit A. Hierauf zerlegen wir $\Re_A$ inner-
halb der schraffierten Ebene in zwei
Komponenten, von denen eine mit l,
die andere mit der Verbindungslinie
AM zusammenfällt. Die erste Komponente ist die eine Kraft des verlangten Kraftkreuzes, die andere kann im
Punkte M mit $\Re_e$ zu einer Resultie-

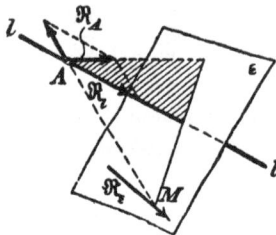

Abb. 70.

renden vereinigt werden, die die zweite Kraft des Kraftkreuzes
darstellt.

Im allgemeinen kann hiernach für die eine Kraft
des Kraftkreuzes, zu dem sich eine gegebene Kräftegruppe zusammenfassen läßt, die Wirkungslinie beliebig vorgeschrieben werden.

Damit ist dann sowohl die Lage der anderen Wirkungslinie
als auch Größe und Pfeil für beide Kräfte des Kraftkreuzes eindeutig bestimmt. Wollte man nämlich annehmen, daß zur Wirkungslinie l außer der zuerst ermittelten zweiten Wirkungslinie m auch noch eine dritte n gehören könnte, so brauchte
man, um dies als falsch zu erkennen, nur eine Momentenachse
zu legen, die l und m schneidet, n aber nicht. Das durch l und
m bezeichnete Kraftkreuz hätte dann für diese Momentenachse
die Momentensumme Null und für das andere Kraftkreuz ln
nicht. Beide Kraftkreuze könnten daher nicht gleichwertig sein
und daher auch nicht dieselbe Kräftegruppe ersetzen, womit die
Annahme widerlegt ist.

Schließlich muß noch ein Ausnahmefall besonders hervorgehoben werden. Daß die durch l und $\Re_A$ gelegte Ebene mög-
licherweise parallel zu $\Re_e$ geht, so daß der Schnittpunkt M ins
Unendliche fällt, kommt hierbei freilich nicht in Betracht; denn
durch diese besondere Lage von M wird die sinngemäße Ausführung der gegebenen Vorschriften keineswegs gehindert. Auch
wenn etwa $\Re_A$ zufälligerweise von vornherein in die Richtung

von l fallen sollte, ändert sich nichts Wesentliches. Man erspart
dann nur die weitere Zerlegung von $\Re_A$ und hat schon im ersten
Kraftkreuze $\Re_A$, $\Re_\bullet$ das verlangte gefunden. Wesentlich geändert
und geradezu unmöglich gemacht wird aber die Ausführung,
wenn zufälligerweise die Richtungslinie von $\Re_\bullet$ die gegebene
Gerade l schneiden sollte. Denn dann ist es nicht möglich, $\Re_A$
in zwei Komponenten zu zerlegen, von denen die eine mit l
zusammenfällt, während die andere $\Re_\bullet$ schneidet. In der Tat ist
in diesem Ausnahmefalle die gegebene Gerade l keine mögliche
Wirkungslinie für die eine Kraft des Kraftkreuzes.

Man überzeugt sich hiervon leicht auch noch auf andere Art,
indem man den Momentensatz anwendet. Für jeden beliebigen
Momentenpunkt oder auch für jede beliebige Momentenachse muß
nämlich die Momentensumme für alle gleichwertigen Kräftegruppen oder Kraftkreuze gleich sein. Wählt man nun eine Linie,
die beide Kräfte eines Kraftkreuzes schneidet, als Momentenachse,
so ist für sie das Moment dieses Kraftkreuzes gleich Null, und
auch das Moment aller gleichwertigen Kraftkreuze muß daher
für dieselbe Momentenachse zu Null werden. — Wenn nun $\Re_\bullet$,
wie wir vorher annahmen, zufälligerweise die Gerade l trifft, so
ist l, da sie auch $\Re_A$ schneidet, eine solche Gerade, für die das
Moment der gegebenen Kräftegruppe zu Null wird. Eine Gerade,
der diese Eigenschaft zukommt, wird als eine Nullinie der
Kräftegruppe bezeichnet. Daß nun eine Nullinie niemals mit
der Richtungslinie der einen Kraft des Kraftkreuzes zusammenfallen kann, folgt sehr einfach daraus, daß für sie als Momentenachse zwar das Moment der mit ihr zusammenfallenden Kraft,
aber auf keinen Fall das Moment der zweiten, zu ihr windschief
liegenden Kraft verschwinden könnte. Hiernach wäre auch das
Moment des ganzen Kraftkreuzes für diese Achse von Null verschieden und das Kraftkreuz könnte daher der gegebenen Kräftegruppe, für das die Gerade nach Voraussetzung eine Nullinie sein
sollte, keinesfalls gleichwertig sein.

Man erkennt ferner, daß zu einer gegebenen Kräftegruppe
sehr viele Nullinien gehören, und daß sogar durch jeden Punkt
des Raumes unendlich viele hindurchgehen. Dies folgt aus dem

zuvor bewiesenen Satze, daß die andere Kraft eines Kraftkreuzes
in einer durch den Punkt A hindurchgehenden Ebene α enthalten
sein muß, wenn für die erste Kraft vorgeschrieben ist, daß sie
durch A geht. Jede Linie, die man in dieser Ebene α durch den
beliebig gewählten Punkt A ziehen mag, ist daher eine Nullinie,
denn sie schneidet auf jeden Fall außer der Kraft $\Re_A$ auch noch
die zweite Kraft des Kraftkreuzes. Zugleich erkennt man aber
auch, daß andere Nullinien, als die in der Ebene α enthaltenen,
durch den Punkt A nicht gelegt werden können.

Ein ähnlicher Schluß kann auch aus dem anderen Satze gezogen werden, daß die zweite Kraft des Kraftkreuzes durch einen
in der Ebene ε enthaltenen Punkt E gehen muß, wenn die Richtungslinie der ersten Kraft in ε liegen soll. Alle Linien, die man
in der Ebene ε durch den Punkt E ziehen kann, sind hiernach
Nullinien — und außer diesen kommen keine anderen in der
Ebene ε vor.

Aus diesem Grunde bezeichnet man auch die Ebene α im
ersten Falle als die zum Punkte A gehörige Nullebene und
den Punkt E im zweiten Falle als den zur Ebene ε gehörigen
Nullpunkt. Beide Fälle unterscheiden sich übrigens nicht
wesentlich voneinander; war A gegeben, so konnte α dazu gefunden werden, und wenn anfänglich E gegeben war, folgte
dazu ε. Bezeichnet man aber nachträglich die Ebene ε mit α,
so fällt E mit A zusammen und umgekehrt. Jedem Punkte
ist eine durch ihn hindurchgehende Nullebene zugeordnet, und zu jeder Ebene gehört ein in ihr liegender
Nullpunkt.

§ 24. Das Nullsystem.

Die geometrischen Beziehungen zwischen gleichwertigen
Kraftkreuzen lassen sich in übersichtlicher Weise zusammenfassen, indem man den Begriff des Nullsystems aufstellt. Darunter
versteht man den ganzen unendlichen Raum, dessen Punkte, Ebenen und Geraden in der Art aufeinander bezogen sind, wie dies
den vorhergehenden Betrachtungen entspricht. Jedem Punkte A
soll also eine Ebene α zugeordnet sein, die durch A hindurchgeht,

und umgekehrt jeder Ebene ε ein Punkt E. Jeder durch A
gezogenen Geraden l ist eine in α liegende Gerade l' zugeordnet
mit Ausnahme der gleichzeitig in α liegenden und durch A hindurchgehenden Geraden, die man die Nullinien nennt und von
denen man sagt, daß sie sich selbst zugeordnet oder „konjugiert"
seien. Im übrigen ist die Art der Zuordnung näher bestimmt
durch die gegebene Kräftegruppe oder auch schon durch die
Angabe eines der unendlich vielen Kraftkreuze, die alle unter
sich gleichwertig sind.

Wählt man als Ebene ε die unendlich ferne Ebene des Raumes,
so erhält man ein Kraftkreuz, von dem die eine Kraft unendlich fern
liegt und daher unendlich klein sein muß, während die durch den
beliebig gewählten Punkt A gehende zweite Kraft des Kraftkreuzes
gleich der geometrischen Summe der gegebenen Kräfte $\mathfrak{P}$ gefunden
wird. Läßt man den Punkt A der Reihe nach verschiedene Lagen
durchlaufen, so behält die an ihm angreifende Kraft $\mathfrak{R} = \Sigma \mathfrak{P}$ stets
die gleiche Größe und Richtung bei. Diese Richtung wird als die
Achsenrichtung des Nullsystems bezeichnet; sie geht durch den
der unendlich fernen Ebene ε zugeordneten Nullpunkt E.

In Abb. 71 seien l und l' (die man sich windschief zueinander
denken muß) zwei konjugierte Geraden eines Null-
systems, und $\mathfrak{R}_l$ und $\mathfrak{R}_{l'}$ seien die beiden Kräfte
des Kraftkreuzes, das zu ihnen gehört.

Reiht man, wie es in der Abbildung ge-
schehen ist, $\mathfrak{R}_{l'}$ an $\mathfrak{R}_l$ graphisch an, so stellt die
dritte Seite des entstehenden Kräftedreieckes die
geometrische Summe $\mathfrak{R}$ oder $\Sigma \mathfrak{P}$ aus den gegebenen Kräften dar. Diese Seite fällt also in die
Achsenrichtung des Nullsystemes; in der Abbildung ist ihr daher auch noch die darauf hinwei-

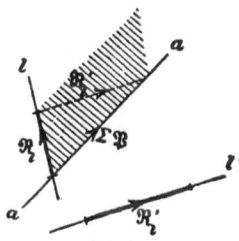

Abb 71.

sende Bezeichnung aa beigeschrieben. Die Ebene des Dreieckes ist
in der Abbildung schraffiert. Diese Ebene muß parallel zu l' gehen,
da eine Seite des in ihr enthaltenen Dreieckes parallel zu l' gezogen
war. Legt man also durch eine der konjugierten Geraden l und durch
die Achsenrichtung aa eine Ebene, so ist diese Ebene der anderen der
konjugierten Geraden l' parallel.

Die durch aa und eine Gerade l gelegte Ebene kann auch als
jene Ebene bezeichnet werden, durch die die Gerade l in der Achsenrichtung aa projiziert wird. Man kann daher auch sagen, daß konjugierte Geraden in der Achsenrichtung durch parallele
Ebenen projiziert werden. Offenbar gilt nämlich das, was vorher

für die Gerade l bewiesen wurde, ebenso auch für die andere Gerade l'; auch l' wird in der Achsenrichtung durch eine Ebene projiziert, die zu l parallel geht.

An diese Betrachtung knüpft sich noch eine weitere Folgerung. Man denke sich nämlich irgendwie eine Anzahl von Strecken gezogen, die mit den Endpunkten aneinander stoßen, so daß eine Anzahl aneinander grenzender ebener Vielecke entsteht, die im Zusammenhange entweder einen ganzen Polyedermantel oder einen Teil eines solchen bilden. Betrachtet man die so erhaltene räumliche Figur als Bestandteil eines Nullsystemes, so kann man zu jeder der in ihr enthaltenen Geraden die konjugierte Gerade aufsuchen. Man erhält dann eine zweite polyedrische Figur, und zwar so, daß jeder Polygonebene in der ersten Figur eine Ecke in der zweiten (nämlich der zur Ebene gehörige Nullpunkt), und jeder Ecke in der ersten Figur eine Polygonebene in der zweiten (nämlich die zur Ecke gehörige Nullebene) entspricht. Hierauf denke man sich beide Polyeder in der Achsenrichtung auf eine beliebige Ebene projiziert. Nach dem, was wir vorher sahen, liefern die zueinander konjugierten Geraden parallele Projektionen. Die Projektionen beider Polyedermäntel stehen daher genau in demselben Verhältnisse zueinander wie die reziproken Figuren, mit denen wir früher bei der Zusammensetzung von Kräften in der Ebene und bei der Konstruktion von Kraftplänen zu tun hatten.

§ 25. Die praktische Ausführung der Kräftezusammensetzung.

Für die wirkliche Durchführung einer Kräftezusammensetzung im Raume empfiehlt es sich gewöhnlich, die unendlich ferne Ebene zur Ebene ε zu wählen, d. h. die Kräfte auf eine durch einen beliebig gewählten Punkt A gehende Resultierende $\Re$ und ein resultierendes Moment $\Re$ zurückzuführen. Die Wahl des Punktes A wird dabei oft durch die besonderen Umstände der Aufgabe nahegelegt. Die Resultierende $\Re$ findet man jedenfalls immer leicht durch graphische Summierung der gegebenen Kräfte, also so wie in § 1, Abb. 1, indem es hierfür ganz gleichgültig ist, ob die Kräfte an demselben oder an verschiedenen Angriffspunkten angreifen.

Um $\Re$ zu erhalten, könnte man zu jedem Kräftepaare, das bei der Parallelverlegung einer Kraft nach dem Punkte A entsteht, den Momentenvektor aufsuchen und in den Rissen darstellen und hierauf alle Momentenvektoren graphisch summieren. Einfacher gelangt man auf folgendem Wege zum Ziele. Verbindet man nämlich in jedem Risse die Projektion des Punktes A mit den Endpunkten der Projektion einer der Kräfte $\mathfrak{P}$, so erhält man die Projektionen des zur Kraft $\mathfrak{P}$ gehörigen, im Raume liegenden Momentendreieckes in den Projektionsebenen. Aus Band I ist aber bereits bekannt, daß die senkrechte Projektion des Momentendreieckes auf eine Ebene zugleich das Moment der Kraft $\mathfrak{P}$ für eine durch den Punkt A senkrecht zur Projektionsebene gezogene Achse darstellt. Man braucht daher nur in jeder Projektionsebene die algebraische Summe der Momente der Kräfteprojektionen in bezug auf die Projektion des Punktes A als Momentenpunkt zu bilden, um damit sofort die senkrecht zu dieser Projektionsebene stehende Komponente des resultierenden Momentes $\mathfrak{M}$ zu erhalten. Diese Zusammensetzung kann in jedem Risse sofort leicht vorgenommen werden. Hatte man den Körper mit allen an ihm angreifenden Kräften von vornherein in drei zueinander senkrechten Rissen gezeichnet, so findet man nach der algebraischen Summierung der Momente der Kräfteprojektionen in diesen Rissen — oder der ihnen entsprechenden Flächen der Momentendreiecke — zugleich drei zueinander rechtwinklig stehende Komponenten von $\mathfrak{M}$. Man braucht dann nur noch die graphische Summierung dieser drei Komponenten vorzunehmen, um $\mathfrak{M}$ selbst zu erhalten. — In Aufgabe 22 ist dies an einem Beispiele vollständig in der Zeichnung durchgeführt.

§ 26. Drei oder vier windschiefe Kräfte.

Wir wollen jetzt den besonderen Fall betrachten, daß am starren Körper nur drei windschief zueinander liegende Kräfte $\mathfrak{P}_1$, $\mathfrak{P}_2$, $\mathfrak{P}_3$ vorkommen. Auf ein Kraftkreuz kann man diese, wie wir schon wissen, unter allen Umständen zurückführen. Es fragt sich aber jetzt, ob sich die Kräfte etwa ausnahmsweise auch im Gleichgewichte halten können, oder ob sie wenigstens durch eine einzige Kraft ersetzt werden können oder ob sie schließlich einem Kräftepaare gleichwertig sein können. Der erste Fall kann, wie man leicht erkennt, niemals vorkommen.

Man denke sich etwa durch $\mathfrak{P}_1$ und $\mathfrak{P}_2$ irgendeine Gerade gelegt, die $\mathfrak{P}_3$ nicht schneidet. Da die Kräfte windschief zueinander, also jedenfalls nicht alle in derselben Ebene liegen sollten, wird man sehr viele Geraden ziehen können, die dieser Bedingung entsprechen. Wählt man eine von ihnen als Momentenachse, so verschwindet für sie das Moment von $\mathfrak{P}_1$ und $\mathfrak{P}_2$, während das Moment von $\mathfrak{P}_3$ von Null verschieden ist. Die Momentensumme wird also nicht zu Null, während doch für Kräfte, die Gleichgewicht miteinander halten sollen, das Moment für jede Momentenachse zu Null werden muß. Gleichgewicht zwischen drei windschief liegenden Kräften ist daher niemals möglich.

Um die zweite Frage zu entscheiden, betrachten wir zunächst nur die beiden Kräfte $\mathfrak{P}_1$ und $\mathfrak{P}_2$, die für sich genommen ein Kraftkreuz darstellen. Wir denken uns dieses in ein ihm gleichwertiges umgewandelt, von dem eine Kraft mit der Wirkungslinie von $\mathfrak{P}_3$ zusammenfallen soll. Diese kann dann mit $\mathfrak{P}_3$ vereinigt werden, und die Resultierende liefert im allgemeinen in Verbindung mit der anderen Kraft des Kraftkreuzes das neue Kraftkreuz, das die drei gegebenen Kräfte ersetzt. Es kann aber auch vorkommen, daß die auf die Richtungslinie von $\mathfrak{P}_3$ fallende Kraft des die Kräfte $\mathfrak{P}_1$ und $\mathfrak{P}_2$ ersetzenden Kraftkreuzes zufällig gleich groß und entgegengesetzt gerichtet mit $\mathfrak{P}_3$ ist. In diesem Falle verschwindet die Resultierende aus beiden, und es bleibt nur noch die andere Kraft des Kraftkreuzes übrig, die nun die drei gegebenen Kräfte vollständig ersetzt. Ausnahmsweise kann daher, wie wir hieraus erkennen, ein Verein von drei windschief zueinander liegenden Kräften auch schon durch eine einzige Resultierende ersetzt werden. Man sieht auch, daß man durch passende Wahl der Größe und des Pfeiles der Kraft $\mathfrak{P}_3$ immer noch erreichen kann, daß dieser Fall eintritt, wenn auch die drei Richtungslinien und die beiden Kräfte $\mathfrak{P}_1$ und $\mathfrak{P}_2$ schon beliebig vorgeschrieben sind.

Sollen endlich die drei Kräfte $\mathfrak{P}_1$, $\mathfrak{P}_2$, $\mathfrak{P}_3$ einem Kräftepaare gleichwertig sein, so muß die geometrische Summe der drei Kräfte gleich Null sein. Damit dies möglich sei, müssen die

drei Richtungslinien zu einer Ebene parallel sein. Sind dann
außerdem die Größen so gewählt, daß sich die Strecken $\mathfrak{P}_1, \mathfrak{P}_2, \mathfrak{P}_3$
zu einem Dreiecke mit aufeinanderfolgenden Pfeilen aneinander
reihen lassen, so verschwindet für jeden Punkt A die Resultierende $\mathfrak{R}$, und es bleibt nur noch das Moment $\mathfrak{M}$ übrig. Ausnahmsweise können also drei windschief zueinander
liegende Kräfte auch einem Kräftepaare gleichwertig
sein.

Ähnliche Betrachtungen lassen sich auch für vier windschief zueinander liegende Kräfte anstellen. Vor allem erkennt man hier, daß unter Umständen vier windschiefe Kräfte
auch im Gleichgewichte miteinander stehen können.
Man braucht, um sich davon zu überzeugen, nur irgend zwei
einander gleichwertige Kraftkreuze ins Auge zu fassen. Kehrt
man dann im einen Kraftkreuze die Pfeile um, so stehen diese
beiden Kräfte mit dem anderen Kraftkreuze im Gleichgewichte.

Anstatt dessen kann man auch sagen, daß drei von den vier
Kräften eine Resultierende ergeben müssen, die mit der Richtungslinie der vierten Kraft zusammenfällt und ihr gleich groß,
aber entgegengesetzt gerichtet sein muß, wenn die vier Kräfte
Gleichgewicht halten sollen.

Man kann ferner noch eine andere einfache Bedingung anführen
der vier windschiefe Kräfte genügen müssen, die im Gleichgewichte
miteinander stehen sollen. Durch drei windschiefe Geraden kann man
nämlich sehr viele gerade Linien ziehen, die alle drei schneiden, und
zwar ist durch jeden Punkt der ersten Geraden eine Linie zu ziehen,
die zugleich die beiden anderen trifft, wie aus einer einfachen geometrischen Betrachtung hervorgeht. Alle diese schneidenden Geraden
bilden eine Regelschar, und die drei gegebenen Geraden gehören zu
einer zweiten Regelschar, die mit jener zusammen auf demselben Hy-
perboloide liegt. Man denke sich nun irgendeine von jenen Geraden
ausgewählt, die etwa die Richtungslinien der drei Kräfte $\mathfrak{P}_1, \mathfrak{P}_2, \mathfrak{P}_3$
schneidet. Betrachtet man sie als Momentenachse, so verschwindet
für sie das Moment jener drei Kräfte. Wenn Gleichgewicht bestehen
soll, muß daher auch das Moment von $\mathfrak{P}_4$ verschwinden, d. h. die Gerade muß von selbst auch die Richtungslinie von $\mathfrak{P}_4$ schneiden. Da
dies von jeder Geraden zutrifft, die drei Kräfte schneidet, so folgt
als Gleichgewichtsbedingung für vier Kräfte, daß sie alle

vier zu einer Regelschar gehören müssen, oder daß sie, wie
man sich ausdrückt, hyperboloidisch zueinander liegen
müssen. Dieser Satz gilt natürlich ebenso auch für zwei einander
gleichwertige Kraftkreuze, da man diesen Fall, wie wir vorher sahen,
durch bloße Umkehrung der Pfeile im einen Kraftkreuze auf einen
Gleichgewichtsfall zurückführen kann. — Außerdem können vier
Kräfte ausnahmsweise auch durch eine einzige Resultierende oder
durch ein einziges Kräftepaar ersetzt werden; es ist aber nicht nötig,
darauf näher einzugehen.

§ 27. Das Kraftkreuztetraeder.

Irgendein Kraftkreuz sei gegeben, dessen Kräfte $\mathfrak{P}_1$ und $\mathfrak{P}_2$
durch Strecken auf beiden Wirkungslinien zur Darstellung ge-
bracht sind. Man denke sich die vier Endpunkte dieser Strecken
durch vier Verbindungsstrecken miteinander verbunden. Hier-
durch wird ein Tetraeder gebildet, in dem $\mathfrak{P}_1$ und $\mathfrak{P}_2$ zwei einander gegenüberliegende Kanten darstellen. Man kann zeigen,
daß für alle untereinander gleichwertigen Kraftkreuze
die zugehörigen Tetraeder gleichen Inhalt haben.

Den Beweis führt man am einfachsten auf Grund der in § 23
durchgeführten Betrachtung im Anschlusse an die hier wieder abge-
druckte Abb. 68. Es zeigte sich dort, daß die zweite Kraft des Kraft-

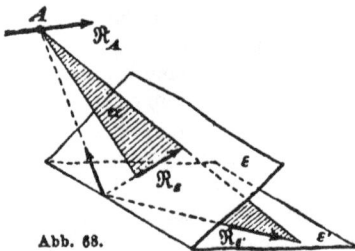

Abb. 68.

kreuzes $\mathfrak{R}_2$ oder $\mathfrak{R}_{2'}$, in einer Ebene α
enthalten sein muß, wenn die erste
Kraft $\mathfrak{R}_1$ durch einen beliebig gewählten Punkt A gehen soll. Dabei
ist α die Nullebene des Punktes A.
Verbindet man in Abb. 68 den Punkt
A, der als Anfangspunkt der Strecke
$\mathfrak{R}_1$ gewählt sein möge, mit den Endpunkten der Strecke, durch die $\mathfrak{R}_2$
oder $\mathfrak{R}_{2'}$ dargestellt wird, so erhält
man eines der vier Dreiecke, die die Seitenflächen des zugehörigen
Kraftkreuztetraeders ausmachen. Wir wollen dieses in der Ebene α
liegende Dreieck als die Grundfläche des Tetraeders betrachten; die
zugehörige Höhe wird dann durch die Projektion der von A aus ab-
getragenen Strecke $\mathfrak{R}_1$ auf eine zur Ebene α errichtete Senkrechte
dargestellt.

Nun stellt die Grundfläche des Tetraeders oder das Dreieck $A\mathfrak{R}_2$
zugleich das Momentendreieck der Kraft $\mathfrak{R}_2$ für den Momentenpunkt A

dar. Geht man aber von der Ebene ε zu irgendeiner anderen Ebene ε' über, womit $\mathfrak{R}_\varepsilon$ durch $\mathfrak{R}_{\varepsilon'}$ ersetzt wird, so ist das Moment von $\mathfrak{R}_{\varepsilon'}$ für den Punkt A gleich dem Momente von $\mathfrak{R}_\varepsilon$. Dies folgt am einfachsten daraus, daß $\mathfrak{R}_{\varepsilon'}$ durch eine Zerlegung von $\mathfrak{R}_\varepsilon$ in zwei Seitenkräfte erhalten wurde, von denen die andere durch den Punkt A ging, so daß deren Moment verschwindet. Das Momentendreieck $A\,\mathfrak{R}_{\varepsilon'}$ hat demnach gleichen Inhalt mit dem Momentendreiecke $A\,\mathfrak{R}_\varepsilon$ oder mit anderen Worten: die Tetraeder der beiden Kraftkreuze, die wir uns jetzt miteinander zu vergleichen anschicken, haben Grundflächen von gleichem Inhalte.

Wir betrachten ferner die Höhen beider Tetraeder. Vorher war schon bemerkt, daß die zur Ebene α senkrechte Komponente von $\mathfrak{R}_A$ die Höhe des zum Kraftkreuze $\mathfrak{R}_A\mathfrak{R}_\varepsilon$ gehörigen Tetraeders darstellt. Gehen wir zur Ebene ε' und hiermit zu dem anderen Kraftkreuze über, so ändert sich auch $\mathfrak{R}_A$, sagen wir in $\mathfrak{R}'_A$; und zwar wird $\mathfrak{R}'_A$ als Resultierende von $\mathfrak{R}_A$ und der durch den Punkt A gehenden Komponente von $\mathfrak{R}_\varepsilon$ gefunden. Da aber diese Komponente in der Ebene α enthalten ist, kann sie durch ihren Hinzutritt zu $\mathfrak{R}_A$ nichts an der zu α senkrechten Komponente ändern. Hieraus folgt, daß die beiden Tetraeder, die wir jetzt miteinander vergleichen, gleiche Höhen haben. Da auch die Grundflächen gleich waren, sind demnach die Tetraeder inhaltsgleich.

Hiermit ist der Satz zunächst für alle Kraftkreuze bewiesen, von denen die eine Kraft $\mathfrak{R}_A$ von demselben Angriffspunkte A ausgeht, während die andere in der Nullebene α liegt. Ehe wir ihn auf die übrigen Fälle übertragen, wollen wir uns überlegen, welche Deutung dem Tetraederinhalte gegeben werden kann. Wir sahen schon, daß die Grundfläche des Tetraeders das Momentendreieck von $\mathfrak{R}_\varepsilon$ für den Punkt A bildet. Bezeichnen wir die Fläche dieses Dreieckes mit F, den Winkel zwischen der Normalen zu α und $\mathfrak{R}_A$ mit γ und die Größe von $\mathfrak{R}_A$ mit R_A, so ist das Tetraedervolumen gleich

$$\frac{1}{3}\,F \cdot R_A \cos\gamma.$$

Hier können wir den Faktor $\cos\gamma$ auch zu F nehmen, und das Produkt $F\cos\gamma$ stellt dann den Flächeninhalt der Projektion des Momentendreieckes auf eine zu $\mathfrak{R}_A$ senkrechte Ebene dar, d. h. das Produkt bildet das Maß für das statische Moment der einen Kraft $\mathfrak{R}_\varepsilon$ des Kraftkreuzes in bezug auf die Richtungslinie der anderen Kraft $\mathfrak{R}_A$ als Momentenachse. Der Inhalt des Tetraeders selbst ist demnach dem Produkte aus einer Kraft des Kraftkreuzes und dem in bezug auf deren Wirkungslinie als Momentenachse genommenen Momente der anderen Kraft verhältnisgleich zu setzen.

Hieraus folgt auch sofort, daß sich der Inhalt des Tetraeders nicht ändern kann, wenn man den Angriffspunkt einer Kraft des Kraftkreuzes längs deren Wirkungslinie verschiebt, ohne sonst etwas zu ändern. Im übrigen ist dies eine rein geometrische Eigenschaft des Tetraeders, die auch geometrisch, ohne Bezugnahme auf die mechanische Bedeutung, die dem Tetraeder in unserem Falle zukommt, leicht bewiesen werden kann.

Kehren wir nun zu unserem Satze zurück, so erkennen wir, daß wir von dem zuerst betrachteten Kraftkreuze, dessen eine Kraft im Punkte A angriff, durch bloße Verschiebung des Angriffspunktes längs der Richtungslinie sofort auch zu einem Kraftkreuze übergehen können, dessen eine Kraft durch irgendeinen anderen Punkt B dieser Richtungslinie geht Der Tetraederinhalt wird hierbei nicht geändert. Zugleich wissen wir, daß sich dieser Inhalt auch weiterhin nicht ändert, wenn wir dieses Kraftkreuz in irgendein anderes umwandeln, bei dem B als Angriffspunkt der einen Kraft festgehalten wird; denn was vorher von dem beliebig gewählten Punkte A bewiesen wurde, gilt ohne weiteres auch für den jetzt mit B bezeichneten Punkt. Durch wiederholte Umwandlungen dieser Art können wir aber auch zu allen anderen der unter sich gleichwertigen Kraftkreuze gelangen, und damit folgt in der Tat, daß deren Tetraederinhalte sämtlich untereinander gleich sind.

§ 28. Die Zentralachse einer Kraftgruppe.

Man denke sich eine Kraftgruppe auf eine durch irgendeinen Punkt A geführte Resultierende $\Re$ und ein resultierendes Moment $\mathfrak{M}$ zurückgeführt. Die Richtung von $\Re$ gibt die „Achsenrichtung" der Kraftgruppe oder des dadurch bestimmten Nullsystemes an. Der Übergang vom Punkte A zu irgendeinem anderen Punkte A' kann dann leicht bewirkt werden. Wir verlegen zu diesem Zwecke $\Re$ parallel zu sich selbst und in gleicher Größe als $\Re'$ nach dem Punkte A'. Hierbei tritt noch ein neues Kräftepaar auf aus den Kräften $\Re$ und $-\Re'$, dessen Momentvektor mit $\mathfrak{M}$ zu einem neuen resultierenden Momente $\mathfrak{M}'$ zusammenzusetzen ist.

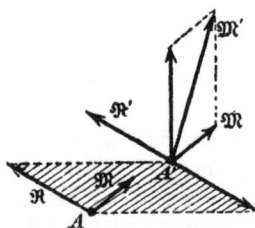
Abb. 72.

In Abb. 72 ist dies in axonometrischer Zeichnung angedeutet. Das Parallelogramm des bei der Parallelverlegung der Resultierenden $\Re$ von A nach A' entstehenden Kräftepaares ist durch Schraffierung hervorgehoben; senkrecht zur Parallelogrammfläche ist der Momentenvektor ange-

tragen, der keine besondere Bezeichnung erhalten hat. $\mathfrak{M}$ kann von
A nach A' ohne weiteres verlegt werden, da ein Momentenvektor ein
völlig freier Vektor ist. Das resultierende Moment $\mathfrak{M}'$ ist mit Hilfe
eines Parallelogrammes ermittelt, das genau wie ein Kräfteparallelogramm aufzuzeichnen ist.

Durch geeignete Wahl des Punktes A' kann man dem Momenten-
vektor des aus $\mathfrak{R}$ und $- \mathfrak{R}'$ bestehenden Kräftepaares jede beliebige
Größe und zugleich jede senkrecht zur Achsenrichtung stehende Rich-
tung erteilen. Hiernach kann auch der zur Achsenrichtung senkrecht
stehende Anteil von $\mathfrak{M}'$ durch verschiedene Wahl des Punktes A' beliebig umgestaltet werden, während die in die Achsenrichtung fallende
Komponente von $\mathfrak{M}'$ davon unberührt bleibt. Sollte etwa $\mathfrak{M}$ von
vornherein zufälligerweise senkrecht zu $\mathfrak{R}$ gewesen sein, so könnte
auch jedes daraus abgeleitete $\mathfrak{M}'$ keine Komponente in der Achsenrichtung haben. Es bliebe dann immer nur ein zur Achsenrichtung
senkrechter Momentenvektor übrig, und dieser kann durch geeignete
Wahl von A' auf jede im übrigen beliebige Richtung und Größe gebracht werden. Bei passender Wahl von A' kann er daher auch zu
Null gemacht werden. Dann bleibt aber nur noch die Resultierende $\mathfrak{R}'$
als vollständiger Ersatz des Kräftesystemes übrig. Wenn $\mathfrak{R}$ und $\mathfrak{M}$
für irgendeine Wahl des Punktes A rechtwinklig zuein-
ander stehen, läßt sich daher die Kraftgruppe stets auf
eine einzige Resultierende zurückführen.

Im anderen Falle, wenn also $\mathfrak{M}$ nicht rechtwinklig zu $\mathfrak{R}$ ist, ist
die Zurückführung auf eine einzige Resultierende niemals möglich. Man
kann indessen auch in diesem Falle durch passende Wahl des Angriffspunktes A' von $\mathfrak{R}'$ die zur Achsenrichtung senkrecht stehende
Komponente von $\mathfrak{M}'$ zum Verschwinden bringen. Dann bleibt neben
$\mathfrak{R}'$ nur noch ein damit gleichgerichteter Momentenvektor $\mathfrak{M}'$ übrig.
Diese Darstellung der Kraftgruppe kann in mancher Hinsicht als
die einfachste angesehen werden, auf die sie sich zurückführen läßt.
Die zugehörige Wirkungslinie von $\mathfrak{R}'$ wird als die Zentralachse
der Kraftgruppe bezeichnet. Es ist nämlich ohne weiteres klar,
daß, wenn irgendein Punkt A' gefunden ist, für den $\mathfrak{M}'$ gleichgerichtet mit $\mathfrak{R}'$ ist, dies auch für jeden anderen Punkt auf der durch
A' in der Achsenrichtung gezogenen Geraden zutrifft. Für alle anderen, nicht auf dieser Linie gelegenen Punkte A' muß dagegen immer
noch eine zur Achsenrichtung senkrecht stehende Komponente von
$\mathfrak{M}'$ hinzutreten.

§ 29. Die Koordinaten einer Kraftgruppe nach der analytischen Darstellung.

Um die Zusammensetzung der Kräfte im Raume mit den Hilfsmitteln der analytischen Geometrie behandeln zu können, denkt man sich alle gegebenen Kräfte in Komponenten nach den Richtungen der drei rechtwinklig aufeinander stehenden Koordinatenachsen X, Y, Z zerlegt. Auch die Momentenvektoren der Kräftepaare zerlegt man in ihre Komponenten nach diesen Richtungen, d. h. man schreibt an Stelle der auf Momentenpunkte bezogenen Momente die Momente in bezug auf Achsen an, die den Koordinatenachsen parallel gehen.

Am bequemsten ist auch hier der Ersatz der gegebenen Kraftgruppe durch eine Resultierende in Verbindung mit einem resultierenden Kräftepaare. Den Punkt A, durch den die Resultierende geführt werden soll, läßt man gewöhnlich mit dem Koordinatenursprunge zusammenfallen. Die Komponenten des resultierenden Momentes $\mathfrak{M}$ sind dann gleich den Momentensummen der gegebenen Kräfte in bezug auf die Koordinatenachsen als Momentenachsen.

Die Koordinaten des Angriffspunktes einer der gegebenen Kräfte, $\mathfrak{P}_1$, seien mit x_1, y_1, z_1, und die Komponenten der Kraft in den Richtungen der Koordinatenachsen mit X_1, Y_1, Z_1 bezeichnet und ähnlich für die übrigen. Dann erhält man zunächst für die Komponenten X, Y, Z der Resultierenden $\mathfrak{R}$ die Gleichungen

$$X = X_1 + X_2 + \cdots = \varSigma X; \quad Y = \varSigma Y; \quad Z = \varSigma Z, \quad (31)$$

wenn auf der rechten Seite X unter dem Summenzeichen irgendeine der Komponenten X_1, X_2 usf. bedeutet.

Die Komponenten des auf den Ursprung als Momentenpunkt bezogenen resultierenden Momentes $\mathfrak{M}$ seien mit L, M, N bezeichnet. Man kann sie nach den schon im ersten Bande dafür gegebenen Vorschriften unmittelbar berechnen. Zur besseren Übersicht seien indessen die dafür gültigen Ausdrücke an der Hand von Abb. 73 noch einmal abgeleitet. In der Abbildung ist der Angriffspunkt der Kraft $\mathfrak{P}_1$ in drei Rissen gezeichnet, und in diese

Risse sind auch die Komponenten X_1, Y_1, Z_1 von $\mathfrak{P}_1$ in jenen Richtungen eingetragen, in denen sie positiv gerechnet werden. Um das Moment der Kraft $\mathfrak{P}_1$ in bezug auf die X-Achse zu erhalten, betrachten wir ihre Projektion auf die YZ-Ebene und nehmen in dieser Ebene das Moment für den Ursprung O als Momentenpunkt. Anstatt von der Projektion von $\mathfrak{P}_1$ selbst das Moment zu berechnen, können wir indessen auch die Summe der Momente von Y_1 und Z_1 dafür setzen, da die Resultierende aus diesen beiden die Projektion von $\mathfrak{P}_1$ auf die YZ-Ebene liefert.

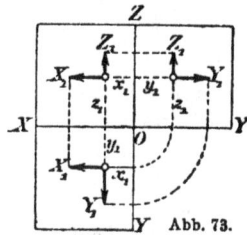

Abb. 73.

Als positiv sind dabei jene Momente in Ansatz zu bringen, die für den von vorn, d. h. auf der Seite der positiven X-Achse stehenden Beschauer im Uhrzeigersinne drehen. Hiernach findet man für das Moment von $\mathfrak{P}_1$ in bezug auf die X-Achse

$$Y_1 z_1 - Z_1 y_1.$$

Ähnliche Ausdrücke gelten für die übrigen Kräfte $\mathfrak{P}$ und ebenso auch in bezug auf die beiden anderen Koordinatenachsen als Momentenachsen. Im ganzen erhält man daher

$$\left. \begin{aligned} L &= \Sigma(Yz - Zy); \\ M &= \Sigma(Zx - Xz); \\ N &= \Sigma(Xy - Yx). \end{aligned} \right\} \tag{32}$$

Die aus den Gleichungen (31) hervorgehenden Komponenten X, Y, Z von $\mathfrak{R}$ und die jetzt berechneten Komponenten L, M, N von $\mathfrak{M}$ faßt man unter der Bezeichnung der sechs Koordinaten der gegebenen Kraftgruppe zusammen. Diese sechs Größen genügen, um eine Kraftgruppe hinreichend zu beschreiben. Bei Aufgaben über das Gleichgewicht oder die Bewegung eines starren Körpers braucht man nämlich von den äußeren Kräften nichts als jene sechs Koordinaten zu kennen.

Im Gleichgewichte kann eine Kraftgruppe nur dann stehen, wenn alle sechs Anteile oder Koordinaten zu Null werden. Setzt man die Summengrößen auf den rechten Seiten der Gleichungen (31) und (32) gleich Null, so erhält man demnach die notwendigen und hinreichen-

den Gleichgewichtsbedingungen für eine beliebige Kraftgruppe. —
Bemerkenswert ist, daß die Zahl dieser Gleichgewichtsbedingungen
sechs beträgt; sie entspricht der Zahl der Freiheitsgrade für die Bewegung eines starren Körpers. Überhaupt besteht zwischen den Untersuchungen über die Kräftezusammensetzung im Raume und den im
ersten Bande durchgeführten Betrachtungen über die Bewegung eines
starren Körpers eine enge Verwandtschaft. So wie wir hier eine Kraftgruppe auf eine Resultierende $\Re$ und ein resultierendes Moment $\mathfrak{M}$
zurückführten, wurde dort die beliebige Bewegung eines starren Körpers in die Translationsgeschwindigkeit $\mathfrak{v}_0$ irgendeines Anfangspunktes
und die Rotationsgeschwindigkeit $\mathfrak{u}$ um eine durch diesen Anfangspunkt gehende Achse zerlegt. Der Darstellung der Bewegung als
eine schraubenförmige (bei gleicher Richtung von $\mathfrak{v}_0$ und $\mathfrak{u}$) entspricht
hier die Konstruktion der Zentralachse usf. — Man kann den Ver-
gleich noch erheblich weiter führen, worauf aber hier verzichtet werden darf.

§ 30. Zerlegung einer Kraft nach sechs gegebenen Richtungslinien.

An die schon im ersten Abschnitte besprochenen einfacheren
Zerlegungsaufgaben reiht sich jetzt die allgemeinste an, die man
von der gleichen Art stellen kann, nämlich die Zerlegung einer
Kraft nach gegebenen Richtungslinien, die irgendeine Lage im
Raume zueinander haben, die nicht an solche Beschränkungen
wie in den früheren Fällen gebunden ist. Hierbei fragt es sich
zunächst, wie groß die Zahl der gegebenen Richtungslinien, nach
denen die Zerlegung erfolgen soll, sein muß, damit die Aufgabe
eindeutig gelöst werden kann.

Man entscheidet diese Frage am einfachsten auf Grund der
analytischen Darstellung im vorigen Paragraphen. Die Kräfte,
deren Richtungslinien gegeben sind und deren Größen gesucht
werden, bilden nämlich eine Kraftgruppe, deren sechs Koordinaten X, Y, Z, L, M, N mit den Komponenten der gegebenen
Kraft, die zerlegt werden soll, und mit den Momenten dieser
Kraft in bezug auf die Koordinatenachsen der Reihe nach übereinstimmen müssen. Schreibt man dies an, so erhält man sechs
Gleichungen, in denen nur die Größen der gesuchten Kräfte als
Unbekannte auftreten. Hierbei ist nämlich zu beachten, daß die

nach den Achsenrichtungen genommenen Komponenten der Unbekannten, die in die Gleichungen (31) und (32) einzutreten haben, aus den Unbekannten selbst durch Multiplikation mit den Kosinus der Neigungswinkel hervorgehen. Diese Kosinus sind aber bekannt, weil die Richtungslinien gegeben waren, so daß in der Tat die Größen der unbekannten Kräfte die einzigen Unbekannten in jenen sechs Gleichungen bilden, die für sie vom ersten Grade sind.

Hieraus erkennt man, daß die Zahl der Kraftrichtungslinien, nach denen die Zerlegung erfolgen soll, sechs betragen muß. Wäre die Zahl geringer, etwa gleich 5, so könnte man im allgemeinen die sechs Gleichungen, die zwischen ihnen erfüllt sein müssen, nicht durch eine passende Wahl der Größe der Kräfte befriedigen. Andererseits könnte bei sieben Kraftrichtungslinien die Größe einer dieser Kräfte beliebig gewählt werden, und die übrigen könnten durch Auflösen der sechs Gleichungen gefunden werden. Es wäre daher keine eindeutige Zerlegung mehr vorgeschrieben, sondern man hätte unendlich viele Lösungen der Zerlegungsaufgabe.

Daß bei sechs Richtungslinien nur eine einzige Lösung möglich ist, folgt sofort daraus, daß sechs Gleichungen ersten Grades mit sechs Unbekannten nur eine Lösung zulassen. Zugleich folgt auch, daß Ausnahmefälle vorkommen können; sie treten, wie aus der Lehre von den Gleichungen bekannt ist, dann ein, wenn die Eliminationsdeterminante, also die aus den Koeffizienten der Unbekannten gebildete sechsreihige Determinante zu Null wird. Aus dieser analytischen Bedingung lassen sich alle möglichen Ausnahmefälle ableiten. Anstatt dessen wollen wir uns auf einfacherem Wege Rechenschaft darüber geben, welche besonderen Fälle bei der Annahme der sechs gegebenen Richtungslinien unter allen Umständen vermieden werden müssen.

Zunächst dürfen sich von den sechs Richtungslinien nicht mehr als drei in einem Punkte schneiden. Gingen nämlich vier durch denselben Punkt, so könnte man durch diesen Punkt eine Gerade ziehen, die zugleich auch die beiden anderen Richtungslinien schnitte. Für diese Gerade als Momentenachse

wäre dann das Moment aller sechs unbekannten Kräfte gleich
Null. Das Moment der gegebenen Kraft, die eine ganz beliebige
Lage haben kann, wäre dagegen von Null verschieden. Hiernach
wäre es nicht möglich, die sechs unbekannten Kräfte so zu wählen, daß sie der gegebenen Kraft gleichwertig wären (oder auch
bei der Umkehrung der Zerlegungsaufgabe so, daß sie mit der
gegebenen Kraft Gleichgewicht hielten). Unter besonderen Annahmen für die gegebene Kraft, falls nämlich deren Richtungslinie die vorher gezogene Momentenachse ebenfalls schneiden
sollte, würde der angegebene Hinderungsgrund zwar wegfallen.
Eine Zerlegung wäre dann möglich, aber, wie hier nicht weiter
ausgeführt zu werden braucht, nicht mehr in eindeutiger Weise.
Der hier erwähnte Fall kümmert uns nämlich deshalb nicht weiter, weil die Zerlegungsaufgabe dahin zu verstehen ist, daß die
Zerlegung für jede Wahl ausführbar bleiben soll, die man für
die gegebene Kraft treffen mag.

Ebenso dürfen auch von den gegebenen Richtungslinien nicht
mehr als drei parallel zueinander sein. Denn wenn vier parallel
wären, so könnte man sagen, daß sie durch denselben unendlich
fernen Punkt gingen, und von diesem Punkte aus könnte man
ebenso wie vorher eine Momentenachse ziehen, die zugleich die
beiden anderen Richtungslinien träfe. Überhaupt braucht man
bei allen diesen Betrachtungen zwischen unendlich fernen Elementen und den im Endlichen gelegenen keinen grundsätzlichen
Unterschied zu machen. Man erspart sich dadurch die ausdrück-
liche Besprechung von Fällen, die sich auf Grund dieser Anschauung auf die anderen, gewöhnlich vorliegenden zurückführen lassen.

Ferner dürfen von den sechs gegebenen Richtungslinien auch nicht mehr als drei in einer Ebene liegen.
Lägen nämlich vier in derselben Ebene, so könnte man durch
die Schnittpunkte der beiden anderen mit dieser Ebene eine Gerade ziehen, die ebenfalls alle sechs Richtungslinien träfe, und
die vorigen Schlußfolgerungen könnten auf diesen Fall ohne
Änderung übertragen werden. Auch hier sind die Fälle, daß
einer oder beide Schnittpunkte ins Unendliche fallen, schon als
mit eingeschlossen zu betrachten. Mit den jetzt angeführten sind

freilich noch nicht alle möglichen Ausnahmefälle erschöpft; sie sind aber, weil sie am häufigsten vorkommen, die wichtigsten. Jedenfalls sieht man, daß ein Ausnahmefall immer dann eintritt, wenn man eine Gerade ziehen kann, die alle sechs Richtungslinien trifft.

Wir wollen uns jetzt überlegen, auf welche Weise die Zerlegung, falls sie überhaupt möglich ist, wirklich ausgeführt werden kann. Ein Mittel dazu — und zwar das allgemeinste, das stets anwendbar bleibt — haben wir schon im Aufstellen der sechs Gleichungen und deren Auflösung nach den sechs Unbekannten kennen gelernt. Die Durchführung der Rechnung ist aber in dieser Form, wenn nicht gerade besondere Vereinfachungen vorliegen, sehr umständlich, und man setzt daher, wenn es irgend angeht, lieber ein anderes Verfahren an deren Stelle, das kürzer zum Ziele führt.

Am einfachsten läßt sich die Aufgabe lösen, wenn sich drei der sechs Richtungslinien in einem Punkte schneiden und die drei anderen in einer Ebene liegen, also z. B. wenn die sechs Richtungslinien zufällig mit den Kanten eines Tetraeders zusammenfallen. Man wähle dann jenen Schnittpunkt als Punkt A (im Sinne der früher gebrauchten Bezeichnungen) und die Ebene, in der die drei übrigen Richtungslinien liegen, als Ebene ε aus. Die beliebig gegebene Kraft läßt sich dann durch zwei Komponenten ersetzen, von denen eine durch A geht, während die andere in ε liegt. Man braucht nur noch die erste Komponente nach den drei mit ihr von A ausgehenden Richtungslinien, und die andere nach den drei mit ihr in ε liegenden Richtungslinien zu zerlegen. Diese Zerlegungen sind früher bereits ausführlich besprochen worden und können daher hier als bekannt angesehen werden. Nach ihrer Ausführung ist die Augabe gelöst. Zugleich erkennt man, daß der hier besprochene Fall jedenfalls nicht zu den Ausnahmefällen gehört; die Zerlegung ist vielmehr immer möglich, solange nicht etwa der Punkt A in die Ebene ε fällt.

Ferner ist auch klar, daß die Lösung nicht nur für die Zerlegung einer Einzelkraft anwendbar bleibt, sondern daß man auf demselben Wege auch eine beliebige Kraftgruppe durch sechs Kräfte ersetzen kann, die längs der vorgeschriebenen Richtungslinien wirken. Dieselbe Erweiterung ist übrigens auch in allen anderen Fällen möglich, denn sobald man irgendeine Kraft nach sechs Richtungslinien zu zerlegen

vermag, kann man diese Zerlegung auch für alle Kräfte einer Kraftgruppe durchführen und hiermit die ganze Kraftgruppe durch Kräfte
längs der vorgeschriebenen Richtungslinien ersetzen.

Im allgemeinsten Falle läßt sich ein Verfahren anwenden, das als eine Verallgemeinerung der aus der
Kräftezerlegung in der Ebene bekannten Momentenmethode betrachtet werden kann. Diese Zerlegung wurde in
§ 6 besprochen. Wir suchten den Schnittpunkt der Richtungslinien
von zwei der drei unbekannten Kräfte auf und betrachteten ihn als
Momentenpunkt. Aus der Momentengleichung ergab sich dann sofort die Größe der dritten Kraft. Wir wollen sehen, wie sich dieses
Verfahren auf den Raum übertragen läßt. An Stelle des Momentenpunktes tritt hier eine Momentenachse, die man durch möglichst
viele der gegebenen Richtungslinien zu ziehen sucht. Gelingt es,
eine solche Momentenachse durch fünf Richtungslinien zu legen,
was in praktisch vorkommenden Fällen oft ohne weiteres möglich
ist, so erhält man die sechste Kraft genau wie bei der Zerlegung
in der Ebene aus der Momentengleichung, in der dann nur noch
diese eine Unbekannte auftritt.

Im allgemeinsten Falle ist es freilich nicht möglich, eine
Gerade zu ziehen, die fünf der gegebenen Richtungslinien trifft.
Dagegen kann man im allgemeinen durch je vier von ihnen zwei
Geraden legen. Man erkennt dies am einfachsten aus der Überlegung, daß durch drei windschief zueinander liegende Richtungslinien ein Hyperboloid gelegt werden kann, das von der vierten
Richtungslinie als Fläche zweiter Ordnung in zwei Punkten getroffen wird. Durch jeden dieser Schnittpunkte geht ein Strahl
der Regelschar, der auch die drei anderen trifft. Wählt man nun
diese beiden Strahlen als Momentenachsen und schreibt die Momentengleichungen für sie an, so erhält man zwei Gleichungen, in
denen die Größen der beiden letzten Kräfte als Unbekannte vorkommen. Diese muß man nun freilich immer noch nach den
Unbekannten auflösen; aber es ist klar, daß die Auflösung von
zwei Gleichungen viel weniger Mühe macht als die Auflösung von
sechs bei dem früher besprochenen allgemeinsten Verfahren.

Die wirkliche Aufsuchung der beiden Geraden, die man durch
vier der gegebenen Richtungslinien zu legen vermag, bildet eine

Aufgabe der darstellenden Geometrie, die freilich selbst so viel
Schwierigkeiten machen kann, daß das Verfahren keinen Vorteil
mehr bietet. Praktisch liegt aber die Sache bei solchen Fällen,
wie sie in den Anwendungen vorkommen können, gewöhnlich viel
einfacher: gewöhnlich kann man hier die beiden Schnittgeraden
ohne weiteres angeben. Man nehme z. B. an, daß die sechs Richtungslinien paarweise in einer Ebene liegen, also etwa 1 und 2
in einer Ebene und 3 und 4 in irgendeiner anderen. Verbindet
man dann den Schnittpunkt von 1 und 2 mit dem Schnittpunkte
von 3 und 4, so hat man sofort eine der beiden gesuchten Geraden. Die andere ergibt sich als Schnittlinie der Ebene 1, 2
mit der Ebene 3, 4. Selbst wenn nur irgend zwei von den sechs
Geraden, etwa 1 und 2 in einer Ebene enthalten sind, kann
man durch sie und je zwei von den vier anderen Geraden, etwa
3 und 4, sehr leicht die gewünschten Momentenachsen ziehen.
Durch den Schnittpunkt von 1 und 2 lege man eine Ebene durch
3 und suche deren Schnittpunkt mit 4 auf. Die Verbindungs-
gerade dieses Schnittpunkts mit dem von 1 und 2 ist die eine
der gesuchten Momentenachsen. Die andere ist die Verbindungslinie der beiden Spurpunkte von 3 und 4 in der Ebene 1,2.

Ob ein Ausnahmefall vorliegt, bei dem die Zerlegung nach den
sechs Richtungslinien nicht möglich ist, muß sich beim Aufstellen
der beiden Momentengleichungen ebenfalls herausstellen. Es kann
nämlich vorkommen, daß beide Gleichungen sich widersprechen, so
daß sie nicht nach den beiden Unbekannten aufgelöst werden können.
Dieser Ausnahmefall tritt immer ein, wenn sich eine Gerade ziehen
läßt, die alle sechs Richtungslinien trifft. Er kann aber auch unter
anderen Umständen eintreten, nämlich immer dann, wenn die Eliminationsdeterminante der beiden Momentengleichungen zu Null wird.

§ 31. Praktische Anwendungen dieser Zerlegungsaufgabe.

Die wichtigste Anwendung, die von den vorausgehenden
Untersuchungen gemacht werden kann, bezieht sich auf die Ermittlung der Spannungen von Stäben, durch die zwei starre
Körper fest miteinander verbunden werden. Aus den Untersuchungen des ersten Bandes ist bereits bekannt, daß ein starrer
Körper gegenüber einem zweiten, der als feststehend angenommen
wird, wenn gar keine Fessel zwischen beiden besteht, sechs Frei-

heitsgrade der Bewegung besitzt. Daraus wurde schon damals geschlossen, daß man sechs Fesseln, von denen jede einen Freiheitsgrad der Bewegung aufhebt, anlegen müsse, um beide Körper in feste Verbindung miteinander zu bringen. Solche Fesseln sind im einfachsten Falle Stäbe, die zwischen geeignet ausgewählten Punkten beider Körper angebracht werden und die eine Entfernungsänderung zwischen ihren Endpunkten verhindern.

Wollte man Stäbe verwenden, die an den Endpunkten steif mit beiden Körpern verbunden wären, so daß sie sich nicht gegen diese zu drehen vermöchten, und die auch zugleich widerstandsfähig genug gegen Verbiegen und Verdrehen wären, so würde zwar offenbar schon ein einziger Stab ausreichen, um zwei starre Körper unveränderlich miteinander zu verbinden. Hier wird aber, wie schon in früheren Fällen, vorausgesetzt, daß die Verbindungsstäbe nur gegen Zug und Druck hinreichend widerstandsfähig sind, und daß sie sich daher auch namentlich an den Befestigungsstellen leicht etwas gegen die mit ihnen verbundenen Körper zu drehen vermögen, so daß man dem wirklichen Verhalten ziemlich nahe kommt, wenn man annimmt, daß die Verbindung an diesen Stellen gelenkförmig (nach Art eines Kugelgelenkes) bewirkt sei. Dies entspricht auch der üblichen Bauweise, in der man, wenigstens bei größeren Ausführungen, Stabverbindungen gewöhnlich so anzuordnen sucht, daß die Widerstandsfähigkeit der Stäbe gegen Zug und Druck schon vollständig ausreicht, um die Unverschieblichkeit des ganzen Verbandes zu sichern. In diesem Falle wird, wie schon früher nachgewiesen wurde, durch einen Stab nur ein Freiheitsgrad der Relativbewegung vernichtet, und man braucht dann mindestens sechs Stäbe, um eine steife Verbindung zwischen beiden Körpern herzustellen. Diese Zahl reicht auch, wenn Ausnahmefälle vermieden werden, zur Erreichung des Zweckes schon vollkommen aus.

Ergänzt wird diese, auf die Bewegungslehre des starren Körpers gestützte Überlegung durch die Auseinandersetzungen des vorigen Paragraphen. Wenn nämlich die Stäbe imstande sein sollen, beide Körper wirksam gegeneinander abzustützen, müssen die Spannungen, die sie zwischen beiden übertragen, ausreichen, um gegenüber allen Lasten, die an einem von ihnen beliebig angebracht werden können, Gleichgewicht herzustellen. Von diesen Spannungen sind die Richtungslinien, die mit den Stabmittellinien zusammenfallen, gegeben. Man muß daher jede beliebig an einem der beiden Körper angebrachte Last nach den Stabrichtungslinien

so zerlegen können, daß die Stabspannungen in Verbindung mit
der gewählten Last an dem betreffenden starren Körper im Gleichgewicht miteinander stehen. Wir sahen aber, daß sechs Richtungslinien gegeben sein müssen, wenn die Zerlegung eindeutig
ausführbar sein soll. In Übereinstimmung mit dem früheren
Ergebnisse folgt demnach auch aus der auf die Kräftezerlegung
gestützten Betrachtung, daß sechs Stäbe zur Herstellung einer
ausreichenden Abstützung zwischen beiden Körpern erforderlich
sind. Zugleich können wir uns auch hinsichtlich der Ausnahmefälle, die bei der Anordnung der Stäbe vermieden werden müssen,
auf die darüber im vorigen Paragraphen angestellten Auseinandersetzungen beziehen.

Sehr häufig ist einer der Körper, die durch die sechs Stäbe
miteinander verbunden werden sollen, die feste Erde. Der zweite
soll dann durch die Verbindungsstäbe vollständig festgehalten
werden, so daß er gar keine Bewegungen gegen den irdischen
Raum mehr auszuführen vermag. Man denke etwa an eine Tischplatte, die möglichst unverschieblich aufgestellt werden soll,
wozu sechs Stäbe erforderlich sind, die jeder Belastung gegenüber nur auf Zug oder Druck Widerstand zu leisten brauchen.

Ein Beispiel hierfür wird durch Abb. 74 in axonometrischer
Zeichnung zur Darstellung gebracht. Von den sechs Stäben
laufen, wie es gewöhnlich der Fall sein wird,
je zwei in einem Punkte zusammen, hier die
Stäbe 1 und 2 in einem Punkte der Tischplatte, und 3 und 4 sowie 5 und 6 in je einem
Punkte des Fußbodens An der Tischplatte
möge irgendeine beliebig gerichtete Last $\mathfrak{P}$
angreifen; man soll die dadurch in den sechs
Beinen hervorgebrachten Stabspannungen ermitteln.

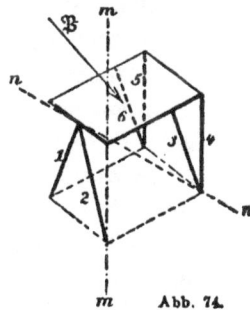

Abb. 74.

Man sucht zunächst eine Momentenachse
auf, die durch mindestens vier Stäbe, etwa durch 1, 2, 3, 4 geht.
Eine solche erhalten wir durch Aufsuchen der Schnittlinie der
Ebenen 1, 2 und 3, 4. Das ist die in der Abbildung mit mm
bezeichnete Gerade; sie steht hier lotrecht, weil beide Ebenen

1, 2 und 3, 4 lotrecht vorausgesetzt waren. Zugleich erlangt man hier noch von selbst den weiteren Vorteil, daß *mm* auch noch die Richtungslinie 5 schneidet. Sie ist nämlich parallel zu ihr, da Stab 5 lotrecht steht, und dies entspricht einem Schnitte, denn daß dieser erst im Unendlichen erfolgt, bleibt für unseren Zweck gleichgültig.

Die Spannung des Stabes 6 kann demnach sofort aus einer einzigen, für die Achse *mm* aufgestellten Momentengleichung berechnet werden. Hierbei erinnern wir uns, daß man die Momente in bezug auf Achsen am einfachsten erhält, wenn man die Kräfte auf eine zur Achse senkrecht stehende Ebene projiziert und die Momente in dieser Ebene von den Kräfteprojektionen in bezug auf den Punkt nimmt, in dem die Achse die Projektions-ebene trifft. Das wäre also hier die Grundrißebene. In einem praktisch vorliegenden Falle wird man ohnehin schon eine Grund-rißzeichnung des Tisches und der an ihm angreifenden Lasten besitzen. Die axonometrische Zeichnung dient nur als Über-sichtszeichnung, die nicht im Maßstabe aufgetragen zu werden braucht, sondern bloß freihändig entworfen wird. — Für den Fuß-punkt des Stabes 2 schreibt man also im Grundrisse die Bedingung an, daß das Moment der Projektion von $\mathfrak{P}$ gleich dem Momente der Projektion der Stabspannung 6 sein muß. Daraus findet man sofort die Projektion der Stabspannung 6, und hieraus auch, da die Richtungslinie des Stabes bekannt ist, (unter Zuhilfenahme des Aufrisses) die Stabspannung 6 selbst. Man sieht auch leicht schon aus der axonometrischeu Zeichnung, daß Stab 6 durch die angegebene Last $\mathfrak{P}$ in Druckspannung versetzt wird.

Hätte sich *mm* nicht zufällig auch mit der Richtungslinie des Stabes 5 geschnitten, so wären in der Momentengleichung zwei unbekannte Stabspannungen vorgekommen. In diesem Falle hätte man noch die zweite Gerade aufsuchen müssen, die durch die Stäbe 1, 2, 3, 4 gelegt werden kann. Dies ist die Gerade *nn*, die den oberen Endpunkt von 1 und 2 mit dem unteren Endpunkte von 3 und 4 verbindet. Dann wird das Verfahren freilich um-ständlicher, da man nun $\mathfrak{P}$, 5 und 6 auf eine zu *nn* senkrechte Ebene zu projizieren und in dieser (nach Umklappen) die Mo-

mentengleichung aufzustellen hat. — Wir wollen indessen jetzt
bei dem einfacheren Beispiele bleiben.

Gerade wie 6 kann man natürlich auch die Stabspannung 3
ermitteln, indem man die Schnittlinie der Ebenen 1, 2 und 5, 6
als Momentenachse wählt. Auch dies erfordert nur das Anschreiben einer einfachen Momentengleichung im Grundrisse.

Hierauf gehe man zur Ermittlung der Stabspannungen 1 und
2 über. In diesem Falle vermag man keine Momentenachse zu
ziehen, die außer den vier übrigen Stäben auch noch einen von
jenen beiden schnitte. Man muß daher zwei Momentengleichungen
anschreiben und sie nach den Unbekannten 1 und 2 auflösen.
Diese Lösung gestaltet sich indessen hier ganz einfach.

Eine der beiden Momentenachsen, die durch die Stabrichtungslinien 3, 4, 5, 6 geht, ist die Verbindungslinie der Fußpunkte
dieser vier Stäbe. Diese Achse liegt in der Grundrißebene und
projiziert sich in einem rechtwinklig zur Achse gezeichneten
Aufrisse als Punkt. In diesem Aufrisse decken sich ferner die
Projektionen von 1 und 2. Man findet daher aus einer einfachen
Momentengleichung im Aufrisse sofort die Summe der Vertikalkomponenten von 1 und 2.

Die andere durch die Linien 3, 4, 5, 6 gehende Momentenachse ist die unendlich ferne Schnittlinie der beiden durch 3 und
4 und durch 5 und 6 gelegten parallelen Ebenen. Immer wenn
man auf eine Momentengleichung für eine unendlich
ferne Achse geführt wird, hat man zu beachten, daß
eine solche gleichwertig mit einer Komponentengleichung ist, die für die wirkliche Ausrechnung an ihre
Stelle tritt. Die Lage einer unendlich fernen Achse wird nämlich als Schnitt eines Büschels paralleler Ebenen gekennzeichnet.
Ferner kommt es bei dem Momente in bezug auf eine Achse nur
auf jene Komponente der Kraft an, die im Angriffspunkte der
Kraft rechtwinklig zu der von der Achse aus durch den Angriffspunkt gelegten Ebene steht. Alle diese Komponenten gehen aber
bei unendlich ferner Lage der Achse in derselben Richtung, und
da ferner alle Hebelarme, weil sie sich nur um endliche Beträge
voneinander unterscheiden, als gleich groß anzusehen sind, so

vereinfacht sich die Momentengleichung in der Tat zu der Bedingung, daß die algebraische Summe der in der Richtung senkrecht zu jenem Ebenenbüschel genommenen Komponenten aller
Kräfte gleich Null sein muß.

In unserem Falle erhalten wir also eine Gleichung, die ausdrückt, daß die algebraische Summe aus den Horizontalkomponenten von 1 und 2 und der parallel zur Verbindungslinie der
Fußpunkte von 1 und 2 genommenen Komponente von $\mathfrak{P}$ gleich
Null sein muß. Diese Gleichung in Verbindung mit der vorher
schon gefundenen Momentengleichung gestattet sofort die Auflösung nach den beiden unbekannten Stabspannungen 1 und 2.

Nachdem man von einigen Stäben die Spannungen bereits
ermittelt hat, kann man die der noch übrigen (also hier die von
4 und 5) viel einfacher berechnen. Man braucht nämlich jetzt
nicht mehr zu vermeiden, daß in einer neu aufzustellenden Momentengleichung zugleich die Momente der anderen Stabspannungen auftreten, weil man von diesen die Werte schon kennt.
Projiziert man also etwa den Tisch auf die durch die Richtungen
von 4 und 5 gelegte Ebene, so kommen in dieser nur zwei unbekannte Kräfteprojektionen vor, und indem man etwa den Momentenpunkt auf die Richtung von 4 legt, erhält man aus der
Momentengleichung sofort die darin allein noch unbekannte
Spannung des Stabes 5.

Aufgaben.

*21. Aufgabe. Auf einer in zwei Punkten A und B unterstützten
Welle (Abb. 75) sind zwei Arme aufgesteckt, von
denen einer horizontal, der andere vertikal gerichtet
ist. Am horizontalen Arme wirkt die vertikale
Kraft $\mathfrak{P}$ und am vertikalen Arme die horizontale
Kraft $\mathfrak{Q}$. Man soll das aus beiden Kräften gebildete Kraftkreuz durch ein anderes ersetzen, von dem
eine Kraft durch A geht, während die zweite in der
durch B senkrecht zur Welle gezogenen Ebene liegt.*

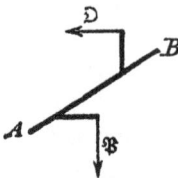

Abb. 75.

*Unter welchen Umständen wird ferner die Wellenmittellinie AB zu
einer Nullinie?*

Lösung. In Abb. 76 ist die Welle in drei Rissen gezeichnet;
der dritte Riß, in dem sich AB als Punkt projiziert, liegt in der

durch B senkrecht zur Welle gezogenen Ebene, die wir weiterhin als
die Ebene ε bezeichnen wollen. Zunächst wird von A aus durch die
Richtungslinie der Kraft $\mathfrak{P}$ eine Ebene gelegt und deren Spur in der
Ebene ε aufgesucht. Da $\mathfrak{P}$ parallel zu ε ist, haben wir es in zwei
parallele Komponenten $\mathfrak{P}_A$ und $\mathfrak{P}_\varepsilon$ zu zerlegen, von denen $\mathfrak{P}_\varepsilon$ in die
soeben erwähnte Spur fällt. Hiervon ist $\mathfrak{P}_A$ die größere Komponente,
da $\mathfrak{P}$ näher bei A als bei ε liegt; $\mathfrak{P}_\varepsilon$ verhält sich zum ganzen $\mathfrak{P}$ wie

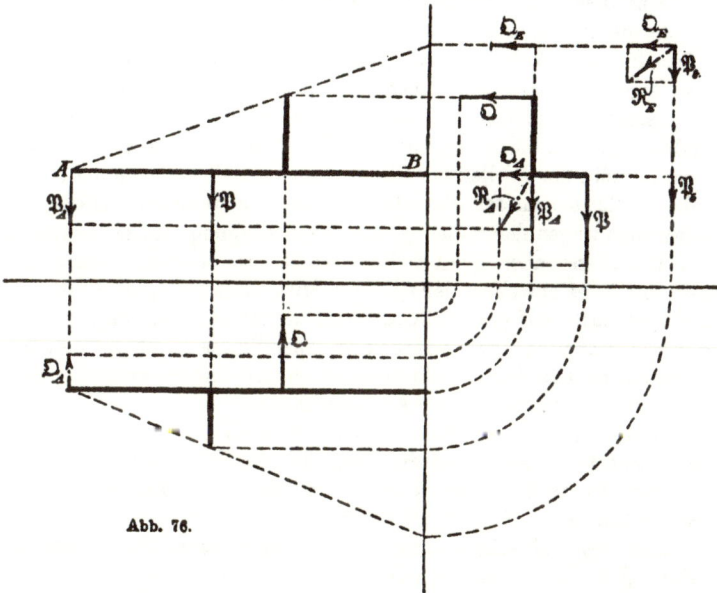

Abb. 76.

der Abschnitt der Welle von A bis zu dem Arme, an dem $\mathfrak{P}$ angreift,
zur ganzen Welle.

Ebenso wird auch $\mathfrak{Q}$ in die zwei Komponenten $\mathfrak{Q}_\varepsilon$ und $\mathfrak{Q}_A$ zerlegt, von denen die erste in die Spur der von A aus durch $\mathfrak{Q}$ gezogenen
Ebene fällt. Alle diese Komponenten liegen entweder in der Ebene ε
selbst oder sie projizieren sich auf diese Ebene in wahrer Größe. In
diesem Risse kann daher auch die Zusammensetzung von $\mathfrak{P}_A$ und $\mathfrak{Q}_A$
zu $\mathfrak{R}_A$, und von $\mathfrak{P}_\varepsilon$ und $\mathfrak{Q}_\varepsilon$ zu R_ε ohne weiteres vorgenommen werden. Hiermit ist der erste Teil der Aufgabe gelöst.

Die Wellenmittellinie AB schneidet von dem Kraftkreuze $\mathfrak{R}_A\mathfrak{R}_\varepsilon$
auf jeden Fall eine Kraft, nämlich $\mathfrak{R}_A$. Soll sie eine Nullinie sein,
so muß sie zugleich auch die andere Kraft $\mathfrak{R}_\varepsilon$ schneiden. In diesem
Falle kann man $\mathfrak{R}_\varepsilon$ nach dem zweiten Stützpunkte B verlegen. Ein
an den Stützpunkten A und B angreifendes Kraftkreuz kann aber die

Welle nicht in Umdrehung versetzen; es bringt nur Auflagerkräfte
in den Lagern hervor. Man erkennt hieraus, daß *A B* nur für den
Fall des Gleichgewichtes der Welle zu einer Nullinie wird. Dies
hätte man auch schon daraus schließen können, daß nach der Gleichgewichtsbedingung gegen Drehen um die Wellenmittellinie die Summe
der Momente aller äußeren Kräfte für diese Linie als Momentenachse
zu Null werden muß, wobei noch zu beachten ist, daß die Auflagerkräfte zu dieser Momentensumme nichts beitragen.

Anmerkung. Man erkennt hieraus auch, wie man die Auflagerkräfte für eine Welle ermittelt, die an beliebig aufgesteckten Rädern
oder Armen irgendwelche Lasten aufnimmt, die zur Mittellinie der
Welt senkrecht stehen und sich an der Welle Gleichgewicht gegen
Drehung halten. Man verlege jede Kraft parallel zu sich selbst in
der senkrecht zur Wellenmittellinie gezogenen Ebene nach der Mittellinie. Alle bei dieser Parallelverlegung auftretenden Kräftepaare
halten sich wegen der vorher genannten Bedingung im Gleichgewichte
und brauchen daher nicht weiter beachtet zu werden. Dann kann
man von jeder einzelnen der nach der Mittellinie verlegten Lasten die
Auflagerkräfte auf gewöhnliche Weise ermitteln. Nachträglich findet
man den gesamten Auflagerdruck an jeder Stütze durch geometrische
Summierung aus den einzeln bestimmten und hierbei auch der Richtung nach gekennzeichneten Auflagerkräften.

*22. Aufgabe. An dem in Abb. 77 in drei Rissen dargestellten
zylindrischen Körper wirken die Kräfte* $\mathfrak{P}_1$, $\mathfrak{P}_2$, $\mathfrak{P}_3$. *Man soll diese auf
eine Einzelkraft* $\mathfrak{R}$, *die durch den Mittelpunkt des Zylinders geht, und
ein resultierendes Moment* $\mathfrak{M}$ *zurückführen.*

Lösung. $\mathfrak{R}$ erhält man einfach durch Parallelverlegung der
Kräfte $\mathfrak{P}$ nach dem Mittelpunkte *A* des Zylinders, wo sie graphisch
summiert werden können. Die Seiten des hierfür zu bildenden Kraft-
ecks sind in der Abbildung in allen drei Rissen durch punktierte
Linien angegeben; nur die Seite $\mathfrak{R}$ selbst ist durch einen starken
Strich hervorgehoben.

Um das Moment $\mathfrak{M}$ zu finden, ermittelt man in jedem Risse die
Flächeninhalte der durch Schraffierung hervorgehobenen Momentendreiecke. Die algebraische Summe dieser Flächeninhalte gibt die Projektion von $\mathfrak{M}$ auf die zu der betreffenden Zeichenebene senkrecht
stehende Achse an. $\mathfrak{M}$ selbst findet man als geometrische Summe
der drei Komponenten M_x, M_y, M_z.

Die Abbildung ist im Maßstabe gezeichnet, und zwar ist angenommen worden, daß alle Längen im Verhältnis 1 : 40 gegen die
natürliche Größe des Körpers verkleinert seien. Als Kräftemaßstab
soll 1 mm = 20 kg gelten. Natürlich muß man, um die Größe einer
Kraft hiernach aus der Zeichnung entnehmen zu können, zuerst die

wahre Länge der ihr entsprechenden Strecke bestimmen, von der unmittelbar nur die Projektionen gegeben sind. Dies kann aber nach bekannten Regeln der darstellenden Geometrie leicht ausgeführt werden.

Aus beiden Maßstäben folgt auch der Maßstab, nach dem die

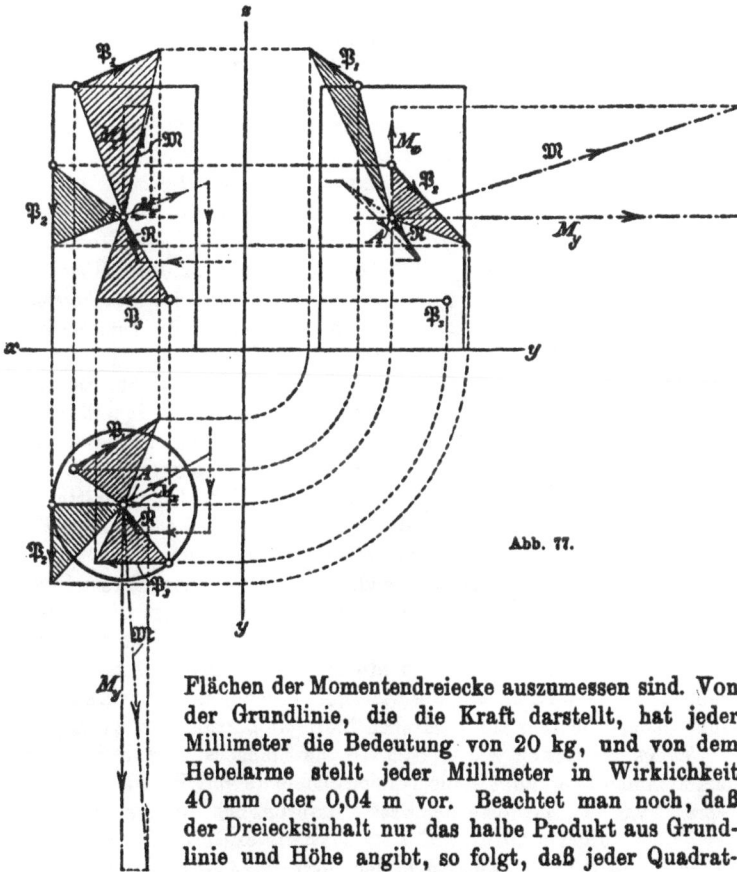

Abb. 77.

Flächen der Momentendreiecke auszumessen sind. Von der Grundlinie, die die Kraft darstellt, hat jeder Millimeter die Bedeutung von 20 kg, und von dem Hebelarme stellt jeder Millimeter in Wirklichkeit 40 mm oder 0,04 m vor. Beachtet man noch, daß der Dreiecksinhalt nur das halbe Produkt aus Grundlinie und Höhe angibt, so folgt, daß jeder Quadratmillimeter des Dreiecksinhaltes ein Moment von 2 · 20 · 0,04 oder 1,6 mkg angibt. Anstatt dessen kann man auch für jedes Dreieck sofort den doppelten Inhalt berechnen (indem man die Division mit 2 wegläßt) und hat dann hierfür 1 qmm = 0,8 mkg zu setzen. Die Ausmessung der doppelten Dreiecksflächen lieferte

$$M_x = 78,8 - 97,5 = -18,7 \text{ qmm} = -15,0 \text{ mkg}$$
$$M_y = 241 + 107 - 105 = +243 \text{ qmm} = +194,4 \text{ mkg}$$
$$M_z = 102,5 + 77 - 105 = +74,5 \text{ qmm} = +59,6 \text{ mkg}.$$

Als Maßstab für das Auftragen der Momentenvektoren wurde 1 mm = 4 mkg gewählt. Dabei mußte M_x des negativen Vorzeichens wegen im Sinne der negativen X-Achse aufgetragen werden. Für die Größe des resultierenden Momentes $\mathfrak{M}$ erhält man schließlich (nach Ermittlung der wahren Länge) 204 mkg und für die Größe der Resultierenden $\mathfrak{R}$ 148 kg.

23. Aufgabe. Eine Welle (etwa die Schwungradwelle einer Dampfmaschine) ist in zwei Lagern A und B (Abb. 78) unterstützt und trägt

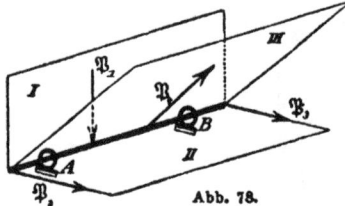

Abb. 78.

Lasten (Gewicht, Riemenzug u. dgl.), die in drei verschiedenen Ebenen, I (vertikal), II (horizontal) und III (unter 30° gegen II geneigt) enthalten sind. Man soll das resultierende Biegungsmoment für verschiedene Querschnitte ermitteln.

Lösung. Um das zur Berechnung auf Biegungsfestigkeit erforderliche Biegungsmoment für einen irgendwie belasteten Stab in bezug auf einen bestimmten Querschnitt zu erhalten, denkt man sich alle Lasten auf der einen Seite, gewöhnlich links vom Querschnitte, zu einer durch den Schwerpunkt des Querschnittes gehenden Resultierenden und einem resultierenden Momente zusammengefaßt. Steht der Momentenvektor des resultierenden Momentes senkrecht zur Stabachse, so gibt er unmittelbar das Biegungsmoment für den Querschnitt an. Im anderen Falle wird das Biegungsmoment durch die zur Stabachse senkrecht stehende Komponente des Momentenvektors angegeben, während die in die Richtung der Stabachse fallende Komponente das zu einer Beanspruchung auf Verdrehen führende Torsionsmoment angibt.

Wenn die Lasten wie in Abb. 78 die Stabachse sämtlich schneiden, kommen überhaupt keine Torsionsmomente vor. Es mag indessen bemerkt werden, daß eine der Kräfte ursprünglich auch an einer auf der Welle aufgekeilten Kurbel oder sonstwie exzentrisch angegriffen haben kann; dann ist sie aber in der durch ihren Angriffspunkt senkrecht zur Welle gezogenen Ebene parallel nach der Wellenachse zu verlegen, und in Abb. 78 ist angenommen, daß diese Verlegung bereits ausgeführt ist. Für das Biegungsmoment ist es nämlich ganz gleichgültig, ob die Last an einem Kurbelzapfen oder an dem ihm entsprechenden Punkte der Wellenachse angreift, da die Parallelverlegung nach der Achse nur zu einem Torsionsmomente und nicht zu einer senkrecht zur Wellenachse stehenden Komponente des Momentenvektors führt.

Am einfachsten löst man die Aufgabe derart, daß man zunächst in jeder der drei Lastebenen die darin auftretenden Lasten, Auflagerkräfte und Biegungsmomente für sich untersucht und dann die zugehörigen Momentenvektoren geometrisch summiert. In jeder Lastebene kann man mit Hilfe des Seileckes, dessen Horizontalzug man in allen Fällen gleich groß wählt, die Momentenfläche auftragen, wie es in Abb. 79 (S. 158) geschehen ist. Die Momentenflächen sind schraffiert und mit den Nummern I, II, III der Lastebenen bezeichnet, zu denen sie gehören.

Oben in Abb. 79 ist eine Gesamtansicht der Welle mit Einzeichnung der Kräfte $\mathfrak{P}_1$, $\mathfrak{P}_2$, $\mathfrak{P}_3$, $\mathfrak{P}_4$ gegeben, von denen sich freilich $\mathfrak{P}_2$ und $\mathfrak{P}_3$ als Punkte projizieren. Daneben steht eine Seitenansicht, in der sich $\mathfrak{P}_2$ und $\mathfrak{P}_3$ decken. Noch etwas weiter rechts sind in der Seitenansicht die Richtungen und Pfeile der Momentenvektoren $\mathfrak{M}_I$, $\mathfrak{M}_{II}$, $\mathfrak{M}_{III}$ angegeben, die zu den Biegungsmomenten in den Lastebenen I, II, III gehören.

Gerade diese Festsetzung der Pfeile erfordert eine sorgfältige Überlegung, zu der man sich am besten der axonometrischen Übersichtsfigur in Abb. 78 behufs Erleichterung der Vorstellung bedient. Dabei denke man daran, daß es sich um das Biegungsmoment für einen Querschnitt zwischen den Lagern A und B handeln soll und daß man von den Kräften an jenem Teile der Welle bis zu dem betrachteten Querschnitte hin, der zum Lager A gehört, die Momente zu nehmen hat. In der Lastebene I wirkt die Kraft $\mathfrak{P}_1$ nach abwärts; der zugehörige Auflagerdruck in A geht nach oben, und das Moment des Auflagerdruckes dreht im Uhrzeigersinne für einen vorn stehenden Beschauer. Nach dieser Seite ist daher $\mathfrak{M}$ rechtwinklig zur Ebene I abzutragen, wie es in der rechten oberen Ecke von Abb. 79 geschehen ist. — In der Lastebene II treten die beiden Lasten $\mathfrak{P}_2$ und $\mathfrak{P}_3$ außerhalb der Stützpunkte auf; die zugehörigen Auflagerkräfte haben den entgegengesetzten Pfeil, und wenn die Belastung symmetrisch ist ($\mathfrak{P}_2 = \mathfrak{P}_3$ und beide gleichgelegen), so sind auch die Auflagerkräfte gleich und ebenso groß wie eine der Lasten. Für einen zwischen A und B gelegenen Querschnitt hat man dann an dem nach A hin liegenden Teile der Welle ein Kräftepaar, das von oben her gesehen entgegengesetzt dem Uhrzeigersinne dreht. Der Pfeil von $\mathfrak{M}_{II}$ ist daher nach abwärts einzutragen, wie es auch auf der bereits erwähnten kleinen Übersichtsfigur geschehen ist Auf dieselbe Weise findet man, daß der Pfeil von $\mathfrak{M}_{III}$ nach links oben zeigen muß.

Diese Bemerkungen bezogen sich auf die Richtungen der Momentenvektoren, während die Größen für die verschiedenen in der

Abbildung mit $a, b, c, \ldots$ bezeichneten Querschnitte sofort aus den Momentenflächen I, II, III entnommen werden können. Da nämlich der Horizontalzug bei allen drei Seilecken gleich groß gewählt wurde, (die zu den Seilecken gehörigen Kräftepläne wurden in der Abbil-

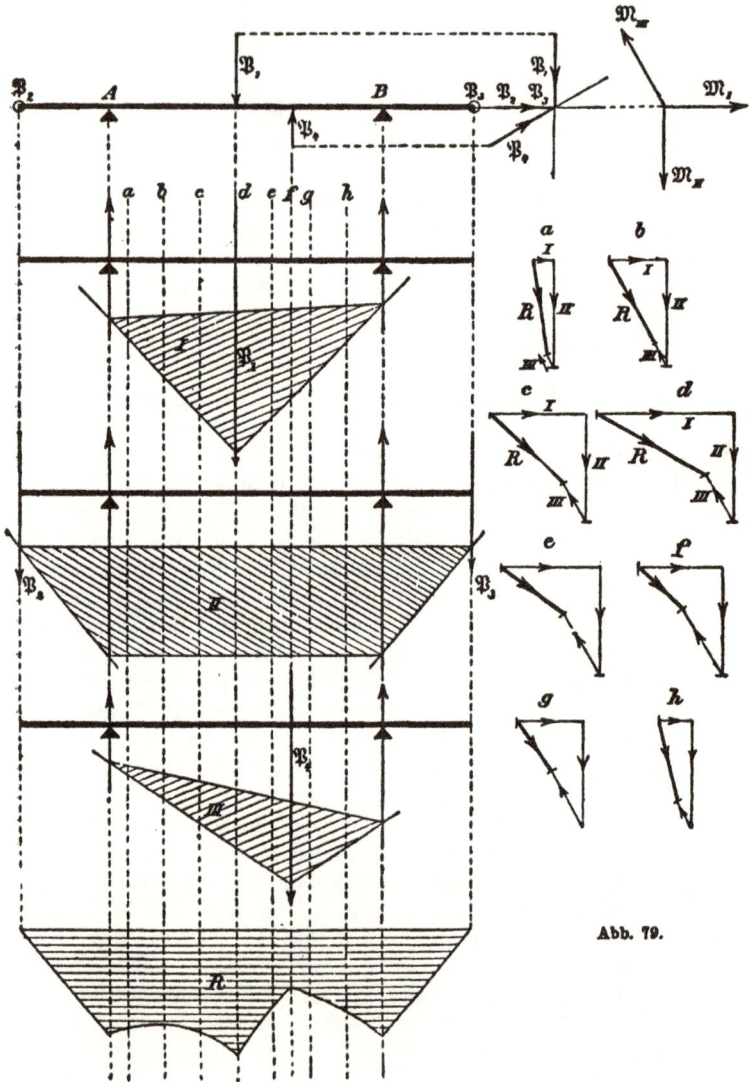

Abb. 79.

dung fortgelassen), geben die auf den Vertikalen a, b usf durch die
Momentenflächen gebildeten Abschnitte unmittelbar ein Maß für die
Größen der Biegungsmomente und daher auch für die zugehörigen
Momentenvektoren ab.

Nach diesen Vorbereitungen kann man zur graphischen Summierung der Momentenvektoren schreiten. Die hierzu dienenden Linien-
züge sind auf der rechten Seite der Abbildung untergebracht und
einzeln mit den Buchstaben a bis h der Querschnitte bezeichnet, zu
denen sie gehören. An Stelle von $\mathfrak{M}_I$ ist dabei kürzer I geschrieben usf. Die Pfeile von I, II, III konnten unmittelbar aus der dafür
vorher gegebenen Übersichtzeichnung, die Größen mit dem Zirkel
aus den Momentenflächen I, II, III übertragen werden. Die vierte
Seite des Viereckes gibt jedesmal den resultierenden Momentenvektor
an; in den Figuren ist R dazu geschrieben. Mit R kennt man zugleich das Biegungsmoment, das ermittelt werden sollte.

Hierbei ist noch darauf aufmerksam zu machen, daß die resultierenden Momentenvektoren für die einzelnen Querschnitte nicht nur
in den Größen, sondern auch der Richtung nach voneinander abweichen. Denkt man sich jeden Momentenvektor im zugehörigen Punkte
der Stabachse angeheftet, so bildet ihre Aufeinanderfolge eine windschiefe Fläche.

Auf die Richtungen der Momentenvektoren und auch auf die
Richtung, nach der die Durchbiegung der Welle an einer bestimmten
Stelle erfolgt, braucht man aber gewöhnlich nicht weiter zu achten.
Bei kreisförmigem Querschnitte ist es für die Beanspruchung des
Materials schon an sich gleichgültig, in welcher Richtung die Bie-
gung erfolgt, und überdies dreht sich die Welle, während die Kraft-
ebenen festliegen, so daß jeder Momentenvektor ohnehin der Reihe
nach alle Richtungen im Querschnitte einnimmt.

Kümmert man sich hiernach nur um die Größe der Biegungsmomente, so kann man diese für alle untersuchten Querschnitte in
einer besonderen Figur übersichtlich zusammenstellen, indem man
von jedem Punkte der Wellenachse aus eine Ordinate zieht, die gleich
der Seite R im zugehörigen Vektorenecke gemacht wird. Am unteren Ende der Abbildung ist die dadurch erhaltene Momentenfläche
durch Schraffierung hervorgehoben und mit dem Buchstaben R bezeichnet. Für jeden Querschnitt der Welle findet man daraus das zugehörige Biegungsmoment durch Multiplikation der Ordinate der Momentenfläche mit dem vorher für alle Seilecke übereinstimmend gewählten Horizontalzuge.

Hierzu mag noch bemerkt werden, daß die untere Grenzlinie der
Momentenfläche R teils durch gerade Linien, teils durch Hyperbel-

bögen gebildet wird. Rechnerisch läßt sich diese Behauptung, auf die aber im übrigen nicht viel ankommt, leicht beweisen.

24. Aufgabe. Ein Stab AB (Abb. 80) ist an beiden Enden ge-stützt und trägt zwei Lasten, von denen die eine, P_1, lotrecht gerichtet ist und 500 kg beträgt, während P_2 horizontal und gleich 600 kg ist. Man soll die Momentenfläche für das aus beiden Lasten resultierende Biegungsmoment konstruieren.

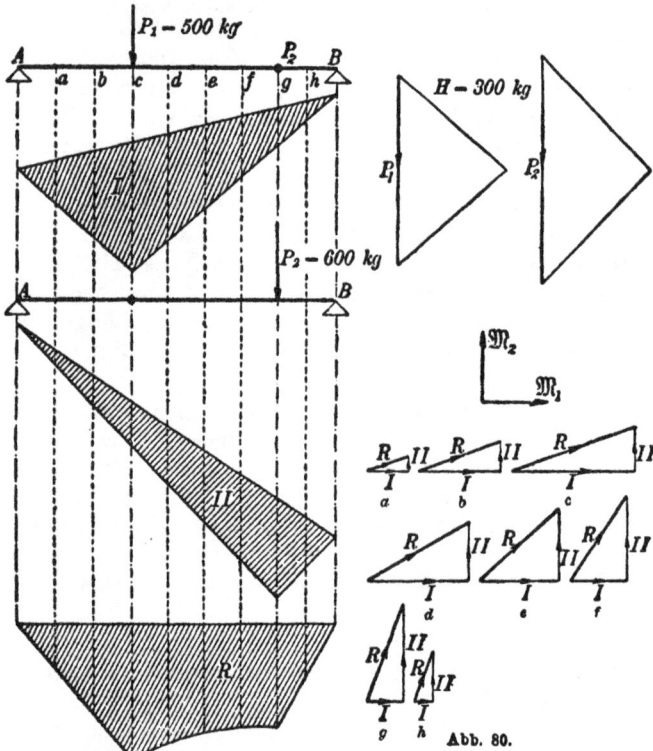

Abb. 80.

Lösung. Die Lösung schließt sich genau an die der vorhergehen-den Aufgabe an, von der sie sich nur durch die etwas einfachere Be-lastungsannahme unterscheidet. Zuerst konstruiert man in der Auf-rißebene die zu P_1 gehörige dreieckige Momentenfläche I und in der Grundrißebene die zu P_2 gehörige Momentenfläche II. Für die Kräfte-pläne ist in beiden Fällen derselbe Horizontalzug zu nehmen, der zu $H = 300$ kg gewählt wurde. Der Aufriß ist als Ansicht von vorn, der Grundriß als Draufsicht von oben her zu betrachten. Da die

durch die Momentenflächen I und II dargestellten Biegungsmomente
nach den üblichen Vorzeichenfestsetzungen als positiv zu betrachten
sind, entsprechen ihnen Momentenvektoren, die auf den Beschauer
hin, also bei $\mathfrak{M}_1$ nach vorn, bei $\mathfrak{M}_2$ nach oben hin gehen. Diese
Richtungen von $\mathfrak{M}_1$ und $\mathfrak{M}_2$ sind in einer rechts stehenden Seitenansicht aufgetragen, worauf wie im vorigen Beispiele für die Querschnitte a, b, c usf. die aus I und II entnommenen Momentenvektoren durch besondere Summationsdreiecke zusammengesetzt wurden.
Die resultierenden Momentenvektoren sind hierauf unter Außeracht-
lassung der verschiedenen Richtungen der Größe nach zu der resultierenden Momentenfläche R zusammengestellt.

25. *Aufgabe. Längs einer Geraden AB sind Kräfte in stetiger
und der Größe nach gleichförmiger Verteilung rechtwinklig zu AB angebracht, so daß die graphische Dar-
stellung der Kraftverteilung (axonometrische Zeichnung in Abb. 81) einen
Viertelumlauf einer Schraubenfläche
ausmacht. Man soll die Kräfte zu einem
Kraftkreuz zusammensetzen und die
Zentralachse der von ihnen gebildeten
Kraftgruppe aufsuchen.*

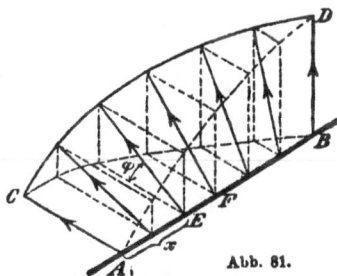

Lösung. Man kann jede Kraft
in zwei rechtwinklige Komponenten
zerlegen, die in den Ebenen BAC und
BAD enthalten sind. In jeder dieser Ebenen sind alle Komponenten
parallel zueinander, und sie lassen sich leicht zu einer Resultierenden
vereinigen. Beide Resultierende bilden ein Kraftkreuz, das den gegebenen Kräften gleichwertig ist.

Bezeichnet man, um die Rechnung durchzuführen, AB mit l und
den Abstand eines zwischen A und B liegenden Punktes E von A
mit x, so ist der Winkel φ, den die Richtung der Kraft in diesem
Punkte mit der horizontalen Richtung AC bildet,

$$\varphi = \frac{\pi}{2} \cdot \frac{x}{l}.$$

Wenn die der Größe nach konstante Belastungsdichte mit p bezeichnet wird, so daß also $p\,dx$ die am Längenelemente dx angreifende
Kraft angibt, erhält man für deren Vertikalprojektion

$$p\,dx \sin \varphi \quad \text{oder} \quad p\,dx \sin \frac{\pi x}{2l}.$$

Die Summe der Vertikalkomponenten V beträgt daher

$$V = p \int_0^l \sin \frac{\pi x}{2l}\, dx = p\,\frac{2l}{\pi}.$$

Der Abstand zwischen A und V, der mit v bezeichnet werden mag, ergibt sich aus der Momentengleichung

$$Vv = p \int_0^l x \sin \frac{\pi x}{2l}\, dx = p\left(\frac{2l}{\pi}\right)^2$$

und hiernach

$$v = \frac{2l}{\pi}.$$

Die Resultierende der Horizontalkomponenten H wird ebenso groß als V und hat den Abstand $\frac{2l}{\pi}$ vom anderen Endpunkte B. Hiermit ist das Kraftkreuz vollständig bekannt.

Verlegt man ferner, um das Kraftkreuz auf eine Resultierende und ein resultierendes Moment zurückzuführen, die Kräfte H und V nach dem in der Mitte zwischen A und B liegenden Punkte F, so geben sie dort eine Resultierende, die mit der horizontalen Richtung von AC einen Winkel von 45^0 einschließt und deren Größe gleich $V\sqrt{2}$ oder

$$p\,\frac{2l}{\pi}\sqrt{2}$$

ist. Das bei der Parallelverlegung von V auftretende Moment hat die Größe

$$V\left(\frac{2l}{\pi} - \frac{l}{2}\right) \quad \text{oder} \quad pl^2\,\frac{4-\pi}{\pi^2},$$

und der Momentenvektor ist gleichgerichtet und hat gleichen Pfeil mit AC. Ebenso groß und senkrecht nach oben gerichtet ist der Momentenvektor des bei der Parallelverlegung von H nach F auftretenden Kräftepaares. Der resultierende Momentenvektor schließt daher mit der horizontalen Ebene BAC ebenfalls einen Winkel von 45^0 ein und hat die Größe

$$pl^2\,\frac{4-\pi}{\pi^2}\sqrt{2}.$$

Da die Resultierende und der Vektor des resultierenden Momentes auf die gleiche unter 45^0 durch F gezogene, zu AB senkrechte Linie fallen, ist diese die Zentralachse der Kraftgruppe. AB ist eine Nullinie.

26. Aufgabe. Eine dreieckige Tischplatte wird, wie Abb. 82 im Grundrisse und Aufrisse zeigt, durch sechs Beine gehalten, von denen je zwei, die von derselben Ecke der Platte ausgehen, in einer senkrechten Ebene liegen. Auf die Tischplatte wirkt eine beliebig gegebene Kraft $\mathfrak{P}$; man soll die dadurch hervorgebrachten Stabspannungen berechnen.

Lösung. Man denke sich jede der sieben Kräfte ($\mathfrak{P}$ und die sechs Stabkräfte) in eine Komponente zerlegt, die in der Ebene ε der Tischplatte liegt, und in eine zweite, die rechtwinklig zu ε steht. Als Punkt A ist demnach hier der unendlich ferne Punkt einer zu ε gezogenen Normalen gewählt. Wegen der hier vorliegenden besonderen Anordnung fallen sowohl die vertikalen als die in der Ebene ε liegenden Komponenten von je zwei zusammengehörigen Beinen (1 und 2 oder 3 und 4 oder 5 und 6) auf dieselben Geraden. Man zerlege die ε-Komponente von $\mathfrak{P}$ (die gleich der Strecke $\mathfrak{P}$ im Grundrisse ist) in bekannter Weise nach den drei Richtungslinien 1, 2; 3, 4 und 5, 6 und ebenso die Vertikalkomponente von $\mathfrak{P}$ nach den durch die drei Ecken der Platte gezogenen Vertikalen. Die letzte Zerlegung wird am einfachsten nach der schon im ersten Bande (in § 23, S. 159 der 7. Auflage) gegebenen Anleitung ausgeführt.

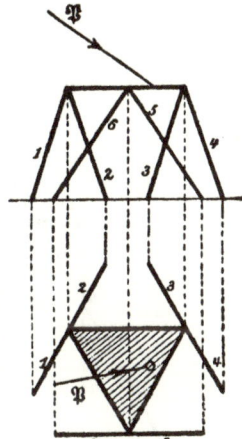

Nachdem dies geschehen ist, kennt man sowohl die vertikale als die horizontale Komponente der Resultierenden von je zwei zusammengehörigen Stabspannungen. Man braucht daher nur noch beide Komponenten zu einer Resultierenden zu vereinigen und diese nach den beiden Stabrichtungen zu zerlegen (oder auch jede einzelne Komponente nach den beiden Stabrichtungen zu zerlegen und die Spannungen zu summieren).

27. Aufgabe. *Ein rechtflächig begrenzter Körper K (vgl. die axonometrische Ansicht in Abb. 83) wird durch 6 Stäbe gestützt, von denen 3 in einem Punkte A zusammenlaufen, während die 3 anderen in einer lotrechten Ebene ε liegen. Längs einer Kante von K wirkt eine horizontal gerichtete Last von 3000 kg. Man soll die durch sie hervorgebrachten Stabspannungen ermitteln.*

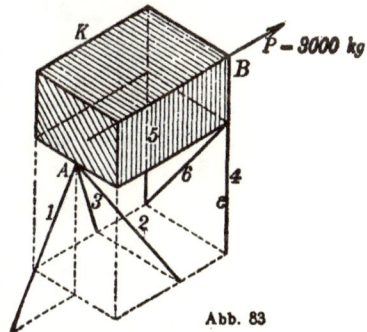

Erste Lösung. Man verlegt den Angriffspunkt von P nach dem Punkt B, in dem die Richtungslinie von P die Ebene ε schneidet, verbindet B mit A und zerlegt hierauf P in die beiden Komponenten P_A und P_ε. In Abb. 84a und 84b ist diese Zerlegung durch ein Kräfteparallelogramm ausgeführt. Hierauf wurde der Angriffspunkt von P_A nach A verlegt und im Aufriß ein Kräftedreieck daran ge-

fügt, von dem eine Seite in Richtung von 1, die andere in der dort
gemeinsamen Richtung von 2 und 3 gezogen ist. Durch Herabloten
in den Grundriß findet man dort den Endpunkt der Seite 1 des
Kräftevierreckes, das nun noch durch Ziehen von Parallelen zu den
Stabprojektionen 2 und 3 ergänzt werden kann. Der Schnittpunkt
von 2 und 3 ist in den Aufriß zu übertragen. Von·2 und 3 sind
hierauf noch die wahren Längen zu ermitteln. Die hierzu nötigen

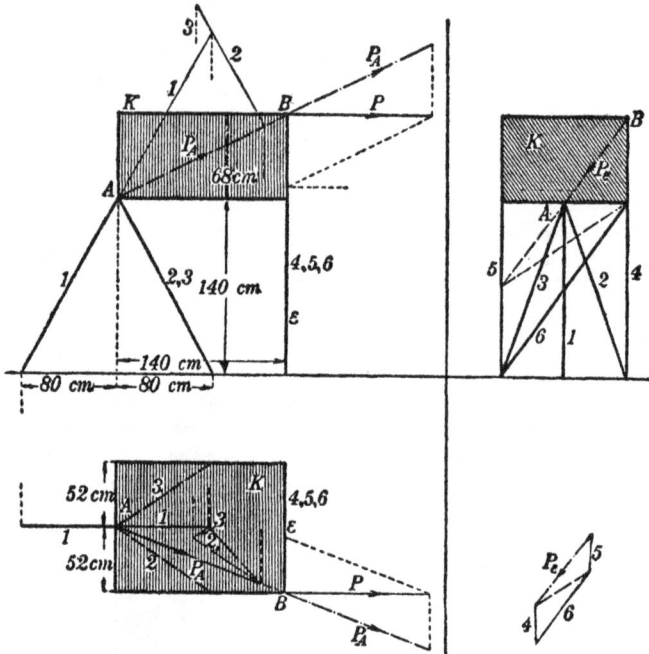

Abb. 84 a, 84 b und 84 c.   Abb. 85.

Linien sind in der Zeichnung weggelassen Man erhält für die Stäbe
1, 2, 3 die Stabspannungen

$$+ 3870; \quad - 2920; \quad + 670 \, \text{kg}.$$

Die Kraft P_s wird in der Seitenansicht Abb. 84 c in wahrer Größe
gefunden. Um diese Kraft nach den Richtungen der Stäbe 4, 5, 6 zu
zerlegen, kann man sich des Culmannschen Verfahrens bedienen, indem man den Schnittpunkt von P_s mit 5 mit dem Schnittpunkte von
4 und 6 verbindet und hierauf den in Abb. 85 ersichtlichen Kräfteplan zeichnet. Man findet die Stabspannungen von 4, 5, 6 zu

$$+ 770; \quad - 750; \quad - 1870 \, \text{kg}.$$

Zweite Lösung. Man kann die Aufgabe auch auf rechnerischem Wege nach dem Momentensatze lösen. Verlängert man im Aufrisse die beiden Linien, auf denen sich 2 und 3 sowie 4, 5 und 6 projizieren, bis zum Schnittpunkte, so ist dieser als Projektion einer rechtwinklig zum Aufrisse stehenden Momentenachse zu betrachten, die diese fünf Stabrichtungslinien schneidet. Aus der Momentengleichung, die für die Aufrißprojektion sofort angeschrieben werden kann, findet man daher die Stabspannung 1. Ferner schneidet eine Achse, die man durch *A* in lotrechter Richtung ziehen kann, ebenfalls fünf Stabrichtungslinien, nämlich außer 1, 2, 3 auch noch 4 und 5 (im Unendlichen). Die zugehörige Momentengleichung läßt sich aus dem Grundrisse ohne weiteres ablesen und liefert Stabspannung 6. Ebenso läßt sich auch noch für eine Achse, die durch *A* und den Schnittpunkt von 6 und 4 gezogen ist, nach geringer Vorbereitung (nämlich nach Projektion von *P* auf eine zu dieser Achse senkrechte Ebene) eine Momentengleichung anschreiben, aus der sich Stabspannung 5 sofort ermitteln läßt. Nachdem man 1, 6 und 5 bereits kennt, kann man auch eine Momentengleichung für eine Achse benützen, die die Fußpunkte der Stäbe 2 und 4 verbindet, da in dieser Gleichung nur noch Stabspannung 3 als Unbekannte vorkommt. Da dann nur noch zwei Stabspannungen, nämlich 2 und 4, unbekannt geblieben sind, kann man die gegebene Last und die vier bereits ermittelten Stabspannungen graphisch aneinanderreihen und durch die Endpunkte des Linienzuges Parallelen zu 2 und 4 ziehen. Beide müssen sich schneiden, was zugleich als Kontrolle dient. Damit sind dann alle Stabspannungen gefunden.

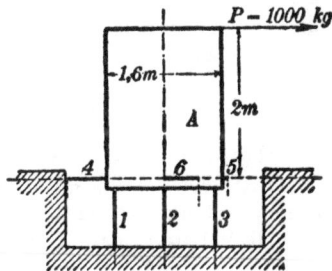

Abb. 86

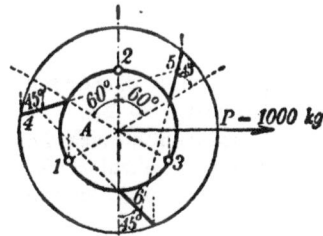

Abb. 86 b.

28. *Aufgabe. Der in Abb. 86 gezeichnete Zylinder A ist durch 6 Stäbe gestützt, von denen 1, 2, 3 senkrecht stehen, während 4, 5, 6 in einer horizontalen Ebene enthalten sind. Am oberen Ende des Zylinders greift eine horizontal gerichtete Kraft P von 1000 kg an. Man soll die Stabspannungen berechnen; die dazu erforderlichen Maße sind aus der Abbildung zu entnehmen.*

Lösung. Da von den sechs Stäben drei in einer Ebene liegen

und die drei anderen durch einen (im Unendlichen liegenden) Punkt
gehen, kann man durch je fünf Stäbe eine Achse legen, die alle fünf
schneidet, so daß die Spannung des sechsten Stabes aus einer auf
diese Achse bezogenen Momentengleichung sofort gefunden werden kann.

Die Verbindungslinie der Spurpunkte der Linien 1 und 3 in der
Ebene durch 4, 5, 6 liefert eine Achse, die die genannten fünf Stäbe
schneidet. Außerdem geht diese Achse aber auch parallel zu P, und
daher muß das Moment der Stabspannung 2 ebenfalls Null sein.
Daraus folgt, daß Stab 2 spannungslos bleibt. Hierauf kann man,
um 1 zu berechnen, irgendeine durch 3 in der Ebene 4, 5, 6 gehende
Momentenachse benutzen, da es auf 2 nicht mehr ankommt. Man wählt
dazu am bequemsten die zur Aufrißebene senkrechte Achse und findet nach Abmessen der Hebelarme

$$S_1 = \frac{1000 \cdot 2}{1,38} = + 1445 \text{ kg}.$$

Ebenso groß, aber von entgegengesetztem Vorzeichen muß die
Spannung von 3 sein, weil bei allen anderen Kräften keine vertikalen
Komponenten vorkommen und die Komponentensumme für jede Richtung Null liefern muß. Um 4 zu berechnen, sucht man den Schnittpunkt von 5 und 6 auf und schreibt die Momentengleichung für eine
durch diesen Punkt gehende vertikale Achse an, aus der

$$S_4 = \frac{1000 \cdot 1,1}{1,7} = + 647 \text{ kg}$$

gefunden wird. Für 5 und 6 erhält man ebenso — 176 und — 471 kg
Spannung. — Zur Probe kann man sich nachträglich noch davon
überzeugen, ob sich die gefundenen Stabspannungen und die Last P
zu einem geschlossenen Linienzuge aneinanderreihen lassen, wobei
es nur auf die Grundrißprojektion ankommt.

Vierter Abschnitt.

Das ebene Fachwerk.

§ 32. Die Zahl der notwendigen Stäbe.

In der Ebene seien n Punkte gegeben, die durch Linien von unveränderlicher Länge zu einer in sich unverschieblichen Figur miteinander verbunden werden sollen. Es fragt sich, wieviel Verbindungslinien hierzu erforderlich sind. Wir denken uns zunächst drei Punkte durch drei Linien zu einem Dreiecke verbunden. Diese drei Punkte können dann ihre Lage gegeneinander nicht mehr ändern, da die Gestalt des Dreieckes durch die Längen der drei Seiten vollständig bestimmt ist. Ein vierter Punkt kann durch zwei weitere Linien, die nach zwei Eckpunkten des Dreieckes geführt sind, an dieses angeschlossen werden.

Auch jeder weitere Punkt kann an eine bereits vorhandene Figur durch zwei neue Verbindungslinien, die nach irgend zwei von deren Eckpunkten geführt sind, unverschieblich angeschlossen werden. Man erkennt daraus, daß man im allgemeinen doppelt soviel Verbindungslinien nötig hat, als Punkte angeschlossen werden sollen. Nur im Anfange bei der Verbindung der drei ersten Punkte zu einem Dreiecke kommt man mit weniger Linien aus: man braucht hier nur drei Verbindungslinien, während das Doppelte der Anzahl der dadurch miteinander verbundenen Punkte sechs beträgt. Man kann also sagen, daß man im Anfange drei Linien spart, im übrigen aber doppelt so viele Linien als Punkte nötig hat. Die Zahl m der zur Herstellung der unveränderlichen Figur mit n Ecken erforderlichen Verbindungslinien beträgt daher, zunächst wenigstens für die hier vorausgesetzte Bildungsweise der Figur,

$$m = 2n - 3. \tag{33}$$

Der Zusammenhang dieser rein geometrischen Betrachtung mit der Lehre von den Tragkonstruktionen liegt auf der Hand: auch von einem „Binder" wird in erster Linie verlangt, daß er eine in sich unverschiebliche Figur bilde. An Stelle der Verbindungslinien treten hier die Stäbe, und an diese wird zur Aufrechterhaltung des Zusammenhanges nur die Anforderung gestellt, daß sie ebenso wie vorher die Verbindungslinien eine Entfernungsänderung ihrer Endknotenpunkte zu verhüten vermögen, d. h. es genügt, wenn sie nur gegen Zug- oder Druckbeanspruchung hinreichend widerstandsfähig sind. Gleichung (33) gibt daher die Zahl der notwendigen Stäbe in einem „Binder" oder allgemeiner gesagt in einem ebenen Fachwerke an.

Nachträglich kann man auch noch zwischen irgend zwei anderen Punkten, zwischen denen vorher keine unmittelbare Verbindung bestand, einen Stab einschalten. Die Figur ist dann, wie man sagt, geometrisch überbestimmt und der für den Zusammenhang entbehrliche Stab wird als ein überzähliger Stab bezeichnet. Übrigens braucht nicht gerade der zuletzt eingefügte als der überzählige Stab betrachtet zu werden; man wird, nachdem er eingesetzt ist, auch diesen oder jenen von den übrigen Stäben fortnehmen können, ohne die Unverschieblichkeit der Figur dadurch aufzuheben. Wenn man von den überzähligen Stäben redet, handelt es sich daher mehr um deren Anzahl, die nach Gleichung (33) leicht festgestellt werden kann, als um eine bestimmte Bezeichnung jener Stäbe, die als überzählige angesehen werden sollen. In dieser Hinsicht dürfen wir vielmehr die Wahl innerhalb gewisser Grenzen nach Willkür treffen.

Wenn aber das Fachwerk auf die vorher beschriebene Weise ohne nachträgliche Beifügung überzähliger Stäbe aufgebaut wurde, darf jedenfalls keiner von den Stäben mehr entfernt werden, ohne die Unverschieblichkeit aufzuheben. Um dies zu erkennen, denken wir uns ein zweites Fachwerk in derselben Weise hergestellt wie das erste, mit dem einzigen Unterschiede, daß ein beliebig ausgewählter Stab dabei etwas größer oder etwas kleiner ist, wärend die anderen so lang sind wie vorher. Die Figur, die wir jetzt erhalten, ist aus denselben Gründen unverschieblich wie

die erste. Jeder anderen Annahme über die Länge des einen Stabes, den wir ausgewählt haben, entspricht aber eine andere Fach-
werkgestalt.

Wir wollen uns die frühere Figur und die nach Änderung
der einen Stablänge erhaltene neue Figur aufeinandergelegt denken, so daß zwei einander entsprechende Seiten zusammenfallen.
Wir haben dann die ursprüngliche Lage der Knotenpunkte und
die neue Lage nach der Gestaltänderung unmittelbar nebeneinander, und die Verbindungslinie gibt die Verschiebungsrichtung
an, in der sich jeder Knotenpunkt bewegt, wenn der Stab, dessen
Länge wir als veränderlich angesehen haben, herausgenommen
ist. Hierbei können übrigens manche der Knotenpunkte überhaupt nicht von der Gestaltänderung der Figur betroffen werden, sondern während derselben in Ruhe bleiben.

Wir wollen jetzt irgend zwei Knotenpunkte ins Auge fassen,
zwischen denen kein Stab besteht und von denen sich mindestens
der eine während der nach Fortnahme eines Stabes möglichen
Gestaltänderung der Figur bewegt. Die Entfernung dieser beiden Knotenpunkte wird sich während der Gestaltänderung im
allgemeinen ebenfalls ändern. Dann genügt es, beide Knotenpunkte durch einen neuen Stab miteinander zu verbinden, um
die Unverschieblichkeit der Figur wiederherzustellen. Denn die
Art der Bewegung, die vorher noch möglich war und die einem
einzigen Freiheitsgrade des ganzen Aufbaues entsprach, hatte
die Entfernungsänderung der beiden Knotenpunkte zur notwendigen Folge, und sobald diese durch Anbringen des neuen Stabes ausgeschlossen wird, fällt damit auch die Möglichkeit der
Bewegung selbst.

Es kann freilich auch vorkommen, daß sich die beiden Punkte,
die wir betrachteten, in der ursprünglichen Gestalt der Figur
gerade im Maximum oder auch im Minimum des Abstandes be-
fanden, der bei den gegebenen Längen der übrigen Stäbe möglich ist. Dann bringt eine kleine Gestaltänderung des Fachwerkes
nur eine von der zweiten Ordnung kleine Längenänderung des
Abstandes beider Punkte hervor, und ein Stab, den wir zwischen
ihnen einsetzen, vermag alsdann unendlich kleine Gestaltände-

rungen nicht zu verhindern. Dieser Ausnahmefall ist daher zu vermeiden.

Wir sind durch diese Betrachtung zu dem Schlusse gelangt, daß ein Stab durch einen passend gewählten anderen ersetzt werden kann. Diese Stabvertauschung spielt, wie wir noch sehen werden, in der Theorie des Fachwerkes eine wichtige Rolle. Wir können dadurch von solchen Fachwerken, die nach dem bisher allein angewendeten einfachsten Verfahren zusammengesetzt wurden, zu anderen aufsteigen, die eine davon ganz abweichende Gliederung besitzen. An der Zahl der notwendigen Stäbe wird aber durch die Stabvertauschung jedenfalls nichts geändert. Wir schließen daraus, daß Gleichung (33) auch für die nach anderen Bildungsgesetzen gegliederten Fachwerke gültig bleibt. Hierfür werden wir übrigens alsbald noch einen strengeren Nachweis kennen lernen.

§ 33. Die Stabspannungen.

Nach der geometrischen Untersuchung der Fachwerkfigur, auf die wir uns bisher beschränkten, bleibt noch die statische Aufgabe zu lösen, die in den Stäben des Fachwerkes bei gegebenen Lasten auftretenden Spannungen zu ermitteln. Die Lösung gestaltet sich sehr einfach, wenn das Fachwerk von einem Ausgangsdreiecke aus durch fortgesetzte Angliederung neuer Knotenpunkte durch je zwei Stäbe erzeugt werden kann. In diesem Falle kann man ohne weiteres einen Kräfteplan zeichnen, indem man mit dem zuletzt angeschlossenen Knotenpunkte beginnt, von dem nur zwei Stäbe ausgehen. Nachdem die Spannungen dieser Stäbe durch Zeichnen eines Kräftedreieckes ermittelt sind, wendet man sich zu dem vorher angeschlossenen Knotenpunkte, dann zu dem diesem vorausgehenden usf., wobei man jedesmal nur zwei Stäbe vorfindet, deren Spannungen noch nicht aus dem bereits gezeichneten Teile des Kräfteplanes bekannt sind. Aus dem Kraftecke für den gerade vorliegenden Knotenpunkt findet man sofort die bis dahin unbekannt gebliebenen beiden Stabspannungen. Dieses Verfahren läßt sich bis zum Ausgangsdrei-

ecke hin fortführen, und auch die Stabspannungen des Ausgangs-
dreieckes erhält man in derselben Weise.

Wegen der einfachen Berechnung sollen die in dieser Weise
gegliederten Fachwerke als einfache Fachwerke bezeichnet
werden. Zugleich werden sie auch als statisch bestimmte
Fachwerke bezeichnet, weil man bei gegebenen Lasten alle
Stabspannungen ohne Zuhilfenahme der Elastizitätstheorie bloß
aus den Gleichgewichtsbedingungen der Statik finden kann. Nicht
alle statisch bestimmten Fachwerke sind indessen zugleich einfache. Aus den einfachen Fachwerken kann man nämlich durch
das vorher besprochene Mittel der Stabvertauschung andere erhalten, die dann zwar immer noch statisch bestimmt sind, für
die man aber einen Kräfteplan auf die bisher besprochene Art
nicht mehr zu zeichnen vermag.

Statisch unbestimmt sind dagegen die vorher als „geometrisch überbestimmt" bezeichneten Fachwerke, in denen überzählige Stäbe vorkommen. Hat man auch nur einen überzähligen
Stab, so vermag man auf sehr vielerlei Art zusammengehörige
Stabspannungen anzugeben, die an allen Knotenpunkten Gleichgewicht herstellen, und jede dieser Annahmen ist vom rein statischen Gesichtspunkte aus gleich gut möglich. Man kann z. B.
annehmen, daß die Spannung des überzähligen Stabes gleich
Null sei. Dann ist es ebensogut, als wenn der Stab gar nicht
vorhanden wäre, und für den dann übrig bleibenden, statisch
bestimmten Rest kann man die in ihm vorkommenden Stabspannungen aus den Gleichgewichtsbedingungen in eindeutiger Weise
berechnen. Die Spannung des überzähligen Stabes könnte aber
auch etwa gleich 1 t Zug oder 2 t Druck usf. angenommen werden. Zu jeder dieser Annahmen gehört ein anderes Bild von
Spannungen in dem statisch bestimmten Reste. Man kann sich
nämlich, um dieses zu finden, den überzähligen Stab wiederum
beseitigt denken, falls man nur in den beiden Knotenpunkten, die
er verbindet, dafür äußere Kräfte anbringt, die gleich den von
ihm auf diese Knotenpunkte übertragenen Spannungen sind.

Man erkennt daraus, daß man allgemein im geometrisch
überbestimmten Fachwerke so viele Stabspannungen willkürlich

annehmen kann, als überzählige Stäbe vorkommen, worauf die
übrigen so ermittelt werden können, daß an jedem Knotenpunkte
Gleichgewicht hergestellt wird. Natürlich kann von allen diesen unendlich vielen Wertsystemen der Stabspannungen oder
„Spannungsbildern", wie man dafür oft zu sagen pflegt, nur
eines wirklich zustande kommen. Die bloßen Gleichgewichtsbedingungen genügen aber nicht, um dieses unter den zunächst
als möglich erkannten herauszufinden. Dazu muß man auf die
elastischen Formänderungen der Stäbe eingehen, wie später gezeigt werden wird. In diesem Abschnitte soll aber von den statisch unbestimmten Fachwerken nicht weiter die Rede sein.

Ein Verfahren, das auf alle Fälle zur Berechnung der
Stabspannungen in beliebig gegliederten statisch bestimmten Fachwerken ausreicht, soll hier sofort angegeben
werden, wenn es auch wegen der Umständlichkeit der Rechnung
praktisch nicht gut verwendbar ist. Dafür hat es aber den Vorzug, eine grundsätzlich sehr einfache und darum auch besonders
leicht verständliche Vorschrift anzugeben, nach der es immer
möglich sein muß, die Stabspannungen zu finden. Es eignet sich
daher besonders zur Anstellung allgemeiner Betrachtungen über
die Spannungsaufgabe und findet seinen Platz am besten am
Eingange zu diesen Untersuchungen. Die für die praktische Ausführung bequemeren Verfahren folgen erst in den späteren Paragraphen.

Man denke sich alle Stäbe von 1 bis m numeriert. Einer dieser Stäbe mit der Nummer i hat die unbekannte Stabspannung
S_i, wobei durch das Vorzeichen zwischen Zug- und Druckspannung unterschieden werden soll. Nun betrachte man einen der
beiden Knotenpunkte, zwischen denen der Stab i verläuft. Die
Gleichgewichtsbedingung erfordert, daß die geometrische Summe
aus den an ihm angreifenden Stabspannungen und der daran angebrachten Last gleich Null sein muß. Wir können diese Bedingung auch durch das Anschreiben von zwei Komponentengleichungen ersetzen. Es muß also sowohl die Summe der Horizontalkomponenten als die Summe der Vertikalkomponenten aller Kräfte
gleich Null sein. Die Horizontalkomponente von S_i finden wir

aus S_i durch Multiplikation mit dem Kosinus des Neigungswinkels, den die Stabrichtung mit der Horizontalen bildet. Da die Gestalt des Fachwerkes gegeben ist, kennt man alle diese Richtungswinkel; außerdem kann auch das Vorzeichen der Horizontalkomponente von S_i sofort angegeben werden, indem man den Pfeil von S_i an dem Knotenpunkte so einträgt, wie er einer Zugspannung im Stabe i entspricht. Sollte nachher S_i in Wirklichkeit als Druckspannung gefunden werden, so kehrt sich ohnehin das Vorzeichen des Produktes aus S_i und dem Richtungskosinus um, weil S_i dann durch eine negative Zahl angegeben wird. In der Rechnung erscheint daher S_i auf jeden Fall unter dem richtigen Vorzeichen, wenn es auf Grund der ersten Annahme festgesetzt wurde.

In jeder der beiden Komponentengleichungen kommen demnach nur die Spannungen S_i usf. der an dem Knotenpunkte angreifenden Stäbe als Unbekannte vor. Denn die äußeren Kräfte oder Lasten sowie deren Komponenten in horizontaler und vertikaler Richtung müssen als gegeben vorausgesetzt werden, wenn die von ihnen hervorgebrachten Stabspannungen berechnet werden sollen.

Nachdem in dieser Weise für alle Knotenpunkte je zwei Komponentengleichungen angeschrieben sind, hat man im ganzen $2n$ Gleichungen, in denen nur die m Stabspannungen vorkommen und die für diese sämtlich vom ersten Grade sind. Man kann also nun die Stabspannungen durch Auflösen dieser Gleichungen berechnen. Dies führt zwar zu umständlichen Zahlenrechnungen (etwa bei der Ermittlung der Determinanten, durch die die Lösung angegeben wird), kann aber zu keinen Schwierigkeiten anderer Art Veranlassung geben.

Hierbei ist jedoch auf einen Umstand wohl zu achten. Jedenfalls müssen nämlich auch die äußeren Kräfte unter sich im Gleichgewichte miteinander stehen. Nachdem wir aber die Gleichgewichtsbedingungen an jedem Knotenpunkte durch Aufstellung der Komponentengleichungen ausgedrückt haben, ist damit die Bedingung für das Gleichgewicht der äußeren Kräfte schon mit ausgesprochen. Jene $2n$ Komponentengleichungen enthalten daher mehr als nur die Bedingungen, denen die Stabspannungen genügen müssen. Drei von ihnen — denn so groß ist die Zahl der zwischen Kräften in der Ebene bestehenden Gleichgewichtsbedingungen — dienen vielmehr zum Nachweise für das Gleichgewicht zwischen den äußeren Kräften, und für die Ermittlung der Stabspannungen bleiben nur $2n - 3$ Komponentengleichungen übrig.

Am einfachsten stellt man sich die Sache so vor, daß die Lasten an allen anderen Knotenpunkten bis auf zwei ganz willkürlich, ohne Rücksicht auf Gleichgewichtsbedingungen, gewählt wurden. Auch an einem der beiden übrigen Knotenpunkte mag noch die Horizontalkomponente der Last beliebig angenommen werden. Dann müssen aber, damit Gleichgewicht zwischen den äußeren Kräften bestehe, die beiden Komponenten der Last am letzten Knotenpunkte, sowie die Vertikalkomponente am vorhergehenden Knotenpunkte den Gleichgewichtsbedingungen entsprechend gewählt werden. Hierbei ist darauf zu achten, daß die beiden Knotenpunkte nicht auf derselben Vertikalen liegen dürfen. Die drei Komponenten können dann leicht auf Grund des Momentensatzes berechnet werden. Anstatt dessen können wir uns dazu aber auch die drei Komponentengleichungen für die betreffenden Richtungen an den beiden Knotenpunkten zur Berechnung der drei Lastkomponenten benutzt denken. Man schreibe diese unter den $2n$ Komponentengleichungen etwa zuletzt an. Die vorausgehenden $2n - 3$ müssen dann zur Ermittlung der Stabspannungen ausreichen. Nachdem sie nach den Stabspannungen aufgelöst sind, bleiben dann in den drei letzten nur noch die drei Komponenten der äußeren Kräfte als Unbekannte übrig.

Durch diese Anordnung vermag man also aus den $2n$ Gleichungen jene $2n - 3$, die zur Berechnung der Stabspannungen zu verwenden sind, und jene 3, die nur die Gleichgewichtsbedingungen zwischen den äußeren Kräften darstellen, sofort auszusondern. Natürlich ist diese Aussonderung, wie man zugleich erkennt, noch auf sehr verschiedene Art möglich. Jedenfalls bleiben aber stets $2n - 3$ Gleichungen zwischen den m unbekannten Stabspannungen zur Verfügung.

Auch hieraus erkennt man — und zwar diesmal ohne jede Voraussetzung über die Gliederung des Fachwerkes —, daß die Zahl der Stäbe

$$m = 2n - 3$$

betragen muß, wenn das Fachwerk statisch bestimmt sein soll. Auch ob etwa ein Ausnahmefall vorliegt, muß sich beim Auf-

lösen der $2n - 3$ Gleichungen herausstellen. Die Gleichungen
genügen nämlich nur dann zur Ermittlung der Unbekannten,
wenn sie alle unabhängig voneinander sind und sich nicht widersprechen. Sollte eine von ihnen schon eine notwendige Folge
der übrigen sein, so müßte sich dies bei Benutzung der Determinanten zur Auflösung darin zeigen, daß die Determinante aus
den Koeffizienten der Unbekannten zu Null würde. Außerdem
kann diese Determinante, auch ohne daß eine solche Abhängig-
keit der Gleichungen voneinander besteht, zu Null werden. Auch
dies entspricht einem Ausnahmefalle. Die Stabspannungen werden dann bei beliebig gegebenen Lasten, wie aus der Lösung der
Gleichungen folgt, unendlich groß. Ein solches Fachwerk wäre
für die Ausführung unbrauchbar.

Schließlich seien noch beide Fälle an einfachen Beispielen
vorgeführt. Um fünf
Knotenpunkte unver-
schieblich miteinander
zu verbinden, braucht
man, wie aus Gl. (33)
hervorgeht, sieben Stäbe.
Wollte man diese aber
etwa so verteilen, wie in

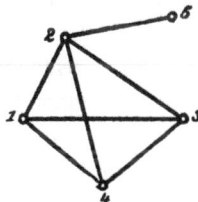
Abb. 87.

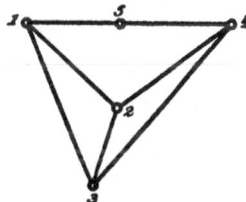
Abb. 88.

Abb. 87, so würde man den Zweck trotzdem nicht erreichen. Das
Viereck mit den beiden Diagonalen hat einen Stab zuviel, und
dieser fehlt zur Befestigung des fünften Knotenpunktes.

Der andere Fall kommt bei Abb. 88 vor. Hier sind die ersten
vier Knotenpunkte zu einem statisch und geometrisch bestimmten
Fachwerke durch die zwischen ihnen gezogenen Stäbe verbunden,
und auch der letzte Knotenpunkt 5 ist vorschriftsmäßig durch
zwei Stäbe angeschlossen. Hier wäre also gegen die Gliederung
nichts einzuwenden, wenn nicht die beiden zum Knotenpunkte 5
gehenden Stäbe auf dieselbe Gerade fielen. Dadurch wird der
Ausnahmefall bedingt.

Geometrisch erkennt man dies daran, daß sich Punkt 5 senkrecht zur gemeinsamen Richtungslinie beider Stäbe um eine unendlich kleine Strecke zu verschieben vermag, ohne daß sich die

Stablängen um mehr als um unendlich kleine Größen zweiter
Ordnung zu ändern brauchten. Oder mit anderen Worten: da
die Stäbe praktisch ihre Längen immer um kleine Größen zu
ändern vermögen, so kann Knotenpunkt 5 Wege zurücklegen,
die weit größer sind als diese Längenänderungen, und jedenfalls
größer, als man es bei einem Fachwerk im allgemeinen dulden
kann. Die Stabverbindung ist, wie man in der Umgangssprache
zu sagen pflegt, „wackelig".

Auch vom statischen Gesichtspunkte zeigt sich, daß ein Ausnahmefall vorliegt. Sobald man eine Last am Knotenpunkte 5
anbringt, die zur Stabrichtung rechtwinklig ist, kann kein Gleichgewicht zwischen ihr und den Stabspannungen bestehen. Der
Knotenpunkt wird also jedenfalls etwas ausweichen. Sobald dies
geschehen ist, ist der Ausnahmefall nicht mehr genau verwirklicht. Ist der Knotenpunkt unendlich wenig ausgewichen, was
man bei unnachgiebigen Stäben allein voraussetzen kann, so kann
man nachher ein Kräftedreieck zeichnen, bei dem aber der der
Last gegenüberliegende Winkel unendlich klein ist. Die Stabspannungen werden dann unendlich groß.

Unendlich große Stabspannungen sind freilich nicht mehr zu befürchten, wenn man eine Belastung des Knotenpunktes 5 vermeidet,
die äußeren Kräfte also nur an den vier übrigen Knotenpunkten angreifen läßt. Dann kommt aber der Knotenpunkt 5 überhaupt nicht
mehr in Betracht, und die beiden von ihm ausgehenden Stäbe können
durch einen einzigen, unmittelbar zwischen 1 und 4 geführten Stab
ersetzt gedacht werden. Das Fachwerk 1, 2, 3, 4 ist daher für solche
Lasten zwar stabil, aber zugleich statisch unbestimmt, da es einen
Stab zuviel enthält.

§ 34. Die Grundfigur.

Ein statisch bestimmtes Fachwerk mit n Knoten enthält,
wie wir sahen, $2n - 3$ Stäbe. Stellen wir nun für jeden Knotenpunkt fest, wieviel Stäbe gerade von ihm ausgehen, und addieren
alle diese Zahlen, so erhalten wir, da jeder Stab dabei zweimal
gezählt wird, $4n - 6$ Die durchschnittliche Anzahl der von
einem Knotenpunkte ausgehenden Stäbe beträgt hiernach

$$\frac{4n - 6}{n} \quad \text{oder} \quad 4 - \frac{6}{n}.$$

Es müssen also jedenfalls Knotenpunkte vorkommen, von denen höchstens drei Stäbe ausgehen. Ist n kleiner als 6, so sinkt die durchschnittliche Stabzahl unter drei, und es müssen dann auch Knotenpunkte mit nur zwei Stäben vorkommen. Wenn aber n mindestens gleich 6 ist, kann es sein, daß von keinem Knotenpunkte weniger als drei Stäbe ausgehen.

Enthält das gegebene Fachwerk zunächst wenigstens einen Knotenpunkt, von dem nur zwei Stäbe ausgehen, so mag dieser samt den beiden Stäben fortgelöscht werden. Findet man in dem Reste wiederum einen Knotenpunkt, an dem jetzt nur noch zwei Stäbe angreifen, so mag auch dieser mit seinen Stäben beseitigt werden. Dieses Verfahren soll so lange fortgesetzt werden, als es möglich ist, d. h. solange man noch auf Knotenpunkte stößt, von denen nachher nur noch zwei Stäbe ausgehen. War das Fachwerk nach der im Eingange von § 32 besprochenen Weise aufgebaut, so durchlaufen wir beim fortgesetzten Abbrechen der Knotenpunkte den Vorgang beim Aufbaue im umgekehrten Sinne, bis wir wieder bei dem Ausgangsdreiecke angelangt sind, von dem dann, wenn man will, auch noch eine Ecke abgebrochen werden kann.

Bei einer anderen Gliederung des Fachwerkes gelangen wir dagegen schließlich zu einer Figur, in der von jedem Knotenpunkte noch mindestens drei Stäbe ausgehen. Diese Figur heißt die Grundfigur des Fachwerkes. Beim einfachen Fachwerke ist als Grundfigur ein Dreieck (oder, wenn man will, ein einzelner Stab) anzusehen. Die Grundfigur eines nicht einfachen, statisch bestimmten Fachwerkes muß nach den vorhergehenden Auseinandersetzungen mindestens sechs Knotenpunkte umfassen. Hatte das gegebene Fachwerk überhaupt keinen Knotenpunkt, von dem nur zwei Stäbe ausgingen, so bildet es, wie wir sagen wollen, selbst eine Grundfigur.

Sind die an den Knotenpunkten des Fachwerkes angreifenden Lasten gegeben, so kann man für alle Stäbe, die nicht zur Grundfigur gehören, die Spannungen ohne weiteres durch einen Kräfteplan ermitteln. Man kann dann alle diese Stäbe fortnehmen, falls man von jenen, die von Ecken der Grundfigur ausgingen,

die Spannungen als äußere Kräfte oder Lasten an den Knotenpunkten der Grundfigur anbringt. In der Folge wird es sich daher
nur noch darum handeln, die Stabspannungen der Grundfigur zu
berechnen, wenn an deren Knotenpunkten gegebene Lasten angreifen.

Als Beispiele für nicht einfache Fachwerke können hier zunächst die schon früher besprochenen zusammengesetzten Polon-
çeau- oder Wiegmannbinder, Abb. 17 (S. 41) und Abb. 26 (S. 54),
angeführt werden. Die Grundfigur kann in jenen Fällen leicht
aufgefunden werden.

Ein anderes Beispiel führt Abb. 89 vor. Es ist zugleich jenes
Beispiel, an dessen Hand sich' die Theorie der Grundfiguren zuerst
entwickelt hat und das früher zu zahlreichen Erörterungen Veranlassung gegeben hat, be-
vor die Frage endgültig
entschieden war.

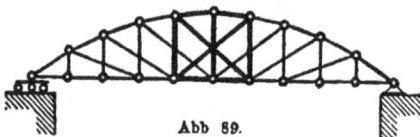

Abb 89.

Man überzeugt sich zu-
nächst leicht, daß das Fach-
werk die notwendige Stabzahl enthält. Der Untergurt zählt in der
Abbildung mit Einschluß der Auflagerknotenpunkte 11 Knoten,
und der Obergurt mit Ausschluß der Auflagerpunkte 9 Knoten.
Im ganzen kommen daher 20 Knoten vor, zu deren steifer Verbindung nach Gl. (33) 37 Stäbe erforderlich sind. In der Tat
hat man aber 10 Untergurt-, 10 Obergurtstäbe, 9 Vertikalstäbe
und 8 Diagonalen, zusammen also 37 Stäbe. Auch wenn man
die Zahl der Knoten des Untergurtes allgemeiner gleich a setzt,
falls a eine ungerade Zahl bedeutet, die mindestens gleich
5 ist, läßt sich der Nachweis, daß die notwendige Zahl von
Stäben bei der Gliederung nach Abb. 89 vorhanden ist, leicht
erbringen.

Hierbei ist zu beachten, daß Stäbe, deren Richtungslinien sich
schneiden, an den Kreuzungsstellen nicht miteinander verbunden sein
sollen. Wenn sich nur zwei Stabrichtungen in einem Punkte treffen,
ist es übrigens ziemlich gleichgültig, ob man sich die Stäbe in diesem
Punkte verbunden denkt oder nicht. Werden sie miteinander verbunden, so zählt die Verbindungsstelle als neuer Knotenpunkt mit;

zugleich zerfällt aber jeder von beiden Stäben in zwei neue, so daß
man einen Knotenpunkt und zwei Stäbe mehr hat, wodurch an der
Bedingung für die notwendige Stabzahl und an den Stabspannungen
nichts geändert wird, solange an dem neugeschaffenen Knotenpunkte
keine Lasten angreifen. Da nämlich von diesem Knotenpunkte vier
Stäbe ausgehen, von denen je zwei in eine Gerade fallen, kann nur
dadurch Gleichgewicht zustande kommen, daß die Spannungen paarweise gleich groß und von gleichem Vorzeichen sind. Die Spannungen
laufen also durch den Knotenpunkt genau in derselben Weise weiter,
als wenn keine Verbindung vorhanden wäre, und es ist daher für
die Berechnung der Stabspannungen am bequemsten, von der etwa
vorhandenen Verbindung ganz abzusehen.

Anders ist es aber, wenn sich drei (oder noch mehr) Stäbe in einem
Punkte schneiden, wie es in der Mitte von Abb. 89 vorkommt. Vernietet man nur zwei der drei Stäbe an der Kreuzungsstelle miteinander, so wird zwar ebensowenig geändert wie im vorigen Falle. Wenn
aber alle drei miteinander verbunden werden, tritt nur ein neuer
Knotenpunkt auf, während drei Stäbe in je zwei zerfallen. Man erhält
also einen Knotenpunkt und drei Stäbe mehr, d. h. wir haben dann
einen Stab zuviel, und das Fachwerk wird damit geometrisch überbestimmt und statisch unbestimmt. Hier soll aber vorausgesetzt
werden, daß die Stäbe an den Kreuzungsstellen nicht miteinander verbunden sind.

Die Grundfigur finden wir, indem wir zunächst den linken
Auflagerknotenpunkt, hierauf die folgenden Knotenpunkte des
Obergurtes und des Untergurtes, von denen alsdann nur noch
zwei Stäbe ausgehen, abtrennen und in dieser Weise fortfahren.
Dann wird das Fachwerk auch vom rechten Auflagerknoten her
in derselben Weise abgebaut. Man behält schließlich in der Mitte
die durch starke Striche hervorgehobene Grundfigur übrig. Sie
umfaßt sechs Knotenpunkte und neun Stäbe, enthält also die
geringste Anzahl von Elementen, die in der Grundfigur eines
nicht einfachen Fachwerkes vorkommen können. Sie kann als
ein Sechseck mit drei Hauptdiagonalen aufgefaßt werden, denn
daß im Untergurte zwei aufeinanderfolgende Seiten in eine Gerade fallen, macht hierfür keinen Unterschied. — Mit der Berechnung dieser sechseckigen Grundfigur werden wir uns in der Folge
noch eingehend beschäftigen.

§ 35. Die Bildungsweisen des Fachwerkes.

Eine Bildungsweise des Fachwerkes, nämlich jene, durch die alle einfachen Fachwerke gewonnen werden können, wurde schon in § 32 eingehend besprochen. Auch jedes nicht einfache Fachwerk, das nicht schon selbst eine Grundfigur bildet, kann aus seiner Grundfigur heraus auf dieselbe Weise, also durch Angliederung neuer Knotenpunkte durch je zwei Stäbe gewonnen werden. Hier handelt es sich nur noch um die Besprechung solcher Bildungsweisen, die zu den Grundfiguren selbst führen.

Eine zweiter Aufbauplan, der häufig vorkommt und daher eine genauere Besprechung erfordert, besteht in der Vereinigung von zwei geometrisch und statisch bestimmten Fachwerken zu einem einzigen durch drei Verbindungsstäbe. Auf die genauere Gestalt und Gliederung der beiden Fachwerke, die miteinander verbunden werden sollen, kommt es bei dieser Betrachtung nicht an. Es ist daher am besten, wenn man von ihr zunächst ganz absieht, also nur darauf achtet, daß beide Fachwerke jedenfalls unveränderliche Figuren bilden. Um dies auch in der Ausdrucksweise hervorzuheben, bezeichnet man eine solche unveränderliche Figur als eine Scheibe und stellt sie in der Zeichnung durch einen willkürlich begrenzten Umriß dar, dessen Fläche zur Erhöhung der Übersichtlichkeit zweckmäßigerweise durch eine Schraffierung ausgefüllt wird.

Zwei Stäbe genügen nicht, um zwei Scheiben fest miteinander zu verbinden. Die eine Scheibe kann sich dann immer noch relativ zur anderen, aber nur in ganz bestimmter Weise oder, wie man sagt, zwangläufig bewegen. Gehen beide Verbin-

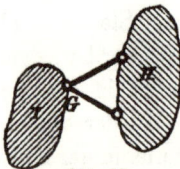

Abb. 90.

dungsstäbe von demselben Punkte der einen Scheibe aus, wie in Abb. 90, so besteht diese Bewegung in einer Drehung der einen Scheibe gegen die andere um diesen Punkt. Denkt man sich etwa die Scheibe *I* festgehalten, so kann sich *II* um den Knotenpunkt *G*, der durch die beiden Stäbe fest mit *II* verbunden ist, drehen, und jeder Punkt von *II* beschreibt dabei einen Kreis, dessen Mittelpunkt *G* ist.

Man nennt dann den Knotenpunkt G ein Gelenk und sagt, daß
beide Scheiben in diesem Gelenke miteinander zusammenhängen.

In Abb. 91 ist angenommen, daß die
beiden Verbindungsstäbe nicht von einem
gemeinsamen Knotenpunkte ausgehen. Denken wir uns auch jetzt wieder I festgehalten, so ist die Bewegung von II von ver-
wickelterer Art als im vorigen Falle. Es
ist aber für unsere Zwecke nicht nötig,
diese Bewegung auf eine längere Strecke hin zu verfolgen, sondern es genügt, wenn wir sie nur bis zur nächsten, unendlich
nahen (oder doch sehr nahen) Lage ins Auge fassen.

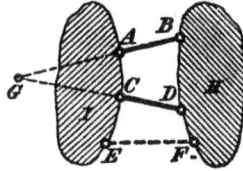

Abb. 91.

Schon aus Band I (§ 20, S. 115 der 8. Aufl.) ist bekannt,
daß jede unendlich kleine Bewegung einer starren Figur in ihrer
Ebene als Drehung um einen bestimmten Punkt, den Pol der
Bewegung, aufgefaßt werden kann. In diesem Punkte schneiden sich
die Normalen aller Bahnelemente, und man findet ihn daher schon
als Schnittpunkt von zwei solchen Normalen. Der Punkt B der
beweglichen Figur kann sich wegen des Verbindungsstabes AB
nur auf einem Kreise bewegen, dessen Mittelpunkt A und dessen
Halbmesser AB ist. Hiernach ist BA die Normale zu dem von
B beschriebenen Bahnelemente und ebenso DC die Normale zum
Bahnelemente des Punktes D. Der Schnittpunkt G beider Normalen ist daher der Pol der Bewegung der Scheibe II relativ zur
Scheibe I, oder auch, nach den gleichen Gründen, umgekehrt
der Pol der Bewegung der Scheibe I gegen die festgehalten gedachte Scheibe II. Solange es nur auf unendlich kleine Verschiebungen ankommt, verhalten sich beide Scheiben genau so,
als wenn sie im Punkte G durch ein Gelenk zusammenhingen.
Wir wollen daher den Punkt G als ein gedachtes oder auch als
ein imaginäres Gelenk zwischen I und II bezeichnen.

In einem Gelenke kann zwischen zwei Scheiben eine Kraft von
beliebiger Richtung übertragen werden. Diese Kraft heißt der Gelenkdruck. Gleichgewicht zwischen zwei Scheiben, die in einem Gelenke zusammenhängen, ist nur möglich, wenn die Resultierenden der
an jeder der beiden Scheiben angreifenden Lasten durch den Gelenkpunkt gehen. Dies gilt nicht nur für die eigentlichen Gelenke, wie in

Abb. 90, sondern auch für das gedachte Gelenk G der Abb. 91. Zunächst können nämlich zwischen I und II in Abb. 91 nur zwei Stabspannungen längs der Richtungslinien AB und CD übertragen werden. Faßt man aber beide Kräfte zu einer Resultierenden zusammen, so geht diese durch den Schnittpunkt G der Richtungslinien. Die Resultierende kann daher als der im Gelenke G übertragene Gelenkdruck betrachtet werden. Kennt man diesen Gelenkdruck nach Größe und Richtung, so folgen daraus auch umgekehrt die beiden Stabspannungen durch Zerlegen nach beiden Richtungslinien.

Durch Einschalten eines dritten Stabes zwischen beiden Scheiben kann man die bis dahin noch bestehende Beweglichkeit im allgemeinen aufheben. Betrachtet man nämlich irgend zwei andere Punkte E und F der beiden Scheiben, so wird deren Entfernung bei einer Drehung von Scheibe II gegen I um das Gelenk G im allgemeinen geändert. Sobald daher E und F durch einen dazwischen eingeschalteten Stab in unveränderlicher Entfernung gehalten werden, wird die vorher noch bestehende Bewegungsmöglichkeit dadurch aufgehoben. Nur dann, wenn die Richtungslinie des Stabes EF ebenfalls durch G geht, kann sich II immer noch relativ zu I wenigstens um einen unendlich kleinen Winkel drehen, denn F bewegt sich dabei senkrecht zu EF, und hiermit ist nur eine von der zweiten Ordnung kleine Änderung der Stablänge EF verbunden, der der Stab keinen ausreichenden Widerstand entgegenzusetzen vermag. Sobald freilich II eine Bewegung gegen I ausgeführt hat, die nicht mehr als unendlich klein angesehen werden kann, schneiden sich nachher die drei Stabrichtungen nicht mehr in demselben Punkte, und die weitere Bewegung wird, wenn die Stäbe hinreichend widerstandsfähig sind, von da ab verhindert.

Im Falle der Abb. 90 würde ein dritter Stab, der ebenfalls von G aus nach irgendeinem Punkte von II geführt wäre, an der vorher bestehenden Bewegungsfreiheit überhaupt nichts ändern: es bliebe dann immer noch eine endliche Bewegungsfreiheit beider Scheiben bestehen. Im einen wie im anderen Falle ist aber, da auch kleine Verschiebungen nicht geduldet werden dürfen, der Ausnahmefall zu vermeiden, daß sich die Richtungen der drei Verbindungsstäbe in demselben Punkte treffen.

Zu demselben Schlusse gelangt man auch auf Grund der statischen Betrachtung. Die drei Stabspannungen müssen nämlich imstande sein, an jeder Scheibe mit den daran angreifenden Lasten Gleichgewicht herzustellen. Die Stabspannungen erhält man durch Zerlegen der Resultierenden dieser Lasten nach den Richtungslinien der drei Stäbe. Eine solche Zerlegung ist aber, wie schon im ersten Abschnitte gefunden wurde, nur möglich, wenn sich die drei Richtungslinien nicht in einem Punkte schneiden. Gehen sie nicht genau durch denselben Punkt, sondern bilden sie ein unendlich kleines Dreieck miteinander, so werden die Stabspannungen unendlich groß. Auch hier entsprechen daher der unendlich kleinen Verschieblichkeit unendlich große Spannungen.

Wenn die Grundfigur eines Fachwerkes durch Vereinigung von zwei Scheiben durch drei Verbindungsstäbe gebildet wird, kann man hiernach die Spannungen der Verbindungsstäbe auf ganz einfache Weise ermitteln. Am einfachsten wendet man die Momentenmethode an, indem man, um z. B. die Spannung des Stabes *EF* in Abb. 91 zu berechnen, das aus den beiden anderen Stäben gebildete imaginäre Gelenk zum Momentenpunkte wählt. Die für das Gleichgewicht einer der beiden Scheiben angeschriebene Momentengleichung enthält dann die Stabspannung *EF* als einzige Unbekannte.

Nachdem die Spannungen der Verbindungsstäbe (oder auch nur eines der Verbindungsstäbe) ermittelt sind, kann man gewöhnlich die in den Stäben der Scheiben auftretenden Spannungen ohne weiteres durch Zeichnen eines Kräfteplanes ermitteln. Hiervon wurde schon im ersten Abschnitte bei der Berechnung des Polonçeaubinders Gebrauch gemacht.

Eine auf diese Art erhaltene und durch Anwendung der Momentenmethode (oder auch nach dem Culmannschen Verfahren für die Zerlegung nach drei gegebenen Richtungslinien) leicht zu berechnende Grundfigur zeigt auch Abb. 92. Sie ist aus der Vereinigung der beiden Dreiecke *ABC* und *DEF* durch die drei Verbindungs-

stäbe AE, BD und CF hervorgegangen. Ob eine Grundfigur überhaupt auf diese Art gebildet ist, kann man entscheiden, indem man
zusieht, ob sich ein Schnitt durch sie legen läßt, der nur drei Stäbe
trifft, die nicht von demselben Punkte ausgehen.

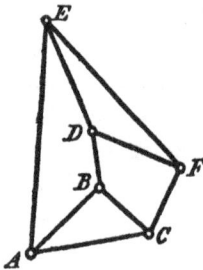

Ein Fachwerk kann ferner auch aus mehreren
Scheiben mit Hilfe von Verbindungsstäben zusammengesetzt werden. Bezeichnet man die Anzahl der
Scheiben mit s und die Anzahl der nicht zu ihnen
gehörigen „freien" Knotenpunkte, die etwa ebenfalls noch mit einbezogen werden sollen, mit n, so
ist die Zahl m der erforderlichen Verbindungsstäbe

$$m = 2n + 3s - 3. \qquad (34)$$

Um nämlich zunächst die zweite Scheibe an die
erste anzuschließen, braucht man drei Stäbe und
ebenso viele für jede folgende Scheibe, zu diesem Zwecke also $3(s-1)$.
Dazu kommen dann noch für jeden „freien" Knotenpunkt zwei Stäbe.
Gl. (34) geht übrigens in Gl. (33) über, wenn man darin $s = 0$ setzt.

Abb. 92.

Ein weiterer Plan zum Aufbaue eines Fachwerkes besteht darin,
zuerst 4, 5 oder allgemein a Knotenpunkte durch a aufeinanderfolgende Stäbe zu einem geschlossenen Vielecke zu verbinden. An diese
für sich nicht steife Figur schließt man die übrigen Knotenpunkte
durch je zwei Stäbe an und beseitigt schließlich die noch vorhandene
Beweglichkeit durch weitere $a - 3$ Stäbe, die zwischen passend ausgewählten Knotenpunkten eingeschaltet werden. Schon die in Abb. 92
gezeichnete Grundfigur kann in dieser Weise entstanden gedacht werden. Man gehe von dem Vierecke $BCFD$ aus, schließe daran A
und E durch je zwei Stäbe und beseitige die noch zurückbleibende
Verschieblichkeit durch den Stab AE. Eine andere, auf diese Art
gebildete Grundfigur zeigt Abb. 93. Als Ausgangs-
figur kann man etwa das Viereck $ABCD$ annehmen, an das der Reihe nach die Knotenpunkte E,
F, G, H durch je zwei Stäbe angeschlossen werden, worauf die Steifigkeit durch Einziehen des
letzten Stabes DH hergestellt wird. Die Momentenmethode führt hier nicht, oder jedenfalls nicht
ohne weiteres zum Ziele.

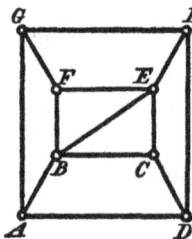

Abb. 93.

Das allgemeinste Mittel, um alle möglichen
Grundfiguren zu erhalten, besteht aber in der
wiederholten Anwendung der schon in § 32 besprochenen Stabvertauschung. Um dies zu beweisen, betrachte man zunächst
einen von jenen Knotenpunkten einer gegebenen Grundfigur,

von denen nur drei Stäbe ausgehen. Man beseitige einen der
drei Stäbe; dann müssen auch die übrigen Knotenpunkte gegeneinander verschieblich sein, denn wenn sie es nicht wären, würde
auch der betrachtete Knotenpunkt durch die ihm verbliebenen
beiden Stäbe fest an sie angeschlossen, was gegen die Voraussetzung verstößt, daß die gegebene Grundfigur keine überzähligen
Stäbe enthielt. Die Verschieblichkeit kann durch Einziehen
eines neuen Stabes wieder aufgehoben werden. Nachdem diese
Stabvertauschung vorgenommen ist, hat man einen Knotenpunkt,
von dem nur zwei Stäbe ausgehen. Wird er beseitigt, so behält
man eine Grundfigur übrig, die mindestens einen Knotenpunkt
weniger umfaßt. Mit dieser kann man nun auf dieselbe Weise
verfahren usf., bis schließlich ein einfaches Fachwerk übrig
bleibt. Dabei macht es auch nichts aus, wenn man die Knotenpunkte, von denen nur zwei Stäbe ausgingen, in Wirklichkeit
gar nicht abtrennt, sondern sie so beibehält.

Hieraus folgt zunächst, daß man durch hinreichend oft fortgesetzte Stabvertauschungen jede Grundfigur auf ein einfaches
Fachwerk zurückführen kann. Wenn man denselben Weg in
umgekehrter Reihenfolge zurücklegt, gelangt man aber von dem
einfachen Fachwerke auch wieder zu der gegebenen Grundfigur.
Die Methode der Stabvertauschungen kann daher benutzt werden, um jede beliebige Grundfigur aus einem zwischen den gegebenen Knotenpunkten als Ausgang gewählten einfachen Fachwerke abzuleiten.

§ 36. Die Methode von Henneberg.

Ein allgemein anwendbares Verfahren zur Berechnung der
Stabspannungen in beliebig gegliederten Grundfiguren bei gegebenen Lasten ist im Anschlusse an die vorausgehenden Betrachtungen von Prof. Henneberg aufgestellt worden.

Man nehme zunächst an, daß die Grundfigur durch eine ein-
malige Stabvertauschung auf ein einfaches Fachwerk zurückgeführt werden kann. Man bewirkt den Austausch und berechnet
vorläufig die Stabspannungen, die von den gegebenen Lasten in
dem einfachen Fachwerke hervorgerufen werden. Hierzu braucht

man nur einen Kräfteplan zu zeichnen. Ich will ihn den Kräfteplan T nennen und die daraus für irgendeinen Stab mit der Nummer i entnommene Stabspannung mit T_i bezeichnen. Jener Stab,
der bei der Stabvertauschung an die Stelle des beseitigten tritt,
soll der Ersatzstab heißen und mit dem Zeiger e versehen
werden. Im Kräfteplane kommt auch T_e vor, dagegen fehlt
natürlich darin die Spannung des beseitigten Stabes.

Um von dem Spannungsbilde T auf jenes zu kommen, das
in dem ursprünglich gegebenen Fachwerke besteht, denke man
sich den zuvor beseitigten Stab in einer gewissen Mitwirkung
begriffen. Dazu überlegen wir uns, welchen Einfluß auf die
Spannungen der Stäbe in dem einfachen Fachwerke eine längs
jenes Stabes ganz willkürlich angenommene Spannkraft ausübt.
Es ist dazu gar nicht nötig, daß wir uns den beseitigten Stab
sofort wieder eingesetzt denken. Um seinen Einfluß auf die
Spannungen der anderen Stäbe kennen zu lernen, genügt es
vielmehr, wenn wir uns nur an den beiden Endknotenpunkten
Lasten von gleicher Größe und entgegengesetztem Pfeile angebracht denken, die in die Stabrichtung fallen und der Spannung
in dem beseitigten Stabe entsprechen. Denn jeden Stab kann
man ohne Einfluß auf das Gleichgewicht aller übrigen beseitigen,
wenn man nur dafür Sorge trägt, daß an seinen beiden Endknotenpunkten Kräfte angebracht werden, die die vorher von
dem Stabe selbst übertragenen genau ersetzen.

Am besten ist es, wenn man sich längs der Richtungslinie
des beseitigten Stabes einstweilen eine Zugspannung angebracht
denkt, die gleich der Belastungseinheit, also etwa gleich 1 Tonne
ist. Die beiden Lasten an den Endknotenpunkten des beseitigten
Stabes, die jener Einheitsspannung entsprechen, bringen in dem
einfachen Fachwerke Stabspannungen hervor, die sich ebenfalls
durch Zeichnen eines zweiten Kräfteplanes sofort ermitteln lassen. Alle gegebenen Lasten denkt man sich hierbei ganz von
dem Fachwerke entfernt, da man nur jene Spannungen zu ermitteln wünscht, die ausschließlich durch die längs der Richtungslinie des beseitigten Stabes angebrachte Spannkraft hervorgerufen werden.

Den jetzt gezeichneten Kräfteplan will ich den Kräfteplan u nennen, und die daraus entnommene Spannung irgendeines Stabes i mit u_i bezeichnen. Die u_i sind nur als Verhältniszahlen aufzufassen; sie geben zunächst für die Spannungseinheit im beseitigten Stabe die zugehörigen Spannungen der übrigen Stäbe, hiermit aber zugleich auch allgemeiner die Verhältnisse zwischen diesen Stabspannungen und der durch den beseitigten Stab übertragenen Spannkraft an. Ein positives Vorzeichen von u_i drückt aus, daß die Spannung im Stabe i von gleicher Art mit der im beseitigten Stabe ist, denn sobald sich die Spannung im beseitigten Stabe umkehrt, kehren sich auch die Vorzeichen aller übrigen durch diese Belastung hervorgerufenen Stabspannungen um.

Bezeichnen wir ferner die unbekannte Spannung, die der beseitigte Stab in dem ursprünglich gegebenen Fachwerke aufzunehmen hat, mit X, so entsprechen ihr in dem nach der Stabvertauschung entstehenden einfachen Fachwerke Spannungen, die nach Größe und Vorzeichen durch das Produkt uX angegeben werden. Lassen wir die Lasten X an den Endknotenpunkten des beseitigten Stabes zugleich mit den gegebenen Lasten an dem einfachen Fachwerke angreifen, so kommt im Stabe i eine Spannung S_i zustande, die sich aus den vorher im einzelnen besprochenen Spannungen zusammensetzt, also

$$S_i = T_i + u_i X \qquad (35)$$

ist. Welchen Wert wir auch für X annehmen mögen: jedenfalls wird durch das hiermit angegebene Spannungsbild S an jedem Knotenpunkte Gleichgewicht zwischen den Stabspannungen und den äußeren Kräften, in die auch die Kräfte X an den Endknotenpunkten des beseitigten Stabes mit einzurechnen sind, hergestellt. Man kann auch sagen, daß die unendlich vielen Spannungsbilder, die verschiedenen Annahmen über X entsprechen, zu dem statisch unbestimmten Fachwerke gehören, das man erhält, wenn man den beseitigten Stab wieder einsetzt und den Ersatzstab e daneben auch noch beibehält.

Unter allen diesen Spannungsbildern muß auch jenes enthalten sein, das wir suchen, und zwar ist es offenbar jenes unter allen, bei dem die Spannung des Ersatzstabes zu Null wird. Denn in dem ursprünglich gegebenen Fachwerke kam der Ersatzstab überhaupt nicht vor; dessen Spannnng muß daher ausfallen, ohne daß dadurch das Gleichgewicht der Kräfte an allen Knotenpunkten gestört wird. Wenden wir Gl. (35) auf den Ersatzstab e an, setzen S_e gleich Null und lösen nach X auf, so erhalten wir

$$X = -\frac{T_e}{u_e}. \tag{36}$$

Die Spannung T_e kann aus dem ersten und die Verhältniszahl u_e aus dem zweiten Kräfteplane nach Größe und Vorzeichen unmittelbar entnommen werden. Hiermit kennen wir also auch nach Gl. (36) sofort die Spannung in dem zuvor beseitigten Stabe nach Größe und Vorzeichen.

Nachdem X bekannt ist, findet man auch die Spannung in jedem anderen Stabe nach Gl. (35). Oft ist es übrigens zweckmäßiger, die beiden Kräftepläne T und u nur so weit zu zeichnen, bis man darin zu T_e und u_e gelangt ist. Denn hiermit vermag man bereits X nach Gl. (36) zu berechnen. Hierauf entwirft man einen dritten Kräfteplan, den man vollständig bis zu Ende durchführt und aus dem sich die wirklichen Spannungen in dem ursprünglich gegebenen Fachwerke ergeben. Dieser Kräfteplan kann nämlich sofort gezeichnet werden, nachdem X bereits bekannt ist. Zuletzt ergeben sich dabei noch Proben für die Richtigkeit der Bestimmung von X, indem sich die letzten Kraftecke von selbst schließen müssen.

Auch ob ein Ausnahmefall vorliegt, ergibt sich bei der Ausführung des Verfahrens. Findet man nämlich, daß u_e zufällig den Wert Null oder doch einen sehr kleinen Wert annimmt (denn dies allein kann auf Grund einer Zeichnung, die mit unvermeidlichen Zeichenfehlern behaftet ist, unmittelbar nachgewiesen werden), so folgt nach Gl. (36), daß X sehr groß (oder unendlich groß) wird. Ein Spannungsbild, bei dem zu Lasten von endlicher Größe sehr große oder unendlich große Stabspannungen gehören, entspricht aber dem zu vermeidenden Ausnahmefalle.

Sind endlich zwei Stabvertauschungen nötig, um das gegebene Fachwerk auf ein einfaches zurückzuführen, so zeichne

man zuerst wie im vorigen Falle den Kräfteplan T, der die
Spannungen in dem einfachen Fachwerke kennen lehrt. Dann
bringe man eine Zugspannung von der Lasteinheit längs der
Richtungslinie des ersten der beseitigten Stäbe an und zeichne
hierfür, wiederum ganz wie vorher, den Kräfteplan u. Hierzu
kommt dann noch ein dritter Kräfteplan v für die Spannungen
in dem einfachen Fachwerke, die durch eine längs des zweiten
der beseitigten Stäbe angebrachte Zugspannung von der Lasteinheit hervorgerufen werden. Wird dann die Spannung in dem
ersten der beseitigten Stäbe mit X, die im zweiten mit Y bezeichnet, so ist die Spannung im Stabe i, wenn X und Y gleichzeitig mit den gegebenen Lasten angreifen,

$$S_i = T_i + u_i X + v_i Y. \tag{37}$$

Die beiden Unbekannten X und Y ergeben sich aus der Bedingung, daß die beiden Ersatzstäbe, die jetzt mit e und f bezeichnet werden sollen, in dem von uns gesuchten Spannungsbilde überhaupt nicht vorkommen, daß also die für sie nach
Gl. (37) berechneten Spannnungen zu Null werden müssen. Man
erhält daher X und Y durch Auflösen der beiden Gleichungen

$$\left.\begin{aligned}
T_e + u_e X + v_e Y &= 0, \\
T_f + u_f X + v_f Y &= 0,
\end{aligned}\right\} \tag{38}$$

in denen alle übrigen Größen außer X und Y aus den drei Kräfteplänen, die wir zeichneten, bekannt sind.

Man sieht nun auch ein, daß dasselbe Verfahren auch für drei
oder noch mehr Ersatzstäbe anwendbar bleibt; aber schon der Fall
mit zwei Ersatzstäben kommt in der technischen Praxis, wenigstens
bei den ebenen Bindern, kaum vor. Bei der Berechnung von räumlichen Fachwerkträgern, auf die sich das gleiche Verfahren übertragen läßt, kann es jedoch von Vorteil sein, noch mehr Stabvertauschungen vorzunehmen.

§ 37. Die Berechnung der sechseckigen Grundfigur
mit Hilfe der imaginären Gelenke.

Für die aus einem Sechsecke mit drei Hauptdiagonalen bestehende Grundfigur kann man die Spannungen auch noch auf
verschiedene andere Arten berechnen. Man kommt dabei unter

Umständen kürzer zum Ziele als nach dem vorher beschriebenen, allgemein anwendbaren Verfahren; namentlich kann man sich dabei besser Rechenschaft darüber geben, unter welchen Umständen ein Ausnahmefall zu erwarten ist.

Hierbei ist unter dem Ausnahmefalle, woran noch einmal erinnert werden soll, jener zu verstehen, bei dem eine unendlich kleine Beweglichkeit besteht, weil einer der Stäbe das Maximum oder Minimum der Länge hat, das mit den übrigen Stablängen verträglich ist oder auch der Fall, daß zu einem beliebig gegebenen Lastensysteme unendlich große Stabspannungen gehören. Daß beide Kennzeichen gleichwertig miteinander sind und sich gegenseitig bedingen, wird übrigens aus einer Untersuchung, die ich alsbald folgen lassen werde, noch deutlich hervorgehen.

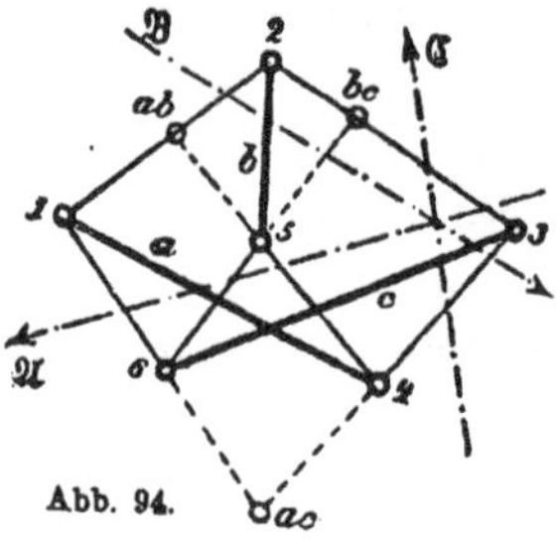

Abb. 94.

In Abb. 94 ist eine sechseckige Grundfigur dieser Art dargestellt. Die sechs Knotenpunkte 1, 2, ..., 6 sind in dieser Aufeinanderfolge durch sechs Stäbe verbunden, die wir als die Umfangsstäbe des Sechseckes bezeichnen wollen. Dazu kommen dann noch die drei durch stärkere Striche hervorgehobenen Diagonalstäbe a, b, c. An den sechs Knotenpunkten mögen von außen her beliebig gegebene Lasten angreifen, von denen nur vorausgesetzt wird, daß sie den Bedingungen für das Gleichgewicht an einem starren Körper genügen. Man soll die dadurch in den Stäben hervorgerufenen Spannungen berechnen.

Zuvor mag indessen noch bemerkt werden, daß die Verteilung der Rollen von Umfangs- und Diagonalstäben auch in anderer Weise, als vorher angegeben, hätte durchgeführt werden können. Man hätte z. B. auch die in die Verbindungslinien von 1, 2, 5, 4, 3, 6, 1 fallenden Stäbe als Umfangsstäbe und die drei übrig bleibenden als Diagonalstäbe ansehen können. Wie man diese Wahl trifft, bleibt für das Folgende gleichgültig; jedenfalls wollen wir aber an der einmal getroffenen Wahl festhalten.

Wir lösen die Aufgabe auf Grund der Bedingung, daß jeder der drei Diagonalstäbe a, b, c für sich genommen unter dem

Einflusse aller an ihm angreifenden Kräfte im Gleichgewichte
stehen muß. An jedem von ihnen, z. B. an a, greifen sechs Kräfte
an, zunächst nämlich die gegebenen Lasten an den Endknotenpunkten 1 und 4 und dann die Spannungen der vier Umfangsstäbe, die von 1 und 4 ausgehen. Denn wenn wir das Gleichgewicht des Stabes a für sich untersuchen wollen, müssen wir
uns die vier Stäbe, die mit ihm zusammenstoßen, abgetrennt und
die von ihnen übertragenen Spannungen durch Kräfte ersetzt
denken, die für den Stab a als äußere anzusehen sind, wenn sie
auch für die ganze Grundfigur als innere gelten. Ebenso ist es
bei b und c.

Die vorher bezeichneten sechs Kräfte am Stabe a wollen wir
paarweise zusammenfassen. Dies ist zunächst leicht möglich mit
den gegebenen Lasten an den Endknotenpunkten. Diese Lasten
selbst sind, um die Zeichnung nicht zu überladen, nicht eingetragen. Dafür ist sofort die Resultierende $\mathfrak{A}$ aus den an 1 und 4
angreifenden Lasten angegeben, die wir in kürzerer Ausdrucksweise als die gegebene äußere Kraft am Stabe a bezeichnen können. Ebenso sei $\mathfrak{B}$ die Resultierende aus den Lasten an 2 und
5, oder die am Stabe b angreifende äußere Kraft und $\mathfrak{C}$ die Resultierende aus den Lasten an 3 und 6.

Die drei Resultierenden $\mathfrak{A}$, $\mathfrak{B}$, $\mathfrak{C}$ ersetzen die gegebenen Lasten
in bezug auf das Gleichgewicht am ganzen starren Körper voll-
ständig, und damit die Lasten im Gleichgewicht miteinander
stehen können, müssen sich die Richtungslinien von $\mathfrak{A}$, $\mathfrak{B}$, $\mathfrak{C}$ in
einem Punkte treffen und ihre geometrische Summe muß Null sein.

Wir fassen ferner auch die vier an den Enden von a angreifenden Stabspannungen paarweise zusammen, und zwar die Spannung im Stabe 1, 2 mit 4, 5 und 1, 6 mit 3, 4. Jedenfalls muß
die Resultierende aus den Spannungen 1, 2 und 4, 5 durch den
mit ab bezeichneten Schnittpunkt beider Richtungslinien gehen,
und ebenso die Resultierende aus 1, 6 und 3, 4 durch den Schnittpunkt ac. Wie groß und wie gerichtet diese Resultierenden sind,
vermag man dagegen einstweilen nicht zu sagen.

Die gewählte Art der Zusammenfassung bedarf noch einer
näheren Begründung. Hierzu mache ich darauf aufmerksam, daß

die Diagonalscheibe *a* und *b* durch die beiden Umfangsstäbe 1, 2 und 4, 5 in unmittelbarer Verbindung stehen. Wären die übrigen Stäbe nicht vorhanden, so könnten sich *a* und *b* relativ zueinander bewegen, und zwar vermöchten sie sich, wie aus den Untersuchungen in § 35 (vgl. besonders Abb. 91) hervorgeht, um das imaginäre Gelenk *ab* gegeneinander zu drehen. Hieraus geht auch der Sinn der für diese Schnittpunkte gewählten Bezeichnungen hervor.

Wir können hiernach die Rolle der sechs Umfangsstäbe auch so auffassen, daß je zwei sich im Sechsecke gegenüberliegende ein imaginäres Gelenk darstellen, in dem zwei der Diagonalstäbe miteinander zusammenhängen. Die Resultierende aus beiden Stabspannungen bildet den im imaginären Gelenke übertragenen Gelenkdruck. Die Resultierende aus den an den Enden von *a* angreifenden Stabspannungen, die wir vorher bildeten, ist daher nichts anderes als der im Gelenke *ab* von *b* auf *a* übertragene Gelenkdruck. Der umgekehrt von *a* auf *b* übertragene Gelenkdruck ist die Reaktion des vorigen und daher ebenso groß und entgegengesetzt gerichtet.

Alle vorausgehenden Bemerkungen dienen nur dazu, die Dinge, mit denen wir zu tun haben, in passender Weise zu ordnen, nämlich so, daß alles auf die drei Diagonalstäbe *a*, *b*, *c* bezogen wird, wodurch eine bessere Übersicht erzielt wird, so daß uns der Kern der Aufgabe deutlicher erkennbar wird. Wir sind so dazu gelangt, alle am Stabe *a* angreifenden Kräfte auf die gegebene äußere Kraft 𝔄 und zwei durch *ab* und *ac* gehende Gelenkdrücke von unbekannter Größe und Richtung zurückzuführen. Damit diese drei Kräfte im Gleichgewicht miteinander stehen können, müssen sich ihre Richtungslinien in einem Punkt schneiden und dieser Schnittpunkt muß auf der bereits bekannten Richtungslinie von 𝔄 liegen

Unsere nächste Aufgabe besteht darin, die drei Gelenkdrücke zu ermitteln, und zwar zuerst ihre Richtungslinien. Diese drei Richtungslinien bilden jedenfalls ein Dreieck, dessen Seiten durch die gegebenen Punkte *ab*, *ac* und *bc* gehen. Außerdem müssen aber, wie wir soeben fanden, die drei Ecken auf den Richtungslinien von 𝔄, 𝔅, ℭ liegen. Denn was vorher über das Gleichgewicht der drei Kräfte am Stabe *a* bemerkt wurde, läßt sich ohne weiteres auch auf die Stäbe *b* und *c* übertragen.

Ein Dreieck, das die genannten sechs Bedingungen erfüllen

soll, ist aber dadurch eindeutig bestimmt. Man kann es leicht nach
einem zuvor schon mehrmals benutzten Verfahren erhalten. In Abb. 95
ist dies ausgeführt. In diese Abbildung sind aus der vorigen nur die
drei Richtungslinien $\mathfrak{A}$, $\mathfrak{B}$, $\mathfrak{C}$ und die
drei Gelenkpunkte ab, bc und ac mit
übernommen. Einfacher wäre es zwar
gewesen, die Zeichnung sofort in
Abb. 94 zu Ende zu führen. Die Figur wäre aber dann etwas
undeutlich geworden, und sie wurde daher in zwei Abbildungen
auseinandergezogen, die man nachträglich, wenn man will, auch
leicht wieder aufeinanderdecken kann.

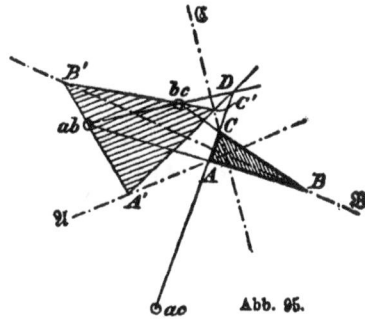

Abb. 95.

Man ziehe etwa zuerst in willkürlicher Richtung eine Linie
$A'B'$ durch ab, dann von dem auf $\mathfrak{B}$ liegenden Punkte B' eine
Linie $B'C'$ durch bc und verbinde C' mit A'. Dadurch erhält
man ein Dreieck $A'B'C'$, das von den sechs Bedingungen fünf
erfüllt; nur die Seite $A'C'$ geht noch nicht durch den vorgeschriebenen Punkt ac. Wenn man nun die Anfangsseite $A'B'$
um ab dreht, verändert sich das Dreieck, und man erhält unendlich viele verschiedene Dreiecke, von denen jenes auszusuchen
ist, dessen Seite AC außerdem noch durch ac geht.

Die drei Ecken des veränderlichen Dreiecks schreiten auf drei gegebenen Geraden fort, die sich in einem Punkte schneiden, während
sich zugleich zwei Seiten um feste Punkte drehen. Alsdann muß
sich auch die dritte Seite um einen festen Punkt D drehen.

Dieser geometrische Satz, der dem in § 2 S. 11 benutzten reziprok ist,
läßt sich am einfachsten dadurch beweisen, daß man Abb. 95 als ebene Projektion einer räumlichen Ecke (Dreikant) ansieht, die von einem
Ebenenbüschel geschnitten wird. Dabei sind $\mathfrak{A}$, $\mathfrak{B}$, $\mathfrak{C}$ in Abb. 95 die Projektionen der Kanten des Dreikants und $A'B'$, $B'C'$, $C'A'$ die Projektionen
der Schnittgeraden zwischen einer Ebene des Ebenenbüschels und den
3 Ebenen des Dreikants. Die Achse des Ebenenbüschels projiziert sich in
Abb. 95 durch die Verbindungslinie von ab und bc. Man entnimmt un-
mittelbar der Anschauung, daß jede andere Ebene des Ebenenbüschels das
Dreikant in 3 Geraden schneidet, deren Projektionen in Abb. 95 durch die
Punkte ab bzw. bc und D gehen müssen, da diese die Projektionen der
Schnittpunkte zwischen der Achse des Ebenenbüschels und den drei
Ebenen des Dreikants darstellen.

Wir finden den Punkt D als Schnitt der dritten Seiten von
irgend zwei Dreiecken. Als zweites Dreieck benutzen wir dabei
am bequemsten jenes, dessen drei Seiten in eine Gerade, also in
die Verbindungslinie der Punkte ab und bc fallen.

Auch die Seite AC des gesuchten Dreieckes muß durch den
Punkt D gehen. Da sie ferner auch durch ac gehen soll, brauchen wir nur ac mit D zu verbinden. Diese Linie schneidet die
Punkte A und C auf $\mathfrak{A}$ und $\mathfrak{C}$ ab. Zieht man hierauf von ab
und bc aus die Linien AB und CB, so muß der Schnittpunkt B
von selbst auf $\mathfrak{B}$ fallen, was zur Prüfung für die Richtigkeit der
Lösung und für die Genauigkeit der Zeichnung dient.

Überträgt man das Dreieck ABC aus Abb. 95 nach Abb. 94,
so hat man dort die Richtungslinien der drei Gelenkdrücke. Die
Größen ergeben sich ohne weiteres daraus, daß die geometrische
Summe von zwei Gelenkdrücken und der an demselben Diagonalstabe angreifenden gegebenen äußeren Kraft gleich Null sein
muß. Man braucht also nur noch den in Abb. 96 angegebenen
Kräfteplan zu zeichnen, der bei der wirklichen Ausführung natürlich unmittelbar neben Abb. 94 seinen Platz finden müßte.

Man geht aus von dem Dreiecke, das sich durch Aneinander-
reihung von $\mathfrak{A}$, $\mathfrak{B}$, $\mathfrak{C}$ bilden lassen muß, und zieht von den Ecken
Parallelen ab, ac, bc zu den in Abb. 95 ermittelten Gelenkdruck-
richtungen. Diese müssen sich von selbst in einem Punkte schneiden; die Abb. 95 und 96 sind, wenn man in der ersten die nur
zur Lösung benutzten Hilfslinien wegläßt, reziproke Figuren. —
Nachdem die Gelenkdrücke bekannt sind, findet man die Spannungen der Umfangsstäbe des Sechseckes, indem man jeden Gelenkdruck nach den Richtungen der beiden Stabspannungen zerlegt, als deren Resultierende er betrachtet werden kann. Als gestrichelte Linien sind die am Diagonalstabe a angreifenden Stabspannungen 1, 2; 4, 5; 3, 4; 1, 6, die sich
durch Zerlegen der Gelenkdrücke ab und
ac ergeben, ebenfalls in Abb. 96 angegeben.
Zugleich sind auch jene Pfeile darauf eingetragen, die zum Stabe a gehören. Sie
ergeben sich aus dem Pfeile von $\mathfrak{A}$, da in
dem Fünfecke $\mathfrak{A}$; 1, 2; 4, 5; 3, 4; 1, 6 die

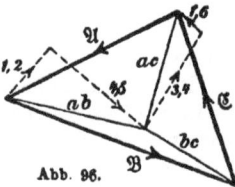

Abb. 96.

Pfeile stetig aufeinanderfolgen. Hieraus folgt also, daß in dem Beispiele, auf das sich die Abbildung bezieht, die Stäbe 1, 2 und 3, 4
gezogen, dagegen 4, 5 und 1, 6 gedrückt sind. Der Gelenkdruck
bc kann natürlich ebenso nach 2, 3 und 5, 6 zerlegt werden.

Um auch die Spannungen der Diagonalstäbe zu finden, muß man
noch die Kraftecke für die Endknotenpunkte zeichnen. Hierzu kann
die Kenntnis der Resultierenden $\mathfrak{A}$, $\mathfrak{B}$, $\mathfrak{C}$ allein nichts nützen, sondern man muß auf die an jedem Knotenpunkte für sich angreifenden
gegebenen Lasten zurückgreifen. Ein Kräfteviereck aus der Last am
Knotenpunkte 1, aus den beiden bereits bekannten Stabspannungen
1, 2 und 1, 6 und der unbekannten Stabspannung a liefert nicht nur
a, sondern gestattet zugleich eine Probe für die Richtigkeit und Genauigkeit der vorhergehenden Ermittlungen, da die vierte Seite von
selbst parallel zur Richtung des Stabes a gehen muß.

Wir wollen uns jetzt überlegen, unter welchen Umständen
der Ausnahmefall eintritt. Aus Abb. 96 erkennt man, daß die
Gelenkdrücke — und hiermit auch die Stabspannungen — nur
dann unendlich groß werden können, wenn der Schnittpunkt der
drei Linien ab, ac, bc ins Unendliche rückt. Dann sind aber die
drei Gelenkdrücke alle gleichgerichtet, und das Gelenkdruckdreieck ABC in Abb. 95 muß in eine gerade Linie übergehen. Das
ist aber nur möglich, wenn die drei Gelenke ab, bc, ac in Abb. 95
in einer Geraden liegen. **Umgekehrt wird auch immer dann,
wenn die drei Gelenke in einer Geraden liegen, das Gelenkdruckdreieck in eine Gerade übergehen, und die
Stabspannungen werden bei be-
liebig gegebenen endlichen Lasten unendlich groß.**

Auch geometrisch läßt sich der Ausnahmefall leicht nachweisen. Man denke
sich in der hier wieder abgedruckten Abb. 94
den Stab a festgestellt und b durch das Gelenk ab mit a verbunden. Dann kann sich
b gegen a um ab drehen. Hierauf sei
noch c durch das Gelenk bc an b an-

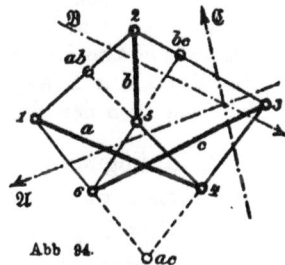

Abb 94.

geschlossen, so daß sich c gegen b um bc drehen kann. Gegen a
hat dann c zwei Freiheitsgrade, da sowohl eine Drehung um das
Gelenk ab als eine um das Gelenk bc, die ganz unabhängig voneinander erfolgen können, seine Lage gegen a ändern. Verbindet
man ab und bc durch eine Gerade, die bis zum Schnittpunkte mit

der Richtungslinie von *c* verlängert wird, so verschiebt sich dieser Punkt von *c* auf jeden Fall rechtwinklig zur Verbindungslinie beider Gelenke, gleichgültig, ob nun die Drehung um *ab* oder um *bc* erfolgt. Auch wenn eine gleichzeitige Drehung um beide Gelenke eintritt, muß sich daher jener Punkt von *c* rechtwinklig zur Verbindungslinie verschieben. Hieraus folgt, daß eine Drehung um das Gelenk *ab*, verbunden mit einer zu ihr in einem beliebigen Verhältnisse stehenden Drehung um *bc* auf jeden Fall gleichwertig ist einer einzigen Drehung um einen Pol, der auf der Verbindunglinie der Gelenke *ab* und *bc* enthalten ist. — Der soeben abgeleitete (zuerst von Burmester aufgestellte) Satz spielt, nebenbei bemerkt, in der Kinematik eine wichtige Rolle.

Die Verschieblichkeit, die zwischen *c* und *a* noch bestehen bleibt, wenn nur die Gelenke *ab* und *bc* vorhanden, die zum Gelenke *ac* gehörigen Umfangsstäbe 1, 6 und 3, 4 dagegen fortgelassen sind, läßt sich hiernach auf sehr einfache Art beschreiben: der Stab *c* vermag sich gegen *a* den zwei Freiheitsgraden entsprechend um jeden beliebigen Pol zu drehen, der auf der Verbindungslinie der Gelenke *ab* und *bc* enthalten ist. Die Lage des Poles auf der Verbindungslinie hängt nur von dem Verhältnisse der Drehungen um beide Gelenke (nach Größe und Vorzeichen) ab.

Das Gelenk *ac* gestattet dagegen für sich genommen nur Drehungen von *c* gegen *a* um *ac*. Tritt also das Gelenk *ac* zu den vorher schon bestehenden Verbindungen hinzu, so fragt es sich, ob beide Bewegungsmöglichkeiten, die vorher im einzelnen vorhanden waren, miteinander verträglich sind, oder ob sie sich widersprechen. Sie vertragen sich, wenn das Gelenk *ac* ebenfalls auf die Verbindungslinie der Gelenke *ab* und *bc* fällt, weil die Drehung um *ac* dann zu jenen Bewegungen gehört, die auch schon vor Zufügung des Gelenkes *ac* möglich waren. In jedem anderen Falle widersprechen sie sich. Sobald also die drei Gelenkpunkte ein Dreieck bilden, ist jede unendlich kleine Beweglichkeit der Figur ohne eine Änderung der Stablängen von der gleichen Größenordnung ausgeschlossen.

Die Bedingung für den Ausnahmefall läßt sich mit Hilfe des Lehrsatzes von Pascal in eine Form bringen, die sich dem Gedächtnisse bequemer einprägt. Nach diesem Satze schneiden sich die Gegenseiten eines Sechseckes, dessen Eckpunkte auf einem Kegelschnitte enthalten sind, in drei Punkten, die auf einer Geraden liegen. Umgekehrt kann man durch die Eckpunkte einen Kegelschnitt legen (der aber auch in zwei gerade Linien zerfallen kann), wenn die genannten Schnittpunkte auf einer Geraden liegen.

Die imaginären Gelenke wurden als Schnittpunkte der Gegenseiten des Sechseckes erhalten. Wir können daher die vorher gefundene Bedingung für den Ausnahmefall einfacher dahin aussprechen, daß die aus einem Sechsecke mit drei Hauptdiagonalen gebildeten Grundfiguren trotz der genügenden Stabzahl immer dann nicht steif sind, wenn das Sechseck ein Pascalsches ist.

Zu den Pascalschen gehören u. a. auch die regelmäßigen Sechsecke. Ein solches von etwa 70 cm Durchmesser ist im Münchner Laboratorium aus kleinen Winkeleisen (von 13 mm Schenkellänge) zusammengenietet worden, wobei die Diagonalen an den Kreuzungsstellen übereinander weg geführt sind, so daß keine Verbindung zwischen ihnen besteht. Eine Belastung von 50 kg, die man zwischen zwei nicht durch einen Stab miteinander verbundenen Knotenpunkten angreifen läßt, bringt Formänderungen hervor, bei denen sich der Abstand anderer Knotenpunkte um 3 bis 4 mm ändert. Zum Vergleiche sei erwähnt, daß stabile Fachwerke, aus denselben Winkeleisen und in ungefähr gleichen Größen ausgeführt, Entfernungsänderungen zwischen zwei nicht durch einen Stab miteinander verbundenen Knotenpunkten von höchstens einigen Zehntelmillimetern, gewöhnlich aber noch viel weniger bei Lasten von 50 kg erkennen lassen. Auch wenn man in dem regelmäßig sechseckigen Versuchsfachwerke die Diagonalen an der Kreuzungsstelle mit Hilfe einer kräftigen Schraubzwinge fest miteinander verbindet, wodurch man zu einem stabilen Fachwerke mit einem überzähligen Stabe gelangt (vgl. den vorletzten Absatz in § 34), findet man bei einer Wiederholung des Versuches mit denselben Lasten nur noch so kleine Formänderungen, daß sie durch einfaches Abgreifen mit dem Zirkel gar nicht mehr gemessen werden können, d. h. sie sind noch nicht einmal von der Größe eines Zehntelmillimeters.

Hiernach läßt sich das Bestehen des Ausnahmefalles beim Pascalschen Sechsecke auch experimentell leicht nachweisen, und die dabei gemachten Beobachtungen dienen zugleich dazu, eine Vorstellung davon zu geben, in welchem Maße und Grade sich der Ausnahmefall praktisch zur Geltung bringt. Die beim Versuche gefundenen Formänderungen erwiesen sich übrigens als rein elastische; bleibende Verbiegungen waren nicht damit verbunden. Hierbei sei noch auf die Anmerkung am Schlusse von § 57 verwiesen, in der man weitere Angaben über das Verhalten von Ausnahmefachwerken finden kann.

§ 38. Die kinematische Methode.

Hält man in einem statisch bestimmten Fachwerke von beliebiger Gliederung einen Stab fest und entfernt irgendeinen
anderen Stab, so ist die Figur verschieblich, aber so, daß sich
alle Knotenpunkte, sofern sie nicht in Ruhe bleiben, nur längs
bestimmter Kurven, also zwangläufig bewegen können. Man
kann sich an dem in dieser Weise gebildeten Mechanismus, an
dessen Knotenpunkten irgendwelche Lasten angreifen, dadurch
wieder Gleichgewicht hergestellt denken, daß längs der Richtungslinie des beseitigten Stabes an den Endknotenpunkten zwei
entgegengesetzt gleiche Kräfte von passender Größe angebracht
werden. Durch diese werden dann in Verbindung mit den gegebenen Lasten Spannungen in den Stäben hervorgerufen, die
an jedem Knotenpunkte Gleichgewicht herstellen. Größe und
Richtungssinn der beiden Kräfte geben daher zugleich die Stabspannung an, die in dem Stabe, den man sich beseitigt dachte,
in Wirklichkeit auftritt.

Aus dieser Überlegung ergibt sich ein Mittel, um die Stabspannung in irgendeinem Stabe des gegebenen Fachwerkes, den
man sich zu diesem Zwecke beseitigt denkt, zu berechnen. Man
braucht hierzu nur das Prinzip der virtuellen Geschwindigkeiten für eine unendlich kleine Bewegung des Mechanismus
anzuschreiben. Die Summe der Arbeitsleistungen aller äußeren
Kräfte muß, damit Gleichgewicht bestehe, gleich Null sein.
Zu den äußeren Kräften an dem Mechanismus gehören außer
den gegebenen Lasten auch die Kräfte, die man an den Endknotenpunkten des beseitigten Stabes als Ersatz für dessen
Stabspannung anbringen muß. Deren Größe (mit Einschluß
des Vorzeichens) bildet die einzige Unbekannte in der Arbeitsgleichung, denn die Knotenpunktswege während der unendlich
kleinen Lagenänderung lassen sich aus der gegebenen Gestalt
des Fachwerkes und des aus ihm hervorgegangenen Mechanismus ermitteln. Die inneren Kräfte des Mechanismus, also die
in ihm vorkommenden Stabspannungen leisten während der
Bewegung keine Arbeit, da die Stablängen hierbei unveränder-

lich sind. Dies geht schon aus den Lehren des ersten Bandes
hervor.

Nachdem ich selbst schon früher auf die Möglichkeit der Berechnung der Stabspannungen auf diesem Wege hingewiesen hatte, gab
Müller-Breslau ein einfaches Verfahren dafür an, wie die Knotenpunktswege — zunächst wenigstens bei den gewöhnlich vorkommenden, nicht allzu verwickelten Fällen — bequem ermittelt werden können. Hierdurch wurde das Verfahren erst praktisch nutzbar
gemacht.

In der Zeichnung muß man sich die Knotenpunktswege bei einer
unendlich kleinen Lagenänderung, um sie auftragen zu können, natürlich alle in demselben Verhältnisse vergrößert denken, so daß sie
durch endliche Strecken zur Darstellung gebracht werden können.
Man macht dies so, daß man an Stelle der Knotenpunktswege die
Knotenpunktsgeschwindigkeiten abträgt. Die Knotenpunktswege können aus diesen durch Multiplikation mit dem Zeitelemente dt, während dessen man sich die Bewegung ausgeführt denkt, erhalten
werden.

Man betrachte zunächst die Bewegung irgendeines Stabes AB
in Abb. 97, der zu dem Mechanismus gehören mag. Jedenfalls kann
die Bewegung in die unendlich benachbarte Lage als
Drehung um irgendeinen Pol O aufgefaßt werden. Die
Geschwindigkeiten AA'' und BB'' der Endknotenpunkte — oder, wenn man will, die im gleichen Verhältnisse vergrößerten Knotenpunktswege — stehen
jedenfalls senkrecht zu den vom Pole aus gezogenen
Strahlen OA und OB, und sie verhalten sich zueinander wie die Längen dieser Strahlen, da der Zentriwinkel, um den die Drehung erfolgt, in beiden Fällen
derselbe ist.

Abb. 97

Anstatt die Geschwindigkeiten in jenen Richtungen
anzutragen, die ihnen eigentlich zukommen, kann man sich beide um
einen rechten Winkel im Sinne des Uhrzeigers gedreht denken. Nach
diesem, zwar ganz willkürlichen, aber für die weiteren Untersuchungen
sehr vorteilhaften Verfahren erhalten wir die auf die Polstrahlen
selbst fallenden Strecken AA' und BB' als Darstellungen der Geschwindigkeiten oder auch der Knotenpunktswege bei der betrachteten
Lagenänderung. Man bezeichnet diese Strecken als die „senkrechten Geschwindigkeiten" der Knotenpunkte. Sind sie gegeben,
so kann man daraus nicht nur die Größen der Geschwindigkeiten
(oder die verhältnismäßigen Größen der Knotenpunktswege), sondern
auch deren Richtungen erkennen. Zu diesem Zwecke muß man sie

14*

nur nachträglich um einen rechten Winkel — entgegengesetzt dem
Uhrzeigersinne — zurückdrehen.

Die senkrechten Geschwindigkeiten fallen, wie man sieht, stets
auf die vom Pole nach den bewegten Punkten gezogenen Strahlen.
Außerdem geht die Verbindungslinie der Endpunkte A' und B' parallel
zur Stabrichtung AB. Denn wir erkannten vorher schon, daß sich
die Geschwindigkeiten, also auch AA' und BB' wie OA und OB
zueinander verhalten, und dies ist die Bedingung dafür, daß $A'B'$
zu AB parallel ist. Kennt man also von der Bewegung eines Stabes
den Pol O und die senkrechte Geschwindigkeit AA des einen End-
knotenpunktes, so kann man durch Ziehen der Parallelen sofort auch
die des anderen erhalten.

Auf Grund dieser Bemerkungen vermag man gewöhnlich leicht
die Bewegung des Mechanismus, den man durch Beseitigung eines
Stabes aus einem statisch bestimmten Fachwerke erhält, deutlich und
für die Berechnung auf Grund des Prinzipes der virtuellen Geschwindigkeiten ausreichend zu beschreiben.
Als Beispiel dafür möge die schon
vorher betrachtete sechseckige Grundfigur dienen, die in Abb. 98 von neuem
dargestellt ist. Nur der in Abb. 94 mit
c bezeichnete Stab zwischen den Knotenpunkten 3 und 6 ist in Abb. 98
bereits weggelassen oder wenigstens
nur durch eine starke gestrichelte Linie
angedeutet. Als festgehalten denkt
man sich am besten einen der Stäbe, die mit dem beseitigten nicht
in einem Knotenpunkte zusammenstoßen. In Abb. 98 wurde dazu
Stab 1, 2 gewählt; eine daneben angebrachte Schraffierung soll daran
erinnern, daß dieser Stab mit der Konstruktionsebene fest verbunden
und daher als Gestell des aus den übrigen Stäben gebildeten Mechanismus anzusehen ist.

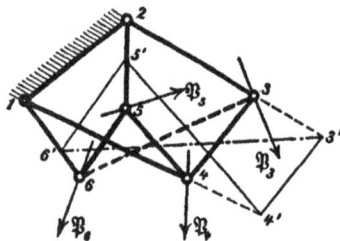

Man betrachte zunächst den Stab 5, 6. Der Knotenpunkt 5 vermag nur einen Kreis zu beschreiben, dessen Mittelpunkt 2 und dessen
Halbmesser 2, 5 ist; ebenso kann sich der Punkt 6 nur auf einem
um den Mittelpunkt 1 beschriebenen Kreise bewegen. Hieraus folgt,
daß der Pol der Bewegung des ganzen Stabes 5, 6 auf dem Schnittpunkte der Richtungslinien von 2, 5 und 1, 6 liegt. Der Stab 5, 6
dreht sich, wie man auch sagen kann, gegen die Konstruktionsebene
um ein imaginäres Gelenk, das aus den Stäben 2, 5 und 1, 6 gebildet
wird. In der Zeichnung ist der Pol oder der Gelenkpunkt fortgelassen.
Die senkrechten Geschwindigkeiten der Punkte 5 und 6 fallen auf
die Richtungslinien der Stäbe 2, 5 und 1, 6 oder auf deren Ver-

Abb. 98.

längerungen, je nachdem man sich die Drehung im einen oder im entgegengesetzten Sinne vorgenommen denkt. Auf Sinn und Größe der Drehung oder der Geschwindigkeit kommt es hier nicht an, wenn wir nur darauf achten, daß die Bewegungen aller übrigen Glieder damit in Übereinstimmung stehen. Wir können daher einen Punkt 6′ beliebig auf 1, 6 annehmen, so daß 6 6′ die senkrechte Geschwindigkeit des Punktes 6 angibt. Zieht man 6′ 5′ parallel zu 6 5, so gibt 5 5′ die zugehörige senkrechte Geschwindigkeit des Punktes 5 an.

Hierauf gehe man zum Stabe 4, 5 über. Auch dessen Endpunkte können sich nur auf Kreisen um die Mittelpunkte 1 und 2 bewegen; er hängt, wie der vorige, in einem imaginären Gelenke mit dem festgestellten Stabe 1, 2 zusammen, das als Schnittpunkt der Stabrichtungen 1, 4 und 2, 5 gefunden werden kann. Die senkrechten Geschwindigkeiten von 4 und 5 müssen daher auf diesen beiden Stabrichtungen liegen. Die senkrechte Geschwindigkeit des Punktes 5 bei der angenommenen Bewegung kennen wir aber bereits, und wir brauchen daher nur die Parallele 5′, 4′ zu 5, 4 zu ziehen, um die senkrechte Geschwindigkeit 4 4′ auf der Richtungslinie des Stabes 1, 4 zu erhalten.

Dieselbe Betrachtung läßt sich endlich auch noch für den Stab 3, 4 wiederholen, dessen Endpunkte ebenfalls durch Stäbe mit 1 und 2 verbunden sind. Auch hier müssen die senkrechten Geschwindigkeiten beider Endpunkte auf den Richtungslinien der Verbindungsstäbe enthalten sein, und da 4, 4′ bereits bekannt ist, erhalten wir die senkrechte Geschwindigkeit 3, 3′ des Punktes 3 durch Ziehen der Parallelen 4′, 3′ zu 4, 3.

Hiermit sind die zusammengehörigen Lagenänderungen aller beweglichen Knotenpunkte des Mechanismus genau bezeichnet, und wir können dazu übergehen, die Spannung des im Mechanismus beseitigten Fachwerkstabes 3, 6 auf Grund des Prinzipes der virtuellen Geschwindigkeiten zu ermitteln.

Vorher sei indessen noch darauf hingewiesen, wie man bei diesem kinematischem Verfahren erkennt, ob ein Ausnahmefall vorliegt. Zu diesem Zwecke vergleicht man die Bewegungen der Knotenpunkte 3 und 6 miteinander, zwischen denen der vorher beseitigte Stab wieder eingesetzt werden soll. Wenn die durch die senkrechten Geschwindigkeiten 3, 3′ und 6′ 6 beschriebene Bewegung der beiden Knotenpunkte durch das Einsetzen des Stabes nicht gehindert wird, liegt der Ausnahmefall vor. Nun bedenke man, daß der Stab 3, 6, falls er der bisher besprochenen unendlich kleinen Bewegung kein Hindernis bereiten soll, sich dabei jedenfalls selbst um irgendeinen Pol dreht, und daß die senkrechten Geschwindigkeiten seiner beiden Endpunkte auf den von diesen nach dem Pole gezogenen Strahlen enthalten sein

müssen. Der Pol könnte daher nur der Schnittpunkt der Richtungslinien von 3, 3' und 6, 6' sein. Zugleich müßte aber, wie wir schon
zu Anfang des Paragraphen fanden, die Verbindungslinie 3', 6' parallel zur Stabrichtung 3, 6 sein. Also nur dann, dann aber auch
immer, wenn die Verbindungslinie 3', 6' parallel zu 3, 6
ausfällt, kann die vorher besprochene unendlich kleine
Bewegung des Mechanismus auch noch von dem Fachwerke, das man durch Einziehen des Stabes 3, 6 erhält,
ausgeführt werden, d. h. das Fachwerk ist nicht steif, sondern es liegt der Ausnahmefall vor.

Man kann diesem Schlusse auch noch eine andere, anschaulichere
Deutung geben. Man vergleiche nämlich die Figur 1, 2, 3', 4', 5', 6'
mit der Fachwerksfigur 1, 2, 3, 4, 5, 6. In beiden laufen alle Seiten
und Diagonalen in gleicher Richtung, mit Ausnahme der letzten Seiten 3, 6 und 3', 6'. Liegt aber der Ausnahmefall vor, so gehen auch
diese in gleicher Richtung. Kann man also zu der gegebenen
Grundfigur eine zweite Figur von gleicher Gliederung
zeichnen, deren Seiten sämtlich zu denen der Grundfigur
parallel laufen, so liegt der Ausnahmefall vor. Das Fachwerk ist mit anderen Worten steif, wenn seine Gestalt durch die Angabe der Gliederung und der Richtungen aller Stäbe bestimmt ist.
Diesen Gedanken hat Schur weiter ausgeführt, indem er es als die
Hauptaufgabe der allgemeinen Theorie des ebenen statisch bestimmten
Fachwerkes hinstellte, die Fachwerksfigur zu zeichnen, falls die
Gliederung und die Stabrichtungen sowie die Länge eines Stabes
gegeben sind.

Wir wollen jetzt die Arbeiten berechnen, die von den
äußeren Kräften $\mathfrak{P}_3$, $\mathfrak{P}_4$ usf. während der unendlich kleinen Bewegung des Mechanismus geleistet werden. Dazu könnte man
alle Wege 3, 3' usf. nachträglich wieder um einen rechten
Winkel, entgegengesetzt dem Uhrzeigersinne, zurückdrehen,
um sie in ihre wahren Richtungen zu bringen. Einfacher
gelangt man aber auf Grund der folgenden Überlegung
zum Ziele. In Abb. 99 ist von Abb. 98 nur der Knotenpunkt 6 herausgezeichnet mit der an ihm angreifenden
Last $\mathfrak{P}_6$ und der senkrechten Geschwindigkeit 6, 6', die
der Deutlichkeit wegen etwas größer gezeichnet ist als in
der vorigen Figur. Zugleich ist 6 6' zurückgedreht nach 6, 6'' Die
Arbeit von $\mathfrak{P}_6$ ist gleich der Größe von $\mathfrak{P}_6$ multipliziert mit der
Projektion von 6, 6'' auf $\mathfrak{P}_6$. Projiziert man auch 6' auf $\mathfrak{P}_6$, so
entsteht ein rechtwinkliges Dreieck, das dem mit der Hypotenuse 6, 6''
kongruent ist. Die Länge des Projektionsstrahles von 6' auf $\mathfrak{P}_6$ ist
daher gleich der Projektion des Weges 6, 6'' auf $\mathfrak{P}_6$. Wir brauchen

Abb. 99.

also 6, 6" gar nicht erst zu zeichnen, um die Arbeit von $\mathfrak{P}_6$ angeben zu können. Es genügt, $\mathfrak{P}_6$ mit der Länge des von 6' aus gezogenen Projektionsstrahles zu multiplizieren. Dieses Produkt gibt aber das statische Moment der Kraft $\mathfrak{P}_6$ für den Momentenpunkt 6' an

Ist die Arbeit von $\mathfrak{P}_6$ positiv, so ist auch das Moment positiv. Man erkennt dies zunächst aus Abb. 99. Es gilt aber auch für andere Lagen, wie man erkennt, wenn man sich $\mathfrak{P}_6$, das eine beliebige Richtung haben kann, in andere Lagen gedreht denkt. Wenn die Arbeit negativ oder Null wird, wird auch das Moment negativ oder Null, und das Moment kann daher weiterhin an Stelle der Arbeit der Kraft gebraucht werden.

Durch diesen Tausch geht die kinematische Methode von Müller-Breslau in eine Momentenmethode über, die sich auch als eine Verallgemeinerung der Ritterschen Methode für die Berechnung der einfachen Fachwerke ansehen läßt, indem sie bei einfachen Fachwerken geradezu in diese übergeht. Man kann sie in der Tat auch anwenden und begründen, ohne auf die vorhergehenden kinematischen Betrachtungen, aus denen sie ursprünglich abgeleitet ist, irgendwie Bezug zu nehmen.

Nachdem der Linienzug 6', 5', 4', 3' wie vorher konstruiert ist, schreibt man nämlich für jeden dieser Punkte eine Momentengleichung an, die das Gleichgewicht der an dem zugehörigen Knotenpunkte 6 oder 5 usf. angreifenden Last mit den Stabspannungen ausdrückt. Man kann dabei der Vollständigkeit wegen auch noch die Punkte 1' und 2', die mit 1 und 2 selbst zusammenfallen, als Momentenpunkte mit aufführen, obschon für diese die Momente der dazu gehörigen Kräfte sämtlich verschwinden. Alle diese Momentengleichungen addiert man. In der Summe tritt das Moment jeder Stabspannung zweimal auf, z. B. das Moment von 5, 6 sowohl in bezug auf 5' als Moment der an 5 angreifenden Stabspannung, wie auch in bezug auf 6' für die Stabspannung an 6. Nach der Konstruktion der Punkte 6', 5' usf. sind aber die Hebelarme jedesmal gleich, mit Ausnahme jener, die zum Stabe 3, 6 gehören, während die Spannungen dem Wechselwirkungsgesetze zufolge an den beiden Endknotenpunkten entgegengesetzt gerichtet sind. In der Summe heben sich daher die Momente aller Stabspannungen mit jener einen Ausnahme gegeneinander fort, und man erhält eine Gleichung, in der nur noch die Spannung des Stabes 3, 6 als Unbekannte auftritt.

Um diese Gleichung in bequemer Form anschreiben zu können, möge der aus der Zeichnung in Abb. 98 zu entnehmende Hebelarm der Last $\mathfrak{P}_n$ am Knotenpunkte n in bezug auf n' mit p_n bezeichnet werden, wobei p_n positiv oder negativ zu rechnen ist, je nachdem das Moment von $\mathfrak{P}_n$ positiv oder negativ ist. Ferner sei die Spannung des Stabes 3, 6 mit S bezeichnet, wobei ein positiver Wert eine Zug-spannung bedeutet. Der Hebelarm von S in bezug auf $3'$ sei s_3 und sei dem Vorzeichen nach in Übereinstimmung mit dem Momente einer Zugspannung S am Knotenpunkte 3; ebenso bedeute s_6 den Hebelarm von S in bezug auf $6'$. Alle diese Hebelarme können nach Größe und Vorzeichen aus der Abbildung entnommen werden.

Die Momentengleichung (oder, genauer gesagt, die aus der Sum-mierung aller einzelnen Momentengleichungen gewonnene Gleichung) lautet dann

$$S(s_3 + s_6) + \Sigma Pp = 0,$$

woraus

$$S = - \frac{\Sigma Pp}{s_3 + s_6} \qquad (39)$$

folgt. Hiermit ist die Aufgabe gelöst, denn nachdem eine Stabspan-nung bekannt ist, kann man die übrigen leicht durch Zeichnen des Kräfteplanes ermitteln.

§ 39. Analytische Untersuchung des Ausnahmefalles.

Den Ursprung eines rechtwinkligen Koordinatensystems lasse ich mit einem Knotenpunkte des Fachwerkes zusammenfallen, und die Richtung der X-Achse soll stets durch einen zweiten Knotenpunkt gehen. Wenn sich das Fachwerk bewegt, folgt ihm das Koordinatensystem, so daß die beiden genannten Bedingungen in jedem Augenblicke erfüllt sind. Ich denke mir sowohl die Knotenpunkte als auch die Stäbe mit je einer besonderen Numerierung versehen. In Abb. 100 sind von dem ganzen Fachwerke nur zwei Knotenpunkte angegeben, die die Nummern i und k tragen, nebst dem zwischen ihnen verlaufenden Stabe g. Die übrigen Knotenpunkte und Stäbe möge man sich beliebig hinzudenken.

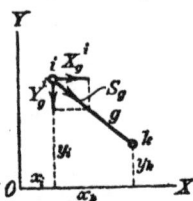

Abb. 100.

Die im Knotenpunkte i angreifende Last sei in zwei Kom-ponenten in den Richtungen der Koordinatenachsen zerlegt, die ich mit $X_0{}^i$ und $Y_0{}^i$ bezeichne. Am Knotenpunkte i greifen fer-ner die Stabspannungen an, die man sich ebenfalls in rechtwink-lige Komponenten zerlegt denken kann. Die Spannung des Sta-bes g sei mit S_g, die Komponenten der Spannung am Knoten-punkte i seien mit $X_g{}^i$ und $Y_g{}^i$ bezeichnet. Wenn man bedenkt, daß S_g positiv ist, wenn es eine Zugspannung bedeutet, erhält man aus Abb. 100

$$X_g{}^i = S_g \cdot \frac{x_k - x_i}{l_g} = - S_g \frac{x_i - x_k}{l_g}, \qquad (40)$$

wenn unter l_g die Länge des Stabes g verstanden wird. Ebenso ist

$$Y_g{}^i = - S_g \frac{y_i - y_k}{l_g}. \qquad (41)$$

Der Stab g greift auch am Knotenpunkte k an, und für diesen erhält man die Spannungskomponenten

$$X_g{}^k = - S_g \frac{x_k - x_i}{l_g}; \quad Y_g{}^k = - S_g \frac{y_k - y_i}{l_g}. \qquad (42)$$

Die Vorzeichen haben sich hier gegenüber dem vorigen Falle umgekehrt.

Nach dem pythagoreischen Lehrsatze hat man ferner für jeden Stab eine Gleichung, die für Stab g

$$(x_i - x_k)^2 + (y_i - y_k)^2 - l_g{}^2 = 0 \qquad (43)$$

lautet und die in der Folge kurz in der Form

$$f_g = 0 \qquad (44)$$

angeschrieben sein mag. Differentiiert man f_g partiell nach x_i so erhält man

$$\frac{\partial f_g}{\partial x_i} = 2(x_i - x_k), \quad \text{ebenso} \quad \frac{\partial f_g}{\partial x_k} = 2(x_k - x_i) \text{ usf. } (45)$$

Hiernach lassen sich die Gleichungen (40) bis (42) auch in der Form

$$X_g{}^i = - \frac{1}{2} \frac{S_g}{l_g} \frac{\partial f_g}{\partial x_i}; \quad Y_g{}^i = - \frac{1}{2} \frac{S_g}{l_g} \frac{\partial f_g}{\partial y_i} \text{ usf. } (46)$$

anschreiben.

Die Last und die Stabspannungen am Knotenpunkte i müssen sich im Gleichgewichte halten. Die Summe der X-Komponenten aller Kräfte muß daher zu Null werden. Dies gibt eine Gleichung von der Form $X_0{}^i + \Sigma X_g{}^i = 0$

oder, wenn man für die $X_g{}^i$ ihre Werte nach Gl. (46) einsetzt,

$$\sum \frac{S_g}{2 l_g} \frac{\partial f_g}{\partial x_i} = X_0{}^i. \qquad (47)$$

Die Summe auf der linken Seite ist über alle Stäbe zu erstrecken,

die vom Knotenpunkte i ausgehen. Anstatt dessen kann man sie
aber auch auf alle Stäbe ausdehnen, die überhaupt im Fachwerke vorkommen. Ein Stab, der nicht vom Knotenpunkte i
ausgeht, vermag zwar zur Komponentengleichung (47) nichts
beizusteuern; in der Tat wird aber auch das Glied, das man for-
mell in Gl. (47) für ihn beibehält, zu Null, da der partielle Differentialquotient von f_g nach einer in dieser Funktion gar nicht
vorkommenden Knotenpunktskoordinate stets zu Null wird. Diese
Bemerkung erleichtert die weitere Betrachtung erheblich; wir
brauchen uns nicht darum zu kümmern, welche Stäbe von einem
Knotenpunkte, dessen Gleichgewicht wir untersuchen wollen,
ausgehen, sondern können so rechnen, als wenn alle Stäbe des
Fachwerkes an ihm angriffen, weil der Ausdruck, den wir für
die Spannungskomponenten aufgestellt haben, schon so gebaut
ist, daß er von selbst für alle Stäbe verschwindet, die mit dem
betreffenden Knotenpunkte nichts zu tun haben. Ausführlicher
geschrieben würde demnach Gl. (47) lauten

$$\frac{S_1}{2\,l_1}\frac{\partial f_1}{\partial x_i} + \frac{S_2}{2\,l_2}\frac{\partial f_2}{\partial x_i} + \cdots + \frac{S_g}{2\,l_g}\frac{\partial f_g}{\partial x_i} + \cdots + \frac{S_m}{2\,l_m}\frac{\partial f_m}{\partial x_i} = X_0{}', \quad (48)$$

worin sich das erste Glied der linken Seite auf den Stab mit
der Nummer 1 bezieht usf., so daß alle Stäbe in der Gleichung
vertreten sind.

Für jeden Knotenpunkt haben wir zwei Komponentengleichungen von dieser Form, mit Ausnahme des Knotenpunktes,
der mit dem Ursprunge zusammenfällt, für den wir keine Gleichung anschreiben, und des Knotenpunktes, durch den die X-
Achse gelegt wurde, für den wir nur eine Komponentengleichung
in der X-Richtung bilden. Die anderen $2n - 3$ Gleichungen genügen nämlich, wie wir von früher her wissen, bereits, um die
unbekannten Stabspannungen zu berechnen, während die drei
ausgelassenen Gleichungen dazu verwendet werden können, die
zugehörigen Lastkomponenten an den festgehaltenen Knotenpunkten so zu berechnen, daß sie mit den übrigen ganz beliebig
gewählten Lasten im Gleichgewichte stehen.

Nach der Lehre von den Gleichungen erhält man aber bei

beliebig gegebenen endlichen Werten der $X_0{}^t$ usf. nur dann eindeutige und endliche Werte für die Unbekannten, als die wir
hier die $\frac{S_1}{2\,l_1}$, $\frac{S_2}{2\,l_2}$, ..., $\frac{S_g}{2\,l_g}$, ... auffassen können, wenn die Determinante der Koeffizienten von Null verschieden ist. Wir bil-
den diese Determinante; sie ist von der Form

$$\varDelta = \begin{vmatrix} \frac{\partial f_1}{\partial \xi_1} & \frac{\partial f_2}{\partial \xi_1} & \cdot\, , \cdot & \frac{\partial f_g}{\partial \xi_1} & \cdots & \frac{\partial f_m}{\partial \xi_1} \\ \frac{\partial f_1}{\partial \xi_2} & \frac{\partial f_2}{\partial \xi_2} & \cdots & \frac{\partial f_g}{\partial \xi_2} & \cdots & \frac{\partial f_m}{\partial \xi_2} \\ \cdot & \cdot & & \cdot & & \cdot \\ \cdot & \cdot & & \cdot & & \cdot \\ \cdot & \cdot & & \cdot & & \cdot \\ \frac{\partial f_1}{\partial \xi_m} & \frac{\partial f_2}{\partial \xi_m} & \cdots & \frac{\partial f_g}{\partial \xi_m} & \cdots & \frac{\partial f_m}{\partial \xi_m} \end{vmatrix} \qquad (49)$$

Darin bedeutet ξ allgemein eine Knotenpunktskoordinate, also
z. B. x_i oder y_i, und zwar natürlich immer jene, die zu dem Knotenpunkte und der Koordinatenrichtung gehört, worauf sich die
betreffende Komponentengleichung bezieht.

Für die praktische Ausrechnung, um etwa für einen bestimmten, genau bezeichneten Fall nachzuweisen, ob der Ausnahmefall vorliegt oder nicht, wäre Gl. (49) viel zu umständlich. Für
die Ableitung eines allgemein gültigen Satzes, die wir hier an-
streben, ist die Determinantenform aber recht bequem.

Wir betrachten jetzt das Fachwerk nach seinem geometrischen Verhalten. Denkt man sich jede Stablänge ein
wenig geändert, so wird auch die Fachwerkfigur eine kleine Gestaltänderung erfahren. Bezeichnet man mit δl_g die unendlich
kleine Änderung von l_g und mit δx_i, δy_i, ... die Änderungen
der Knotenpunktskoordinaten, so erhält man aus Gl. (43) durch
Differentiieren

$$(x_i - x_k)\,\delta x_i + (x_k - x_i)\,\delta x_k + (y_i - y_k)\,\delta y_i$$
$$+ (y_k - y_i)\,\delta y_k = l_g\,\delta l_g. \qquad (50)$$

Wir denken uns für jeden Stab eine solche Gleichung angeschrieben, betrachten die δl als gegeben und lösen die Gleichungen nach den Unbekannten δx_i, δy_i usf. oder, nach der vorher

schon gebrauchten Bezeichnung, allgemeiner nach den Unbekannten $\delta\xi$ auf. Die Zahl der Unbekannten ist nämlich gleich $2n-3$,
da durch die Art, wie wir das Koordinatensystem gegen die Figur festlegten, drei Verschiebungskomponenten gleich Null sind
und daher nicht unter den Unbekannten auftreten. Wir haben
demnach ebenso viele Gleichungen ersten Grades, als Unbekannte
vorkommen.

Mit Benutzung der durch Gl. (45) eingeführten Differentialquotienten läßt sich Gl. (50) auch schreiben

$$\frac{\partial f_g}{\partial x_i}\,\delta x_i + \frac{\partial f_g}{\partial x_k}\,\delta x_k + \frac{\partial f_g}{\partial y_i}\,\delta y_i + \frac{\partial f_g}{\partial y_k}\,\delta y_k = 2\,l_g\delta l_g.$$

Auch hier brauchen wir uns aber nicht darauf zu beschränken,
nur jene Glieder anzuführen, die wirklich in der Gleichung vorkommen, sondern wir können, um auf eine symmetrische Form
zu kommen, auch noch eine Reihe von Gliedern mit aufnehmen,
von denen jedes schon seiner Definition nach den Wert Null hat.
Wir schreiben also die Gleichung in der Form

$$\frac{\partial f_g}{\partial \xi_1}\,\delta\xi_1 + \frac{\partial f_g}{\partial \xi_2}\,\delta\xi_2 + \cdots + \frac{\partial f_g}{\partial \xi_m}\,\delta\xi_m = 2\,l_g\delta l_g,$$

worin nun jede der $2n-3$ oder m Unbekannten $\delta\xi$ durch ein
Glied vertreten ist, obschon sich nur vier dieser Glieder von Null
unterscheiden. Das vollständige System der $2n-3$ Gleichungen,
die nach den $\delta\xi$ aufzulösen sind, läßt sich in dem Schema

$$\left.\begin{aligned}
\frac{\partial f_1}{\partial \xi_1}\,\delta\xi_1 + \frac{\partial f_1}{\partial \xi_2}\,\delta\xi_2 + \cdots + \frac{\partial f_1}{\partial \xi_m}\,\delta\xi_m &= 2\,l_1\delta l_1\\[2mm]
\frac{\partial f_2}{\partial \xi_1}\,\delta\xi_1 + \frac{\partial f_2}{\partial \xi_2}\,\delta\xi_2 + \cdots + \frac{\partial f_2}{\partial \xi_m}\,\delta\xi_m &= 2\,l_2\delta l_2\\[2mm]
\vdots \qquad\qquad \vdots \qquad\qquad\qquad \vdots \qquad\qquad \vdots&\\[2mm]
\frac{\partial f_g}{\partial \xi_1}\,\delta\xi_1 + \frac{\partial f_g}{\partial \xi_2}\,\delta\xi_2 + \cdots + \frac{\partial f_g}{\partial \xi_m}\,\delta\xi_m &= 2\,l_g\delta l_g\\[2mm]
\vdots \qquad\qquad \vdots \qquad\qquad\qquad \vdots \qquad\qquad \vdots&\\[2mm]
\frac{\partial f_m}{\partial \xi_1}\,\delta\xi_1 + \frac{\partial f_m}{\partial \xi_2}\,\delta\xi_2 + \cdots + \frac{\partial f_m}{\partial \xi_m}\,\delta\xi_m &= 2\,l_m\delta l_m
\end{aligned}\right\} \tag{51}$$

zusammenfassen. Wenn die Gleichungen unabhängig voneinander
sind und sich nicht widersprechen, lassen sie sich nach den Un-

bekannten auflösen. Man erkennt dies daran, ob die Determinante

$$\varDelta = \begin{vmatrix} \dfrac{\partial f_1}{\partial \xi_1} & \dfrac{\partial f_1}{\partial \xi_2} & \cdots & \dfrac{\partial f_1}{\partial \xi_m} \\[2mm] \dfrac{\partial f_2}{\partial \xi_1} & \dfrac{\partial f_2}{\partial \xi_2} & \cdots & \dfrac{\partial f_2}{\partial \xi_m} \\[2mm] \vdots & \vdots & & \vdots \\[2mm] \dfrac{\partial f_g}{\partial \xi_1} & \dfrac{\partial f_g}{\partial \xi_2} & \cdots & \dfrac{\partial f_g}{\partial \xi_m} \\[2mm] \vdots & \vdots & & \vdots \\[2mm] \dfrac{\partial f_m}{\partial \xi_1} & \dfrac{\partial f_m}{\partial \xi_2} & \cdots & \dfrac{\partial f_m}{\partial \xi_m} \end{vmatrix} \tag{52}$$

von Null verschieden ist. Hat sie einen von Null verschiedenen
Wert, so müssen auch alle $\delta\xi$ Null sein, wenn man alle δl gleich
Null setzt. In diesem Falle sind keine unendlich kleinen Knotenpunktsverschiebungen möglich, ohne daß sich die Stablängen
um Größen von derselben Ordnung änderten, d. h. das Fachwerk
ist steif. Der Ausnahmefall tritt dagegen ein, sobald die Determinante $\varDelta'$ zu Null wird.

Vergleicht man $\varDelta'$ in Gl. (52) mit $\varDelta$ in Gl (49), so findet
man, daß sich beide Determinanten nur dadurch voneinander
unterscheiden, daß die Reihen mit den Zeilen vertauscht sind.
Hierdurch wird aber nach einem bekannten Satze der Determi-
nantentheorie an dem Werte der Determinante nichts geändert.
Die Bedingung dafür, daß die Stabspannungen für jede beliebige
Belastungsart eindeutige, endliche Werte annehmen, ist daher
identisch mit der Bedingung, daß das Fachwerk unverschieblich
ist, und wir haben damit den Satz bewiesen:

Ein Fachwerk, das nur die notwendige Zahl von Stäben enthält und stabil ist, ist auch statisch bestimmt,
und es ist umgekehrt auch stabil, wenn es statisch bestimmt ist, d. h. wenn man für jede beliebig gegebene
Belastung ein System endlicher Stabspannungen anzugeben vermag, durch das an jedem Knotenpunkte
Gleichgewicht hergestellt wird.

Zu demselben Schlusse waren wir zwar auch vorher schon in allen daraufhin untersuchten Fällen gelangt; immerhin ist es aber wertvoll, einen Beweis für den Satz zu besitzen, der ganz allgemein gültig ist. Man ist dann sicher, daß kein Fall vorkommen kann, den man etwa außer acht gelassen hätte und in dem der Satz aufhörte, gültig zu sein. — Ich bemerke noch, daß der Satz auch für räumliche Fachwerke gültig ist und genau ebenso bewiesen werden kann.

§ 40. Die Fachwerkträger.

Eine starre Figur hat in ihrer Ebene drei Freiheitsgrade, und wir müssen ihr daher drei Fesseln anlegen, um sie festzuhalten. Eine solche Fessel, die einen Grad der Freiheit aufhebt, kann darin bestehen, daß wir irgendeinem Knotenpunkte nur eine Verschiebung in einer bestimmten Richtung gestatten, indem wir ihn etwa längs einer Führung laufen lassen, die jede Verschiebungskomponente senkrecht dazu unmöglich macht. Wir nennen diese Führung eine Auflagerung, die dem Fachwerke dadurch auferlegte Bewegungsbeschränkung eine Auflagerbedingung und den Knotenpunkt, dem sie vorgeschrieben wird, einen Auflagerknotenpunkt.

Wenn ein Knotenpunkt vollständig festgehalten wird, werden dadurch zwei Freiheitsgrade aufgehoben, und wir sagen daher, daß einem festen Auflagerpunkte zwei Auflagerbedingungen vorgeschrieben sind. Man kann sich die feste Auflagerung nämlich auch dadurch bewirkt denken, daß man den Knotenpunkt nötigt, gleichzeitig auf zwei voneinander verschiedenen Auflagerbahnen zu bleiben, so daß er sich wegen der anderen auf keiner von beiden bewegen kann.

Je nachdem man die drei Auflagerbedingungen auf drei oder nur auf zwei Auflagerpunkte verteilt, erhält man verschiedene Trägerarten. In der heutigen Praxis kommt freilich nur der zuletzt erwähnte Fall vor. Es würde aber nichts im Wege stehen, auch den anderen zur Ausführung zu bringen, und da man nicht wissen kann, was die Zukunft auf diesem Gebiete bringt, ist es immerhin nützlich, auch bei jenem für einen Augenblick zu verweilen.

Abb. 101 gibt den gewöhnlich vorkommenden Fall des „Bal-

kenträgers" an, bei dem ein Auflagerknotenpunkt ganz festgehalten ist, während sich der andere längs einer horizontalen
Auflagerbahn verschieben kann. Von ihm unterscheidet sich der
„Träger mit schiefer Auflagerung" in Abb. 102 nur durch
die in anderer Rich-
tung geführte Auf-
lagerbahn. In beiden
Fällen vermag man

Abb. 101.

Abb. 102.

die durch beliebige Lasten hervorgerufenen Auflagerkräfte nach
den schon früher dafür gegebenen Lehren sofort zu berechnen,
und nachdem dies geschehen ist, hat man es nur noch mit der
Ermittlung der Stabspannungen im Fachwerke für bekannte
äußere Kräfte zu tun.

Eine der möglichen Trägerarten mit drei Auflagerknoten-
punkten, denen nur je eine Auflagerbedingung vorgeschrieben
ist, führt Abb. 103 vor. Als Auflagerpunkte der starren Figur sind
die Punkte A, B, C anzusehen, und die Auflagerbediugungen in
den Punkten A und B werden hier durch die Stäbe AD und
BE verwirklicht, die den Punkten kreisförmige Auflagerbahnen
um die Mittelpunkte D und E vorschreiben. In das Fachwerk
sind daher diese Stäbe bei jener Auffassung nicht mit einzurechnen.

Man kann aber auch sagen, daß
die Stäbe DA und EB zusammen ein
imaginäres Gelenk G ausmachen, um
das sich das Fachwerk gegen die Konstruktionsebene zu drehen vermöchte,
wenn die Auflagerbedingung in C nicht

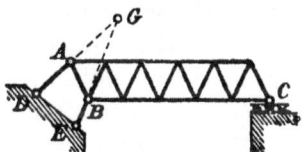

Abb. 103.

im Wege wäre. Der Gelenkdruck in G gibt den auf das linke
Widerlager übertragenen Auflagerdruck an. Er wird dahin zwar
nicht als einzelne Kraft, sondern in zwei Komponenten durch die
beiden Stabspannungen in AD und BE übergeleitet.

Wenn das Fachwerk an sich statisch bestimmt ist, erhält
man in allen diesen Fällen auch statisch bestimmte Fachwerkträger. Zu solchen kann man aber auch noch auf andere Art gelangen. Schreibt man nämlich einem Fachwerke vier oder noch
mehr Auflagerbedingungen vor, so erhält man zunächst einen

statisch unbestimmten Fachwerkträger. Dieser kann aber dadurch wieder zu einem statisch bestimmten gemacht werden, daß man unter Beibehaltung der überzähligen Auflagerbedingungen eine entsprechende Zahl von Stäben fortnimmt.

Auf diese Art entsteht der häufig angewendete **Fachwerkbogen mit drei Gelenken** in Abb. 104. Die beiden Auflagerknoten A und B sind vollständig festgehalten; es sind also vier Auflagerbedingungen vorgeschrieben. Denkt man sich den punktiert gezeichneten Stab DE zugefügt, so geht der Stabverband in ein einfaches, statisch bestimmtes Fachwerk über. Die Berechnung der unbekannten Auflagerkräfte und daher auch die Berechnung der Stabspannungen, die zu einer gegebenen Belastung gehören, könnte dann nur auf Grund der Elastizitätslehre erfolgen. Wenn man aber den Stab DE fortläßt, ist der Träger statisch bestimmt, weil hiermit eine der Unbekannten, die sich aus den Gleichgewichtsbedingungen für alle Knotenpunkte ermitteln lassen müssen, wieder fortfällt, so daß wieder ebenso viele Gleichungen als Unbekannte zur Verfügung stehen. — Auf die besondere Gestalt des Trägers kommt es übrigens hierbei nicht an; wesentlich ist nur, daß der Träger aus zwei Scheiben aufgebaut ist, die für sich genommen statisch bestimmte Fachwerke darstellen, daß diese Scheiben in einem Scheitelgelenke C zusammenhängen und mit je einem Endknotenpunkte fest aufgelagert sind. Da sich die Scheiben bei einer elastischen Formänderung um ihre Auflagerpunkte ohne Widerstand zu drehen vermögen, bezeichnet man diese Auflagerpunkte ebenfalls als Gelenke, und zwar als die „Kämpfergelenke" des Dreigelenkbogens.

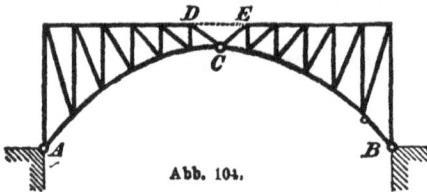

Ein anderes Beispiel zeigt Abb. 105. Hier sind vier Auflagerbedingungen auf den festgehaltenen Knotenpunkt A und die auf Walzenlager gesetzten Auflagerpunkte B und C verteilt. Auch hier wird die Trägerfigur aus zwei Scheiben gebildet, die im Gelenke D zusammenhängen. Fügte man den zwischen E und

F fortgelassenen Stab hinzu, so ginge die Trägerfigur in ein statisch bestimmtes Fachwerk, der Träger selbst aber· in einen statisch unbestimmten über. Der Träger in Abb. 105 ist ein

Abb. 105.

Gerberscher Gelenkträger, für den die Berechnung der Auf- lagerkräfte bereits im zweiten Abschnitte auseinandergesetzt wurde. Nachdem die Auflagerkräfte bekannt sind, ergeben sich die Stabspannungen auf einfache Weise, z. B. durch Zeichnen eines Kräfteplanes.

Ein Beispiel mit fünf Auflagerbedingungen ist in Abb. 106 dargestellt. Als Auflagerpunkte sind der festgehaltene Knotenpunkt A, der auf Walzen verschiebliche B und die durch die Stäbe EC und FD auf Kreisbögen geführten Knotenpunkte C und D aufzufassen. Die Stäbe CE und DF sind hiernach in die Fachwerkfigur nicht mit einzurechnen, sie dienen vielmehr nur zur Verwirklichung der Auflagerbedingungen. Man über- zeugt sich leicht, daß die zwischen den Auflagerpunkten A, C, D, B liegende Trägerfigur zwei Stäbe weniger hat, als zur Aus- steifung nötig wären, wenn nicht zwei überzählige Auflager- bedingungen hinzukämen. Anstatt die Knotenpunkte und die Stäbe abzuzählen, kann man hierbei davon ausgehen, daß die Einschaltung eines Sta- bes zwischen H und J den unteren Teil, für sich betrachtet, in ein einfaches statisch be- stimmtes Fachwerk um- wandeln würde. Um die Knotenpunkte C und D

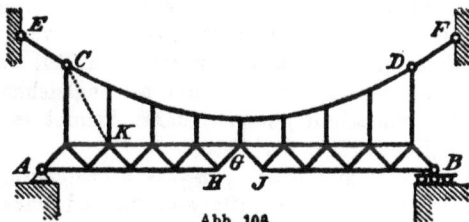

Abb. 106.

und die zwischen ihnen liegenden hieran anzuschließen, genügen die vorhandenen Stäbe nicht. Man müßte dazu etwa noch einen Stab CK einführen. Dann hätte man aber in der Tat wieder ein einfaches, statisch bestimmtes Fachwerk vor sich, denn zunächst wäre der Punkt C durch zwei Stäbe mit dem unteren Teile verbunden, an C und den unteren Teil wäre der folgende Knotenpunkt durch zwei Stäbe angeschlossen, und so fort bis zum anderen Ende bei D.

Als jene Stäbe, die aus dem statisch bestimmten Fachwerke entfernt und durch zwei überzählige Auflagerbedingungen ersetzt sind, kann man demnach HJ und CK betrachten, obschon die Wahl auch noch anders getroffen werden könnte.

Träger von der Gliederung der Abb. 106 werden bei der Errichtung von sogenannten versteiften Hängebrücken verwendet. Die den Verband nach oben hin abschließenden Stäbe werden nur auf Zug beansprucht, und man kann sie daher auch aus Seilen oder Ketten herstellen. Der von ihnen gebildete Linienzug mag daher die „Kette“ genannt werden. An der Kette ist der untere „Versteifungsträger“ durch „Hängeeisen“ angehängt. Die Hängeeisen sind hier in lotrechter Stellung angenommen, und sie vermögen daher auf die Kette nur lotrechte Lasten zu übertragen.

Zwischen den Spannungen in den Hängeeisen und den Kettenspannungen bestehen die früher untersuchten einfachen Beziehungen zwischen den Lasten und den Seilspannungen in einem Seilecke. Wählt man die Gestalt der Kette so, daß ihre Knotenpunkte auf einer Parabel liegen, so können alle Hängeeisen nur gleich große Spannungen aufnehmen. Nimmt der untere Träger eine gleichförmig verteilte Last auf, so wird diese ausschließlich auf die Kette übertragen. Dies folgt daraus, daß ein Spannungsbild dieser Art an jedem Knotenpunkte Gleichgewicht herstellt und daß bei einem statisch bestimmten Träger nur ein einziges Spannungsbild möglich ist, das diese Bedingung erfüllt. Die ganze Eigenlast wird daher ebenso wie die gleichförmig verteilte Gesamtlast von der Kette aufgenommen. Diese stellt daher den wichtigsten Teil des ganzen Aufbaues dar. Der untere Träger wird nur bei ungleichförmig verteilten Lasten in Mitleidenschaft gezogen; daher kommt seine Bezeichnung als Versteifungsträger der Kette.

Wird eine beliebig gegebene Lastengruppe aufgebracht, so denke man sich, um die Auflagerkräfte und Stabspannungen zu berechnen, die Hängeeisen durchschnitten und betrachte das Gleichgewicht des Versteifungsträgers, nachdem die Spannungen der Hängeeisen durch lotrechte Kräfte ersetzt sind, von denen man zunächst nur weiß, daß sie alle untereinander gleich sind. Bezeichnet man die Spannung eines Hängeeisens mit X und ihre Anzahl mit n, so bringt die von ihnen übertragene, nach oben gerichtete Gesamtlast an den Auflagern A und B für sich genommen negative Auflagerdrücke von der Größe $\frac{nX}{2}$ hervor. Dazu kommen die von den gegebenen Lasten herrührenden positiven Auflagerdrücke, die auf gewöhnliche Art leicht berechnet werden können.

Zur Ermittlung der Unbekannten X dient hierauf die Bedingung, daß im Gelenke G zwischen den beiden Scheiben, die den Versteifungsträger zusammensetzen, kein Moment übertragen werden kann. Man kann diese Bedingung etwa in einer Momentengleichung in bezug auf Punkt G für das Gleichgewicht einer der beiden Scheiben zum Ausdrucke bringen, in der X als einzige Unbekannte auftritt.

Bezeichnet man allgemein die Zahl der Auflagerbedingungen mit p, so erhält man für die notwendige Stabzahl, also für die Zahl der Stäbe im statisch bestimmten Träger,

$$m = 2n - p; \qquad (53)$$

denn diese Formel gilt zunächst für $p = 3$, und da man für jede weitere Auflagerbedingung einen Stab fortzunehmen hat, bleibt sie auch für größere Werte von p gültig. Natürlich muß man zugleich darauf achten, daß kein Ausnahmefall vorliegt.

§ 41. Der Dreigelenkbogen.

Für den schon im Anschlusse an Abb. 104 besprochenen Fachwerkbogen mit drei Gelenken soll die Betrachtung noch etwas weiter durchgeführt werden. Es handelt sich dabei hauptsächlich um die Berechnung der Auflagerkräfte und des im Scheitel übertragenen Gelenkdruckes, denn die Spannungen in den beiden Scheiben können, nachdem die äußeren Kräfte gefunden sind, auf bekannte Weise ermittelt werden. Da Gestalt und Gliederung der Scheiben für die Ermittlung der Auflagerkräfte gleichgültig sind, wurden die Scheiben in Abb. 107 nur durch schraffierte Flächen von beliebigem Umrisse angegeben.

In Abb. 107 ist angenommen, daß nur eine Einzellast an einer der beiden Scheiben angebracht sei. Um die von ihr hervorgerufenen Gelenkdrücke zu ermitteln, bedenke man, daß an der unbelasteten Scheibe nur zwei Kräfte angreifen, die in den Gelenken B und C auf sie übertragen werden. Damit Gleich-

15*

gewicht bestehe, müssen beide in dieselbe Richtungslinie, also in die Verbindungslinie der Punkte B und C fallen. Hiermit ist die Richtung des Gelenkdruckes in C auch für die andere Scheibe bekannt. An dieser halten sich drei Kräfte im Gleichgewichte, deren Richtungslinien sich in einem Punkte treffen müssen. Verlängert man also BC bis zum Schnitte mit der Richtungslinie der Last P, so muß

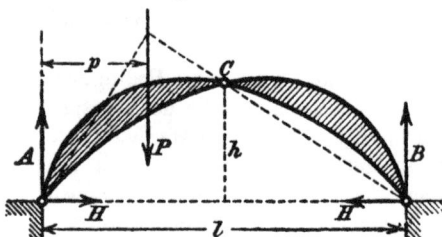

Abb. 107.

durch diesen Punkt auch der in A übertragene Auflagerdruck gehen. Es bleibt nur noch übrig, die Kraft P nach den beiden Richtungslinien zu zerlegen, was mit Hilfe eines Kräftedreieckes geschehen kann.

Anstatt dessen kann man die durch P hervorgerufenen Auflagerkräfte auch durch Rechnung bestimmen. Dabei sei vorausgesetzt, daß die Auflager A und B in gleicher Höhe liegen. Zerlegt man jeden Auflagerdruck in eine vertikale und eine horizontale Komponente, so folgt zunächst aus der Bedingung für das Gleichgewicht des ganzen Trägers gegen Verschieben in der horizontalen Richtung, daß die beiden Horizontalkomponenten H von gleicher Größe sein müssen, wenigstens dann, wenn die Last P lotrecht gerichtet ist. Die vertikalen Komponenten erhält man aus Momentengleichungen für die Auflagerpunkte zu

$$A = P\frac{l-p}{l}, \quad B = P\frac{p}{l},$$

also ebenso groß, als wenn die Last P an einem Balkenträger angebracht wäre, der die gleiche Spannweite überdeckte.

Um den Horizontalschub H zu finden, betrachtet man das Gleichgewicht einer der beiden Scheiben für sich. In bezug auf C als Momentenpunkt erhält man für die unbelastete Scheibe die Momentengleichung

$$Hh = B\frac{l}{2} \quad \text{und daher} \quad H = \frac{Pp}{2h}.$$

Diese Gleichung gilt indessen nur so lange, als p zwischen 0 und $\frac{l}{2}$ liegt. Wird p größer, so ist dafür der Abstand $l - p$ vom anderen Auflager einzuführen, und der Ausdruck für H lautet

$$H = \frac{P(l - p)}{2h}.$$

Trägt man die Abstände p als Abszissen und den von der Lasteinheit, wenn sie an der Stelle p angebracht wird, hervorgerufenen Horizontalschub als Ordinate in einem beliebigen Maßstabe auf, so erhält man die in Abb. 108 gezeichnete graphische Darstellung für das Abhängigkeitsgesetz zwischen dem Horizontalschube und der Laststellung. Die gebrochene Linie, die die Endpunkte aller Ordi

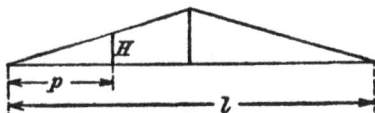

Abb. 108.

naten verbindet, wird als die Einflußlinie für H bezeichnet. Mit Hilfe der Einflußlinie kann man für jede beliebige Gruppe lotrechter Lasten den zugehörigen Horizontalschub berechnen, indem man jede Last mit der Verhältniszahl multipliziert, die von der auf ihrer Richtungslinie gelegenen Ordinate der Einflußlinie angegeben wird, und alle Produkte addiert.

Denkt man sich bei einer beliebig gegebenen Belastung den Auflagerdruck am linken Auflager mit der nächstgelegenen Last zusammengesetzt, die Resultierende mit der folgenden Last usf., so erhält man ein Seileck. Da sich auch der Gelenkdruck im Scheitelgelenke und der Auflagerdruck am anderen Trägerende unter diesen Resultierenden befinden, muß das Seileck auch durch diese Gelenkpunkte gehen. Die Aufgabe, die Gelenkdrücke für den Dreigelenkbogen zu ermitteln, kommt daher im wesentlichen auf dasselbe hinaus wie die Aufgabe, zu gegebenen Lasten ein Seileck zu zeichnen, das durch drei vorgeschriebene Punkte geht.

Für die Lösung dieser einfachen Aufgabe hat man schon viele Wege ausgedacht. Man kann z. B. mit einem Seilecke beginnen, das zunächst nur durch einen der drei Punkte geht, dann unter Benutzung des in § 11 bewiesenen Satzes durch Verschieben des Poles im Kräfteplane ein zweites daraus ableiten, das

durch zwei Punkte geht, und durch nochmalige Anwendung desselben Verfahrens ein drittes, das alle drei Bedingungen erfüllt.

Ein anderes Verfahren besteht darin, die gegebenen Lasten zunächst durch ein beliebiges Seilpolygon zu verbinden und mit dessen
Hilfe (nach § 10) sowohl die Resultierenden $\Re_l$ und $\Re_r$ der an der
linken und rechten Scheibe, einzeln genommen, angreifenden Lasten
als auch die Gesamtresultierende $\Re$ aller Lasten zu ermitteln. Hier-
auf beachte man, daß sich die Gelenkdrücke $\mathfrak{A}$, $\mathfrak{B}$, $\mathfrak{C}$, die zu den
Gelenken A, B, C gehören, paarweise auf den Richtungslinien der
drei Resultierenden schneiden müssen, nämlich $\mathfrak{A}$ und $\mathfrak{B}$ auf $\Re$, $\mathfrak{A}$
und $\mathfrak{C}$ auf $\Re_l$ und $\mathfrak{B}$ und $\mathfrak{C}$ auf $\Re_r$. Die Richtungslinien von $\mathfrak{A}$, $\mathfrak{B}$, $\mathfrak{C}$
bestimmen demnach ein Dreieck, dessen Seiten durch die Punkte A,
B, C gehen und dessen Ecken auf den drei parallelen (oder bei nicht
parallelen Lasten wenigstens in einem Punkte sich schneidenden)
Richtungslinien $\Re$, $\Re_l$, $\Re_r$ liegen müssen. Wir haben also dieselbe
Aufgabe zu lösen wie schon in § 37.

In Abb. 109 ist dies ausgeführt. Die Einzellasten und das zu
ihrer Zusammensetzung dienende Seilpolygon sind weggelassen, die

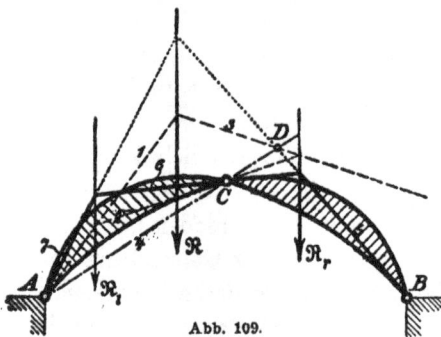

Abb. 109.

Richtungslinien der drei Resultierenden daher als unmittelbar gegeben angenommen
worden. Man ziehe zuerst die
Dreiecksseite 1 von A aus in
beliebiger Richtung, hierauf 2
durch C und 3 durch den
Schnittpunkt von 1 mit $\Re$. Dadurch erhält man ein Dreieck
1, 2, 3, das fünf von den sechs
Bedingungen erfüllt; nur die
Seite 3 geht nicht durch den
vorgeschriebenen Punkt B. Ein

zweites Dreieck, das dieselben fünf Bedingungen erfüllt, wird von
der durch A und C gezogenen Linie 4 gebildet. Durch den Schnittpunkt D von 4 mit 3 muß daher die dritte Seite jedes anderen Dreieckes gehen, das denselben fünf Bedingungen genügt, also auch jenes,
das zugleich die sechste Bedingung erfüllt. Man zieht hiernach 5
von B aus durch D und erhält so das gesuchte Dreieck 5, 6, 7.
Nachdem die Richtungslinien der Gelenkdrücke bekannt sind, ergeben
sich ihre Größen durch einfache Kräftezerlegungen.

Natürlich kann man auch, nachdem $\Re_l$ und $\Re_r$ gefunden sind,
nach dem vorher für eine Einzellast beschriebenen Verfahren
zuerst die Gelenkdrücke ermitteln, die entstehen, wenn nur die

linke Scheibe mit $\Re_l$ belastet, die andere aber unbelastet ist,
hierauf dasselbe für $\Re_r$ wiederholen und die unter der ganzen
Last entstehenden Gelenkdrücke durch geometrische Summierung
aus den Einzelwerten bestimmen. Dieses Verfahren ist vielleicht
noch das einfachste, bedarf aber gerade darum hier keiner weiteren Erläuterung.

Aufgaben.

*29. Aufgabe. Die in Abb. 110a gezeichnete Grundfigur trägt
die Lasten P und P'; man soll die Stabspannungen berechnen.*

Lösung. Die Figur zählt sechs Knotenpunkte und neun Stäbe,
also die notwendige Zahl. Sie kann durch Verbindung des Stabdreieckes 2, 3, 4 mit dem Dreiecke 7, 8, 9 durch die drei Stäbe 1, 5, 6

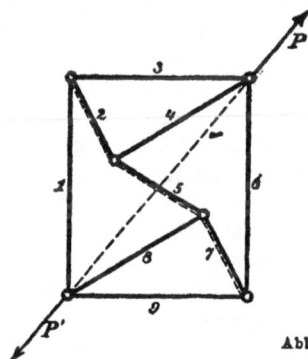

Abb. 110a.

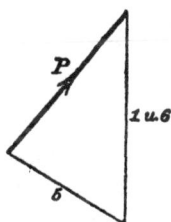

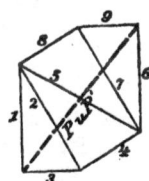

Abb 110b.

entstanden gedacht werden. Man kann also auch einen Schnitt legen,
der nur drei Stäbe trifft (nämlich die drei Verbindungsstäbe), deren
Richtungslinien sich nicht in einem Punkte schneiden. Die Spannungen der Verbindungsstäbe findet man entweder nach der Momentenmethode oder mit Hilfe der Culmannschen Kräftezerlegung. Dabei
liegt hier insofern noch ein besonderer Fall vor, als zwei der Verbindungsstäbe, nämlich 1 und 6, parallel zueinander verlaufen. In
diesem Falle, der öfters vorkommt und deshalb hier noch besonders
berührt werden sollte, vereinfacht sich das Culmannsche Verfahren
erheblich. Denkt man sich nämlich einen horizontalen Schnitt durch
die Mitte der Figur gelegt und betrachtet das Gleichgewicht der oberen Hälfte, so folgt sofort, daß die Resultierende aus P und 5 parallel zu 1 und 6 sein muß. Man findet daher 5 durch das nebenan
gezeichnete Kräftedreieck, und zwar als Druckspannung.

Nachdem 5 bekannt ist, kann man auch den Kräfteplan in
Abb. 110b auftragen, indem man mit den Dreiecken 5, 2, 4 und
5, 7, 8 beginnt, worauf sich die Dreiecke 2, 1, 3 und 7, 9, 6 anreihen. Der Kräfteplan ist ein reziproker. Die auf Druck beanspruchten Stäbe sind in Abb. 110a durch beigesetzte Schattenstriche
hervorgehoben. — Natürlich könnte man ganz ähnlich verfahren, wenn
beliebig gegebene andere Lasten an dem Fachwerke angriffen. Man
müßte dann zuerst jene Lasten, die an der oberen Hälfte der Figur
angreifen, zu einer Resultierenden vereinigen, die an Stelle von P
nach 5 und 1, 6 zu zerlegen wäre.

   *30. Aufgabe. An dem in Abb. 111 gezeichneten Fachwerke grei-
fen die Lasten P und P' an; man soll die Stabspannungen ermitteln.*

   Lösung. Die Aufgabe ist der vorigen ganz ähnlich; man kann
sich die Figur durch Vereinigung der Dreiecke 1, 2, 3 und 4, 5, 6

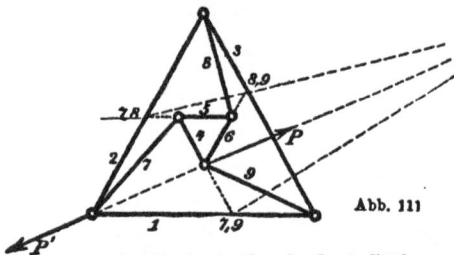

Abb. 111

durch die drei Verbindungsstäbe
7, 8, 9 entstanden denken. Daß
hier das eine Dreieck von dem
anderen umschlossen wird, macht
nur wenig aus. Der Schnitt, den
man zu führen hat, um das Rittersche oder Culmannsche Verfahren anzuwenden, und der die
Figur in zwei Teile zerlegen

muß, die nur durch drei Stäbe zusammenhängen, die nicht durch
einen Punkt gehen, muß hier freilich ringförmig zwischen den Dreiecken 1, 2, 3 und 4, 5, 6 gezogen werden. Dies hindert aber die
Anwendung des Verfahrens nicht: die Zerlegung von P nach den
drei Richtungslinien 7, 8, 9 liefert sofort die Spannungen in den Verbindungsstäben.

   Anstatt dessen kann man auch den Begriff des imaginären Gelenkes zur Lösung benutzen. Von den drei Stäben 7, 8, 9 z. B. hängt
jeder mit dem anderen durch zwei Stäbe oder, wie wir sagen können,
in einem imaginären Gelenke zusammen. Die Gelenkpunkte sind in
der Abbildung mit 7, 8, mit 8, 9 und mit 7, 9 bezeichnet. Auf den
Stab 8 werden nur die Gelenkdrücke 7, 8 und 8, 9 übertragen; beide
müssen daher gleich sein und in dieselbe Richtungslinie fallen. Zieht
man die Verbindungslinie beider Gelenkpunkte, so kennt man damit
auch für den Stab 9 die Richtungslinie des Gelenkdruckes 8, 9. Am
Stabe 9 greifen außerdem noch die Last P und der Gelenkdruck 7, 9 an.
Die drei Kräfte müssen sich in einem Punkte schneiden, und hieraus
erhält man auch die Richtung des Gelenkdruckes 7, 9. Mit Hilfe
eines Kräftedreieckes (das in der Abbildung weggelassen wurde) erhält man auch die Größen der Gelenkdrücke und durch Zerlegung

jedes Gelenkdruckes nach den Richtungen der beiden Stäbe, die das
Gelenk bilden, die Stabspannungen.

*31. Aufgabe. An einer Wand ist in einer lotrechten Ebene das
aus den Stäben 1 bis 8 bestehende Stabgerüst (Abb. 112) befestigt, das
dazu bestimmt ist, die Last P aufzunehmen; man soll die Stabspannungen berechnen.*

Lösung. Die Wand ist als eine Scheibe aufzufassen, an die vier
freie Knotenpunkte angeschlossen sind. Dazu braucht man acht Stäbe,
und diese sind auch vorhanden. Bei der Berechnung der Stabspannungen ergibt sich jedoch, daß diese unendlich groß werden, und
daraus folgt, daß ein Ausnahmefall vorliegt. Das Stabgerüst ist daher gar nicht tragfähig; wenigstens vermag es Lasten nur insoweit
aufzunehmen, als es die Biegungsfestigkeit der Stäbe in Verbindung
mit der Steifigkeit der Knotenpunkte zu-
läßt, d. h. nur geringe Lasten, die schon
verhältnismäßig große Formänderungen
herbeiführen.

Beseitigt man nämlich etwa Stab 5,
um das Hennebergsche Verfahren anzuwenden, und bringt dafür irgendeinen geeignet gewählten Ersatzstab *e* an, so ist
das hierdurch entstehende Fachwerk zwar
tragfähig und die Stabspannungen lassen
sich leicht ermitteln. Sobald man aber dann
in der Richtungslinie des Stabes 5 eine
Zugspannung von der Lasteinheit anbringt

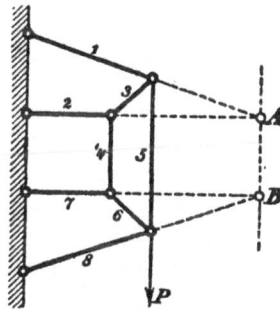

Abb. 112.

und einen zweiten Kräfteplan für diesen Belastungsfall zeichnet, findet man, daß der Stab *e*, wie er nun auch gewählt sein möge, hierbei spannungslos bleibt. Dies geht schon aus der Symmetrie der
Figur hervor. Die zur horizontalen Symmetrieachse symmetrisch
liegenden Stäbe erfahren Spannungen gleicher Größe und gleichen
Vorzeichens, und man kann auf diese Weise Gleichgewicht an jedem
Knotenpunkte herstellen, ohne den Ersatzstab *e* in Anspruch zu nehmen. Dies ist aber bei dem Hennebergschen Verfahren das Kennzeichen für den Ausnahmefall.

Noch einfacher und hier zugleich allgemeiner verwendbar ist die
Untersuchung mit Hilfe der imaginären Gelenke. Stab 3 hängt mit
der Wand im imaginären Gelenke *A*, und Stab 6 mit der Wand in
B zusammen. Außerdem sind noch 3 und 6 unter sich durch die
beiden parallelen Stäbe 4 und 5 verbunden, die einem im Unendlichen liegenden imaginären Gelenke *C* gleichwertig sind. Die drei
Gelenke *A*, *B*, *C* liegen aber bei der in der Abbildung getroffenen

Anordnung in einer Geraden, und darin besteht bei dieser Art der Untersuchung das Kennzeichen des Ausnahmefalles.

Auch das kinematische Verfahren von Müller-Breslau führt schnell zum gleichen Ergebnisse. Man kann nämlich eine Figur zeichnen, die in der Gliederung und in allen Stabrichtungen mit der Stabfigur übereinstimmt, ohne ihr ähnlich zu sein.

Anmerkung. Man vergleiche hierzu die Anmerkung am Schlusse von § 57, worin auf die Möglichkeit hingewiesen ist, die Stabspannungen trotz Vorliegens des Ausnahmefalles genauer zu berechnen, indem man berücksichtigt, daß die Last eine Gestaltänderung hervorruft, womit sich das Fachwerk von der dem Ausnahmefalle entsprechenden Gestalt immer weiter entfernt.

32. Aufgabe. An einer Wand ist in einer lotrechten Ebene die in Abb. 113 gezeichnete, aus den Stäben 1 bis 8 bestehende, statisch

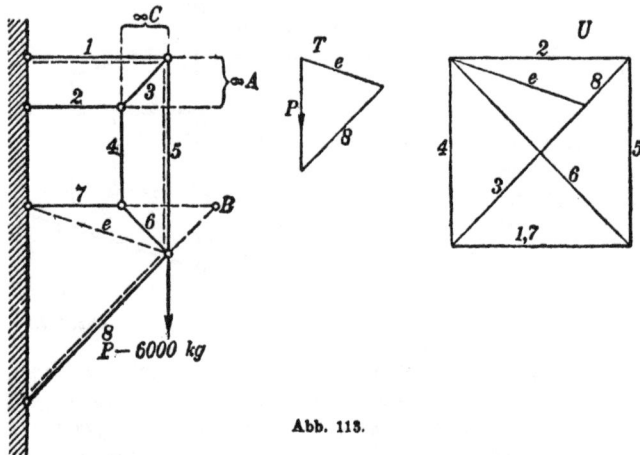

Abb. 113.

bestimmte Stangenverbindung befestigt. Man soll die Stabspannungen berechnen, die von einer am unteren Knotenpunkte angebrachten Last von P = 6000 kg hervorgerufen werden.

Erste Lösung. Man beseitige etwa Stab 5 und bringe dafür den durch eine gestrichelte Linie angegebenen Ersatzstab e an. Dann zeichne man den Kräfteplan T für das dadurch erhaltene einfache Fachwerk. Dieser Kräfteplan besteht hier nur aus einem einzigen Dreieck. Betrachtet man nämlich den oberen Knotenpunkt, in dem die Stäbe 1 und 3 zusammenstoßen, so müssen deren Spannungen zu Null werden, da Stab 5 beseitigt ist und keine äußere Kraft an dem Knotenpunkte angreift. Geht man dann zum Knotenpunkte 2, 3, 4 weiter, so folgt, nachdem 3 als spannungslos erkannt ist, daß auch 2 und 4 spannungslos sein müssen; ebenso die Stäbe 7 und 6 am Knotenpunkte 4, 6, 7. Spannungen können daher im Kräfteplan T nur von den Stäben 8 und e aufgenommen werden.

Hierauf beseitigt man die Last P, bringt eine Zugspannung von der Lasteinheit längs der Richtungslinie des beseitigten Stabes 5 an und zeichnet den Kräfteplan u. Aus den Kräfteplänen entnimmt man

$$T_e = + 4760 \text{ kg}, \quad u_e = + 0{,}78,$$

woraus nach Gl. (36), S. 188, $X = - 6000$ kg folgt. Für die Stäbe 1, 2, 3, 4, 6, 7 findet man daraus die Spannung durch Multiplikation mit dem zugehörigen u der Reihe nach zu

$$- 6000; \; + 6000; \; + 8460; \; + 6000; \; + 8460; \; + 6000 \text{ kg.}$$

Für den Stab 8 erhält man die Spannung nach der Formel

$$S_8 = T_8 + u_8 X = - 6380 - 0{,}346 \cdot 6000 = - 8460 \text{ kg.}$$

Zweite Lösung. Stab 3 hängt mit der Wand durch die Stäbe 1 und 2 zusammen, die einem imaginären Gelenke A gleichwertig sind, das mit dem Schnittpunkt der Stabrichtungslinien 1 und 2 im Unendlichen zusammenfällt. Ebenso ist Stab 3 mit Stab 6 durch das aus den Stäben 4 und 5 gebildete, ebenfalls im Unendlichen liegende imaginäre Gelenk C verbunden, und Stab 6 mit der Wand durch das von den Stäben 7 und 8 gebildete imaginäre Gelenk B. Bei dieser Auffassung der Figur erscheinen die Stäbe 3 und 6 als Hauptstäbe, die übrigen als Verbindungsstäbe. Das Gleichgewicht des Stabes 3 erfordert, daß die beiden an ihm angreifenden, durch A und C gehenden Gelenkdrücke in eine Gerade fallen, da eine äußere Kraft an diesem Stabe fehlt. Diese Gerade ist die unendlich ferne Gerade der Ebene. Jeder Gelenkdruck entspricht daher einer unendlich fernen und unendlich kleinen Kraft oder einem Kräftepaare. Daraus folgt, daß die Spannungen 1 und 2 gleich groß und von entgegengesetztem Vorzeichen sein müssen; ebenso 4 und 5. Am Stabe 6 wirken die beiden durch C und B gehenden Gelenkdrücke und die Last P. Nachdem bereits erkannt ist, daß der Gelenkdruck C einem Kräftepaar entspricht, folgt, daß auch P und der Gelenkdruck B ein Kräftepaar bilden müssen. Man zerlegt nun den hiermit bekannten Gelenkdruck B nach den Richtungen der Stäbe 7 und 8, womit man sofort $S_7 = + 6000$ und $S_8 = - 6000 \cdot \sqrt{2} = - 8460$ findet. Daran läßt sich ohne weiteres ein Kräfteplan S anschließen, der in der Abbildung weggelassen ist.

33. Aufgabe. Man soll für das in Abb. 114a gezeichnete Fachwerk, an dem sich die gegebenen äußeren Kräfte P, A und B im

Gleichgewichte halten, die Stabspannungen nach dem Hennebergschen Verfahren berechnen.

Lösung. Man beseitigt hier am besten den Stab 1, weil sich dann die Berechnung am einfachsten gestaltet, und führt etwa den durch eine gestrichelte Linie angegebenen Ersatzstab *e* ein. Da die Richtungslinien der Kräfte *A* und *B* hier in die Richtungen der Stäbe 2 und 12 fallen, braucht man für die zugehörigen Knotenpunkte gar keine Kräftedreiecke zu zeichnen; man weiß sofort, daß die Stäbe 3 und 13 spannungslos werden, während die Stäbe 2 und 12 die äußeren Kräfte *A* und *B* allein aufzunehmen haben. Da 3 spannungslos ist, müssen auch die beiden anderen, mit ihm von demselben Knotenpunkte ausgehenden Stäbe 4 und 5 spannungslos sein, und ebenso auf der anderen Seite 10 und 11. Am Angriffspunkte

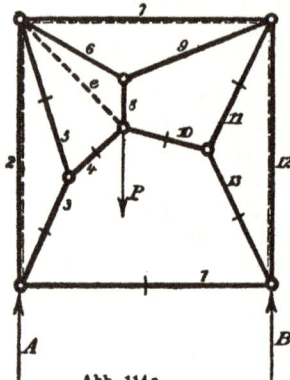 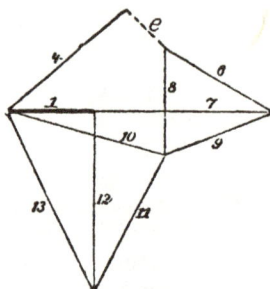 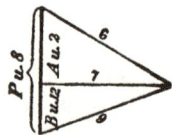

Abb. 114a.　　　　　　　　　　Abb. 114b.　　　　　　Abb. 114c.

von *P* bleiben hiernach nur die Spannungen von *e* und 8 übrig. Da aber *P* in die Richtung von 8 fällt, so ist auch *e* spannungslos. In dem einfachen Fachwerke, das wir durch die Stabvertauschung erhielten, geraten demnach unter der angegebenen Belastung nur die Stäbe 2, 6, 7, 8, 9 und 12 in Spannung.

Von diesen Ergebnissen ist haupsächlich hervorzuheben, daß im Spannungsbilde *T*, wie es in § 36 genannt wurde, die Spannung T_e des Ersatzstabes gleich Null ist. Zugleich erkennt man aber auch, daß dieser besondere Wert von T_e nur zu dieser besonderen Belastung gehört; bei anderem Lastangriffe würde auch *e* Spannung aufzunehmen haben.

Jetzt fragt es sich, ob etwa die Spannung u_e im Ersatzstabe, die durch eine längs der Richtungslinie des beseitigten Stabes 1 angebrachte Zugspannung hervorgerufen wird, ebenfalls zu Null wird. Wird sie nicht zu Null, so ist nach Gl. (36), S 186, was auch sonst der Wert von u_e sein möge, jedenfalls die wirklich eintretende Spannung X des beseitigten Stabes gleich Null. Der Kräfteplan u läßt sich leicht zeichnen, indem man (Abb. 114 b) zuerst 1 gleich der Lasteinheit aufträgt, hierauf das Dreieck 1, 12, 13, dann das Dreieck 13, 10, 11, das Viereck 11, 12, 7, 9, das Dreieck 9, 6, 8 und schließlich das Viereck 8, 10, 4, e zufügt. Der Kräfteplan kann zugleich, wie es in der Abbildung geschehen ist, als reziproker konstruiert werden, da sich die Fachwerkfigur ohne weiteres in Vielecke zerlegen läßt, so daß an jedem Stabe zwei aneinander grenzen. Nachdem u_e gefunden ist, hat es keinen Zweck, den Kräfteplan noch weiter zu führen, obwohl dies leicht geschehen könnte. Überdies brauchen wir auch den Kräfteplan u im vorliegenden Falle nur, um uns zu überzeugen, ob u_e von Null verschieden ist.

Nachdem dies nachgewiesen ist, wissen wir, daß der Stab 1 in dem ursprünglich gegebenen Fachwerke bei der gegebenen Belastung die Spannung Null hat. Der Kräfteplan S stimmt daher im vorliegenden Falle überein mit dem schon vorher besprochenen, aber noch nicht gezeichneten Kräfteplane T. In Abb. 114 c ist dies nachträglich geschehen, und die Stabspannungen, die in dem gegebenen Fachwerke tatsächlich auftreten, können daraus unmittelbar entnommen werden. Gezogen sind die Stäbe 6, 8, 9, gedrückt die Stäbe 2, 7, 12; alle anderen, die in Abb. 114 a überdies durch kurze Querstriche gekennzeichnet sind, bleiben spannungslos.

Symmetrisch darf man das Fachwerk in Abb. 114 a freilich nicht annehmen, sonst kommt man auf einen Ausnahmefall. Bei der hier vorausgesetzten Belastungsart wäre freilich auch dann noch Gleichgewicht ohne unendlich große Stabspannungen möglich. Das Gleichgewicht wäre aber labil, und bei jeder Abweichung von der symmetrischen Belastung kämen unendlich große Stabspannungen vor. Man erkennt dies daraus, daß u_e bei der symmetrischen Anordnung zu Null wird, während T_e bei einer unsymmetrischen Belastung von Null verschieden ist.

Daß man gerade bei symmetrischen Figuren leicht auf Ausnahmefälle geführt wird, kann übrigens nicht überraschen, da die Symmetrie einer Figur selbst schon einen ausgezeichneten Fall bildet, der sich mit jenem anderen leicht deckt.

34. Aufgabe. Der in Abb. 115 a gezeichnete Dachbinder hat in der Mitte eine sechseckige, statisch bestimmte Grundfigur, da die drei sich in der Mitte kreuzenden Sechseckdiagonalen an der Kreuzungsstelle nicht miteinander verbunden sein sollen. Jeder Knotenpunkt des Obergurtes trägt eine Last von 3000 kg; man soll die Stabspannungen berechnen.

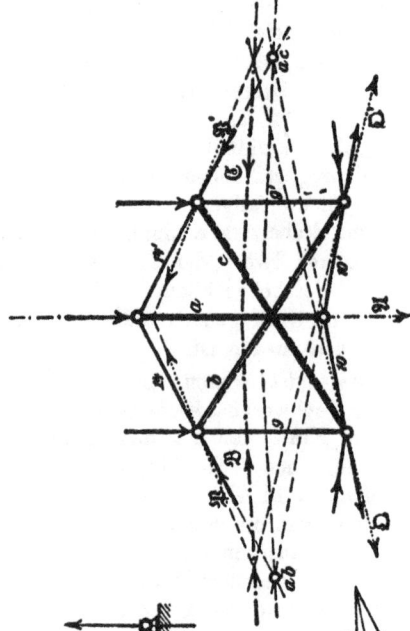

Abb. 115 a.

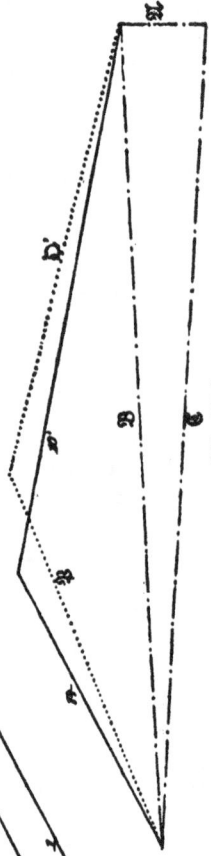

Abb. 115 d.

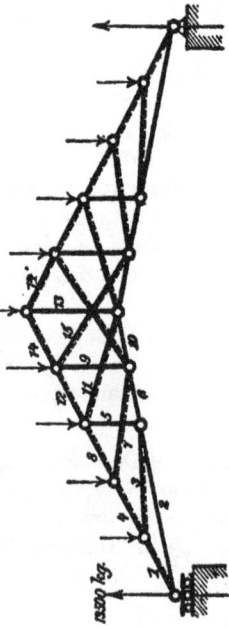

Abb. 115 e.

Last pro Knotenpunkt : 8000 kg.

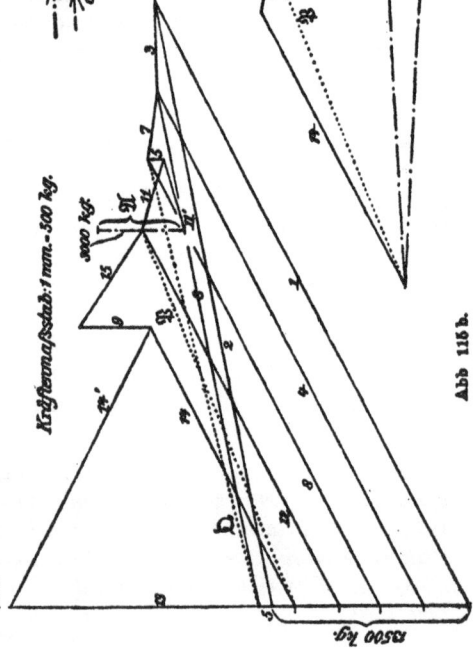

Kräftemaßstab: 1 mm. = 500 kg.

Abb 115 b.

Lösung. Die Spannungen der nicht zur Grundfigur gehörenden
Stäbe können sofort mit Hilfe des Kräfteplanes in Abb. 115b gefunden werden. Wegen der symmetrischen Belastung genügte es, ihn
nur für die linke Trägerhälfte bis zur Grundfigur hin fortzuführen;
andernfalls müßte auch für die rechte Trägerhälfte der Kräfteplan
in derselben Weise vom rechten Auflagerpunkte aus beginnend aufgetragen werden.

Die Grundfigur ist in Abb. 115c in doppelter Größe herausgezeichnet. An ihren Knotenpunkten sind vor allem die äußeren Kräfte,
also sowohl die Lasten von je 3000 kg als die bereits aus Abb. 115b
bekannten Spannungen der weggeschnittenen Stäbe anzubringen. Am
links oben gelegenen Knotenpunkte ist nur der Druckstab 12 weggeschnitten. Dessen Spannung wurde im Kräfteplane Abb. 115b mit
der Last von 3000 kg zu einer Resultierenden $\mathfrak{P}$ zusammengesetzt,
die durch eine punktierte Linie angegeben ist. Für die Grundfigur
kommt dann an diesem Knotenpunkte nur noch die Resultierende $\mathfrak{P}$
als äußere Kraft in Frage. Aus $\mathfrak{P}$ folgt sofort auch $\mathfrak{P}'$ an dem symmetrisch gelegenen Knotenpunkte der rechten Seite.

Ebenso sind auch im Kräfteplane die Spannungen der von dem
links unten liegenden Knotenpunkte weggeschnittenen Stäbe 6 und 7
zu einer Resultierenden $\mathfrak{Q}$ vereinigt, die als äußere Kraft an der
Grundfigur eingetragen ist. Ihr entspricht zugleich die symmetrisch
dazu liegende Kraft $\mathfrak{Q}'$ auf der rechten Seite.

Vom unteren, mittleren Knotenpunkte gingen vorher noch die
Stäbe 11 und 11' aus (wenn die Stäbe der rechten Hälfte auf diese
Weise bezeichnet werden). Auch ihre Spannungen sind im Kräfteplane zu einer Resultierenden vereinigt, die keine besondere Benen-
nung erhalten hat. — Am oberen Knotenpunkte der Mitte greift nur
die Last von 3000 kg an.

Nach diesen Vorbereitungen muß man sich für die Methode entscheiden, die man zur Berechnung der Stabspannungen in der Grundfigur anwenden will. Am einfachsten gestaltet sich hier die Berechnung mit Benutzung der imaginären Gelenke. Darum sind auch in
Abb. 115c die drei Sechseckdiagonalen mit den schon früher bei Besprechung dieses Verfahres benutzten Buchstaben a, b, c bezeichnet,
während sie in Abb. 115a die Nummern 13, 15 und 15' trugen.

Die imaginären Gelenke ab und ac sind in der Abbildung angegeben; das Gelenk bc fällt dagegen im vorliegenden Falle ins Unendliche, da die Verbindungsstäbe 9 und 9' von b und c parallel
zueinander sind. Dies stört nicht, sondern vereinfacht im Gegenteile
die Betrachtung.

Wir müssen ferner die an den Endpunkten der Stäbe a, b, c an-
greifenden äußeren Kräfte zu den Resultierenden $\mathfrak{A}$, $\mathfrak{B}$, $\mathfrak{C}$ zusammen-

fassen. An den Endpunkten von a greifen zwei senkrecht gerichtete Kräfte an, deren Summe die in Abb. 115 b angegebene Resultierende $\mathfrak{A}$ liefert. An den Endpunkten von b wirken die Kräfte $\mathfrak{P}$ und $\mathfrak{Q}'$, deren geometrische Summe $\mathfrak{B}$ in Abb. 115 d gebildet ist. Die Richtungslinie von $\mathfrak{B}$ ist in Abb. 115 c durch den Schnittpunkt von $\mathfrak{P}$ und $\mathfrak{Q}'$ zu ziehen. Der Symmetrie wegen hat man hiermit sofort auch die Resultierende $\mathfrak{C}$ an c.

Nun ist ein Dreieck zu zeichnen, dessen Seiten durch die Gelenke ab, ac und bc gehen und dessen Ecken auf $\mathfrak{A}$, $\mathfrak{B}$, $\mathfrak{C}$ liegen. Das Dreieck muß ferner symmetrisch sein, und die durch bc geführte Seite muß daher die unendlich ferne Gerade der Ebene sein. Die beiden anderen Dreiecksseiten sind daher die durch die Gelenke ab und ac zu $\mathfrak{B}$ und $\mathfrak{C}$ gezogenen Parallelen.

Anstatt dessen kann man aber auch eine andere Überlegung benutzen, die vielleicht anschaulicher ist. Man betrachte etwa den Stab b. Die Spannungen der Stäbe 9 und 9', die von seinen Endpunkten ausgehen, sind wegen der Symmetrie der Trägergestalt und der Belastung gleich groß und von gleichem Vorzeichen. Die Pfeile sind aber an diesen Endpunkten von entgegengesetzter Richtung, weil bei 9 der obere, bei 9' der untere Knotenpunkt in Frage kommt. Die von 9 und 9' auf b übertragenen Kräfte bilden daher ein Kräftepaar. Hiernach müssen auch die sonst noch auf b wirkenden Kräfte, nämlich $\mathfrak{B}$ und der Gelenkdruck in ab, ein Kräftepaar von entgegengesetztem Momente bilden, damit Stab b im Gleichgewichte sein kann. Auch hiermit ist bewiesen, daß der Gelenkdruck ab parallel zu $\mathfrak{B}$ geht und gleich groß damit ist.

Nachdem man die Größe und Richtung des Gelenkdruckes ab kennt, findet man durch die in Abb. 115 d vorgenommene Zerlegung nach den Richtungen von 14 und 10' sofort auch die Spannungen in diesen Verbindungsstäben von b mit a. Auch die übrigen Stabspannungen in der Grundfigur können, nachdem zwei schon bekannt sind, durch Anreihung von weiteren Kraftecken an Abb. 115 d sofort ermittelt werden. Da dies ganz einfach ist, wurden die Linien in der Abbildung weggelassen. — Die gedrückten Stäbe sind in der von früher her bekannten Weise kenntlich gemacht.

35. Aufgabe. Das in Abb. 116 a gezeichnete Traggerüst einer sogenannten Verladebrücke trägt die Last P von 10 000 kg. Man soll die davon hervorgerufenen Stabspannungen ermitteln.

Lösung. Man berechnet zunächst die Auflagerkräfte bei A und B, am einfachsten nach dem Momentensatze. Dann streicht man, falls das Hennebergsche Verfahren angewendet werden soll, etwa den Stab 5 weg und setzt dafür den durch eine gestrichelte Linie angegebenen Stab e ein. Für das so erhaltene einfache Fachwerk kann

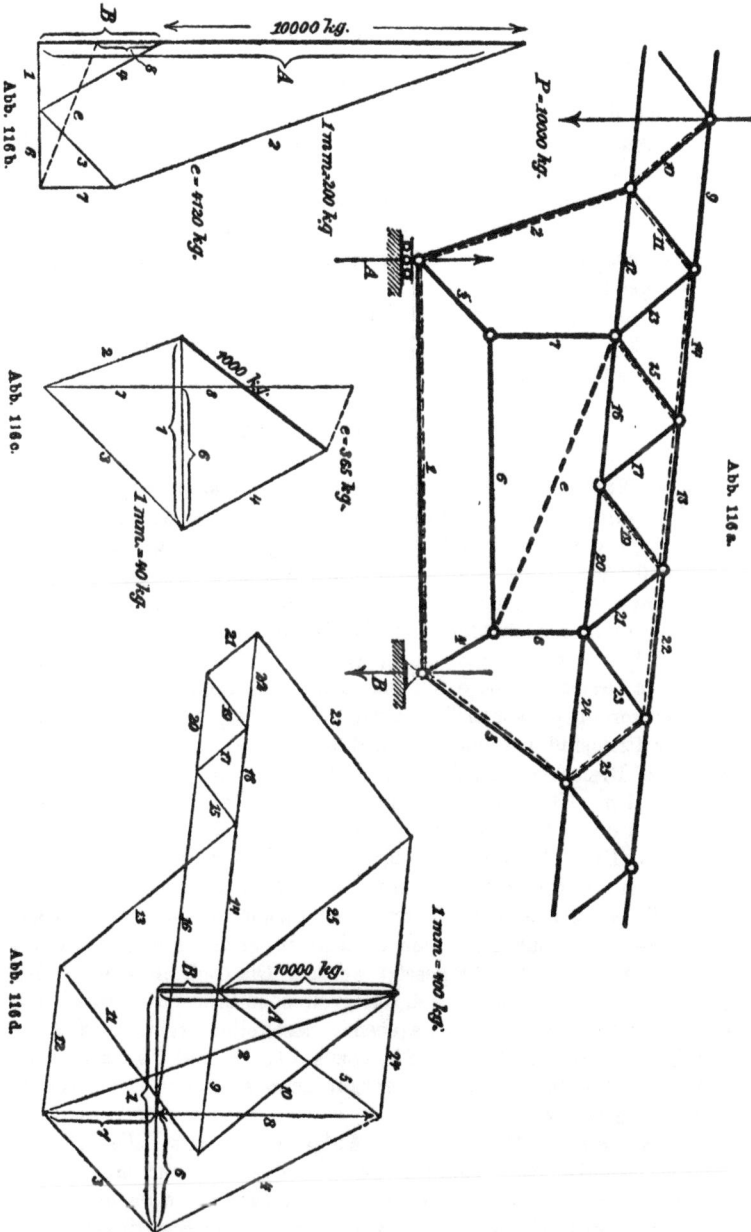

Abb. 116b.

$c = 4120$ kg.

$1\ mm = 200$ kg.

10000 kg.

Abb. 116c.

1000 kg.

$c = 365$ kg.

$1\ mm = 40$ kg.

$P = 10000$ kg.

Abb. 116a.

$1\ mm = 40$ kg.

Abb. 116d.

10000 kg.

der Kräfteplan in Abb. 116b, von dem Auflagerpunkte bei B beginnend, ohne weiteres gezeichnet werden. Man führt die Zeichnung aber nur so weit durch, bis man aus dem Kraftecke 6, 4, 8, e die Spannung des Ersatzstabes e gefunden hat.

Hierauf wurde eine Zugspannung von 1000 kg im Stabe 5 als Belastung des einfachen Fachwerkes angenommen. Die Auflagerkräfte A und B sind für diesen Belastungsfall gleich Null. Der Kräfteplan in Abb. 116c kann dafür genau wie der vorige gezeichnet werden; man bricht ihn ebenfalls ab, sobald man bis zur Stabspannung e gelangt ist.

Aus Abb. 116b findet man die Spannung T_e des Stabes e zu $+4120$ kg und aus Abb. 116c $u_e = +0,365$, woraus nach Gl. (36), S. 188, die Spannung X des beseitigten Stabes 5

$$X = -\frac{T_e}{u_e} = -\frac{4120}{0,365} = 11\,300 \text{ kg Druck}$$

folgt. — Nachdem die Spannung des Stabes 5 bekannt ist, kann man zur Herstellung des Kräfteplanes schreiten, der die in dem gegebenen Träger wirklich auftretenden Spannungen vereinigt. Dies ist in Abb. 116d geschehen. Man beginnt mit dem Kraftecke für den Auflagerpunkt B, indem man zuerst die bekannten Kräfte B und 5 aneinander reiht und Parallelen zu den Stabrichtungen 1 und 4 zieht. Dann folgen die Kraftecke A, 1, 2, 3 und 3, 6, 7. Bei dem dann folgenden Dreiecke 6, 4, 8 hat man noch eine Probe für die Richtigkeit der vorangegangenen Bestimmung der Stabspannung 5. Von den drei Kräften sind nämlich 4 und 6 bereits bekannt, und die dritte Seite des Dreieckes muß daher von selbst in die Richtung des Stabes 8 fallen. Nachher fehlen nur noch die Stabspannungen in der durch das obere Dreiecksfachwerk gebildeten Scheibe. Man zeichnet zuerst das Kräftedreieck P, 9, 10, dann das Viereck 10, 2, 11, 12 usf. Die bereits ermittelten Stabspannungen 2, 7, 8, 5 sind nämlich neben P als die an der Scheibe angreifenden Lasten aufzufassen, und der reziproke Kräfteplan kann daher leicht in gewöhnlicher Weise bis zum anderen Ende hin fortgesetzt werden. Die nach links und rechts hin an der oberen Scheibe noch übergreifenden Stäbe, die keine Nummern erhielten, sind bei der gegebenen Laststellung spannungslos. — Die Stabspannungen 16 und 20, sowie 14, 18 und 22 überdecken sich im Kräfteplane teilweise, worauf beim Abgreifen der Strecken wohl zu achten ist.

Anmerkung. Man hätte die Aufgabe auch mit Hilfe der imaginären Gelenke lösen können. Die obere Scheibe und die Stäbe 3 und 4 hängen nämlich paarweise untereinander durch imaginäre Gelenke zusammen, die durch die Schnittpunkte der Stabrichtungen 2 und 7, ferner 5 und 8, sowie 1 und 6 gebildet werden. Man hätte dann ein Gelenkdruckdreieck zu zeichnen, dessen Seiten durch diese Gelenkpunkte gehen und dessen Ecken auf den Richtungen der äußeren Kräfte P, A und B liegen. Diese Überlegung gestattet zugleich den Ausnahmefall zu erkennen, der bei der Anordnung des Stabgerüstes vermieden werden muß. Die drei Gelenke dürfen nämlich nicht auf einer Geraden liegen, d. h. die Verbindungslinie der Schnittpunkte von 2 und 7 und von 5 und 8 darf nicht parallel zu den Stabrichtungen 1 und 6 gehen. — In dieser Hinsicht gleicht übrigens, wie man leicht bemerkt, der hier besprochene Fall vollständig dem schon in Aufgabe 31 untersuchten.

36. *Aufgabe. Der in Abb. 117 gezeichnete statisch bestimmte*

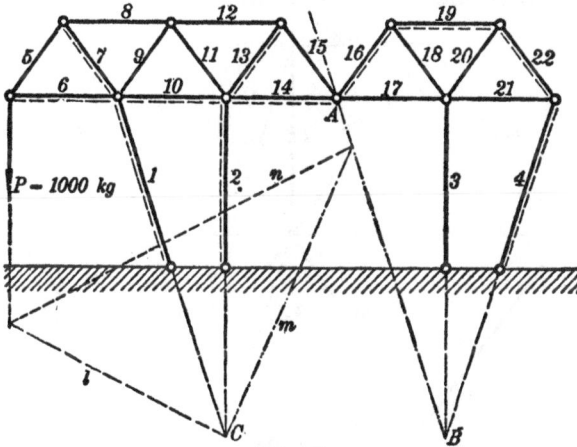

Abb. 117.

Träger mit einem Mittelgelenke und vier Stützen nimmt an dem nach links hin vorkragenden Ende eine Last P von 1000 kg auf. Man soll die Stabspannungen ermitteln.

Lösung. Obschon natürlich auch das Hennebergsche Verfahren angewendet werden kann, wollen wir uns des Verfahrens der imaginären Gelenke bedienen, da es hier schneller zum Ziele führt. Die vom Mittelgelenk A aus nach rechts hin liegende Scheibe hängt einerseits durch A mit der linken Scheibe und außerdem durch das aus den Stäben 3 und 4 gebildete imaginäre Gelenk B mit der festen Erde zusammen. Zum Gleichgewichte der rechten Scheibe, die keine Last aufzunehmen hat, gehört, daß die beiden Gelenkdrücke in B und A in eine Gerade fallen, also in die Verbindungslinie BA. Betrachtet man hierauf das Gleichgewicht der linken Scheibe, so wirken

16*

daran drei äußere Kräfte, nämlich die Last P, der in die Richtung BA fallende Gelenkdruck im Mittelgelenk und der durch das imaginäre Gelenk C, das aus den Stäben 1 und 2 gebildet wird, übertragene Auflagerdruck. Die Richtungslinien der drei Kräfte müssen sich in einem Punkte schneiden; verlängert man daher die Linie BA, bis sie die Richtungslinie von P schneidet, so muß durch diesen Schnittpunkt auch der durch C übertragene Auflagerdruck gehen. Sind die Richtungslinien auf diese Weise ermittelt, so folgen die Größen der Kräfte aus einem Kräftedreieck.

Da der Schnittpunkt von BA mit P zu weit wegfiel, wurde in der Abbildung die Zerlegung von P nach den Richtungslinien der Gelenkdrücke mit Hilfe eines Seilecks vorgenommen. Zu diesem Zwecke zeichnet man irgendein Dreieck l, m, n, so daß eine Ecke

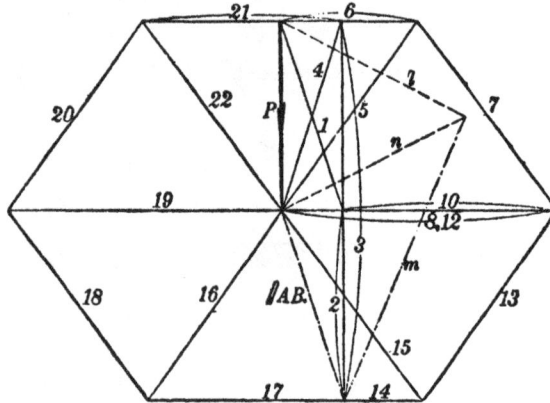

Abb. 118.

auf C fällt und die anderen Ecken auf der Richtungslinie von P und auf AB irgendwo liegen. Dieses Dreieck sieht man als ein zwischen den drei Kräften bestehendes geschlossenes Seileck an und zeichnet dazu den Kräfteplan in Abb. 118. Der Gelenkdruck bei A wird durch die zwischen n und m liegende, zu AB parallel gezogene Strecke angegeben; der Gelenkdruck bei C durch die in der Abbildung nicht ausgezogene Verbindungslinie der Endpunkte von l und m. Der erste Gelenkdruck ist sofort nach den Richtungen 3 und 4 sowie auch nach 14 und 15 und nach 16 und 17 zu zerlegen; der Gelenkdruck bei C nach den Richtungen von 1 und 2.

Das Vieleck P, 1, 2, 3, 4 bildet nun das Krafteck der an dem oberen Binder angreifenden äußeren Kräfte, an das der reziproke Kraftplan in gewohnter Weise weiter angeschlossen werden kann. Hierbei ergibt sich, daß die Stäbe 9 und 11 spannungslos sind. Die

Vorzeichen der übrigen Stabspannungen sind durch Schattenstriche
kenntlich gemacht.

37. Aufgabe. *Der in Abb. 119 gezeichnete Fachwerkträger stützt
sich rechts auf ein Rollenlager, links auf die beiden Stangen 1 und 2,*

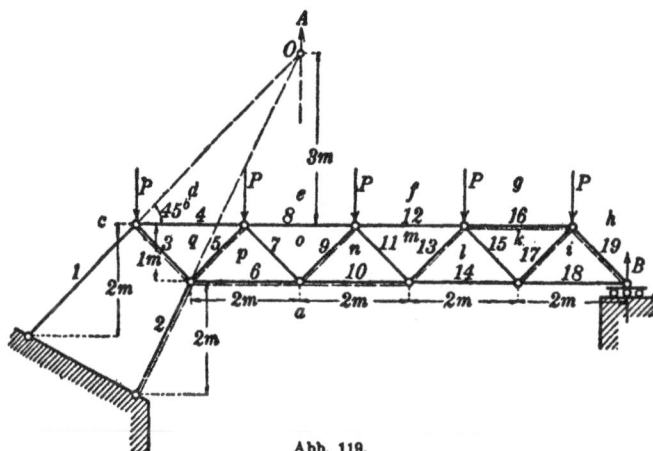

Abb. 119.

*die zusammen einem imaginären Gelenke O gleichwertig sind. Die
Knotenpunkte des Obergurtes tragen Lasten P von je 1000 kg. Man
soll zuerst den Auflagerdruck B am rechten Auflager und die Spannungen in den Stangen 1 und 2 berechnen und hierauf einen reziproken Kräfteplan für den Träger
zeichnen.*

Lösung. Als äußere Kräfte
wirken an dem Träger die fünf
Lasten P, der Auflagerdruck B
am rechten Ende und der durch
das imaginäre Gelenk O gehende,
durch die Stangen 1 und 2 ver-
mittelte Auflagerdruck A. Dieser muß, damit die geometrische
Summe aller äußeren Kräfte
verschwindet, ebenfalls senkrecht gerichtet sein. Den Auflagerdruck B findet man aus

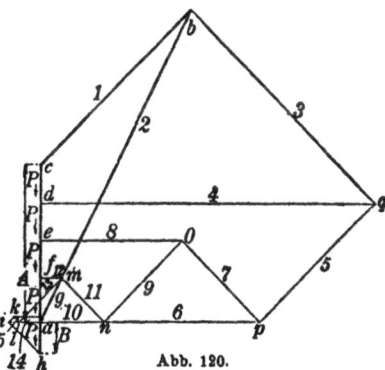

Abb. 120.

einer für den Punkt O aufgestellten Momentengleichung. In dieser
heben sich die Momente von vier der fünf Lasten P gegeneinander
weg, da zwei von ihnen im negativen, die beiden folgenden im positiven Sinne drehen und die Hebelarme nach links und rechts gleich

sind. Es bleibt daher das Moment der letzten Kraft P nach rechts hin übrig, das dem Momente von B gleich sein muß. Daraus folgt

$$B = \frac{1000 \cdot 5}{6} = 833 \text{ kg.}$$

Hiernach ist $A = 5000 - 883 = 4167$ kg. Aus dem mit starken Strichen in Abb. 120 angegebenen Kräftedreiecke findet man die Spannungen in den Auflagerstäben 1 und 2 zu $+ 5800$ und $- 9200$ kg. Die Zeichnung des sich an dieses Dreieck anschließenden reziproken Kräfteplanes kann nach den gewöhnlichen Regeln erfolgen und bedarf keiner weiteren Erläuterung. Die auf Druck beanspruchten Stäbe sind in der Binderfigur wie üblich durch beigesetzte Schattenstriche gekennzeichnet.

Fünfter Abschnitt.

Das Fachwerk im Raume.

§ 42. Notwendige Stäbe und Auflagerbedingungen.

Im vorigen Abschnitte handelte es sich nur um den Widerstand, den ein ebener Stabverband gegen Formänderungen innerhalb seiner eigenen Ebene zu leisten vermag, und um die Spannungen, die in den Stäben durch Lasten hervorgerufen werden, die selbst alle in der Trägerebene enthalten sind. Gegen Formänderungen, bei denen die Knotenpunkte aus ihrer Ebene heraustreten, sind jedoch die ebenen Fachwerke an sich ganz widerstandslos oder sie vermögen wenigstens einen gewissen, geringen Widerstand gegen solche Formänderungen nur insoweit zu leisten, als der Biegungswiderstand der Stäbe und die Steifigkeit der Knotenpunkte dazu führen. Daher sind auch die Lehren des vorigen Abschnittes für die Beurteilung der Steifigkeit eines Stabverbandes nur unter der ausdrücklichen Voraussetzung anwendbar, daß auf irgendeine Art ausreichende Fürsorge dafür getroffen ist, daß die Knotenpunkte nicht aus der Verbandebene heraustreten können.

Hieraus erhellt, daß die Theorie des Fachwerkes erst dadurch zu einer allgemeineren Fassung gelangen kann, die allen bei ihrer praktischen Anwendung auftretenden Bedingungen gerecht wird, daß man die Fachwerke als Gebilde des dreifach ausgedehnten Raumes auffaßt. Dies hindert nicht, daß man, wie es auch hier geschehen ist, zuerst die einfacheren Betrachtungen über das ebene Fachwerk erledigt und sich erst nachher in die verwickelteren Bedingungen vertieft, die sich im dreifach ausgedehnten Raume oder kürzer im „Raume" geltend machen.

Wir haben hier vor allem wieder die Frage zu beantworten,
wieviel Stäbe erforderlich sind, um n Knotenpunkte, die jedenfalls nicht alle in derselben Ebene liegen dürfen, zu einem Stabgerüst von unveränderlicher Gestalt zu verbinden. Dabei sind
wieder verschiedene Bildungsgesetze möglich, entsprechend jenen,
die wir schon beim ebenen Fachwerke kennen lernten. Wir
gehen aber wie dort zunächst von der einfachsten Art des Aufbaues oder wenigstens von jener aus, die sich bei der ersten Betrachtung als die einfachste darbietet.

Zunächst verbinden wir wieder drei der Knotenpunkte durch
drei Stäbe zu einem Dreiecke, denn das Dreieck ist bei unveränderlichen Seitenlängen auch im dreifach ausgedehnten Raume
keiner Gestaltänderung fähig. Ein vierter Knotenpunkt, der mit
den vorigen nicht in derselben Ebene liegen darf, kann hierauf
durch drei Stäbe mit diesen steif verbunden werden. Hierbei
entsteht ein Tetraeder, dessen Gestalt ebenfalls unveränderlich
ist, solange sich die Stablängen nicht ändern. Der Ausnahmefall
kann hier nur eintreten, wenn die vier Ecken in eine Ebene
fallen, das Tetraeder selbst also als solches verschwindet und
einer in der Ebene geometrisch überbestimmten, im Raume aber
unendlich wenig verschieblichen ebenen Figur Platz macht. Diesen Fall haben wir aber schon ausgeschlossen.

Auch jeder folgende Knotenpunkt kann an die vorigen durch
drei Stäbe unverschieblich angeschlossen werden, wenn nur darauf geachtet wird, daß die drei Anschlußstäbe niemals in einer
Ebene liegen dürfen. Dies folgt sowohl aus der geometrischen
Betrachtung wie aus der statischen Bedingung, daß die Spannungen in den Anschlußstäben ausreichen müssen, um gegen
jede Last, die an dem angeschlossenen Knotenpunkte angreifen
mag, das Gleichgewicht zu sichern.

Für jeden anzuschließenden Knotenpunkt müssen wir hiernach drei Stäbe aufwenden, und nur im Anfange genügten zur
Verbindung der drei Ausgangsknotenpunkte drei Stäbe. Hiernach ist die Zahl m der notwendigen Stäbe

$$m = 3n - 6. \qquad (54)$$

Natürlich können auch hier wieder nachträglich überzählige Stäbe zwischen die bereits steif miteinander verbundenen Knotenpunkte eingeschoben werden, wodurch das räumliche Fachwerk in ein geometrisch überbestimmtes und zugleich statisch unbestimmtes übergeht. Die hierüber bereits beim ebenen Fachwerke durchgeführten Betrachtungen bleiben auch hier gültig und brauchen nicht nochmals wiederholt zu werden. In diesem Abschnitte soll übrigens nur von den geometrisch und statisch bestimmten räumlichen Fachwerken die Rede sein.

Ferner kann man auch beim räumlichen Fachwerke von den nach dem soeben besprochenen Plane aufgebauten zu Fachwerken von abweichender Gliederung durch das schon früher angewendete Mittel der Stabvertauschung übergehen. Beseitigt man nämlich einen Stab, so erhält man einen zwangläufigen Mechanismus, und der damit gegebene Freiheitsgrad kann wieder beseitigt, die Steifigkeit also wieder hergestellt werden, indem man irgend zwei Knotenpunkte, die bei einer Bewegung des Mechanismus ihren Abstand ändern müßten, durch einen neuen Stab miteinander verbindet.

Die Zahl der durchschnittlich von einem Knotenpunkte ausgehenden Stäbe folgt aus Gl. (54) zu

$$\frac{2m}{n} \quad \text{oder} \quad 6 - \frac{12}{n};$$

sie bleibt also stets kleiner als sechs. Bei den gewöhnlich vorkommenden Fachwerkformen, sofern sie eine große Zahl von Knotenpunkten enthalten, gehen von den meisten Knotenpunkten je sechs Stäbe aus, während bei einigen Knotenpunkten die Zahl geringer ist. Jedenfalls müssen bei einem statisch bestimmten räumlichen Fachwerke Knotenpunkte vorkommen, von denen höchstens fünf Stäbe ausgehen. Andererseits dürfen von keinem Knotenpunkte weniger als drei Stäbe ausgehen, und außerdem dürfen die von einem Knotenpunkte ausgehenden Stäbe niemals alle in derselben Ebene enthalten sein.

Wie beim ebenen Fachwerke die Scheibe, kann man hier den starren Körper als Fachwerkbestandteil mit einführen. Man kann sich darunter selbst wieder ein in sich steif verbundenes räum-

liches Fachwerk oder auch einen zusammenhängenden Körper
vorstellen. Namentlich die ganze feste Erde kann als Fachwerkbestandteil aufgefaßt werden, und man gewinnt damit auf einfachste Weise den Übergang von den nicht festgehaltenen, sondern nur in sich unverschieblichen Fachwerken zu zahlreichen
Fachwerkträgern, nämlich zu allen, bei denen keine verschieblichen Auflager vorkommen.

Hat ein räumliches Fachwerk **einen** starren Körper und
n freie (d. h. nicht zu diesem gehörige) Knotenpunkte, so beträgt
die Zahl der notwendigen Stäbe

$$m = 3n, \tag{55}$$

denn jeder freie Knotenpunkt wird durch je drei Stäbe unverschieblich angeschlossen. Dabei ist es aber nicht nötig, daß auch
wirklich von jedem Knotenpunkte drei Stäbe unmittelbar zum
starren Körper geführt sind. Man kann, nachdem schon ein Knotenpunkt angeschlossen ist, einen der Verbindungsstäbe zum
zweiten Knotenpunkte auch von jenem aus führen, und später
braucht man überhaupt keine Stäbe mehr unmittelbar vom starren Körper ausgehen zu lassen. Außerdem kann man nachträglich auch noch Stabvertauschungen vornehmen. Es kommt also
im wesentlichen nur auf die Zahl der Verbindungsstäbe an, obschon natürlich Mißgriffe in der Verteilung der Stäbe, wie sie
schon beim ebenen Fachwerke besprochen wurden, oder Ausnahmefälle, die nicht durch die Gliederung im allgemeinen, sondern dadurch bedingt sind, daß ein Stab im Maximum oder Minimum seiner Länge steht, hierbei vermieden sein müssen.

Enthält das Fachwerk mehr als einen, also etwa *r* starre Körper,
so kann man sich zunächst zwei derselben verbunden denken. Hierzu
braucht man sechs Stäbe. Dies geht einerseits daraus hervor, daß ein
starrer Körper gegen den anderen sechs Freiheitsgrade hat, so daß
sechs Fesseln nötig sind, von denen jede einen Freiheitsgrad aufhebt,
und andererseits auch daraus, daß jede an dem einen Körper auftretende Last nach sechs Richtungslinien eindeutig zerlegt werden kann.
Natürlich müssen dabei die schon im dritten Abschnitte besprochenen
Ausnahmefälle vermieden werden: es darf sich also keine Gerade
ziehen lassen, die alle sechs Stabrichtungen schneidet, und insbesondere
dürfen nicht mehr als drei Stabrichtungen durch denselben Punkt
gehen, und nicht mehr als drei dürfen in derselben Ebene enthalten sein.

Auch jeder folgende starre Körper kann durch sechs Stäbe an die vorigen, und jeder freie Knotenpunkt durch drei Stäbe angeschlossen werden. Im ganzen beträgt daher die Stabzahl in diesem allgemeinen Falle

$$m = 3n + 6(r-1) = 3n - 6 + 6r, \tag{56}$$

womit auch Gleichung (54) für $r = 0$ mit umfaßt wird. Auch hier ist es natürlich nicht nötig, daß die Stäbe genau so verteilt sind, wie wir jetzt annahmen; man kann vielmehr nachträglich noch Stabvertauschungen vornehmen. Jedenfalls dürfen aber von keinem starren Körper weniger als sechs und von keinem freien Knotenpunkte weniger als drei Stäbe ausgehen.

In Verbindung hiermit soll sofort auch die Frage der Auflagerbedingungen erledigt werden. Nötigt man einen Knotenpunkt, auf einer bestimmten Fläche zu bleiben, die man sich für eine unendlich kleine Verschiebung auch durch ihre Berührungsebene ersetzt denken kann, so schreibt man ihm eine Auflagerbedingung vor. Von den sechs Freiheitsgraden des starren Körpers wird nämlich dadurch, wenn sonst keine Bewegungsbeschränkung vorliegt, nur einer vernichtet. Wird der Knotenpunkt genötigt, auf einer Linie zu bleiben, so entspricht dies zwei Auflagerbedingungen, und der Körper hat, wenn kein anderes Hindernis vorliegt, noch vier Freiheitsgrade. Wählt man nämlich den Auflagerpunkt als Anfangspunkt für die Beschreibung der Bewegung, so müssen von den sechs Komponenten der Vektoren $\mathfrak{v}_0$ und $\mathfrak{u}$, durch die der Geschwindigkeitszustand gekennzeichnet wird, zwei Komponenten von $\mathfrak{v}_0$ verschwinden, da $\mathfrak{v}_0$ nur in die Richtung der Auflagerbahn fallen kann. — Einem vollständig festgehaltenen Knotenpunkte sind drei Auflagerbedingungen vorgeschrieben.

Die Zahl der Auflagerbedingungen, die man einem starren Körper im ganzen vorschreiben muß, um ihn festzuhalten, beträgt sechs, nämlich soviel als die Zahl der Freiheitsgrade, die aufzuheben sind. Die sechs Auflagerbedingungen müssen sich auf mindestens drei Knotenpunkte verteilen. Wollte man zwei Knotenpunkte vollständig festhalten, so würde dies nur fünf voneinander unabhängigen Auflagerbedingungen entsprechen. Denkt man sich nämlich einen Knotenpunkt festgehalten und den an-

deren längs irgendeiner Linie beweglich, so kann sich dieser
schon nicht mehr bewegen, da er wegen des Zusammenhanges
im starren Körper seinen Abstand von dem festgehaltenen Punkte
nicht zu ändern vermag.

Man kann also etwa einem Knotenpunkte eine, einem zweiten zwei und einem dritten drei Auflagerbedingungen vorschreiben. Oder man kann auch die sechs Auflagerbedingungen auf
sechs Knotenpunkte verteilen, von denen dann jeder auf einer
Fläche gelagert ist, längs deren er sich, wenn sonst kein Hindernis vorläge, frei zu verschieben vermöchte. Außerdem vermag
man auch, wie schon bei den ebenen Trägern, eine größere Zahl
von Auflagerbedingungen einzuführen, ohne den Träger dadurch
statisch unbestimmt zu machen, falls man dafür eine entsprechende Zahl von Stäben aus dem Verbande herausnimmt.

Bezeichnet man die Zahl der Auflagerbedingungen mit p,
so erhält man an Stelle von Gl. (54)

$$m = 3n - p; \qquad (57)$$

denn um ebensoviel, als p größer wird als 6, ist m zu vermindern,
damit der Träger nicht statisch unbestimmt wird.

Die Auflagerbedingungen vermag man übrigens
stets auch durch Stäbe von hinreichender Länge zu erfüllen, die von der festen Erde nach den Auflagerkno-
tenpunkten geführt sind. Ist ein Knotenpunkt nur durch
einen Stab mit der festen Erde verbunden, so wird er dadurch
genötigt, auf einer Kugelfläche zu bleiben, deren Halbmesser
gleich der Länge des Stabes ist. Zwei Stäbe führen den Knotenpunkt auf einer Linie; er muß nämlich auf dem Kreise bleiben,
in dem sich die den beiden Stäben zugehörigen Kugelflächen
schneiden. Drei Stäbe halten den Knotenpunkt vollständig fest.
Jeder Stab entspricht daher einer Auflagerbedingung.

Infolgedessen vermag man auch die nähere Untersuchung der Auflagerbedingungen ganz zu umgehen,
indem man sie sich alle durch Stäbe ersetzt denkt; abgesehen von den festgehaltenen Knotenpunkten, die man unmittelbar als Punkte der festen Erde betrachtet. Man kann dann

jeden räumlichen Fachwerkträger auch als ein Fachwerk auf-
fassen, das die Erde als starren Körper enthält und in dem nur
Verbindungsstäbe, sonst aber keine Bewegungsfesseln, die als
Auflagerbedingungen zu bezeichnen wären, vorkommen.

Schließlich sei noch darauf aufmerksam gemacht, daß man bei
der Theorie des ebenen Fachwerkes jedem Knotenpunkte im Grunde
genommen eine Auflagerbedingung vorschreibt, von der dort freilich
gar keine Rede ist. Man setzt nämlich voraus, daß die Knotenpunkte
genötigt seien, in ihrer Ebene zu bleiben, und dies entspricht in der
Tat, sobald wir den Stabverband im dreifach ausgedehnten Raume
betrachten, einer Auflagerbedingung. Diese n Auflagerbedingungen
bewirken einerseits, daß das Stabgerüst auch im Raume seine Gestalt
nicht ändern kann, und sie führen andererseits zugleich eine Beschrän-
kung in der Bewegungsfreiheit des unveränderlichen Stabgebildes
herbei. Es kann sich nachher nur noch in der gemeinsamen Auflager-
ebene bewegen, hat also nur noch drei Freiheitsgrade. Berücksichtigt
man dies, so gehen die Formeln für die notwendige Stabzahl beim
räumlichen Fachwerke ohne weiteres in die beim ebenen Fachwerke über.

§ 43. Das Flechtwerk.

Die Formen, in denen das räumliche Fachwerk, namentlich
bei einer größeren Zahl von Knotenpunkten, aufzutreten vermag,
sind überaus mannigfaltig. Unter ihnen zeichnet sich aber eine
bestimmte Art des Aufbaues ihrer einfachen Gesetzmäßigkeit
wegen besonders aus. Auch für die Anwendungen sind Fachwerke von der Gliederung, die ich hier meine, von besonderer
Wichtigkeit, und es rechtfertigt sich daher, eine besondere Bezeichnung für sie einzuführen: ich nenne sie Flechtwerke.

Ein Flechtwerk ist ein räumliches Fachwerk, dessen Knotenpunkte und Stäbe sämtlich auf einem Mantel enthalten sind, der einen einfach zusammenhängenden inneren Raum umschließt.

Um zu erkennen, daß räumliche Fachwerke von dieser Art
möglich sind, geht man von einem Satze der Stereometrie aus,
den Euler über die Zahl der Ecken, Kanten und Seitenflächen
in einem Polyeder aufgestellt hat. Der Satz gilt nur für Polyeder mit einfach zusammenhängendem Innenraume und kann für
diese durch eine einfache Überlegung bewiesen werden.

Beginnt man nämlich beim Aufbaue des Polyeders zunächst mit einer Seitenfläche, so hat man damit schon eine Seitenfläche, eine Anzahl Kanten und ebensoviel Ecken des Polyeders. Setzt man eine neue Seitenfläche daran, so kommt eine neue Kante mehr dazu als neue Ecken, weil diese zwischen jenen liegen. Dies gilt auch beim Ansetzen weiterer Seitenflächen, und wir können sagen, daß die Zahl der neu hinzukommenden Kanten ebenso groß ist als die Zahl der neu hinzukommenden Ecken, vermehrt um die Zahl der hinzukommenden Seitenflächen. Nur zuletzt, wenn der Mantel des Polyeders durch Einfügen der letzten Seitenfläche geschlossen wird, tritt weder eine neue Ecke noch eine neue Kante, wohl aber eine neue Seitenfläche auf. Die Zahl der Ecken und Seitenflächen bleibt also sonst immer gleich der Zahl der Kanten, mit Ausnahme des Anfanges und des Endes, wo jedesmal eine Seitenfläche mehr auftritt, als zur Herstellung des Ausgleiches zwischen jenen Zahlen erforderlich wäre. Wird also die Zahl der Kanten mit m, die Zahl der Ecken mit n, die Zahl der Seitenflächen mit f bezeichnet, so hat man

$$m = n + f - 2, \qquad (58)$$

und diese Gleichung spricht den Eulerschen Satz aus.

Wir wollen den Satz auf den besonderen Fall anwenden, daß alle Seitenflächen Dreiecke sind. In diesem Falle besteht noch ein weiterer Zusammenhang zwischen m und f. Das Dreifache von f gibt nämlich die Zahl der Kanten an, die man erhält, wenn man in jedem Dreiecke die Kanten von neuem zählt. Hierbei wird aber jede Kante, die immer eine Grenze zwischen zwei Dreiecken bildet, doppelt gezählt, und die Anzahl der Polyederkanten beträgt daher gerade die Hälfte von $3f$.

Mit $m = \frac{3f}{2}$ oder $f = \frac{2m}{3}$ geht aber Gl. (58) über in

$$\frac{m}{3} = n - 2 \quad \text{oder} \quad m = 3n - 6,$$

und damit ist, wie ein Vergleich mit Gl. (54) lehrt, nachgewiesen, daß die Zahl der Kanten in einem von lauter Dreiecken umschlossenen Polyeder mit einfach zusammenhängendem Innenraume gerade ausreicht, um bei unveränderlicher Länge die Ecken unverschieblich miteinander zu verbinden. Hiermit ist auch die Möglichkeit der Flechtwerke erkannt und zugleich nachgewiesen, daß sie nicht nur stabile, sondern zugleich auch statisch bestimmte Fachwerke bilden. Man muß sich nur vorbehalten, daß Ausnahmefälle, die hier natürlich ebensogut wie beim ebenen Fachwerke vorkommen können, vermieden werden. Dann kann man sagen:

Jede aus Dreiecken zusammengesetzte Mantelfläche, die einen einfach zusammenhängenden Raum vollständig umschließt, liefert im allgemeinen, wenn man die Kanten als Stäbe und die Ecken als Knotenpunkte auffaßt, ein stabiles und statisch bestimmtes Fachwerk, das man ein Flechtwerk nennt.

Hierbei ist nicht nötig, daß alle Dreiecke des Mantels in verschiedenen Ebenen liegen; nur dürfen nicht alle Dreiecke, die von einer Ecke ausgehen, in derselben Ebene liegen, weil dies sonst auch von den Stäben an dieser Ecke zuträfe und weil der Knotenpunkt gegen Verschiebungen senkrecht zu der Ebene alsdann nicht genügend abgestützt wäre. — Ob im übrigen ein Ausnahmefall vorliegt oder nicht, entscheidet man am einfachsten dadurch, daß man die Stabspannungen berechnet. Bleiben diese für beliebige endliche Lasten stets endlich, so ist der Ausnahmefall vermieden.

Flechtwerkmäntel vermag man selbst wieder von sehr verschiedenen Gestalten anzugeben, und man erkennt daraus leicht den Formenreichtum im Gebiete des räumlichen Fachwerkes. Von den regelmäßigen Polyedern sind z. B. das Tetraeder, das Oktaeder und das Ikosaeder ohne weiteres Flechtwerke; beim Würfel und beim Dodekaeder muß man jede Seitenfläche durch Einschalten von Diagonalen in Dreiecke zerlegen, um Flechtwerke zu erhalten.

Zieht man auf einer Kugel eine Anzahl von Meridianen und Parallelkreisen, wie bei der Gradeinteilung auf einem Erdglobus, betrachtet die Schnittpunkte als Knotenpunkte und die zu den Kreisbögen zwischen zwei aufeinanderfolgenden Knotenpunkten gehörigen Sehnen als Stäbe, so braucht man nur noch in jedes vierseitige Fach einen Diagonalstab einzuschieben, um zu einem Flechtwerke zu gelangen. Bei einem Ellipsoide oder einer geschlossenen Fläche von ähnlicher Art führt dasselbe Verfahren, das leicht auch noch ein wenig abgeändert werden kann, falls man dabei nur zu einem aus Dreiecken zusammengesetzten Mantel gelangt, ebenfalls zum Ziele.

Übrigens macht es auch nicht viel aus, wenn man bei dem in der beschriebenen Weise erhaltenen Kugelflechtwerke die Stäbe nicht geradlinig ausführt, sondern sie nach den Meridian- und Parallelkreisen, denen sie folgen, krümmt. Denn auch ein Stab, der zwischen seinen beiden Knotenpunkten ein wenig gekrümmt ist, vermag Entfernungsänderungen seiner Endpunkte zu verhüten, ohne dabei wesentlich auf Biegung beansprucht zu werden, solange nur die kreisförmige Stabachse sich von der zugehörigen Sehne nicht viel entfernt. Die Zahl der Knotenpunkte oder, was auf dasselbe hinauskommt, die Zahl der Meridiane und Parallelkreise, darf also in diesem Falle nicht zu klein gewählt sein. Andererseits soll freilich die Zahl der Knotenpunkte auch nicht zu groß sein, weil sich sonst die von einem Knotenpunkte ausgehenden Stäbe zu wenig von der Tangentialebene an die Kugel abheben. Liegen die Stäbe nämlich nahezu in einer Ebene, so nähern wir uns dem Ausnahmefalle und wir erhalten für Einzellasten an einem solchen Knotenpunkte, die eine Komponente rechtwinklig zur Tangentialebene haben, große Stabspannungen.

Ein anderer Fall wird durch das in Abb. 121 vorgeführte Zylinder- oder Tonnenflochtwerk gebildet. Wie vorher die Kugel, kann man sich auch einen Zylindermantel durch eine Anzahl von Parallelkreisen und durch Zylindererzeugende in vierseitige Fächer zerlegt denken, die durch Einschalten von Diagonalen in Dreiecke geteilt werden können. Um einen geschlossenen Flechtwerkmantel zu erhalten, muß man aber dann auch noch die beiden Basispolygone durch Diagonalen in Dreiecke zerlegen.

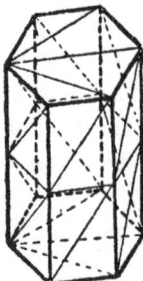
Abb. 121.

Da die Bögen, wenn man ursprünglich von einem Zylinder ausging, nachträglich durch die zugehörigen Sehnen ersetzt werden müssen, wenn man nur geradlinige Stäbe anwenden will, erscheint der Flechtwerkmantel schließlich in der Gestalt eines Prismas. Bemerkenswert ist dabei, daß man sich dieses Flechtwerk auch durch Aneinanderfügen von lauter ebenen Fachwerken entstanden denken kann. Die auf jeder Seitenfläche des Prismas liegenden Stäbe bilden nämlich für sich genommen ein ebenes Fachwerk mit parallelen Gurten. Dabei haben je zwei aufeinanderfolgende ebene Fachwerke die dazwischenliegende Gurtung gemeinsam. Von diesem Umstande kann man Gebrauch machen, um die Berechnung der Stabspannungen im Tonnenflechtwerke bei gegebenen Lasten auf die Berechnung der Stabspannungen in den ebenen Fachwerken zurückzuführen.

Schließlich kann, um noch einen anderen einfachen und wichtigen Fall hervorzuheben, das Prisma in Abb. 121 auch durch eine abgestumpfte Pyramide ersetzt werden, ohne daß sich sonst etwas änderte. Außerdem steht auch nichts im Wege, diese Pyramide bis zur Spitze hin durchzuführen. Das eine Basispolygon fällt dann fort und wird durch die Spitze ersetzt. Man gelangt so zu den bei neueren Kirchturmbauten oft zugrunde gelegten Pyramidenflechtwerken, die sich von den älteren Konstruktionen, wie alle Flechtwerke, durch den Umstand unterscheiden, daß der von dem Mantel umschlossene Innenraum von keinen Stäben durchsetzt wird.

Um von einem Flechtwerke zu einem Flechtwerkträger zu gelangen, kann man zwei verschiedene Wege einschlagen. Zunächst kann man sechs voneinander unabhängige Auflagerbedingungen vorschreiben, durch die das Flechtwerk gegen die Erde festgehalten wird. Man erhält damit einen statisch bestimmten Träger, der an seinen Knotenpunkten beliebig gerichtete Lasten aufzunehmen vermag, die nicht alle in derselben Ebene zu liegen brauchen. Die Auflagerbedingungen kann man sich auch durch Stäbe ersetzt denken, die von der Erde nach dem Flechtwerke geführt sind. Von früher her ist schon bekannt, welche Ausnahmefälle bei der Anordnung der sechs Verbindungsstäbe vermieden werden müssen, um eine steife Verbindung herzustellen. Ein Beispiel für einen in dieser Weise gewonnenen Fachwerkträger wird in § 47 behandelt werden. Zieht man mehr als sechs Verbindungsstäbe, so wird der Träger statisch unbestimmt; man kann aber dann, ebenso wie es schon in der Lehre vom ebenen Fachwerke besprochen wurde, durch Fortlassen einer entsprechenden Anzahl von Stäben des Flechtwerkes die statische Bestimmtheit wieder herstellen.

Ein anderer Weg zur Gewinnung von Flechtwerkträgern wird durch die folgende Überlegung gewiesen. Man denke sich ein Flechtwerk durch einen beliebigen Schnitt in zwei Teile getrennt.

Jeder Teil für sich ist dann nicht mehr steif, wenigstens dann nicht, wenn der Schnitt, wie es gewöhnlich der Fall sein wird, mehr als sechs Stäbe trifft. Nimmt man aber den einen Teil und verbindet ihn durch die vom Schnitte getroffenen Stäbe mit der festen Erde, so erhält man auf jeden Fall einen unverschieblichen Stabverband. Denn schon der Zusammenhang mit dem für sich nicht steifen Reste, der bei der Führung des Schnittes wegfiel, reichte aus, um Gestaltänderungen auszuschließen. Um so mehr muß also der Zusammenhang mit einem starren Körper denselben Erfolg herbeiführen.

Zugleich macht uns diese Betrachtung freilich auch darauf aufmerksam, daß der Flechtwerkträger, den man auf solche Art erhält, geometrisch überbestimmt und darum zugleich auch statisch unbestimmt ist. Wenn man darin einen Mangel erblickt, so kann man ihm nachträglich wieder dadurch abhelfen, daß man noch eine entsprechende Anzahl von Stäben aus dem Flechtwerkverbande entfernt.

§ 44. Die Schwedlersche Kuppel.

Das älteste und bis auf den heutigen Tag eines der wichtigsten Beispiele für die praktische Ausführung eines folgerichtig aufgebauten Flechtwerkträgers bildet die von Schwedler herrührende Kuppelkonstruktion. Man gelangt zu ihr, indem man von einem Kugelflechtwerke eine Haube abschneidet und sie mit der Erde durch die vom Schnitte getroffenen Stäbe verbindet. Entfernt man nachträglich noch die Spitze mit den von ihr ausgehenden Stäben, so daß der Tragverband in einem „Nabelringe" endet, so wird der Flechtwerkträger statisch bestimmt. Auf die Kugelgestalt des Mantels kommt es übrigens hierbei nicht an: ebenso gut als nach der Kugel kann man vielmehr den Flechtwerkmantel auch nach irgendeiner anderen Umdrehungsfläche gestalten. Der Meridian der Umdrehungsfläche kann selbst geradlinig sein, und das alsdann entstehende Kegeldach ist nur als ein besonderer Fall der Schwedlerschen Kuppel aufzufassen.

Abb. 122 zeigt eine Schwedlersche Kuppel mit offenem Nabelringe in Aufriß und Grundriß. Daß sie die zur Herstellung eines

steifen Verbandes erforderliche Zahl von Stäben umfaßt, kann durch Nachzählen leicht festgestellt werden. Man hat nämlich ebensoviel Ringstäbe, ferner ebensoviel Sparrenstäbe (so sollen die längs der Meridiane verlaufenden genannt werden) und auch ebensoviel Diagonalstäbe, als freie Knotenpunkte vorkommen, also die nach Gl. (55) erforderliche Zahl. Wird außerdem noch ein Auflagerring ausgeführt, der die Auf-
lagerpunkte mitein-
ander verbindet, wie
es gewöhnlich ge-
schieht, so wird da-
durch an der stati-
schen Bestimmtheit
der Kuppel nichts
geändert, denn die
Stäbe des Auflager-
ringes dienen nur
zur Verbindung von
Punkten der festen
Erde, helfen also die
von vornherein vor-
ausgesetzte Starrheit
des Widerlagers her-
stellen, die ohne sie
vielleicht nicht ge-
nügend gesichert
wäre.

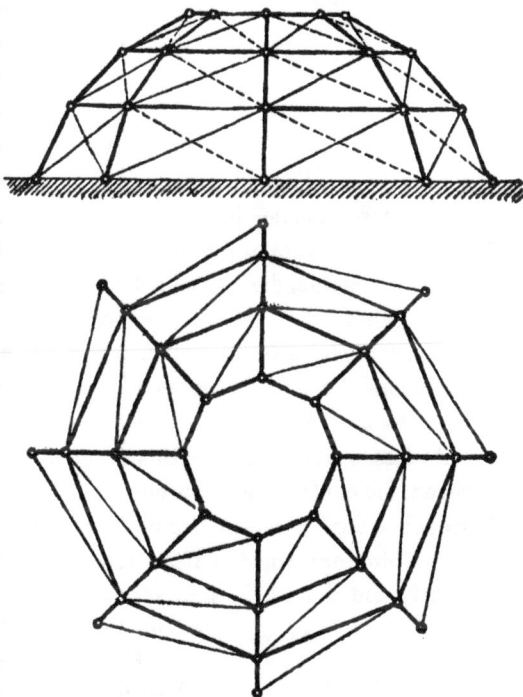

Abb. 122.

Daß kein Ausnahmefall vorliegt, daß also die Knotenpunkte durch die Stäbe auch wirklich steif miteinander und mit der Erde verbunden sind, wird sich daraus ergeben, daß für jede Belastung endliche Werte der Stabspannungen angegeben werden können, die an jedem Knotenpunkte Gleichgewicht herstellen.

Bei symmetrischer Belastung der Kuppel genügt es, die auf einer Kuppelseite liegenden Stabspannungen zu kennen, da die auf allen anderen Seiten ebenso groß sind. Ferner kann man

17*

Gleichgewicht an jedem Knotenpunkte herstellen, ohne die Spannungen der Diagonalstäbe dabei in Anspruch zu nehmen. Da in einem statisch bestimmten Fachwerke nur ein einziges Spannungsbild möglich ist, das den Gleichgewichtsbedingungen genügt, folgt daraus, daß die Diagonalstäbe bei symmetrischer Belastung auch wirklich spannungslos sind.

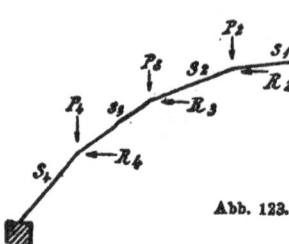

Abb. 123.

In Abb. 123 ist ein einzelner, aus vier Sparrenstäben mit den dazwischen liegenden Knotenpunkten bestehender Meridian einer Schwedlerschen Kuppel herausgezeichnet. Die Lasten P_1, P_2 usf. an den Knotenpunkten können und werden auch im allgemeinen voneinander verschieden sein; zur symmetrischen Belastung gehört nur, daß sie sich an allen anderen Meridianen in der gleichen Weise wiederholen. An jedem Knotenpunkte greifen zwei Ringstäbe an, die gleiche Spannungen von gleichem Vorzeichen haben. Für die Gleichgewichtsbetrachtung am Knotenpunkte lassen sich die beiden Spannungen durch eine Resultierende ersetzen, die der Symmetrie wegen in der Meridianebene und außerdem auch in der Ringebene liegen, also horizontal gerichtet sein muß. In der Abbildung wurden diese Resultierenden mit R_1, R_2 usf. bezeichnet, und die Pfeile sind so eingetragen, wie sie bei Druckspannungen in den Ringstäben ausfallen.

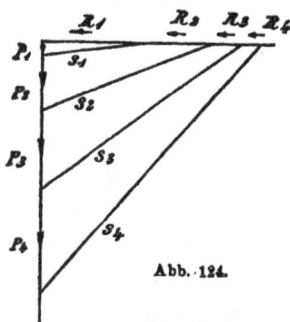

Zur Ermittlung der Resultierenden R und der Spannungen S_1, S_2 usf. in den Sparrenstäben dient der Kräfteplan in Abb. 124. Man beginnt ihn mit dem Kräftedreiecke $P_1 R_1 S_1$ für den Knotenpunkt des Nabelringes, reiht daran das Kräfteviereck $S_1 P_2 R_2 S_2$ für den Knotenpunkt des unteren Ringes und fährt in dieser Weise fort. Die Sparrenstäbe sind sämtlich gedrückt, und ihre Spannungen wachsen von oben nach unten. Auch die Resultierenden R entsprechen bei dem gewählten Beispiele überall Druckspannungen in den Ringstäben, die aber nach unten hin abnehmen. Es kann aber auch vorkommen, daß die Stabspannungen in den unteren Ringen Null werden oder in Zugspannungen übergehen, wenn die Gestalt des Meridians etwas anders gewählt wird, oder wenn die Lasten P nach unten hin nicht so schnell zunehmen, als hier vorausgesetzt wurde. Aus dem Kräfteplane wird der Pfeil der R und hiermit das Vorzeichen der Ringspannungen immer leicht zu erkennen sein.

Die Seitenzahl des Grundrisses der Kuppel ist bis dahin ganz gleichgültig. Um aus den Resultierenden R die Spannungen der Ringstäbe selbst zu finden, muß man aber die Seitenzahl kennen. Jedes R ist dann in der Ringebene oder, was auf dasselbe hinauskommt, im Grundrisse nach den Richtungen der zugehörigen Ringstäbe zu zerlegen. Man kann die sich hierfür ergebenden Kräftedreiecke auch an die Strecken R in dem bereits gezeichneten Kräfteplane unmittelbar anreihen.

Um ein Urteil darüber zu gewinnen, wie sich das Spannungsbild bei unsymmetrischer Lastverteilung gestaltet, muß man vor allem untersuchen, welche Spannungen durch eine Einzellast, die an einem beliebigen Knotenpunkte angreift, hervorgerufen werden.

Zu diesem Zwecke muß ich aber zunächst eine Bemerkung über die sogenannten Gegendiagonalen vorausgehen lassen Zur Aussteifung genügt es, wie wir sahen, wenn in jedes vierseitige, aus Sparren- und Ringstäben gebildete Fach eine einzige Diagonale eingeschaltet wird, die das Fach in zwei Dreiecke zerlegt. Bei symmetrischer Belastung sind die Diagonalen spannungslos, bei unsymmetrischer haben sie aber Spannungen aufzunehmen. Daraus folgt schon, daß sie bei manchen Belastungen gezogen, bei anderen — namentlich also bei jenen, die die vorigen zu symmetrischen Belastungen ergänzen — gedrückt sein werden. Nun vermeidet man es gerne, solche Stäbe, die nur verhältnismäßig geringe Spannungen aufzunehmen haben, auf Druck in Anspruch zu nehmen, weil sie dann auf Zerknicken berechnet werden müßten und daher bei größerer Länge einen erheblichen Materialaufwand erforderten. Man kann dies dadurch umgehen, daß man jedes Fach mit zwei Diagonalstäben versieht, die nur auf Zug widerstandsfähig zu sein brauchen, so daß die Knickgefahr außer Betracht bleiben kann.

Freilich erhält man damit streng genommen überzählige Stäbe und ein statisch unbestimmtes Fachwerk. Die statische Unbestimmt-

heit ist aber hier von besonders einfacher Art, und sie hindert nicht,
daß die Berechnung im wesentlichen gerade so erledigt werden kann
wie für den statisch bestimmten Träger. Denkt man sich nämlich
zunächst nur in einem einzigen Fache zwei Diagonalen angeordnet,
so können dadurch die Spannungen aller außerhalb dieses Faches liegenden Stäbe überhaupt nicht geändert werden, wie auch der Träger
belastet sein möge. Man erkennt dies, wenn man sich den überzähligen
Diagonalstab durchschnitten und die in ihm herrschende Spannung
durch äußere Kräfte an den beiden Endknotenpunkten ersetzt denkt.
Nach Durchschneidung der Diagonale wird der Träger wieder statisch
bestimmt, und die zu den beiden neu auftretenden Lasten gehörigen
Stabspannungen verteilen sich nur auf die zu demselben Fache gehörenden Stäbe, weil man hierdurch bereits Gleichgewicht an allen
Knotenpunkten herstellen kann. Daraus folgt, daß es für alle übrigen
Stäbe ganz gleichgültig ist, ob die zweite Diagonale vorhanden ist
oder nicht und welche Spannung in ihr auftritt, wenn sie vorhanden ist.

In Abb. 125 a ist ein einzelnes Fach herausgezeichnet. Die gestrichelt angegebene Linie 6 sei als die überzählige Diagonale angesehen.

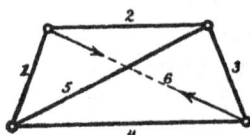 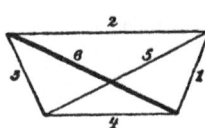

Herrscht in dieser
eine beliebige Span-
nung, so findet man
die Spannungen in
den Stäben 1 bis 5,
die zum statisch be-
stimmten Träger ge-

Abb. 125 a.   Abb. 125 b.

hören, wenn 6 durch Lasten an den Endknotenpunkten ersetzt wird,
aus dem Kräfteplane in Abb. 125 b. Diese Spannungen stellen in der
Tat Gleichgewicht an allen Knotenpunkten mit den Lasten 6 her,
ohne daß die übrigen Stäbe des ganzen Trägers dabei in Mitleidenschaft gezogen würden. Der Kräfteplan ist zur Figur des einzelnen
Faches reziprok und zugleich ihr auch ähnlich, wenn sich auch die
einzelnen Seiten dabei nicht in der gleichen Weise entsprechen, wie
sie sonst einander zugewiesen sind. Jedenfalls kann man aber hieraus
leicht erkennen, wie groß die Spannungen in den fünf übrigen Stäben
des Faches sind, die zu den Spannungen im statisch bestimmten Träger noch hinzutreten, wenn auch 6 in irgendeine Spannung gerät.

Über die Größe der Spannung in 6 kann man zunächst nichts
aussagen; sie hängt vor allem davon ab, wie der Träger hergestellt
wurde. Ist nämlich etwa die Diagonale 6, falls sie zuletzt eingesetzt
wird, anfänglich ein wenig kürzer als die Entfernung der Knotenpunkte, so müssen diese gewaltsam ein wenig zusammengerückt werden, um die Diagonale zwischen ihnen befestigen zu können. Die

Diagonale 6 gerät dann in Zugspannung, und auch in den übrigen Stäben des Faches treten Montierungsspannungen auf, die dem Spannungsbilde in Abb. 125b entsprechen. Über diese Montierungsspannungen vermag die Theorie natürlich nichts auszusagen, solange über den Hergang bei der Montierung nichts bekannt ist.

Nimmt man an, daß die Montierungsspannungen durch genaues Einpassen vermieden sind und daß beide Diagonalen nur gegen Zug widerstandsfähig sind, so behalte man für die Berechnung der Stabspannungen im Fachwerkträger zunächst nur eine von beiden Diagonalen bei und führe die Berechnung für den auf diese Weise erhaltenen statisch bestimmten Träger durch. Zeigt sich dann, daß die beibehaltene Diagonale bei der gegebenen Belastung auf Druck beansprucht würde, so schalte man sie aus und setze die andere an ihre Stelle. Diese muß dann, um die Druckspannung in der vorigen zu tilgen, gezogen sein, und zwar ebenso stark, als jene gedrückt war. Dabei ändern sich auch die Spannungen der zu demselben Fache gehörenden Stäbe um die aus Abb. 125b zu entnehmenden Beträge.

Das gilt unter der Voraussetzung, daß der nach Fortnahme einer der beiden Diagonalen erhaltene Träger statisch bestimmt ist. Aber auch wenn er unbestimmt ist, gelten die vorhergehenden Schlußfolgerungen in den gewöhnlich vorkommenden Fällen immer noch mit hinreichender Annäherung.

Um dies zu erkennen, nehme man an, von den beiden Diagonalen 5 und 6 in Abb. 125a sei zuerst 5 beibehalten, die Spannung berechnet und als eine Druckspannung gefunden worden. Dann denke man sich, wie in der vorhergehenden Betrachtung, längs der Richtungslinie von 6 zwei entgegengesetzt gleiche Kräfte als Lasten angebracht. Der Unterschied gegenüber dem vorhergehenden Falle besteht darin, daß durch diese Lasten jetzt nicht nur die zu dem gleichen Fache gehörenden Stäbe in Spannung versetzt werden, sondern auch der ganze übrige Stabverband, der nach Voraussetzung für sich schon ausreicht, einer Entfernungsänderung der Endknotenpunkte von 6 zu widerstehen, wenn auch die beiden Diagonalen des betrachteten Faches beseitigt sind. Die Zuglasten längs der Linie 6 werden zu einem gewissen Bruchteile von diesem übrigen Verbande und nur der Rest von dem Fache selbst aufgenommen. Aber in ziemlich allen praktisch vorkommenden Fällen wird der erste Teil viel kleiner sein als der zweite. Die beiden Teile verhalten sich nämlich umgekehrt zueinander wie die Längenänderungen der Strecke 6 unter der Voraussetzung, daß die Lasteinheit entweder an dem „übrigen Verbande" oder an dem Fache für sich genommen angebracht wird. Der übrige Verband, der nach Herausnahme der beiden Diagonalen erhalten wird, ist ohne Zweifel viel nachgiebiger gegen eine Entfernungsänderung der End-

punkte von 6 als der eng zusammengeschlossene Verband der zu dem
gleichen Fache gehörigen Stäbe. Man wird daher in den meisten
Fällen nur einen geringen Fehler begehen, wenn man auf den von
dem übrigen Verbande aufgenommenen Anteil der längs 6 wirkenden
Zuglasten gar nicht achtet, sondern annimmt, daß sich der Ausgleich
wie in dem früheren Falle nur innerhalb eines Faches vollziehe.

Alsdann genügt es für die Berechnung der Stabspannungen, in
jedem Fache nur eine der beiden Gegendiagonalen beizubehalten, die
Spannungen unter dieser Annahme zu berechnen und hierauf nachträglich die gedrückten Diagonalen durch ihre auf Zug beanspruchten
Gegendiagonalen in der vorher besprochenen Weise zu ersetzen. In
der Folge wird daher immer nur von Trägern mit einer einzigen
Diagonale in jedem vierseitigen Fache die Rede sein.

Zunächst suche man jene Stäbe auf, die durch die
gegebene Einzellast überhaupt nicht in Spannung versetzt werden. Man beginne mit einem unbelasteten Knotenpunkte des Nabelringes. Von einem solchen gehen vier Stäbe
aus, von denen drei in derselben Ebene liegen (nämlich die zu
demselben trapezförmigen Fache gehörenden). Der vierte, der

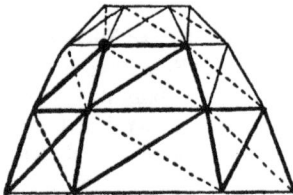

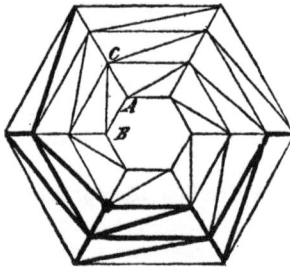

nicht in dieser Ebene enthalten ist,
muß notwendig spannungslos sein,
weil einer etwa in ihm auftretenden
Spannung durch die Resultierende der
drei anderen Stabspannungen, die
mit diesen ebenfalls in derselben
Ebene liegt, nicht Gleichgewicht gehalten werden könnte.

In dem Kuppelgrundrisse der
Abb. 126 betrachte man z. B. das
Gleichgewicht der Kräfte am Knotenpunkte A. Aus der soeben angestellten Überlegung folgt dann, daß
der mit den drei übrigen nicht in derselben Ebene liegende Ringstab BA
spannungslos sein muß. Derselbe

Abb. 126.

Schluß läßt sich auch für die übrigen unbelasteten Knotenpunkte
des Nabelringes wiederholen. Wenn die gegebene Last überhaupt
nicht an einem Punkte des Nabelringes angreift, wie in Abb. 126

angenommen wurde, sind alle Stäbe dieses Ringes spannungslos. Nachdem man dies erkannt hat, gehe man zum Knotenpunkte *A* zurück. An ihm kommen jetzt nur noch zwei Stabspannungen vor, nämlich die Spannung des Sparrenstabes *AC* und die Spannung des Diagonalstabes. Da diese beiden Kräfte in verschiedene Richtungslinien fallen, so müssen sie, damit Gleichgewicht bestehen kann, notwendig beide gleich Null sein.

Wiederholt man diese Betrachtung für die übrigen Knotenpunkte des Nabelringes, so findet man, daß alle zum obersten Kuppelgeschosse gehörigen Stäbe an der Aufnahme einer weiter unten angebrachten Belastung unbeteiligt sind. Man kann sich daher dieses Kuppelgeschoß auch ganz entfernt denken und nun den nächst unteren Ring als Nabelring ansehen. Für ihn würden sich genau die gleichen Schlüsse wiederholen lassen, wenn nicht der Angriffspunkt der gegebenen Last zu ihm gehörte. In der Abbildung ist jener Punkt, an dem die Belastung angebracht sein soll, durch einen kleinen schwarzen Kreis hervorgehoben. Zugleich sei noch bemerkt, daß alle spannungslosen Stäbe durch feine Linien, die in Spannung versetzten durch starke Striche gekennzeichnet sind.

Immerhin lassen sich die früheren Schlüsse wenigstens für alle nicht belasteten Knotenpunkte wiederholen. So greifen z. B. am Knotenpunkte *C*, da das obere Kuppelgeschoß nicht mehr in Betracht kommt, nur noch vier Stabspannungen an, von denen drei in einer Ebene liegen, so daß die vierte gleich Null sein muß. Auf demselben Wege wie vorher findet man daher, daß auch von diesem Ringe alle Stäbe spannungslos bleiben müssen, bis auf den einen, der durch einen starken Strich hervorgehoben ist. Für diesen läßt sich nämlich derselbe Schluß nicht wiederholen, da zwar die übrigen Stäbe an dem belasteten Knotenpunkte ebenfalls in einer Ebene liegen, dafür aber die gegebene Last noch hinzukommt, von der vorausgesetzt wird, daß sie nicht ebenfalls in dieselbe Ebene fällt.

Kehren wir nun wieder zum Knotenpunkte *O* zurück, so greifen daran jetzt nur noch zwei Stabspannungen an, die nicht in dieselbe Gerade fallen und die daher beide gleich Null sein müssen. Wiederholt man diese Schlüsse nicht nur für die Knoten-

punkte desselben Ringes, sondern auch für die tiefer liegenden,
so findet man nach und nach alle spannungslosen Stäbe heraus,
wobei nur noch die stark ausgezogenen übrig bleiben.

Nachdem man so weit ist, kann man alle Stabspannungen
durch einfache Kräftezerlegungen finden. Man beginnt mit dem
Knotenpunkte, der die gegebene Last aufnimmt und an dem jetzt
nur noch drei, nicht in derselben Ebene liegende Stabspannungen
vorkommen. Diese erhält man mit Hilfe eines windschiefen
Kräftevierecks nach einem der im ersten Abschnitte dargelegten
Verfahren. Von da aus kann man dann, wie bei einem einfachen
ebenen Fachwerke, der Reihe nach zu den übrigen Knotenpunkten
übergehen, an denen immer nur noch entweder drei nicht in derselben Ebene liegende oder auch nur zwei unbekannte Stabspannungen vorkommen. Der einzige Unterschied gegenüber dem
ebenen Fachwerke besteht darin, daß der Kräfteplan ein räumlicher ist und daher in zwei Projektionen gezeichnet werden muß.
Dies macht zwar mehr Mühe, bereitet aber keinerlei Schwierigkeiten von grundsätzlicher Art. In Aufgabe 39 auf S. 290 ist die
Lösung für ein bestimmtes Beispiel vollständig durchgeführt.

Die Anordnung reziproker Kräftepläne, oder genauer gesagt
solcher Kräftepläne, in denen jede Stabspannung nur einmal
vorkommt, scheint übrigens im Raume nur in wenigen Fällen
möglich zu sein. Diese Frage ist, soviel mir bekannt, bisher noch
nicht genauer untersucht worden. Jedenfalls läßt sie sich nicht
mit Hilfe des Nullsystems und überhaupt nicht in derselben Weise
wie beim ebenen Fachwerke entscheiden. Für die praktische
Ausführung des Verfahrens kommt es aber darauf nicht an.

Hat die Kuppel Gegendiagonalen, so ist sie symmetrisch, und
wenn die Last selbst in der durch den belasteten Knotenpunkt
gehenden Symmetrieebene enthalten ist, kann man nur ein sym-
metrisches Spannungsbild erwarten, während das in Abb. 126
vorkommende sicher unsymmetrisch ist. Symmetrisch wird es
erst nach den früher beschriebenen Umrechnungen innerhalb
jener Fächer, in denen gedrückte Diagonalen vorkommen.

Um diese nachträglichen Umrechnungen zu vermeiden, kann
man auch von vornherein die Wahl der beizubehaltenden Diago-

nalen so treffen, daß diese alle in Zugspannung versetzt werden. Welche dies sind, läßt sich allerdings von vornherein, d. h. ohne näheres Eingehen auf den Spannungszustand nicht wohl voraussehen. Da solche Betrachtungen schon öfters durchgeführt wurden, weiß man aber, welche beizubehalten sind. In Abb. 127, die sich im übrigen auf denselben Fall bezieht wie Abb. 126, ist der Tausch in dieser Weise vollzogen. Auch hier sind die in Spannung versetzten Stäbe durch starke Striche angegeben. Man erzielt bei dieser Auswahl der Diagonalstäbe, auch abgesehen davon, daß die späteren Umrechnungen vermieden werden, auch noch den weiteren Vorteil, daß der Kräfteplan nur auf die eine Trägerhälfte (mit Einschluß der Mitte) ausgedehnt zu werden braucht und sich erheblich einfacher gestaltet.

Anmerkung. Im wesentlichen ist hiermit die Spannungsaufgabe, soweit sie überhaupt hierher gehört, als gelöst zu betrachten. Es wird aber gut sein, wenn ich noch einige Bemerkungen über die praktische Brauchbarkeit dieser Lehren hinzufüge.

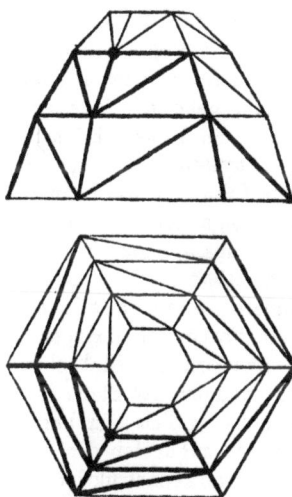

Abb. 127.

In der Theorie des Fachwerkes — des ebenen, wie des räumlichen — zieht man nur den Widerstand in Rechnung, den die Stäbe einer Annäherung oder Entfernung ihrer Endpunkte entgegenzusetzen vermögen. Infolgedessen ist jede Stabspannung in der Richtungslinie des Stabes anzunehmen. In Wirklichkeit vermögen aber die Stäbe in den Fachwerkbauten, die an den Knotenpunkten miteinander vernietet sind, auch einen Biegungswiderstand zu leisten. Es ist daher nicht nötig und im allgemeinen auch nicht zu erwarten, daß die Stabspannung genau mit der Mittellinie des Stabes zusammenfiele. Denkt man sich zwei Querschnitte in der Nähe der Endpunkte durch den Stab gelegt, so mögen sich die in jedem dieser Querschnitte übertragenen Spannungen zu einer Resultierenden vereinigen lassen, deren Angriffspunkt einen gewissen Abstand von dem Querschnittsschwerpunkte hat. Verbindet man beide Angriffspunkte durch eine gerade Linie, so gibt diese die „Kraftachse" des Stabes an. Der Abstand

der Kraftachse von der Stabachse mit der Stabspannung multipliziert
ist gleich dem Biegungsmomente, das von dem Stabe in dem zugehörigen Querschnitte aufgenommen wird.

Wenn die Stäbe, wie es gewöhnlich der Fall ist, ziemlich lang
im Verhältnisse zu ihren Querschnittsabmessungen sind, können sie
freilich nur geringe Biegungsmomente aufnehmen, und die Unterschiede
zwischen den Richtungen der Kraftachsen und der Stabachsen können,
wie es hier immer geschah, vernachlässigt werden. Freilich kommt
auch dann die Zusatzspannung, die durch die Biegung hervorgerufen
wird, neben der Längsspannung in Frage, wenn es sich um die größte
Beanspruchung des Materials handelt. Auf die Berechnung dieser
„Sekundär- oder Nebenspannungen“, wie man sie zu nennen
pflegt, gehe ich indessen hier nicht ein, da diese Betrachtungen
besser der Konstruktionslehre vorbehalten bleiben.

Abgesehen davon, daß noch Nebenspannungen hinzutreten, die
eine Erhöhung der Beanspruchung des Materials an gewissen Stellen
zur Folge haben, wird aber unter gewöhnlichen Umständen an den
Hauptspannungen, d. h. an den Längsspannungen der Stäbe, die
ohne Rücksicht auf die Stabbiegungen berechnet sind, nicht viel geändert. In einem Falle, der namentlich bei den Schwedlerschen Kuppeln vorkommt, bringen aber die Richtungsunterschiede zwischen
Kraftachsen und Stabachsen auch große Abweichungen in den Längsspannungen der Stäbe hervor. Und zwar fallen die Abweichungen,
um die es sich hier handelt, im Gegensatze zu den Nebenspannungen, zugunsten der Tragfähigkeit der Konstruktion aus. Manche
Flechtwerkkonstruktionen verdanken die verhältnismäßig große Steifigkeit, die sie der Erfahrung zufolge gegenüber einer Belastung durch
eine Einzellast besitzen, ganz überwiegend den Abweichungen zwischen
Kraftachsen und Stabachsen, d. h. dem an sich freilich gar nicht
großen Biegungswiderstande ihrer Stäbe.

Der Fall, von dem ich sprach, tritt immer dann ein,
wenn die von einem Knotenpunkte ausgehenden Stäbe
nahezu in einer Ebene liegen. Lägen sie genau in derselben
Ebene, so würden die Stabspannungen, wenn man den Biegungswiderstand außer Ansatz ließe, bei einer Belastung dieses Knotenpunktes
unendlich groß. Auch dann, wenn sie nur nahezu in einer Ebene
liegen, erhält man sehr große Stabspannungen. Wenn es aber, wie
man sieht, in solchen Fällen sehr wesentlich auf die geringen Abweichungen der Stabrichtungen von der im Knotenpunkte an den
Flechtwerkmantel gelegten Berührungsebene ankommt, spielen ihnen
gegenüber auch die an sich freilich ebenfalls nur geringen Abweichungen zwischen den Richtungen der Kraftachsen und Stabachsen
eine wichtige Rolle.

Durch die von einem Knotenpunkte eines Flechtwerkmantels ausgehenden Stäbe wird ein Vielkant bestimmt, dessen körperlicher
Winkel durch den Ausschnitt auf einer von dem Knotenpunkte als
Mittelpunkt gezogenen Kugelfläche gemessen werden kann. Liegen
die Stäbe in einer Ebene, so wird der in das Flechtwerkinnere fallende Kugelausschnitt zu einer Halbkugel. Liegen sie nur nahezu in
einer Ebene, so unterscheidet sich der Kugelausschnitt nicht viel von
einer Halbkugel. Für die Kräftezerlegung an dem Knotenpunkte
kommt aber nicht das Vielkant aus den Stabachsen, sondern das aus
den Kraftachsen gebildete in Betracht. Der zu diesem Vielkante gehörige Kugelausschnitt kann sich schon erheblich mehr von einer
Halbkugel unterscheiden, wenn der andere Kugelausschnitt sich der
Halbkugel nähert.

Bei einer flachen Schwedlerschen Kuppel, die über einem Grundrisse von großer Seitenzahl errichtet ist und deren aufeinanderfolgende
Sparrenstäbe sich in der Richtung nicht viel voneinander unterscheiden, liegt der besprochene Fall vor. Wenn man hier keine Rücksicht
auf die Abweichungen zwischen den Kraftachsen und den Stabachsen
nimmt, rechnet man viel zu ungünstig. Schon für eine verhältnismäßig geringe Einzellast an einem Knotenpunkte findet man unter
dieser Annahme sehr große Stabspannungen. Es darf als ein Glück
bezeichnet werden, daß Schwedler von diesen Folgerungen nichts
wußte, da er sonst wahrscheinlich Bedenken getragen hätte, seine
Kuppelkonstruktionen auszuführen. Die Erfahrung lehrt aber, daß
diese Kuppeln solche Lasten ganz gut aufzunehmen vermögen, die
ohne die geringe Biegungssteifigkeit der Stäbe und die dadurch be-
wirkten Abweichungen zwischen Kraftachsen und Stabachsen einen
Zusammenbruch herbeiführen müßten.

§ 45. Die Netzwerkkuppel.

Ein sehr lehrreiches Beispiel für die Berechnung der Stabspannungen in räumlichen Fachwerken liefert die Netzwerkkuppel, die sich von der Schwedlerschen Kuppel in der Anordnung nur wenig unterscheidet. Sie geht aus dieser dadurch hervor,
daß man jeden Ring gegen den vorhergehenden etwas dreht, so
daß jedem Stabe des einen Ringes ein Knotenpunkt des anderen
gegenübersteht. Hierdurch fällt zugleich der Unterschied zwischen Sparrenstäben und Diagonalen fort; die an ihre Stelle
tretenden sollen als „Netzwerkstäbe" bezeichnet werden.

In Abb. 128 ist ein einzelnes Stockwerk einer Netzwerkkuppel

über einem unregelmäßig sechsseitigen Grundrisse dargestellt.
Es möge zunächst besprochen werden, wie man die Stabspan-
nungen findet, die durch eine an einem Knotenpunkte des oberen
Ringes angreifende Last P hervorgerufen werden.

Man betrachte im Grundrisse den Knotenpunkt des oberen
Ringes, von dem die Stäbe 1 und 2 ausgehen. Im Gegensatze
zur Schwedlerschen Kuppel liegen
von den vier Stäben dieses Knotenpunktes keine drei in einer Ebene;
daher kommen auch keine spannungslosen Stäbe vor. Dagegen weiß man,
daß die Resultierende der Stabspannungen 1 und 2 mit der Resultierenden aus den Spannungen der beiden
Netzwerkstäbe im Gleichgewichte
stehen und daher in die Schnittlinie
der durch beide Stabpaare gelegten
Ebenen fallen muß. Diese Schnittlinie geht parallel zur Grundrißseite b.
Wenn aber die Resultierende aus zwei
Stabspannungen nicht in dem von
den Stäben eingeschlossenen Winkel-
raume (oder im Scheitelwinkelraume),
sondern im Nebenwinkelraume liegt,
müssen beide Stabspannungen von
entgegengesetztem Vorzeichen sein.

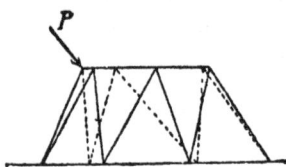

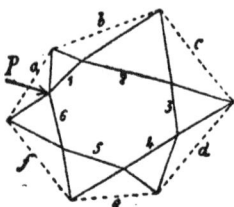

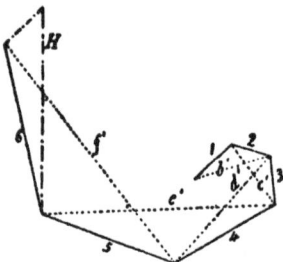

Abb. 128.

Von den beiden Ringstäben 1 und
2 ist also einer gezogen und der andere gedrückt. Derselbe
Schluß läßt sich auch für die übrigen unbelasteten Knotenpunkte
des inneren Ringes wiederholen, und man erkennt daraus, daß
die Ringstäbe abwechselnd gezogen und gedrückt sind.

Es fragt sich jetzt, wie sich die Vorzeichen der Spannungen
der von dem belasteten Knotenpunkte ausgehenden Ringstäbe
zueinander verhalten. Dies hängt offenbar davon ab, ob der Ring
ein Vieleck mit gerader oder mit ungerader Seitenzahl bildet.
Es ist ein merkwürdiger Umstand, daß sich die Netzwerkkuppeln

in diesen beiden Fällen ganz verschieden verhalten. Netzwerkkuppeln mit ungerader Seitenzahl sind weit steifer und trag-
fähiger als die mit geraden Seitenzahlen.

Bei gerader Seitenzahl, wie in dem Beispiele der Abb. 128,
haben die von dem belasteten Knotenpunkte ausgehenden Ringstäbe 1 und 6 Spannungen von ungleichem Vorzeichen, wie aus
dem vorher besprochenen regelmäßigen Wechsel folgt. Die Resultierende aus beiden Stabspannungen muß daher ebenfalls in
den Nebenwinkelraum des von beiden Stäben eingeschlossenen
Winkels fallen. Hierbei kann es auch vorkommen, daß die
Resultierende zur Grundrißseite a parallel geht, also mit den
beiden Netzwerkstäben in einer Ebene liegt. In diesem Falle,
der z. B. immer bei regelmäßigen Kuppeln von gerader Seitenzahl eintritt, hat die Last P unendlich große Stabspannungen
zur Folge, d. h. der Ausnahmefall liegt vor. Regelmäßige
Netzwerkkuppeln mit gerader Seitenzahl sind also
nicht steif und dürfen daher nicht ausgeführt werden.
Übrigens wird auch schon dann, wenn die Kuppel nicht regelmäßig ist, die Resultierende aus den beiden Ringspannungen 1
und 6 leicht wenigstens nahezu in derselben Ebene mit den beiden Netzwerkstäben liegen, und auch dann treten schon verhältnismäßig sehr große Stabspannungen auf.

Ganz anders ist es bei einer Netzwerkkuppel über einem
Grundrisse von ungerader Seitenzahl. Die beiden vom belasteten
Knotenpunkte ausgehenden Ringstäbe haben bei ihr Spannungen
gleichen Vorzeichens, und die Resultierende fällt in den von den
Stabrichtungen gebildeten Winkelraum. Sie liegt dann weit ab
von der durch die Netzwerkstäbe gelegten Ebene, und die Stabspannungen fallen klein aus. So sind besonders Netzwerkkuppeln
über regelmäßigen Grundrissen von ungerader Seitenzahl durchaus stabil.

Bisher habe ich nur auf die Vorzeichen der in den Ringstäben auftretenden Spannungen geachtet. Man kann aber auch
die verhältnismäßigen Größen dieser Spannungen leicht finden.
Dazu zeichnet man den Kräfteplan in Abb. 128, indem man
zunächst die Stabspannung 1 in beliebiger Größe abträgt. Das

kommt darauf hinaus, daß man über den Maßstab des Kräfteplanes keine Angabe macht. Unter dem Vorbehalte, daß der
Maßstab nachträglich richtig ermittelt werden muß, kann jede
beliebige Strecke zur Darstellung der Spannung 1 dienen. Auch
das Vorzeichen dieser Spannung muß zunächst unentschieden
bleiben.

Nachdem 1 aufgetragen ist, erhält man 2 aus dem Kräftedreiecke 1, 2, b', wo b' eine Parallele zur Grundrißseite b bedeutet. Hieran schließt sich das Kräftedreieck 2, 3, c', durch
das ausgesprochen wird, daß die Resultierende der Ringspannungen 2 und 3 an dem zwischen ihnen liegenden Knotenpunkte
parallel zu c gehen muß. Man fährt in dieser Weise fort, bis
man zum letzten Ringstabe 6 gelangt ist. Daß die Stabspannungen abwechselnd Zug und Druck bedeuten, wird durch den
Kräfteplan ebenfalls schon mit ausgesprochen, wenn man vorläufig auch noch nicht weiß, welche dieser Stäbe gezogen und
welche gedrückt sind.

Jedenfalls haben aber wegen der geraden Seitenzahl des
Grundrisses die erste und die letzte Ringspannung 1 und 6 entgegengesetzte Vorzeichen, und wenn man beide an dem belasteten Knotenpunkte zu einer Resultierenden H vereinigen will,
muß man die Strecke 1 an den Endpunkt von 6 so antragen, wie
es in der Abbildung geschehen ist. Bei ungerader Seitenzahl
des Grundrisses hätte die Strecke 1 an den Endpunkt der letzten
Ringspannung in entgegengesetzter Richtung angetragen werden
müssen, um die Resultierende H zu erhalten.

Dieser Kunstgriff, den Kräfteplan zunächst einmal im unbestimmt gelassenen Maßstabe aufzutragen, kann auch in anderen
Fällen, bei denen die übrigen Knotenpunkte bis auf einen unbelastet sind, manchmal mit Vorteil gebraucht werden, und zwar
nicht nur beim räumlichen, sondern auch schon beim ebenen
Fachwerke. Hier erfahren wir dadurch, wie die Resultierende
aus den Stabspannungen 1 und 6 am belasteten Knotenpunkte
gerichtet ist. Am belasteten Knotenpunkte haben wir es daher
nur noch mit vier Kräften zu tun, die sich Gleichgewicht halten
und von denen P vollständig gegeben ist, während man von den

drei übrigen die Richtungslinien kennt. Wir brauchen daher
nur P nach den drei Richtungslinien mit Hilfe eines windschiefen
Kräftevierecks zu zerlegen und finden damit die Spannungen
der beiden Netzwerkstäbe sowie die absolute Größe und den
Pfeil der Resultierenden H. Damit ist auch der Maßstab des
vorher gezeichneten ebenen Kräfteplanes bekannt, und man kann
daraus alle Ringspannungen entnehmen. Indem man schließlich
noch die Resultierenden b', c' usf. nach den Richtungslinien der
zugehörigen Netzwerkstäbe zerlegt, findet man alle Stabspannungen.

Wenn der Grundriß regelmäßig ist, gestaltet sich der Kräfteplan ebenfalls regelmäßig. Der Endpunkt von 6 fällt dann mit
dem Anfangspunkte von 1 zusammen, d. h. der Kräfteplan bildet
ebenfalls ein geschlossenes, regelmäßiges Sechseck. Daraus folgt
auch, daß die Richtungslinie von H in der Tat parallel zur Grundrißseite a werden muß. H liegt daher mit den beiden Netzwerkstäben in einer Ebene, und die Last P kann durch diese drei
Kräfte nicht im Gleichgewichte gehalten werden. Damit ist die
vorher schon aufgestellte Behauptung bewiesen, daß eine regelmäßige Kuppel bei gerader Seitenzahl einen Ausnahmefall bildet.

Bemerkenswert ist übrigens, daß eine solche Kuppel nicht
nur unendlich kleine, sondern sogar end-
liche Bewegungen ausführen kann, ohne daß
sich die Stablängen zu ändern brauchten,
obschon deren Zahl bei Vermeidung des
Ausnahmefalles ausreicht, um die Unverschieblichkeit aufrechtzuhalten. Der ganze
Stabverband bildet hier einen zwangläufigen, „übergeschlossenen" Mechanismus.

Aus Abb. 129, die eine Netzwerkkuppel
über quadratischem Grundrisse darstellt, ist
dies leicht ersichtlich. Man betrachte das

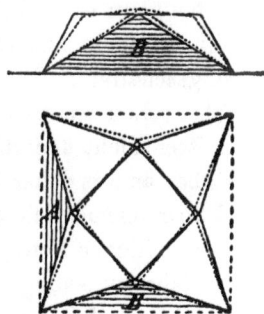

Abb. 129.

durch eine Schraffierung hervorgehobene Dreieck mit der Spitze A.
Denkt man sich alle anderen Stäbe weggeschnitten, so kann sich
das Dreieck um seine Grundlinie drehen, und die Spitze bewegt

sich dabei auf einem Kreisbogen. Nun nehme man das Dreieck B und den Ringstab zwischen A und B hinzu. Es ist klar, daß die vorige Bewegung von A immer noch möglich ist; nur muß sich das Dreieck B heben, wenn sich A senkt, damit die Entfernung der Dreiecksspitzen nicht geändert wird. Durch punktierte Linien sind in der Abbildung die neuen Lagen der Stäbe nach einer kleinen Bewegung dieser Art angegeben.

Mit dem Anschließen der übrigen Dreiecke kann man in der gleichen Weise fortfahren. Man behält dabei immer einen zwangläufigen Mechanismus, bei dessen Bewegung sich die Dreiecksspitzen abwechselnd heben und senken. Nun fehlt noch der letzte Ringstab, der das letzte Dreieck in der Kuppel mit dem ersten verbindet. Ist der Kuppelgrundriß von ungerader Seitenzahl, so müssen sich die Spitzen von A und vom letzten Dreiecke in dem zuvor besprochenen Mechanismus gleichzeitig heben oder gleichzeitig senken. Dabei vergrößert oder verkleinert sich ihr Abstand. Sobald man also den letzten Ringstab einfügt, der beide Spitzen in unveränderlichem Abstande hält, wird damit die zuvor noch bestehende Bewegungsfreiheit aufgehoben, und man erhält eine steife Kuppelkonstruktion.

Bei gerader Seitenzahl des Grundrisses senkt sich dagegen die letzte Dreiecksspitze, wenn sich die erste hebt und umgekehrt. Dabei kann es vorkommen, daß sich der Abstand beider Spitzen ohnehin nicht ändert, wenn auch der letzte Ringstab gar nicht eingeschaltet ist. Wenn die Kuppel regelmäßig ist, wie in Abb. 129, folgt schon aus Symmetriegründen, daß sich der Abstand beider Spitzen nicht ändern kann. Die Einschaltung des letzten Ringstabes ändert daher überhaupt nichts an der vorher bestehenden Bewegungsmöglichkeit, und die Kuppel bleibt ein Mechanismus von endlicher Beweglichkeit. Eine Anordnung wie in Abb. 129 ist daher unbedingt zu vermeiden.

Regelmäßige Netzwerkkuppeln mit ungerader Seitenzahl sind dagegen vollkommen stabil. Das Verfahren für die Berechnung der Stabspannungen sei an dem Beispiele der Abb. 130, die eine siebenseitige Kuppel darstellt, erläutert.

· Zunächst weiß man, daß die Stäbe des Nabelringes abwechselnd
gezogen und gedrückt sind, und zwar sind diese Spannungen des
regelmäßigen Grundrisses wegen alle von gleicher Größe. Die Resultierende der Stabspannungen 1ᵃ und 7ᵃ an dem belasteten Knotenpunkte *I*ᵃ fällt also in die durch diesen Punkt gelegte Symmetrieebene der Kuppel. Die Kräftezerlegung an diesem Punkte kann daher
ohne weiteres vorgenommen werden. Abb. 131 (S. 264) zeigt den
Kräfteplan in Aufriß und
Grundriß. Man beginnt
im Aufrisse mit dem Drei-
ecke aus *P*, der horizontalen Resultierenden von
1ᵃ und 7ᵃ und einer zu
8ᵃ und 21ᵃ, die sich im
Aufrisse decken, paral-
lelen Seite. Das Dreieck
ist zugleich als Aufriß
eines räumlichen Kräfte-
fünfeckes aufzufassen, dessen Grundriß gefunden
wird, indem man die aus
dem Aufrisse herabgetra-
gene Resultierende von 1ᵃ
und 7ᵃ nach den Rich-
tungen dieser beiden Stäbe
zerlegt und aus den End-
punkten von *P* und 7ᵃ
Parallelen zu 8ᵃ und 21ᵃ
im Grundrisse zieht. Pro-
jiziert man die Ecken, in
denen 1ᵃ und 7ᵃ sowie 8ᵃ
und 21ᵃ aneinander sto-

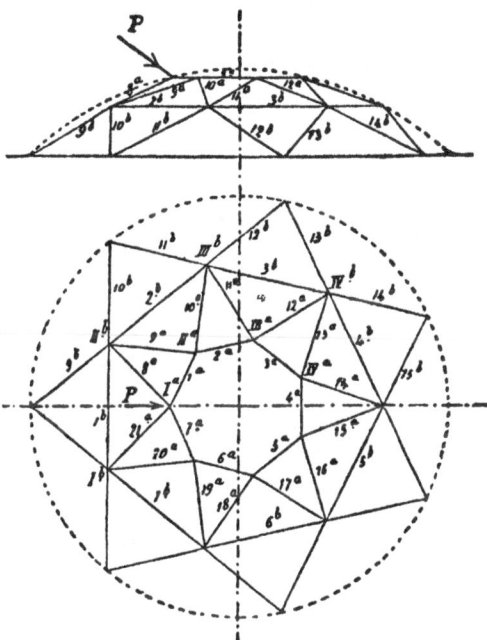

Abb. 130.

ßen, nach oben, so geht auch das Dreieck im Aufrisse in ein Fünfeck
über, von dem nur zweimal zwei Seiten in eine Gerade fallen.

Hierauf geht man zum Knotenpunkte *II*ᵃ über, indem man im
Grundrisse 2ᵃ an 1ᵃ in gleicher Größe anreiht und dann die Parallelen
zu 9ᵃ und 10ᵃ zieht. Die gestrichelt gezogene Resultierende aus 1ᵃ
und 2ᵃ geht parallel zum Stabe 2ᵇ des unteren Ringes. Auch in
den Aufriß kann das Kräfteviereck 1ᵃ 2ᵃ 9ᵃ 10ᵃ sofort übertragen
werden, und für die Prüfung der Genauigkeit der Zeichnung dient
dabei die Bemerkung, daß die Eckpunkte, in denen 9ᵃ und 10ᵃ aneinander stoßen, in Aufriß und Grundriß senkrecht übereinander liegen
müssen.

18*

Es ist nicht nötig, noch weitere Knotenpunkte des Nabelringes ins Auge zu fassen, da an allen dieselben Stabspannungen wie an II^a auftreten, nur mit dem Unterschiede, daß vom einen zum anderen jedesmal die Vorzeichen der Stabspannungen wechseln.

Wenn wir jetzt zum unteren Stockwerke übergehen, können wir uns das obere Stockwerk ganz beseitigt und die Spannungen der Netzwerkstäbe des oberen Geschosses an dem dazwischen liegenden Ringe als äußere Kräfte angebracht denken. Freilich greifen dann an allen Knotenpunkten dieses Ringes fünf Kräfte, nämlich die Resultierende der äußeren Kräfte und vier Stabspannungen an, und direkt läßt sich daher die Zerlegung nicht weiterführen. Man kommt aber über diese Schwierigkeit leicht hinweg. — Zunächst stelle man Größe und Richtung der in Abb. 131 mit Q bezeichneten Resultierenden der äußeren Kräfte am Knotenpunkte III^b fest, indem man an 10^a die nach Größe und Vorzeichen gleiche Netzwerkspannung 11^a anträgt. Die Richtung von Q muß

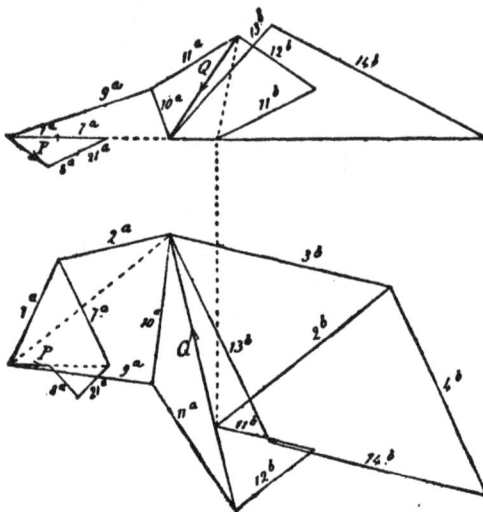

Abb. 131.

übrigens, wie man leicht einsieht, in der durch III^b gelegten Symmetrieebene der Kuppel enthalten sein und daher mit der Schnittlinie dieser Ebene und der durch die beiden Netzwerkstäbe gelegten Ebene zusammenfallen.

Am Knotenpunkte IV^b trifft in bezug auf Größe und Richtung der zugehörigen Resultierenden Q dasselbe zu; nur der Pfeil ist entgegengesetzt, und wenn wir zum folgenden Knotenpunkte weiter gehen, kehrt er sich immer wieder um. Nur die Knotenpunkte I^b und II^b machen eine Ausnahme. An ihnen stößt jedesmal ein gezogener und ein gedrückter Netzwerkstab zusammen, und die Resultierende Q' an II^b aus 8^a und 9^a konnte in dem besonderen Kräfteplane Abb. 132 aus den bekannten Strecken gefunden werden.

Man untersucht nun, welche Spannungen in den Stäben des unteren Stockwerkes durch eine einzige Last Q, die am Knotenpunkte

III^b angreift, hervorgerufen werden. Dies geschieht genau so wie vorher die Ermittlung der Stabspannungen im oberen Geschosse unter der Last P. Die Resultierende aus den Stabspannungen 11^b und 12^b unter der Last Q fällt in die Richtung der Winkelhalbierenden des von beiden Stäben gebildeten Winkels, die leicht gefunden werden kann. Die Resultierende aus den Ringspannungen 2^b und 3^b ist horizontal und fällt ebenfalls in die Durchmesserebene. Hiernach konnte das Dreieck aus Q, der horizontalen Richtung und der vorher konstruierten Richtung der Resultierenden von 11^b und 12^b im Aufrisse gezeichnet werden. Im Grundrisse projiziert sich das Dreieck als Gerade. Dann zerlegt man die Resultierenden nach den Richtungen der Stabspannungen 2^b, 3^b und 11^b, 12^b, aus denen sie zusammengesetzt waren. Außerdem ist in Abb. 131 noch ein Kräfteviereck für den Knotenpunkt IV^b angeschlossen. Weiter zu gehen, ist nicht mehr nötig, da man wie im vorigen Falle nun schon alle durch Q hervorgerufenen Spannungen anzugeben vermag.

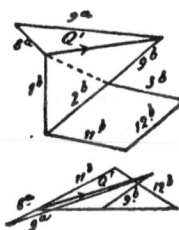

Abb. 132.

Hierauf wiederhole man in Abb. 132 dieselbe Untersuchung für die am Knotenpunkte II^b angreifende Belastung Q', die als Resultierende der Stabspannungen 8^a und 9^a gefunden war. Auch hier genügt es, die Kraftecke für die Knotenpunkte II^b und III^b aufzutragen.

Nun bleibt uns nur noch übrig, die Spannungen aus allen Lasten Q und Q' zusammenzuzählen. Die Spannung jedes Stabes im unteren Kuppelstockwerke wird als eine Summe von sieben Gliedern gefunden, deren Werte sich aus den gezeichneten Kräfteplänen sämtlich entnehmen lassen. Man betrachte z. B. den Stab 3^b. Die Last Q am Knotenpunkte III^b versetzt ihn, wie aus dem Kräfteplane Abb. 131 hervorgeht, in eine Zugspannung, deren Betrag mit s bezeichnet sein möge. Am Knotenpunkte IV^b greift eine Last $- Q$ an, deren Pfeil nach oben hin gekehrt ist und die, da sich sonst alles gleich bleibt, die Spannung $- s$ in Stab 3^b hervorbringt. Am folgenden Knotenpunkte V^b geht der Pfeil von Q wieder nach abwärts, und der Ringstab 4^b erfährt daher eine Zugspannung vom Betrage s. Der Stab 3^b, den wir jetzt ins Auge gefaßt haben, wird daher gedrückt, und der vom Knotenpunkte V^b herrührende Beitrag zur Spannung in 3^b ist gleich $- s$. Dieselben Überlegungen lehren, daß auch von VI^b und VII^b her die Spannungen $- s$ in 3^b erzeugt werden.

Die Last Q' am Knotenpunkte II^b bringt in 3^b, wie aus dem Kräfteplane folgt, eine Zugspannung hervor. Die entsprechende und symmetrisch zur vorigen liegende Last Q' am Knotenpunkte I^b versetzt den Stab 1^b in Druckspannung, daher 2^b in Zug- und 3^b

wieder in Druckspannung, und zwar zum gleichen Betrage wie vorher die Zugspannung.

Zählen wir alle sieben Posten zusammen, so finden wir die Spannung des Stabes 3^b gleich $- 3s$, d. h. der Stab 3^b wird im ganzen mit einer dreifach so großen Kraft gedrückt, als sie aus Abb. 131 zu entnehmen ist. — Ähnlich läßt sich die Betrachtung auch für alle übrigen Stäbe durchführen. Außerdem kann man auch, nachdem die Spannung eines Stabes auf diese Art ermittelt ist, den Kräfteplan für das untere Kuppelgeschoß unter gleichzeitiger Berücksichtigung aller darauf von oben her übertragenen Lasten von neuem auftragen. Man umgeht dadurch die Zusammenziehung der sieben Posten, von denen vorher die Rede war, für alle übrigen Stäbe, wofür man freilich die Mühe mit in den Kauf nehmen muß, nochmals einen neuen Kräfteplan zu zeichnen.

§ 46. Das Tonnenflechtwerkdach.

Abb. 133 zeigt einen Teil eines Tonnenflechtwerkdaches in axonometrischer Zeichnung. Nach vorn hin muß man sich den

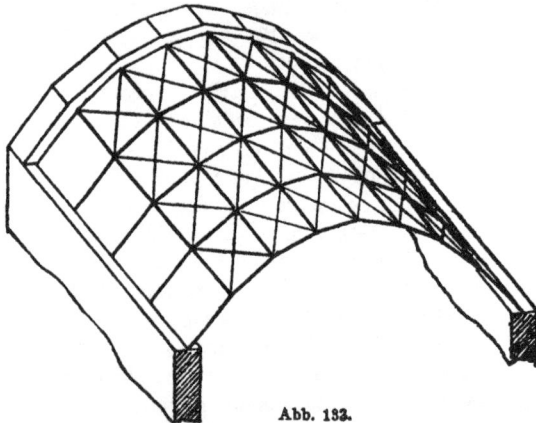

Abb. 133.

Stabverband in derselben Weise bis zu einer zweiten Stirnmauer hin, an der er ebenso wie an der hinteren aufgelagert wird, fortgesetzt denken.

Der Aufbau entsteht aus dem geschlossenen Tonnenflechtwerke auf die schon in § 42 näher beschriebene Weise. Die statische Bestimmtheit kann durch nachträgliche Fortlassung der

Diagonalstäbe in den beiden untersten Seitenflächen der Tonne und durch längsverschiebliche Auflagerung der Knotenpunkte auf einer der beiden Stirnmauern herbeigeführt werden. Diagonalen, die etwa in den Fächern der unteren Tonnenseiten beibehalten werden, machen den Träger zwar statisch unbestimmt, die Unbestimmtheit erstreckt sich aber dann nur auf die zu diesen unteren Tonnenseiten gehörigen Stäbe, da eine Spannung in einer solchen überzähligen Diagonale, wenn sie als Last an dem statisch bestimmten Träger aufgefaßt wird, nur in diesen Stäben Spannungen hervorrufen kann. Daher ist es für den Gang der Berechnung ziemlich gleichgültig, ob der Träger auf diese Art wirklich statisch bestimmt gemacht wurde oder ob man die überzähligen Diagonalen auch in den untersten Fächern beibehält.

In der Abbildung sind in allen Fächern Gegendiagonalen angenommen, und auch hierdurch wird nach den Ausführungen in § 43 über die Gegendiagonalen nichts Wesentliches geändert.

Wenn nur eine der Längsrichtung nach gleichförmige Belastung, also z. B. die Eigenlast des Daches in Frage käme, könnte man etwa das Sparrenvieleck (also den Querschnitt des Daches) nach einem Seilecke für die an den Knotenpunkten angreifenden Lasten gestalten. Dann genügten schon die in den Sparrenstäben auftretenden, aus dem Kräfteplane des Seileckes zu entnehmenden Druckspannungen, um an jedem Knotenpunkte Gleichgewicht herzustellen, und die in horizontaler Richtung verlaufenden „Pfettenstäbe" blieben ebenso wie die Diagonalen spannungslos. Wie bei allen Flechtwerken, bei denen die von einem Knotenpunkte ausgehenden Stäbe nicht allzuviel von einer durch den Knotenpunkt gelegten Ebene abweichen, werden aber auch hier durch Einzellasten verhältnismäßig große Spannungen hervorgerufen, und auf die Berechnung für einen solchen Belastungsfall kommt es daher vor allen Dingen an.

Der Knotenpunkt B, an dem die Einzellast P angreifen soll, ist in Abb. 134 in einem rechtwinklig zur Längsrichtung des Daches stehenden Risse besonders herausgezeichnet. Die Strecken BA und BC sind die Projektionen der sich an B beiderseits anschließenden

Tonnenseiten. Man zerlege die Last P mit Hilfe eines Kräfteparalle-
logrammes in die Komponenten P_1 und P_2, die in die Ebenen der
Tonnenseiten fallen. Beachtet man nun, daß die auf jeder Tonnen-
seite liegenden Stäbe unter sich ein ebenes Fachwerk, nämlich einen
auf den beiden Stirnmauern aufgelagerten ebenen Fachwerkbalken
mit parallelen Gurtungen bilden, so kann man leicht die Stabspannungen berechnen, die in jedem dieser
Fachwerkbalken durch die in die zugehörige Ebene fallende Lastkomponente
P_1 oder P_2 hervorgerufen werden. Die
sich im Punkte B projizierende Reihe
der Pfettenstäbe bildet eine gemeinsame
Gurtung für die beiden sich in ihr aneinanderschließenden ebenen
Fachwerkbalken. Man muß daher, um die in diesen Pfettenstäben auftretenden Spannungen zu erhalten, die Gurtspannungen in beiden Fachwerkbalken unter Berücksichtigung ihrer Vorzeichen zusammenzählen.

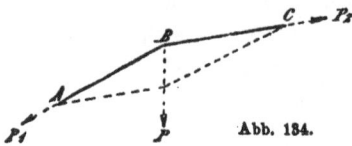

Abb. 134.

Durch diese Kräftezerlegung läßt sich an jedem Knotenpunkte
Gleichgewicht herstellen, und da der Träger im wesentlichen statisch
bestimmt ist, erhält man hiermit auch das richtige Spannungsbild.
Alle anderen Stäbe, die nicht zu den beiden an den belasteten Knotenpunkt sich anschließenden Tonnenseiten gehören, bleiben demnach
unter dem Einflusse der Einzellast spannungslos.

Bei einer praktischen Ausführung läßt sich nicht vermeiden, daß
die Winkel zwischen je zwei aufeinanderfolgenden Sparrenstäben nur
wenig von gestreckten abweichen. Die beiden Lastkomponenten P_1
und P_2 werden dann, wie man aus Abb. 134 erkennt, verhältnismäßig groß und mit ihnen auch die Stabspannungen, namentlich jene
der Pfettenstäbe, wenn überdies die Länge des Daches, die zugleich
die Spannweite der einzelnen ebenen Fachwerkbalken darstellt, ziemlich groß ist. Aber auch hier gelten die gegen den Schluß von § 44
gemachten Bemerkungen. Infolge der wenn auch nur verhältnismäßig
geringen Biegungssteifigkeit der Stäbe wird die Tragfähigkeit des
Stabverbandes viel größer, als es nach dieser Berechnung scheinen
könnte. Ich habe mich davon auch unmittelbar durch ausführliche
Versuche überzeugt, die ich mit einem in ziemlich großem Maßstabe
ausgeführten Tonnenflechtwerke in meinem Laboratorium vornahm,
worüber in den „Mitteilungen" des Laboratoriums, Heft 24 (1896)
eingehend berichtet ist. Ich erwähne davon hier nur, daß die Einsenkung, die der in der Mitte der Firstpfette gelegene Knotenpunkt
unter einer an ihm angebrachten Einzellast erfuhr, nur 17 Prozent
von jener betrug, die bei Vernachlässigung der Biegungssteifigkeit
der Flechtwerkstäbe zu erwarten gewesen wäre. Die Längsspannungen der Stäbe werden sogar in noch höherem Maße vermindert.

Für den Fall einer der Längsrichtung des Daches nach gleichförmigen Lastverteilung, die aber von einem Knotenpunkte desselben
Querschnittes zum anderen beliebig wechseln kann, lassen sich die
Stabspannungen ebenfalls sehr leicht berechnen, ohne daß man nötig
hätte, die von den einzelnen Lasten für sich hervorgebrachten Spannungen getrennt zu berechnen und sie dann zu summieren. In Abb. 135a seien die Lasten P_1, P_2 usf.
beliebig gegeben. Man entwerfe den Kräfteplan
Abb. 135b, indem man zuerst P_1 nach 1 und 2 zerlegt, hierauf P_2 nach 2 und 3 usf. Durch die Strek-
ken ab, bc, cd wer-
den dann jene Lasten
angegeben, die man
an den ebenen Fach-
werkbalken auf den
Tonnenseiten 1, 2, 3
anzubringen hat und

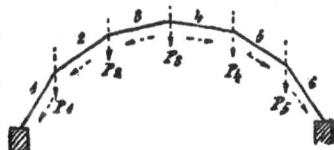

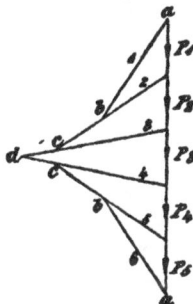

Abb. 135 a.   Abb. 135 b.

durch die diese Fachwerkbalken auf Biegung in ihrer Ebene beansprucht
werden. Hierbei hat man zuletzt wieder darauf zu achten, daß jede
Pfettenreihe (abgesehen von der im Firste) gleichzeitig als Obergurt
des einen und als Untergurt des anderen Fachwerkbalkens auftritt.
Die zugehörigen Zug- und Druckspannungen gleichen sich dann zum
großen Teile gegeneinander aus.

In Abb. 136a und 136b ist dasselbe für den Fall einer Belastung
durch Winddruck ausgeführt. Dabei ist vorausgesetzt, daß die Wider-
lagsmauer nicht hinreichend widerstandsfähig gegen horizontale Kräfte
ist, so daß auch in den Auflagerpunkten noch
ein Winddruck P_0 von dem Träger aufzunehmen ist. Natürlich dürfen in diesem Falle die
Diagonalen in den Fächern der untersten Tonnenseiten nicht fehlen. — Auch hier werden
die von den ebenen Fach-
werkbalken aufzunehmen-
den Lasten durch die
Strecken ab, bc, cd des
Kräfteplanes angegeben,
und die Pfeile, nach denen
sie an diesen Balken bie-

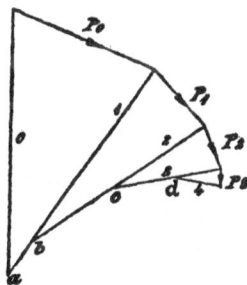

Abb. 136 a.   Abb. 136 b.

gend angreifen, sind in Abb. 136a eingetragen. Die weitere Berechnung
der Stabspannungen, die zu diesen Lasten gehören, erfolgt wie im
vorigen Falle.

Ein von Löhle in Zürich zur Anwendung gebrachtes Flecht-
werkdach möge hier auch noch erwähnt werden. Zur Überdachung

eines größeren Werkstattraumes verwendet man gewöhnlich der besseren Lichtführung wegen ein sogenanntes „Sägedach" von dem aus
Abb. 137 ersichtlichen Umrisse. Nach der älteren Bauart unterstützte

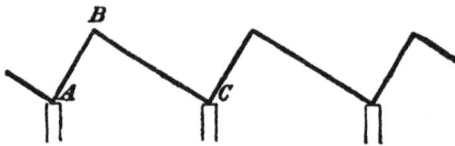

Abb. 137.

man die Dachflächen durch
eine Reihe kleiner Binder,
die die Spannweiten A bis
C usf. überdecken und sich
bei A und C auf Unterzüge
stützen, die zwischen den in
größeren Abständen stehen-
den Pfeilern angeordnet sind. Anstatt dessen führt Löhle auf den Tonnenseiten, die sich in den Strecken AB, BC usf. projizieren, ebene
Fachwerkbalken aus, von denen je zwei aneinandergrenzende die dazwischenliegende Gurtung gemeinsam haben. Hierdurch werden nicht
nur die Binder, sondern auch die vorher erwähnten Unterzüge entbehrlich gemacht, und für den Fall von großen (zur Zeichenebene
senkrecht gemessenen) Pfeilerentfernungen wird eine ziemlich erheb-
liche Materialersparnis erzielt.

Gegenüber der in Abb. 133 gezeichneten Anordnung besteht ein
Unterschied nur in der abweichenden Querschnittslinie der Tonne;
die vorher auseinandergesetzte Berechnung kann daher auf diesen
Fall ohne weiteres übertragen werden.

§ 47. Flechtwerkträger eines Krangerüstes.

In Abb. 24a S. 51 war ein ebenes Traggerüst für einen Kran
dargestellt, und im zugehörigen Kräfteplane Abb. 24b waren die
Stabspannungen ermittelt worden, die darin durch eine am Ausleger angreifende Last $\mathfrak{A}$ hervorgerufen werden.

Dabei mußte aber vorausgesetzt werden, daß die Richtungslinie der Last $\mathfrak{A}$ in der Ebene des Binders liege, denn gegen
Kräfte, die senkrecht zur Binderebene gerichtet sind, ist ein
ebener Stabverband, wenigstens in seiner Eigenschaft als Fachwerk, nicht widerstandsfähig.

Nun ist freilich bei einem Krane der bei jener Gelegenheit
vorausgesetzte Belastungsfall der wichtigste. Es kann aber immerhin auch vorkommen, daß die am Ausleger angreifende Kraft
entweder selbst eine zur Binderebene senkrechte Komponente
hat oder daß daneben andere Lasten (Winddruck u. dgl.) vorkommen, die zu dieser Ebene senkrecht stehen. Man muß daher

auch für eine gewisse Steifigkeit des Gerüstes senkrecht zur Binderebene sorgen. Dies kann nun zwar auf verschiedene Art geschehen. Am wirksamsten geschieht es aber durch den Übergang vom ebenen zum räumlichen Fachwerke.

Man kann sich hier die Aufgabe stellen, aus der ebenen Binderfigur heraus einen räumlichen, statisch bestimmten Fachwerkträger zu entwickeln, der gegenüber Lasten, die in der Symmetrieebene liegen, im wesentlichen ebenso wirkt wie vorher der ebene Binder, der dabei aber zugleich noch imstande ist, gegenüber Lasten, die senkrecht zu jener Ebene gerichtet sind, als Fachwerkträger, d. h. unter ausschließlicher Beanspruchung der Stäbe auf Zug oder Druck zu widerstehen. Auch diese Aufgabe läßt noch verschiedene Lösungen zu. Die einfachste wird durch Abb. 138 in axonometrischer Zeichnung angegeben. Dabei sei bemerkt, daß auch die gestrichelten Linien Stäbe vorstellen, die nur bei dem betreffenden Belastungsfalle spannungslos sind.

Daß der Träger statisch bestimmt ist, erkennt man am einfachsten daraus, daß sich die zu dem oberen Teile gehörigen Stäbe zu Dreiecken zusammenschließen, die einen inneren Raum vollständig umgrenzen. Der obere Teil bildet daher ein vollständiges Flechtwerk, das durch die sechs unteren Stäbe starr mit der festen Erde verbunden ist. Mit Ausnahme der gestrichelt ausgezogenen Diagonale in dem nach unten gekehrten trapezförmigen Fache des Flechtwerkmantels ist die ganze Anordnung symmetrisch. Man kann aber die Symmetrie auch vollständig machen, indem man in dieses Fach eine zweite Diagonale ein-

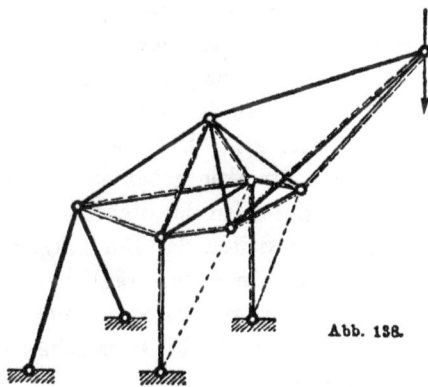

Abb. 138.

schiebt. Wir wissen schon, daß die statische Unbestimmtheit, die hierdurch eingeführt wird, unerheblich ist, da sie sich nur auf die zu demselben Fache gehörenden Stäbe erstreckt, und daß auch selbst für diese Stäbe sofort klare Verhältnisse geschaffen werden, sobald man annimmt, daß beide Diagonalen als Gegendiagonalen ausgebildet, d. h. nur gegen Zug widerstandsfähig hergestellt werden.

Der Aufriß des räumlichen Trägers stimmt genau mit der früheren Binderfigur überein. Daher kann auch die Berechnung der Stabspannungen für solche Lasten, die in der Mittelebene liegen, aus der früher für den Binder durchgeführten Berechnung ohne weiteres abgeleitet werden. Wenn sich nämlich Kräfte an einem Punkte im Raume im Gleichgewichte halten und man projiziert sie alle auf eine Ebene, so ist auch die geometrische Summe ihrer Projektionen gleich Null. Auf die Linien der Binderfigur projizieren sich aber die Stabspannungen des räumlichen Trägers, und die im Kräfteplane der Abb. 24b erhaltenen Strecken geben daher ohne weiteres die Summe der Aufrißprojektionen der Spannungen jener Stäbe an, die sich in der Binderfigur, als Aufriß des räumlichen Trägers betrachtet, übereinander decken.

Der symmetrischen Anordnung und Belastung wegen läßt sich ferner an jedem Knotenpunkte dadurch Gleichgewicht herstellen, daß man die Spannungen der spiegelbildlich zueinander liegenden Stäbe gleich groß und von gleichem Vorzeichen annimmt, die einzelne, unsymmetrisch vorkommende Diagonale dagegen spannungslos läßt. Da der Träger statisch bestimmt und daher nur ein einziges Gleichgewichtssystem von Spannungen möglich ist, muß die genannte Diagonale hiernach auch wirklich spannungslos sein. Die aus dem Kräfteplane der Abb. 24b entnommenen Strecken geben sofort die in der Mittelebene liegenden Resultierenden der Stabspannungen an, die sich in den entsprechenden Seiten der Binderfigur übereinander decken. Man braucht daher nur nachträglich noch eine Zerlegung der durch den Kräfteplan gelieferten Resultierenden nach den Richtungen der betreffenden Stäbe vorzunehmen, was etwa im Grundrisse geschehen kann.

Von jenen Stäben, die selbst in der Mittelebene liegen und die sich daher im Aufrisse nicht mit anderen überdecken, liefert der ebene Kräfteplan schon unmittelbar die Spannung, ohne daß

eine weitere Zerlegung nötig wäre. Für jene Stäbe endlich, die
senkrecht zur Mittelebene stehen und sich daher im Aufrisse
als Punkte projizieren, findet man die Spannungen nachträglich
durch Zeichnen von Kraftecken für einen ihrer Endpunkte im
Grundrisse. Da die übrigen Stabspannungen schon sämtlich bekannt sind, können diese Kraftecke ohne weiteres aufgetragen
werden.

Da alle diese Zerlegungen sehr einfach sind, habe ich die
Beigabe einer besonderen Zeichnung des Kräfteplanes für entbehrlich gehalten. Dagegen sind in Abb. 138 jene Stäbe, die für
den Fall einer senkrechten Last am Ausleger gedrückt sind,
durch Schattenstriche hervorgehoben und die spannungslosen
durch gestrichelte Linien angegeben.

Wenn die Last am Ausleger eine beliebige Richtung im
Raume hat, hört die symmetrische Spannungsverteilung auf, und
das bisher besprochene Verfahren ist daher nicht mehr anwendbar. Man zerlegt die Last in diesem Falle am besten in
zwei Komponenten, von denen eine in der Mittelebene liegt und
die andere senkrecht zu ihr steht, und berechnet die von jeder
dieser Komponenten für sich hervorgerufenen Spannungen, die
man dann nachträglich
summieren kann. Für den
ersten Belastungsfall ist
die Lösung schon be-
kannt; es bleibt also nur
noch der zweite zu unter-
suchen.

In Abb. 139 ist zu-
nächst wieder eine axono-
metrische Zeichnung des
Krangerüstes gegeben, in
der genau wie vorher die
bei dem jetzt vorliegenden
Belastungsfalle spannungs-
los bleibenden Stäbe durch gestrichelte Linien angegeben sind. Wir
wollen uns zunächst überzeugen, daß diese in der Tat spannungslos
bleiben müssen.

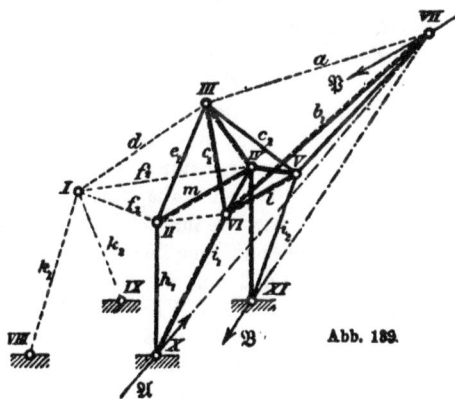

Abb. 139.

Denkt man sich die sechs Stäbe, die den oberen Flechtwerkkörper mit der festen Erde verbinden, durchschnitten, so müssen die an den Schnittstellen als äußere Kräfte anzubringenden Stabspannungen mit der Last $\mathfrak{P}$ am Ausleger ein Gleichgewichtssystem bilden. Für eine Momentenachse, die durch die Auflagerpunkte X und XI gelegt ist, verschwinden die Momente von $\mathfrak{P}$ und von den vier von diesen Punkten ausgehenden Stabspannungen. Die Summe der Momente der beiden am Knotenpunkte I angreifenden Stabspannungen $VIII, I$ und IX, I muß daher ebenfalls gleich Null sein. Nun kann man sich diese beiden Spannungen zu einer am Knotenpunkte I angreifenden Resultierenden vereinigt denken. Die Resultierende muß in der Ebene $I, VIII, IX$ enthalten sein, die zur Momentenachse parallel ist, und damit ihr Moment zu Null wird, muß sie selbst zur Momentenachse parallel sein.

Nachdem man dies erkannt hat, wende man den Momentensatz nochmals für eine durch den Knotenpunkt VII in lotrechter Richtung gelegte Momentenachse an. Auch für diese Achse verschwinden die Momente von $\mathfrak{P}$ und von den zu den Auflagerpunkten X und XI gehörigen Stabspannungen. Dies erkennt man aus dem in Abb. 140 b gezeichneten Grundrisse, aus dem hervorgeht, daß sich die Ebenen X, II, VI und XI, IV, V in der jetzt als Momentenachse gewählten Geraden schneiden. Demnach muß auch für diese Momentenachse das Moment der am Knotenpunkte I gebildeten Resultierenden aus den Stabspannungen $VIII, I$ und IX, I gleich Null sein. Wir erkannten aber schon vorher, daß diese Resultierende, falls sie überhaupt besteht, nur parallel zur vorigen Momentenachse gehen kann. Wäre sie von Null verschieden, so könnte ihr Moment für die jetzt gewählte Momentenachse nicht verschwinden, da die beiden Linien windschief zueinander liegen. Die Resultierende muß also Null sein, und daher müssen auch die Stäbe, aus deren Spannungen die Resultierende gebildet war, beide spannungslos sein.

Die drei übrigen Stäbe, die noch vom Knotenpunkte I ausgehen, müssen nun auch spannungslos sein, da zwischen drei Kräften, die nicht in derselben Ebene liegen, nur dadurch Gleichgewicht hergestellt werden kann, daß man sie alle drei gleich Null setzt. Wir kommen ferner zum Stabe III, VII. Daß dieser spannungslos ist, folgt daraus, daß die Kraft $\mathfrak{P}$ am Knotenpunkte VII mit den beiden anderen von diesem Knotenpunkte ausgehenden Stäben in einer Ebene liegt. Die vierte, mit den drei anderen nicht in derselben Ebene liegende Kraft muß daher gleich Null sein. Schließlich bleibt noch der Stab II, VI. Auch bei ihm folgt der Schluß, daß er spannungslos sein muß, daraus, daß die drei anderen vom Knotenpunkte II ausgehenden Stabspannungen in einer Ebene liegen. Dabei ist zu

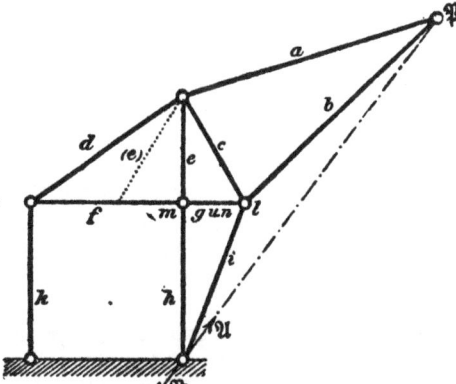

Abb. 140 a . . . .

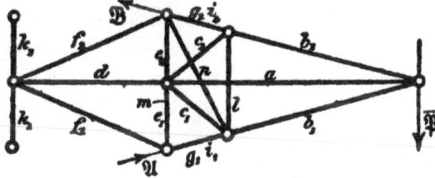

Abb. 140 b . . . .

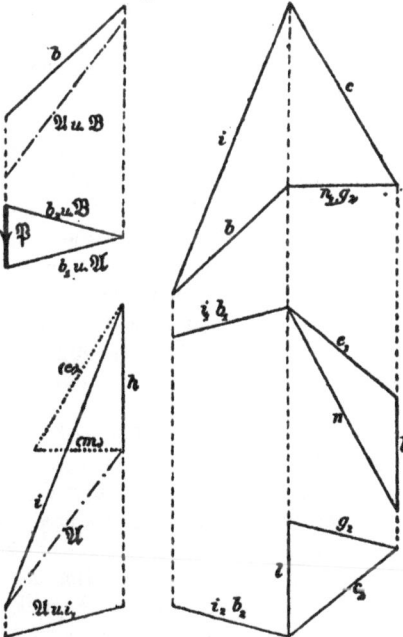

Abb. 140 c . . . .

Abb. 140 d.   Abb. 140 e.

beachten, daß man vorher schon erkannte, daß Stab II, I spannungslos ist.

Um ferner die Spannungen der bei dem betrachteten Belastungsfalle in Tätigkeit kommenden Stäbe zu ermitteln, erwäge man vorerst, daß der Träger in den Punkten X und XI Auflagerkräfte $\mathfrak{A}$
und $\mathfrak{B}$ überträgt, die mit der Last $\mathfrak{P}$ ein Gleichgewichtssystem bilden. Zugleich muß $\mathfrak{A}$ in der Ebene der beiden sich in X anschließenden Stäbe enthalten sein, da $\mathfrak{A}$ auch mit den Spannungen dieser
Stäbe im Gleichgewichte sein muß. Entsprechendes gilt für $\mathfrak{B}$. Dar-
aus folgt, daß die Richtungslinien von $\mathfrak{A}$ und $\mathfrak{B}$ sich mit $\mathfrak{P}$ im Knotenpunkte VII schneiden müssen.

Nach diesen Vorbemerkungen kann man zu der in Abb. 140c in
Grundriß und Aufriß ausgeführten Kräftezerlegung schreiten. Die
Kraft $\mathfrak{P}$ zerlegt man zuerst im Grundrisse nach den Richtungen von
b_1 und b_2 oder auch von $\mathfrak{A}$ und $\mathfrak{B}$, denn diese Richtungen decken
sich hier. Im Aufrisse decken sich sowohl b_1 und b_2, wofür kurz b
geschrieben ist, als auch $\mathfrak{A}$ und $\mathfrak{B}$.

Dann folgt Abb. 140d. Man zerlegt hier $\mathfrak{A}$, das von der vorigen
Zeichnung übernommen wird, in die Stabspannungen h und i. Der
Grundriß des Kräftedreieckes bildet eine Gerade. Auch die von $\mathfrak{B}$
am anderen Auflagerpunkte hervorgerufenen Stabspannungen sind
hiermit bekannt; sie sind ebenso groß als die ihnen auf der Vorder-
seite entsprechenden, aber von entgegesetztem Vorzeichen. Dies
folgt schon aus der bereits beim vorigen Belastungsfalle angestellten
Überlegung über die Stabspannungen in der Binderfigur, die den
Aufriß des räumlichen Trägers bildet. Die Projektion von $\mathfrak{P}$ im Aufrisse ist nämlich im vorliegenden Falle gleich Null; daher sind auch
die Stabspannungen im Binder gleich Null, d. h. die sich im Aufrisse auf denselben Linien überdeckenden Projektionen der Stabspannungen des räumlichen Trägers sind von gleicher Größe und entgegengesetztem Vorzeichen. Auch schon auf Grund dieser Überlegung
hätte man den Nachweis erbringen können, daß die in der Mittelebene selbst liegenden Stäbe a und d spannungslos sein müssen. Im
übrigen ist darauf auch bei den weiter folgenden Zerlegungen Rücksicht zu nehmen.

Wir kommen nun zu Abb. 140e, die zwei verschiedene Grundrisse und einen zu beiden gehörigen, gemeinsamen Aufriß umfaßt.
Der obere Grundriß samt dem Aufrisse bildet das Krafteck für den
Knotenpunkt VI (siehe wegen der Numerierung der Knotenpunkte
die zugehörige axonometrische Zeichnung in Abb. 139); der untere
Grundriß gehört zu dem hinter VI, symmetrisch dazu liegenden Knotenpunkte V. Vom Kraftecke für den Knotenpunkt VI kennt man
bereits die Stabspannungen i_1 und b_1. Diese sind im Aufrisse im

Sinne ihrer Pfeile aneinandergereiht; im Grundrisse überdecken sie sich. Dann zieht man im Aufrisse die Parallelen zu c und n. Im Grundrisse tritt dazu noch die Stabspannung l, die sich im Aufrisse als Punkt projiziert. Damit sind die Projektionen des windschiefen Kräftefünfeckes für den Knotenpunkt VI bereits gefunden.

Für den Knotenpunkt V gilt derselbe Aufriß; nur hat jetzt die vorher mit n bezeichnete horizontale Seite bei ihm die Bedeutung von g_2. Auch hier ergibt sich die Stabspannung l von neuem, und sie muß natürlich ebenso groß ausfallen wie im vorigen Kraftecke.

Nun fehlt nur noch die Spannung der mit e bezeichneten Stäbe. Sie folgt aus dem Kräftedreiecke für den Knotenpunkt II. Dieses ist in Abb. 140 d in umgeklappter Lage, also in wahrer Gestalt, und zwar mit punktierten Linien eingetragen. Dazu wurde schon im Aufrisse e in die Mittelebene umgeklappt und zu der hierdurch gefundenen, punktiert ausgezogenen Richtung (e) die Parallele (e) in Abb. 140 d gezogen.

Nachträglich hat man noch die wahren Längen der im Aufrisse und Grundrisse gegebenen Stabspannungen zu ermitteln und sie nach dem gewählten Kräftemaßstabe auszumessen. Die dazu nötigen Linien sind in der Zeichnung weggelassen.

§ 48. Anwendung des Stabvertauschungsverfahrens auf die Berechnung räumlicher Fachwerke.

Wenn andere Mittel zur Berechnung der Stabspannungen in statisch bestimmten räumlichen Fachwerkträgern versagen, kann man stets durch das schon in § 35 für das ebene Fachwerk auseinandergesetzte Hennebergsche Verfahren der Einführung von Ersatzstäben zum Ziele gelangen. Dieses Verfahren ist nämlich für räumliche Fachwerke genau ebenso wie für ebene anwendbar, und Henneberg hat es auch schon von Anfang an für beide Fälle angegeben, obschon er es zunächst nur für die Berechnung ebener Fachwerke wirklich verwendet hat.

Schon in einigen anderen Fällen, die in diesem Abschnitte behandelt wurden, kann man die Untersuchung auch mit Hilfe des Stabvertauschungsverfahrens durchführen. Man gewinnt aber dadurch nichts. Vielmehr beschränkt man die Anwendung des Verfahrens am besten auf solche Fälle, in denen einfachere Wege nicht mehr zum Ziele führen.

Ein solcher Fall liegt bei einer Kuppel vor, die von Zimmermann, dem hervorragenden ehemaligen Mitgliede des Preußischen Ministeriums der öffentlichen Arbeiten, für das Reichstagshaus in Berlin entworfen und ausgeführt wurde. Abb. 141 zeigt den Grundriß der Zimmermannschen Kuppel in etwas verallgemeinerter Darstellung. Auf den Aufriß kommt es vorläufig nicht an, wenn man nur beachtet, daß die Kuppel aus zwei Stockwerken besteht, daß ferner der Fußring und der mittlere Ring achteckig sind, während der Nabelring quadratisch gestaltet ist. Die 12 Knotenpunkte der beiden oberen Ringe werden, wie man durch Abzählen findet, gegen den zur festen Erde gehörigen

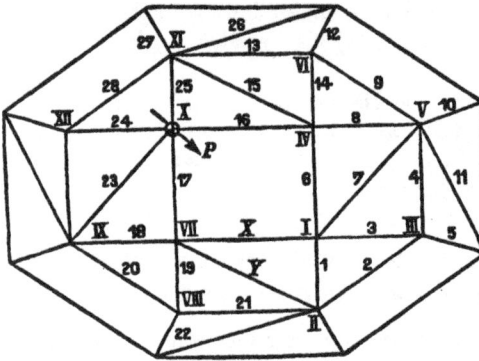

Abb. 141.

Fußring durch 36 Stäbe abgestützt. Das Stabgerüst ist daher statisch bestimmt. Daß kein Ausnahmefall vorliegt, schließt man wie gewöhnlich aus der weiterhin folgenden statischen Berechnung. Der in Abb. 141

mit X bezeichnete Knotenpunkt des Nabelringes möge eine beliebig gegebene Last P tragen, während alle übrigen Knotenpunkte unbelastet sind. Man kann die zu dieser Belastung gehörigen Stabspannungen nach Formeln berechnen, die Zimmermann auf analytischem Wege abgeleitet hat; hier dagegen wollen wir die Ermittelung graphisch durchführen.

Zu diesem Zwecke denke man sich irgend zwei passend ausgewählte Stäbe, die in der Abbildung mit X und Y bezeichnet sind, durchschnitten und die in ihnen auftretenden, vorläufig unbekannten Spannungen durch äußere Kräfte, die an den Endknotenpunkten als Lasten anzubringen sind, ersetzt. Dadurch kann an dem Gleichgewichtszustande des ganzen Verbandes nichts geändert werden, falls nur vorausgesetzt wird, daß die Spannungen X und Y passend gewählt wurden. Von den Ersatzstäben, die nötig sind, um das Fachwerk auf ein einfaches zurückzuführen, wird später die Rede sein; es wird sich nämlich bei der Spannungsermittelung von selbst herausstellen, wie sie zu wählen sind.

Nun beginne man mit dem Zeichnen der Kräftepläne für den nach Wegnahme der beiden Stäbe verbliebenen Kuppelrest. Daß man die wahren Größen der Stabspannungen X und Y, die an dem Kuppelreste als Lasten anzubringen sind, noch nicht kennt, stört dabei nicht viel, indem man sich des schon bei der Berechnung der Netzwerkkuppel in § 45 benutzten Mittels bedienen kann, den Maßstab des Kräfteplanes einstweilen unbestimmt zu lassen, so daß man die erste Kraft, die man beim Zeichnen des Kräfteplanes aufzutragen hat, durch eine beliebig lange Strecke zur Darstellung bringen kann.

Freilich kommen hier zwei Lasten, X und Y, vor, die man beide noch nicht kennt und deren Verhältnis ebenfalls unbekannt ist. Man kann daher nicht beide in denselben Kräfteplan eintragen. Dagegen steht nichts im Wege, zuerst nur X am Kuppelreste anzubringen und hierfür einen Kräfteplan in unbestimmt gelassenem Maßstabe zu zeichnen und hierauf mit Y ebenso zu verfahren, wobei der dazugehörige Kräfteplan in irgendeinem anderen unbestimmt gelassenen Maßstabe aufzutragen ist. Sei nun etwa 1 mm — m kg der Maßstab des ersten und 1 mm — n kg der Maßstab des zweiten Kräfteplanes, so ist die in irgendeinem Stabe i durch das Zusammenwirken beider Lasten hervorgerufene Stabspannung S_i

$$S_i = m x_i + n y_i,$$

wenn mit x_i und y_i die aus beiden Kräfteplänen zu entnehmenden Spannungen bezeichnet werden, die dem Stabe i entsprechen. Es kommt also dann nur noch darauf an, nachträglich die beiden Unbekannten m und n zu ermitteln, um die Aufgabe vollständig zu lösen. Hierbei ist zu beachten, daß m und n sowohl positive als negative Größen sein können; denn beim Zeichnen beider Kräftepläne setzt man einstweilen voraus, daß X und Y Zugspannungen seien. Ist aber eine von ihnen in Wirklichkeit eine Druckspannung, so sind nachträglich noch alle Vorzeichen in dem betreffenden Kräfteplane umzukehren, was dadurch geschieht, daß man m oder n einen negativen Wert beilegt.

Nachdem man beide Kräftepläne vollständig durchgeführt hat, ergeben sich am Schlusse von selbst die Bedingungen, denen die Unbekannten m und n genügen müssen und aus denen sie sich berechnen lassen. Ist man nämlich zum belasteten Knotenpunkte gelangt, so findet man, daß dort in jedem der beiden Kräftepläne nur noch zwei Stabspannungen nicht vertreten sind. Man zerlegt daher die Resultierende der übrigen Spannungen nach diesen beiden Richtungslinien und nach der Richtungslinie der gegebenen Last P. Bezeichnet

man die in die Richtung von P fallenden Kräfte in beiden Kräfteplänen mit P_x und P_y, so muß

$$P = m P_x + n P_y$$

sein, und hiermit hat man schon eine der beiden Bedingungsgleichungen zwischen den Unbekannten m und n.

Die zweite ergibt sich, nachdem man zum letzten Knotenpunkte
(XII in Abb. 141) gelangt ist. Dort sind die Spannungen 24 und
28 in beiden Kräfteplänen schon vertreten. Da aber an diesem Knotenpunkte nur vier Kräfte angreifen, muß die Resultierende aus den
Spannungen S_{24} und S_{28} in die Schnittlinie der durch sie und der
durch die beiden anderen Stäbe gelegten Ebenen fallen. Hiernach
kann das Verhältnis beider Stabspannungen durch Zeichnen eines
Kräftedreieckes ermittelt werden. Bezeichnet man dieses Verhältnis
mit α, so lautet die zweite Bedingungsgleichung, der m und n genügen müssen,
$$\frac{S_{24}}{S_{28}} = \frac{m x_{24} + n y_{24}}{m x_{28} + n y_{28}} = \alpha.$$

Die Auflösung der Bedingungsgleichungen liefert m und n nach
Größe und Vorzeichen.

Die Bezeichnungen in Abb. 141 sind so gewählt, daß die Aufeinanderfolge der Stabnummern zugleich angibt, in welcher Reihenfolge die zugehörigen Stabspannungen in den Kräfteplänen X und Y
gefunden werden.

In Abb. 141 war der bequemeren Übersicht wegen vorausgesetzt,
daß die Seitenflächen des unteren Kuppelgeschosses ebenfalls in geneigten Ebenen liegen sollten. Dadurch sollte vermieden werden, daß
sich im Grundrisse einzelne Stabprojektionen übereinander deckten.
Bei der im Reichstagshause ausgeführten Zimmermannschen Kuppel
liegen die Seitenflächen des unteren Kuppelgeschosses in lotrechten
Ebenen. Dadurch ändert sich aber nichts im Gange der Untersuchung;
die Ausführung der Zeichnung wird dadurch nur noch etwas erleichtert.

In den Abb. 142 bis 148 (S. 282/283) ist die ganze Kräftezerlegung für das wirklich zur Ausführung gebrachte Stabgerüst im
Maßstabe durchgeführt. Die Zeichnung wurde zuerst in größerem
(etwa doppelt so großem) Maßstabe aufgetragen und dann auf das
hier zur Verfügung stehende Format verkleinert.

Abb. 142a und 142b stellen die Kuppel in Aufriß und Grundriß 'dar; die Bezeichnungen sind hier etwas anders gewählt als in
Abb. 141. Im Aufrisse sind die nach hinten zu liegenden Stäbe durch
stark gestrichelte Linien dargestellt. Als Stab X ist der Diagonalstab 11, als Stab Y der Nabelringstab 3 ausgewählt. Knotenpunkt I
trägt eine lotrecht gerichtete Last von 1000 kg.

In die Risse der Kuppel sind auch alle Schnittlinien von Ebenen eingetragen, die man bei den nach dem Culmannschen Verfahren vorgenommenen Kräftezerlegungen nötig hatte. Dagegen sind die Hilfslinien, die zur Ermittlung dieser Ebenenschnittlinien dienten, in der Zeichnung weggelassen worden. Jene Schnittlinien, die man zum Auftragen des Kräfteplanes X braucht, sind als feine Linien durchgezogen, die zum Kräfteplan Y gehörigen sind fein punktiert angegeben; wo zwei davon zusammenfallen, steht eine durchgezogene Linie. Sowohl in der Kuppelfigur als in den Kräfteplänen sind die Ebenenschnittlinien mit kleinen lateinischen Buchstaben bezeichnet, wobei zur besseren Unterscheidung den zum Kräfteplane Y gehörigen ein Strich beigesetzt wurde.

Zuerst wurde der Kräfteplan X in Abb. 143 aufgetragen. Er wurde mit der in beliebiger Größe gewählten Strecke X begonnen. Aus der Betrachtung des Knotenpunktes III erkennt man zunächst, daß Stab 10 in diesem Kräfteplane spannungslos ist, da die drei übrigen Stäbe 2, 8, 9 in einer Ebene liegen. Am Knotenpunkte XI greifen daher außer X, das vorläufig als Zugspannung vorausgesetzt wird, nur noch die Stabspannungen 20, 21, 32 und 31 an, von denen aber die drei letztgenannten in einer Ebene liegen. Man ermittelt die Schnittlinie b dieser Ebene mit der durch X und 20 gelegten Ebene und zerlegt im Kräfteplane X nach b und 20. Damit hat man das erste Kräftedreieck im Kräfteplane X. Dann geht man zum Knotenpunkte X über. Hier kann man 20 ohne weiteres nach 9, 19 und 30 zerlegen (die Diagonale 29 geht so wie in Abb. 141 die dort mit 11 bezeichnete Diagonale, greift also hier am Knotenpunkt IX an).

Es wird genügen, wenn ich hier nur die Reihenfolge der Knotenpunkte anführe, an denen sich dann die weiteren Kräftezerlegungen abspielen; es sind dies, mit Einschluß der schon angeführten, zunächst die Knotenpunkte III, XI, X, III, II, IX, VIII, II. Wo hier eine Ziffer zweimal vorkommt, ist dies dahin zu deuten, daß man beim erstmaligen Vorkommen noch nicht alle zugehörigen Stabspannungen ermitteln kann, sondern jene, die unter sich in einer Ebene liegen, einstweilen unbestimmt lassen muß. Beim zweitmaligen Auftreten des betreffenden Knotenpunktes vermag man dann auch die vorher unbestimmt gelassenen zu ermitteln. So konnte gleich zu Anfang bei Betrachtung des Knotenpunktes III nur geschlossen werden, daß die Spannung 10 gleich Null ist. Nachdem man aber aus Knotenpunkt X inzwischen die Spannung von 9 gefunden hat, kann man zu III zurückkehren und dort 2 und 8 ermitteln. Geradeso verhält es sich auch mit dem zweimaligen Auftreten von Knotenpunkt II.

Nachdem der Kräfteplan X in Abb. 143 bis zum Knotenpunkte II fortgeführt ist, muß man zu dem anderen Endknotenpunkte des

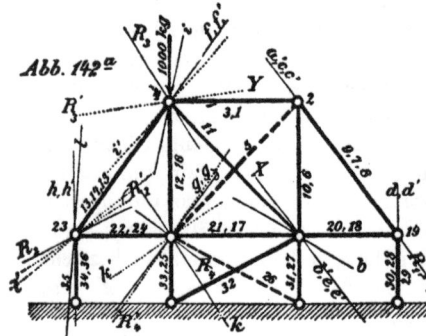

Abb. 142ᵃ

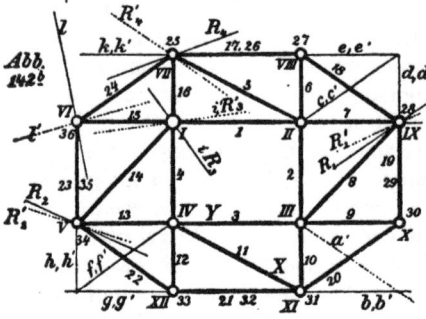

Abb. 142ᵇ

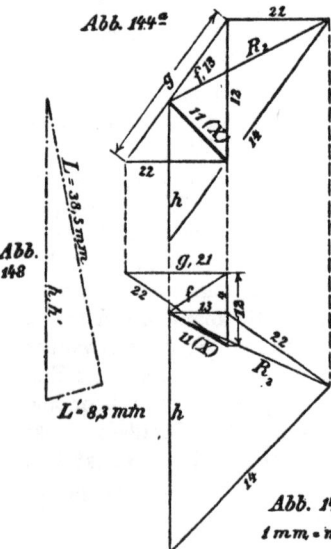

Abb. 144ᵃ

Abb. 148

Abb. 144ᵇ
1 mm = m kg

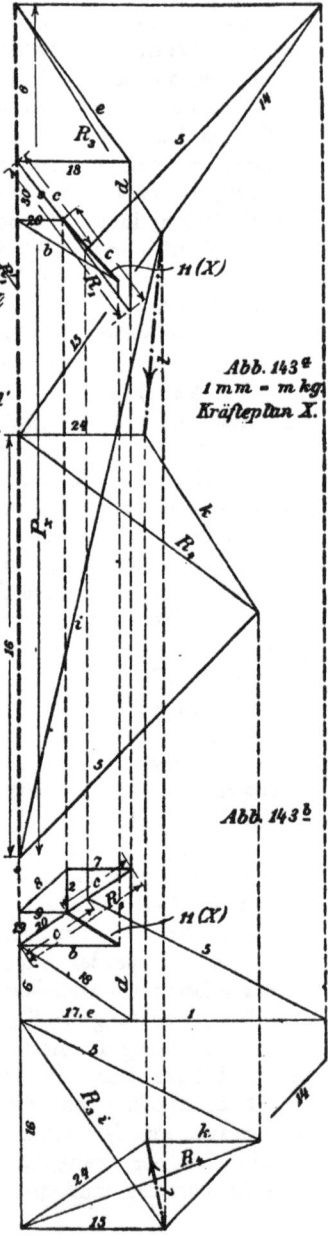

Abb. 143ᵃ
1 mm = m kg
Kräfteplan X.

Abb. 143ᵇ

Abb. 147ᵃ; 1 mm = $\frac{n}{8}$ kg

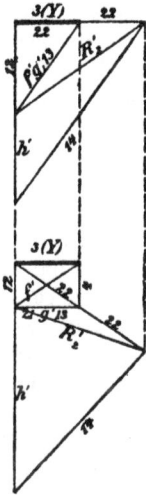

Abb. 148; 1 mm = $\frac{n}{4}$ kg

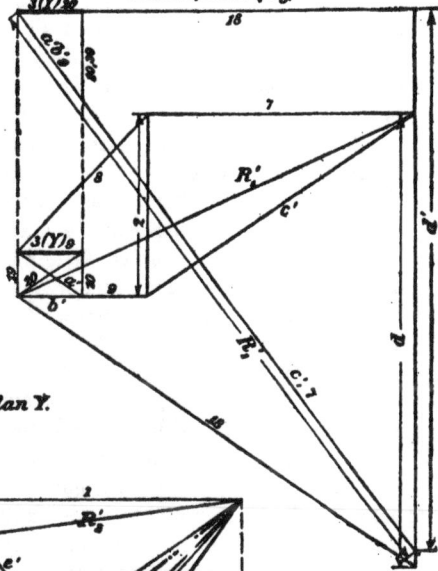

Abb. 147ᵇ

Kräfteplan Y.

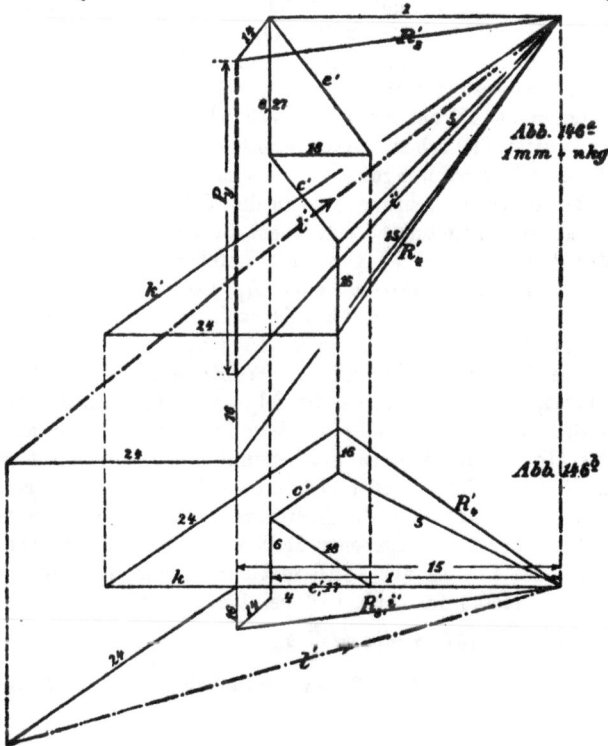

Abb. 146ᵃ
1 mm = n kg

Abb. 146ᵇ

Stabes X, nämlich zu IV zurückkehren und von dort aus die Kräftezerlegungen nach der anderen Seite hin weiterführen. Diese Fortsetzung ist in einer besonderen Figur, Abb. 144, dargestellt. Man
zerlegt erst X im Knotenpunkte IV nach 4, 13, 12 und geht von
da zu den Knotenpunkten XII und V weiter. Nachdem dies geschehen
ist, kann man Abb. 143 auch für die Knotenpunkte I, II, VI fortsetzen.

Hiermit ist der erste Teil der Aufgabe erledigt. Der zweite Teil
besteht in dem Auftragen des Kräfteplanes Y, wobei man ganz ähnlich wie vorher verfährt. Der Deutlichkeit wegen ist jedoch dieser
Kräfteplan in drei Teile, Abb. 145, 146 und 147 auseinandergezogen,
von denen die beiden ersten Teile zusammengenommen der Abb. 143
des vorigen Kräfteplanes entsprechen, während sich Abb. 147 auf
dieselben Knotenpunkte wie vorher Abb. 144 bezieht. Begonnen wurde
mit Abb. 145, bei der sich Aufriß und Grundriß der Platzersparnis
wegen zum Teil überdecken. Die in beliebiger Größe aufgetragene
und zunächst als Zugspannung vorausgesetzte Spannung Y wird am
Knotenpunkte III nach 10 und der Ebenenschnittlinie a' zerlegt.
Dann folgt am Knotenpunkte XI die Zerlegung von 10 nach 20 und
der Ebenenschnittlinie b'. Im ganzen kommen in Abb. 145 die Kraftecke für die Knotenpunkte in der Reihenfolge III, XI, X, III, II, IX
vor. Man sieht, daß diese Reihenfolge genau mit der schon beim
Kräfteplane X eingehaltenen übereinstimmt.

Am Knotenpunkte IX hat man, wie noch beispielsweise erwähnt
werden mag, zuerst die schon vorher ermittelten Spannungen 19,
8, 7, die alle drei Zugspannungen sind, zu einer Resultierenden R_1'
zusammenzufassen, deren Richtungslinie in die Kuppelzeichnung einzutragen, hierauf durch sie und 18 eine Ebene zu legen, deren Schnittlinie mit der durch 19 und 29 gehenden Lotebene mit d' bezeichnet ist, und nach diesen Vorbereitungen R_1' nach 18 und d' im
Kräfteplane zu zerlegen. Stab 18 erfährt hiernach eine Druckspannung.

Die Stabspannung 18 wird in Abb. 145 schon durch eine verhältnismäßig große Strecke dargestellt. Wollte man in derselben
Weise fortfahren, so würde man, da die folgenden Spannungen noch
größer ausfallen, in Abb. 145 bald mit dem Platze nicht mehr ausreichen. Deshalb ist die weitere Fortsetzung des Kräfteplanes in
Abb. 146 in $1/4$ der vorhergehenden Größe gezeichnet. Abb. 146 umfaßt in diesem neuen Maßstabe die Kraftecke für die Knotenpunkte
VIII, II, I, VII, VI in der angegebenen Reihenfolge, wobei dem Knotenpunkte VIII das Dreieck aus 18, 6 und der Ebenenschnittlinie e'
entspricht. Der Maßstab für Abb. 146 sei 1 mm $=$ n kg; dann ist
der Maßstab für Abb. 145 1 mm $= \dfrac{n}{4}$ kg.

Schließlich gibt noch Abb. 147 den Kräfteplan für die nach der anderen Seite hin liegenden Knotenpunkte IV, XII und V an. Dieser ist in demselben Maßstabe wie Abb. 145 aufgetragen, so daß 1 mm $= \dfrac{n}{4}$ kg bedeutet.

Nun kommt der dritte Teil des Verfahrens. Man entnimmt aus den Kräfteplänen X und Y die Resultierenden aus den Stabspannungen 15 und 24 am Knotenpunkte VI. Diese sind in den Abbildungen durch strichpunktierte Linien dargestellt und mit l und l' bezeichnet. Auch die Pfeile dieser Resultierenden sind mit einzutragen, so wie sie sich aus den zuvor festgestellten Pfeilen der Stabspannungen ergeben. Andererseits weiß man aber, daß die Resultierende jener Stabspannungen 15 und 24, die in Wirklichkeit zustande kommen, in die mit hh' bezeichnete Ebenenschnittlinie am Knotenpunkte VI fallen muß. Man kann daher das in Abb. 148 im Grundrisse gezeichnete Kräftedreieck auftragen, von dem eine Seite in die Richtung hh' fällt, während die beiden anderen Seiten parallel zu l und l' gezogen sind. Auf die Größe dieses Kräftedreieckes kommt es nicht an, da man mit seiner Hilfe nur das Verhältnis der beiden zuletzt genannten Seiten ermitteln will. Diese Seiten sind in Abb. 148 mit L und L' bezeichnet, und man mißt aus ihnen die Strecken $L = 38{,}5$ und $L' = 8{,}3$ ab, wobei es aber nur auf das Verhältnis

$$\frac{L'}{L} = \frac{8{,}3}{38{,}5} = 0{,}2155$$

ankommt. Zugleich erkennt man, daß die Pfeile der durch L und L' dargestellten Kräfte, die in dem Kräftedreiecke aufeinanderfolgen müssen, entweder beide mit den in den Kräfteplänen X und Y festgestellten Pfeilen von l und l' übereinstimmen oder ihnen beide entgegengesetzt sein müssen. Der Anteil L der Resultierenden aus 15 und 24 muß nun aus dem im Spannungsbilde X vorkommenden l und der Anteil L' aus dem zu Y gehörigen l' unter Berücksichtigung der verschiedenen Maßstäbe gebildet werden. Dabei brauchen wir uns nur um die Grundrisse dieser Strecken zu kümmern, da auch schon Abb. 148 einen Grundriß darstellte. Im Grundrisse findet man nun durch Nachmessen in Abb. 143 b $l = 11{,}9$ mm und aus Abb. 146 b $l' = 78{,}6$ mm. Hiernach erhält man die Bedingungsgleichung

$$\frac{78{,}6 \cdot n}{11{,}9 \cdot m} = \frac{L'}{L} = 0{,}2155,$$

womit zunächst wenigstens das Verhältnis beider Kräftemaßstäbe bekannt ist.

Die zweite Bedingungsgleichung folgt aus den Kraftecken für den mit der Last von 1000 kg behafteten Knotenpunkt I. Diese Kraftecke setzen sich in den Aufrissen beider Pläne aus den Spannungen der Stäbe 1, 14, 15, 16 und den Strecken P_x bzw. P_y zusammen. Die Stabspannung 4 fehlt, da sie senkrecht zur Aufrißebene steht. Der Pfeil von P_x ergibt sich senkrecht nach abwärts, der von P_y dagegen senkrecht nach oben hin. Durch Ausmessen beider Strecken erhält man

$$P_x = + 112,1 \text{ mm}; \quad P_y = - 41,7 \text{ mm}.$$

Die Bedingungsgleichung lautet

$$P_x \cdot m + P_y \cdot n = 1000 \text{ kg}$$

oder nach Einsetzen der Zahlenwerte

$$112,1 \cdot m - 41,7 \; n = 1000,$$

und durch Auflösung dieser Gleichung in Verbindung mit der vorher aufgestellten erhält man für die bis dahin unbekannten Kräftemaßstäbe

$$m = 9,04 \text{ kg}; \quad n = 0,3 \text{ kg}.$$

Beide Zahlen ergeben sich als positiv, und dies sagt aus, daß die von vornherein als Zugspannungen angenommenen Spannungen X und Y der Stäbe 3 und 11 auch in Wirklichkeit Zugspannungen sind. Eine Umkehrung der Pfeile in einem oder in beiden Kräfteplänen ist daher im vorliegenden Falle nicht mehr erforderlich. Man findet jetzt die Spannung S_i irgendeines Stabes i aus den beiden Spannungsanteilen x_i und y_i, die in den Kräfteplänen X und Y vorkommen, nach der zuvor schon aufgestellten Formel

$$S_i = m x_i + n y_i.$$

Die Aufgabe ist also hiermit vollständig gelöst.

Um ein Urteil über die Genauigkeit des graphischen Verfahrens im vorliegenden Falle zu erlangen, ließ ich, nachdem alle Stabspannungen auf Grund der im größeren Maßstabe ausgeführten Zeichnung ermittelt waren, dieselben Spannungen außerdem auch noch nach den Zimmermannschen Formeln berechnen. Dabei ergab sich in Kilogramm für die

Spannung des Stabes	1	2	3	4
durch Rechnung..	− 368,5	+ 53,8	+ 0,6	− 48,0
graphisch	− 367,5	− 52,2	+ 0,7	− 48,1
Spannung des Stabes	**5**	**6**	**7**	**8**
durch Rechnung..	+ 427,0	− 200,0	− 135,2	− 103,4
graphisch	+ 426,1	− 198,5	− 132,5	− 101,2
Spannung des Stabes	**9**	**10**	**11**	**12**
durch Rechnung..	+ 88,4	− 1,7	+ 108,0	− 188,0
graphisch	+ 89,0	− 1,0	+ 107,2	− 189,0

Spannung des Stabes	13	14	15	16
durch Rechnung..	+ 124,8	− 392,0	− 277,0	− 568,0
graphisch	+ 121,5	− 393,5	− 276,7	− 568,0

Spannung des Stabes	17	18	19	20
durch Rechnung..	+ 134,4	+ 161,2	− 35,5	− 63,9
graphisch	+ 134,4	+ 158,0	− 36,0	− 64,8

Spannung des Stabes	21	22	23	24
durch Rechnung..	+ 126,3	+ 151,8	+ 111,0	+ 200,0
graphisch	+ 126,6	+ 151,6	+ 114,5	+ 201,5

Man erkennt aus dem Vergleiche, daß die auf dem angegebenen Wege durch einen geübten Zeichner gefundenen Werte eine für praktische Zwecke mehr als ausreichende Genauigkeit gewähren.

Mit den fertig ausgerechnet vorliegenden Zimmermannschen Formeln kommt man freilich für jene Anordnung, auf die sich diese beziehen, schneller zum Ziele als mit der Zeichnung. Die Zeichnung liefert aber die Lösung ebenso schnell auch für andere Fälle, die durch die Zimmermannschen Formeln nicht mehr umfaßt werden.

Das hier eingeschlagene Verfahren weicht zwar von dem Stabvertauschungsverfahren etwas ab; aber der Unterschied ist doch nur unerheblich. Auch nach dem Stabvertauschungsverfahren nimmt man zuerst zwei Stäbe X und Y heraus, genau so, wie es hier geschehen war. Als Ersatzstäbe wähle man hierauf einen von der festen Erde nach dem belasteten Knotenpunkte (X in Abb. 141) in der Richtung der Last P geführten Stab und einen Stab, der auch von der festen Erde nach dem Knotenpunkte XII in Abb. 141, etwa in der Ebene der Stäbe 24 und 28 geführt ist. In dem so erhaltenen einfachen Fachwerk nimmt nur der erste Ersatzstab die Last P auf, alle übrigen Stäbe sind spannungslos. Nun bringt man die Spannungen X und Y als äußere Lasten an dem einfachen Fachwerke an und zeichnet die zugehörigen Kräftepläne X und Y, die genau mit den vorher konstruierten übereinstimmen. Zuletzt sind X und Y so zu wählen, daß die Spannungen in den Ersatzstäben verschwinden. Aber auch diese beiden Bedingungen stimmen genau mit jenen überein, die vorher zur Ermittlung der unbekannten Maßstäbe m und n benutzt wurden.

Man sieht daher, daß das hier angewendete Verfahren und das Stabvertauschungsverfahren im Grunde genommen auf dasselbe hinauskommen. Nur die Überlegung, die zur Lösung führt, stellt sich ein klein wenig anders dar, während sich an den Kräfteplänen nichts ändert. Der Unterschied besteht darin, daß man sich nicht vorher zu überlegen braucht, wie die Stabvertauschung vorzunehmen ist, um

auf ein Fachwerk zu kommen, für das sich ohne weiteres ein Kräfteplan zeichnen läßt. Man kann vielmehr irgend zwei passend gewählte,
benachbarte Stäbe herausnehmen und findet während des Zeichnens
der Kräftepläne von selbst, wie die Ersatzstäbe zu wählen sind, oder
anstatt dessen, welche Bedingungen von den Stabspannungen X und
Y erfüllt werden müssen.

Aufgaben.

*38. Aufgabe. Der in Abb. 149 dargestellte (nach einer Ausfüh-
rung in der Marklhalle zu Leipzig als „Leipziger Kuppel" bezeich-*
nete) räumliche Fachwerkträger wird an dem
durch einen kleinen schwarzen Kreis im Grund-
risse hervorgehobenen Knotenpunkte durch die
beliebig gerichtete Last P belastet; man soll
die Stabspannungen ermitteln.

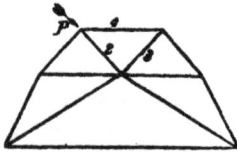

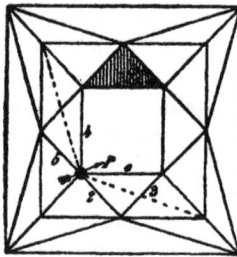

Lösung. Zunächst sei darauf hingewiesen, daß diese Kuppel aus der Schwedlerschen dadurch hervorgeht, daß die Stäbe des
mittleren Ringes durch einen in ihrer Mitte
liegenden Knotenpunkt unterbrochen sind,
nach dem die Diagonalen hingeführt werden.
Man gewinnt durch diese Zwischenschaltung
noch einen weiteren Punkt auf jeder Kuppelseite, der unverschieblich festgehalten ist und
der als Stützpunkt für die Auflagerung der
Dachhaut verwendet werden kann. Eine

Abb. 149.

solche Einschaltung neuer Knotenpunkte ist
für den Konstrukteur oft sehr wertvoll.

Ferner überzeugen wir uns durch Abzählen der Knotenpunkte
und Stäbe, daß der Träger statisch bestimmt ist. Auf jedem Sparren-
zuge kommen 2 freie Knotenpunkte vor, und mit den im zweiten
Ringe eingeschalteten haben wir daher im ganzen 12 Knotenpunkte,
zu deren Verbindung mit der festen Erde 36 Stäbe erforderlich sind.
So viele sind aber auch vorhanden, nämlich 4 im inneren Ringe, 8 im
nächsten Ringe, 8 Sparrenstäbe und 16 Diagonalstäbe, im ganzen 36.

Hierauf suchen wir die bei dem gegebenen Belastungsfalle spannungslos bleibenden Stäbe auf. Man betrachte das im Grundrisse der
Abb. 149 durch eine Schraffierung hervorgehobene Stabdreieck. Wir
wollen uns dieses Dreieck aus dem ganzen Verbande losgelöst denken,
indem wir alle nicht dazugehörigen, von den drei Ecken ausgehenden Stäbe wegschneiden und dafür deren Stabspannungen als äußere
Kräfte an diesen Ecken anbringen. Diese äußeren Kräfte müssen
dann im Gleichgewicht miteinander stehen. Nun liegen aber an jeder

Ecke die dort weggeschnittenen Stäbe unter sich in einer Ebene.
Denken wir uns also deren Spannungen zu einer Resultierenden vereinigt, so muß diese auch in derselben Ebene enthalten sein. Andererseits muß aber die Resultierende in der Dreiecksebene liegen, da sie
an dem betreffenden Knotenpunkte mit den Spannungen der beiden
Dreiecksstäbe im Gleichgewichte steht. Die Resultierende kann also
nur in die Schnittlinie der beiden Ebenen fallen, und damit kennen
wir sofort die Richtungslinien der äußeren Kräfte, die an den drei
Ecken des Dreieckes anzubringen sind. Bei den zum inneren Ringe
gehörigen beiden Knotenpunkten fallen diese Richtungslinien mit den
Sparrenstäben zusammen, und an dem zum mittleren Ringe gehörigen Knotenpunkte fällt die Richtungslinie der Resultierenden auf die
Ringstäbe.

Diese drei Richtungslinien liegen in einer Ebene; sie schneiden
sich aber nicht in einem Punkte. Damit
Gleichgewicht zwischen den drei Resultierenden möglich sei, müssen sie daher alle
drei gleich Null sein. Demnach sind auch
die zu dem Dreiecke selbst gehörigen Stäbe
spannungslos.

Dieselbe Betrachtung kann auch noch
für das sonst ebenso liegende Dreieck auf
der nach rechts hin anstoßenden Kuppelseite durchgeführt werden, und auch für
die zwischen beiden Kuppelseiten liegenden Stäbe findet man hierauf leicht, daß sie

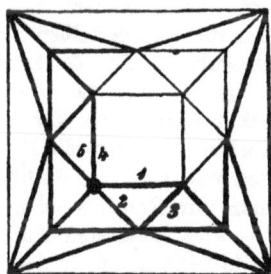
Abb. 150.

spannungslos sind. Das Ergebnis dieser Betrachtungen ist in Abb. 150
zusammengestellt, in der die spannungslosen Stäbe durch feine, die
in Spannung versetzten durch starke Striche kenntlich gemacht sind.

Wir betrachten ferner das an den belasteten Knotenpunkt anstoßende und dem schraffierten gegenüberliegende Dreieck 1, 2, 3 in
Abb. 149 und stellen dafür die gleiche Betrachtung an. Diese führt
nur an dem belasteten Knotenpunkte zu einem anderen Ergebnisse.
Denn da hier zu den Spannungen der weggeschnittenen Stäbe noch
die Last P als äußere Kraft hinzutritt, kann die Resultierende aus
den äußeren Kräften vorerst jede beliebige Richtung haben. Dagegen
muß die Resultierende der Spannungen der weggeschnittenen Stäbe
an dem Knotenpunkte, in dem 1 und 3 aneinanderstoßen, immer
noch in die Richtung des Sparrenstabes und die Resultierende an
dem Knotenpunkte, in dem 2 und 3 zusammenstoßen, in die Richtung des Ringes fallen. Suchen wir den Schnittpunkt dieser beiden
Richtungslinien auf und verbinden ihn mit dem belasteten Knotenpunkte durch die in Abb. 149 punktiert angegebene Linie, so finden

wir damit auch die vorher unbestimmt gelassene Richtungslinie der
Resultierenden der äußeren Kräfte an der dritten Ecke des Dreieckes.
Mit dieser Richtungslinie muß auch die Resultierende der Stabspan-
nungen 1 und 2 an dem belasteten Knotenpunkte zusammenfallen.

Dieselbe Betrachtung läßt sich auch für die andere, an den belasteten Knotenpunkt anstoßende Kuppelseite durchführen, und man
findet so, daß die Resultierende der Stabspannungen 4 und 5 am
belasteten Knotenpunkte in die auf dieser Seite angegebene punktierte Linie fallen muß.

Hiermit sind wir aber in den Stand gesetzt, ohne weiteres die
Kräftezerlegungen vornehmen zu können, die zu den Stabspannungen
führen. Denn von den fünf Stabspannungen am belasteten Knotenpunkte haben wir 1 mit 2 und ebenso 4 mit 5 in zwei Resultierende
von bekannten Richtungslinien zusammengefaßt, so daß wir nur noch
nötig haben, P nach diesen beiden Richtungslinien und nach der damit nicht in derselben Ebene liegenden Richtung des Sparrenstabes
zu zerlegen. Die Zerlegung wird noch durch die Bemerkung vereinfacht, daß sich das windschiefe Kräfteviereck im Aufrisse als Dreieck projiziert, da sich zwei der Richtungslinien im Aufrisse überdecken. Nachdem die Projektionen des Vierecks gezeichnet sind, findet man auch die Stabspannungen 1 und 2, sowie 4 und 5, indem
man ihre Resultierenden nach den Stabrichtungen zerlegt.

Vom belasteten Knotenpunkte kann man dann zu den übrigen
fortschreiten und findet auch bei diesen die Stabspannungen durch
einfache Zerlegungen nach drei Richtungen im Raume oder nach
zwei Richtungen in der Ebene. Da alle diese Zerlegungen keinerlei
Schwierigkeiten machen, sehe ich davon ab, die Kräftepläne hier mit
aufzunehmen.

*39. Aufgabe. In den Abbildungen 151 ist in drei Rissen eine
Kuppel über einem unregelmäßigen Fünfecke mit offenem Nabelring
gezeichnet. Die eine Seitenwand der Kuppel steht lotrecht. An dem mit
I bezeichneten Knotenpunkte greift eine lotrecht nach abwärts gehende
Kraft P von 1000 kg an. Man soll zunächst die spannungslosen Stäbe
ermitteln und hierauf den Kräfteplan zeichnen.*

Lösung. Der Stabverband ist als eine Schwedlersche Kuppel zu
betrachten, da es für die Berechnung der durch eine Einzellast hervorgebrachten Stabspannungen nichts ausmacht, ob die Grundriß-
gestalt regelmäßig ist oder nicht. Die Stäbe des Nabelringes sind aus
den in § 43 besprochenen Gründen alle spannungslos bis auf den
zwischen den Knotenpunkten I und II verlaufenden Stab 1. Die von
den übrigen Knotenpunkten des Nabelringes ausgehenden Sparren-
und Diagonalstäbe müssen alsdann ebenfalls spannungslos sein. Alle
spannungslos bleibenden Stäbe sind in den Abbildungen 151 mit

dünneren Linien, die in Spannung geratenden mit dickeren ausgezogen, wobei die später als gedrückt erkannten überdies noch durch beigesetzte Schattenstriche hervorgehoben wurden.

Am Knotenpunkt *I* muß auch noch der zum Knotenpunkt *IV*

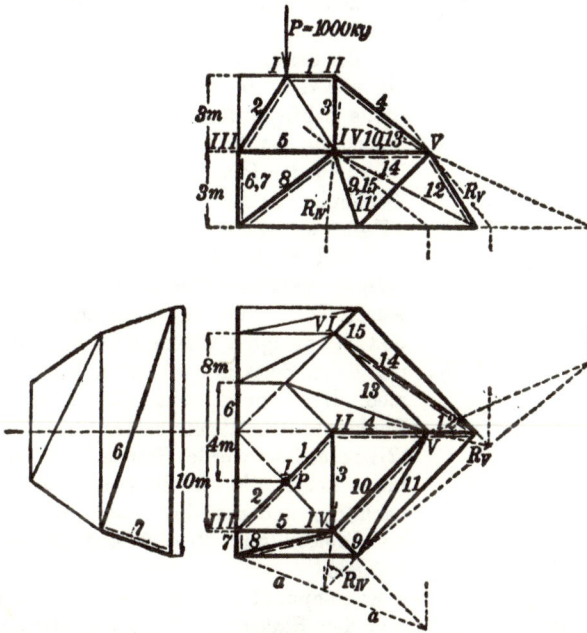

Abb. 151.

gehende Sparrenstab spannungslos sein, weil hier zufällig *P* mit den beiden Stäben 1 und 2 in einer Ebene enthalten ist, während jener Stab nicht in dieser Ebene liegt. Den in Abb. 152 im Aufriss und im Grundrisse gezeichneten Kräfteplan kann man nun mit dem durch starke Striche hervorgehobenen Kräftedreiecke für Knotenpunkt *I* beginnen. Im Grundrisse projiziert sich das Dreieck als eine Gerade.

Hieran schließt sich ein zweites Dreieck für den Knotenpunkt *II* mit den Seiten 1, 3, 4. Ferner läßt sich am Knotenpunkt *III* die bereits bekannte Stabspannung 2 nach den Richtungen der Stäbe 5, 6, 7 zerlegen. Da die Seiten 6, 7 in einer zum Aufrisse und Grundrisse lotrecht stehenden Ebene enthalten sind, klappt man das Dreieck, das von diesen Seiten und der zugehörigen Vierecksdiagonale gebildet wird, in den Grundriß um, womit man die wahren Längen von 6 und 7 erhält und außerdem den zwischen 6 und 7 liegenden Viereckspunkt im Grundriß und Aufriß eintragen kann. Anstatt die-

ses Umklappens hätte man übrigens den Kräfteplan von vornherein
noch in einem dritten Risse zeichnen können.

Nun kann man zum Knotenpunkte *IV* übergehen. Einer von den
daran angreifenden sechs Stäben ist als spannungslos erkannt, und
von den Stäben 3 und 5 sind die Spannungen
bereits ermittelt. Beide Stäbe sind gezogen,
und die Seiten 3 und 5 findet man im Kräfteplane bereits in solcher Lage vor, daß die
Pfeile richtig aufeinanderfolgen. Die Verbindungslinie der Endpunkte liefert Größe und
Richtung der Resultierenden, die man in der
Zeichnung des Stabverbandes am Knotenpunkt
IV einträgt. Dann ist durch diese Resultierende
und Stab 8 eine Ebene gelegt, deren Grundrißspur aufgesucht und mit *a a* bezeichnet
wurde. Die Grundrißspur der durch die Stäbe 9
und 10 gelegten Ebene fällt mit der zu 10
parallelen Seite des untersten Ringes zusammen. Der Schnittpunkt mit *a a* liefert einen
Punkt der Schnittlinie beider Ebenen, die mit
R_{IV} bezeichnet wurde. Hierauf kann im Kräfteplane zuerst die Resultierende aus 3 und 5
nach R_{IV} und 8 zerlegt und daran ein zweites Dreieck aus R_{IV}, 9 und 10 angereiht
werden.

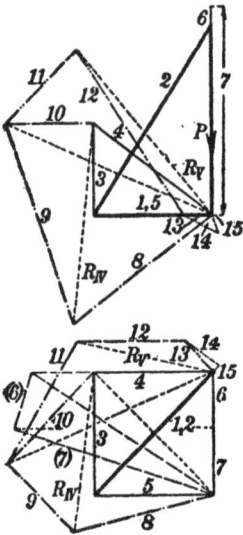

Abb. 152.

Dann geht man zum Knotenpunkt *V* über, an dem die Resultierende aus 4 und 10 nach den Stäben 11, 12, 13 zu zerlegen ist,
was wiederum nach dem Culmannschen Verfahren ausgeführt wurde,
und endlich folgt noch ein Dreieck für Knotenpunkt *VI*. Aus dem
Kräfteplane findet man für die mit 1 bis 15 bezeichneten Stäbe der
Reihe nach die folgenden Spannungen:

$$-920; -1350; +830; -830; +660; +320; -1160; -990;$$
$$+1200; -680; +860; -1060; +220; -250; +110 \text{ kg.}$$

Endlich möge noch darauf aufmerksam gemacht werden, daß in
dem räumlichen Kräfteplane, der durch die beiden Risse von Abb. 152
dargestellt wird, jede Stabspannung nur einmal als Seite vorkommt.
Das läßt sich für jede Schwedler'sche Kuppel mit offenem Nabelring
erreichen, falls nur eine Einzellast daran angreift.

Sechster Abschnitt.

Die elastische Formänderung des Fachwerks und das statisch unbestimmte Fachwerk.

§ 49. Verfahren von Maxwell und Mohr.

Wir betrachten einen statisch bestimmten Fachwerkträger, nehmen an, daß er irgendwie belastet werde, und stellen uns die Aufgabe, die Verschiebung zu berechnen, die ein beliebig ausgewählter Knotenpunkt infolge der elastischen Formänderung erfährt. Es ist dabei gleichgültig, ob es sich um ein ebenes oder um ein räumliches Fachwerk handelt; des besseren Verständnisses wegen sei aber zunächst an ein ebenes Fachwerk als Beispiel gedacht.

Bei einem steifen Stabverbande sind Gestaltänderungen nur infolge der elastischen Längenänderungen der Stäbe möglich. Wir müssen daher zunächst diese berechnen. Di Stabspannungen im statisch bestimmten Träger, die zu der gegebenen Belastung ge hören, können auf Grund der Lehren der vorhergehenden Abschnitte ermittelt werden. Ferner ist nach dem Elastizitätsgesetze

$$\frac{\Delta l}{l} = \frac{\sigma}{E} = \frac{S}{EF},$$

wenn S die ganze vom Stabe aufzunehmende Spannung, F den Querschnitt, E den Elastizitätsmodul, l die Länge und Δl die elastische Längenänderung bedeuten. Die Gleichung gibt auch das Vorzeichen von Δl richtig an, wenn Zugspannungen durch positive Werte von S und Verlängerungen durch positive Werte von Δl ausgedrückt werden.

Für jeden Stab faßt man die drei konstanten und von vornherein gegebenen Werte von l, E und F zu einer einzigen

Konstanten zusammen, die mit r bezeichnet werden möge, indem man

$$r = \frac{l}{EF} \qquad (59)$$

setzt. Hierbei beachte man, daß die in dieser Weise eingeführte Stabkonstante jedenfalls stets positiv sein muß, da weder l, noch E, noch F negativ werden können.

Mit Benutzung dieser Bezeichnung erhält man einfacher

$$\Delta l = rS, \qquad (60)$$

und nachdem die Spannungen S durch einen Kräfteplan oder sonstwie ermittelt sind, kennt man hiermit auch die Werte der Δl für alle Stäbe.

Unsere Aufgabe kommt daher nun auf die folgende hinaus: **Gegeben sind die elastischen Längenänderungen aller Stäbe eines statisch bestimmten Fachwerkträgers; man soll die dadurch hervorgebrachte Verschiebung irgendeines Knotenpunktes berechnen.**

Diese Aufgabe ist eine rein geometrische. Sie kam uns schon früher in nahezu gleicher Form bei der analytischen Untersuchung des Ausnahmefalles beim ebenen Fachwerke in § 39 vor. Damals war δl an Stelle von Δl geschrieben und vorausgesetzt, daß δl unendlich klein sei. Wie die δl zustande gekommen seien, war damals gleichgültig. Wir können daher unter den δl jetzt auch die nach Gl. (60) berechneten Längenänderungen Δl verstehen, die ebenfalls sehr klein gegen die ursprünglichen Stablängen und gegen die Knotenpunktskoordinaten sind.

Zwischen den unbekannten Verschiebungskomponenten δx_i usf. und den gegebenen δl bestehen, wie wir schon damals sahen, ebenso viele Gleichungen ersten Grades als Unbekannte. Gl. (50), S. 207, gibt eine dieser Gleichungen an, und in den Gleichungen (51) ist das ganze System übersichtlich zusammengestellt. Analytisch gesprochen kommt hiernach die Lösung unserer Aufgabe auf die Auflösung des Gleichungssystems (51) hinaus.

Der hiermit angegebene Weg zur Lösung der Aufgabe ist aber viel zu umständlich, als daß er für die praktische Anwendung brauchbar wäre. So wenig wie die Benutzung der Gleichungen (48) zur wirklichen Lösung der Spannungsaufgabe eignen sich die Gleichungen (51) zur Lösung der Verschiebungsaufgabe. Man muß sich vielmehr nach Hilfsmitteln umsehen, die das Ziel in einfacherer Weise zu erreichen gestatten.

Ein einfacher Weg zur Lösung der Aufgabe ist zuerst von
Maxwell angegeben worden. Die sehr kurz gefaßte Abhandlung
des großen Physikers über diesen Gegenstand, um den sich der
Leserkreis physikalischer Zeitschriften damals sehr wenig küm-
merte, blieb aber ziemlich unbeachtet, und jedenfalls fand das
Verfahren zunächst gar keinen Eingang in die technische Praxis.
Erst als durch Mohr derselbe Weg von neuem selbständig aufgefunden worden war, gelangte er zur Kenntnis und zur Beachtung in technischen Kreisen.

Das Maxwell-Mohrsche Verfahren gründet sich auf die
Anwendung des Prinzipes der virtuellen Geschwindigkeiten. Um etwa die Senkung x zu berechnen, die irgend ein Knotenpunkt in senkrechter Richtung unter dem Einflusse der gegebenen
Längenänderungen Δl der Stäbe erfährt, denke man sich an dem
Knotenpunkte eine Last P in dieser Richtung willkürlich angebracht und berechne die Spannungen T, die von P in allen Stäben hervorgebracht werden. Dieser Belastungsfall und das ihm
zugehörige Spannungsbild haben gar nichts mit jenem zu tun,
das zu den Längenänderungen Δl und der dadurch veranlaßten
Formänderung des Trägers führte. Man benutzt es vielmehr nur,
um ein Spannungsbild angeben zu können, das mit der Last P
und den zu P gehörigen Auflagerkräften an jedem Knotenpunkte
Gleichgewicht herstellt.

Auf dieses Gleichgewicht wird nun das Prinzip der virtuellen
Geschwindigkeiten angewendet. Erteilt man jedem Knotenpunkte
eine beliebige (virtuelle) Verschiebung, so ist die Summe der
Arbeiten aller sich an ihm im Gleichgewichte haltenden Kräfte
gleich Null. Dabei steht es uns frei, als virtuelle Verschiebungen
jene anzunehmen, die der Knotenpunkt bei der zu untersuchenden
Formänderung in Wirklichkeit erfährt. Alle in dieser Weise für
die einzelnen Knotenpunkte gebildeten Arbeitsgleichungen denken
wir uns addiert; wir kommen dadurch auf eine einzige Gleichung,
die ausspricht, daß die Gesamtsumme der Arbeiten aller zum willkürlichen Spannungsbilde P, T gehörigen Kräfte an sämtlichen
Knotenpunkten für jede Gestaltänderung des Trägers und daher
auch für jene, die wir untersuchen wollen, zu Null werden muß.

Diese Arbeitsgleichung wollen wir nun tatsächlich anschreiben. Zu ihrer Vereinfachung dient dabei die Bemerkung, daß jede Stabspannung zwei Glieder zur Gesamtsumme aller Arbeitsleistungen beiträgt, die sich auf einfache Weise zu einem einzigen vereinigen lassen. In Abb. 153 ist irgendein Stab herausgezeichnet, der zwischen den Knotenpunkten a und b verläuft und die Ordnungsnummer i haben möge. Wenn die Stabspannung T_i positiv ist, also eine Zugspannung bedeutet, haben die von dem Stabe auf seine Endpunkte übertragenen Kräfte die in der Abbildung angegebenen Pfeilrichtungen.

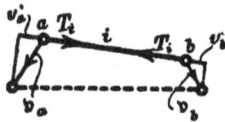

Die Endknotenpunkte a und b des Stabes i mögen nun irgendwelche Wege v_a und v_b zurücklegen, die als unendlich klein gegenüber der Länge des Stabes angesehen werden können. Um die hierbei von T_i am Knotenpunkte a geleistete Arbeit zu berechnen, projizieren wir den Weg v_a auf die Richtungslinie von T_i; die Arbeit ist dann gleich $- T_i \cdot v'_a$, also negativ, wenn v'_a in die Verlängerung des Stabes fällt. Das zugehörige Glied am Knotenpunkte b kann ebenso gebildet werden, und im ganzen haben wir daher als Summe der Arbeitsleistungen der Stabspannung T_i an beiden Knotenpunkten

$$- T_i(v'_a + v'_b).$$

Die in der Klammer stehende Summe hat aber eine einfache Bedeutung. Da nämlich die Knotenpunktswege als unendlich klein vorausgesetzt wurden, kann sich die Richtung des Stabes i nach Ausführung der Gestaltänderung des Trägers auch nur unendlich wenig von der ursprünglichen Richtung unterscheiden. Bis auf unendlich kleine Größen höherer Ordnung genau, kann daher die Projektion des Stabes in der neuen Lage auf die ursprüngliche Richtung als ebenso groß angesehen werden, wie der Stab jetzt selbst geworden ist. Die Summe $v'_a + v'_b$ gibt demnach an, um wieviel sich der Stab bei der Gestaltänderung des Trägers verlängert hat, d. h. sie ist gleich der bei der Stellung der Aufgabe von vornherein gegebenen Längenänderung

$\varDelta l_i$. Für die Summe der zur Stabspannung T_i gehörigen Arbeitsleistungen hat man daher nun den einfachen, auf gegebene Größen zurückgeführten Ausdruck

$$- T_i \varDelta l_i,$$

und in der gleichen Form lassen sich auch alle übrigen, von den Stabspannungen herrührenden Glieder der Arbeitsgleichung paarweise zusammenfassen.

Es bleiben noch die Arbeitsbeträge der äußeren Kräfte aufzustellen. Als Last kam beim Spannungsbilde P, T nur P vor, und der in die Richtung von P fallende Weg des Angriffspunktes von P bildet die vorher schon mit x bezeichnete Unbekannte, auf deren Berechnung es ankommt. Die Arbeit von P ist also gleich Px zu setzen. Die Auflagerkräfte endlich, die durch P hervorgerufen werden, leisten keine Arbeit; bei den festgehaltenen Auflagerpunkten deshalb nicht, weil der Weg gleich Null ist, und bei den auf reibungslosen Auflagerbahnen geführten, weil der Weg senkrecht zur Richtung des Auflagerdruckes steht.

Die Arbeitsgleichung nimmt daher die einfache Form

$$Px - \varSigma T \varDelta l = 0 \tag{61}$$

an, wobei $\varSigma$ eine Summierung vorschreibt, die sich auf alle Stäbe des Trägers erstreckt. Setzt man noch für $\varDelta l$ seinen Wert aus Gl. (60) ein und löst nach x auf, so erhält man

$$x = \frac{1}{P} \sum T \varDelta l = \frac{1}{P} \sum r S T. \tag{62}$$

Die Ausrechnung der Summe erfolgt am besten in tabellarischer Form, wobei man die einzelnen Produkte mit Hilfe des Rechenschiebers ermittelt, da die hiermit zu erzielende Genauigkeit für praktische Zwecke vollständig ausreicht.

Allerdings wird mit Hilfe von Gleichung (62) zunächst nur die Komponente der Verschiebung des ins Auge gefaßten Knotenpunktes in der vorher gewählten Richtung — also etwa senkrecht nach abwärts — gefunden. Es steht aber nichts im Wege, das Verfahren noch einmal zu wiederholen, indem man die Last P hierbei in horizontaler Richtung angreifen läßt. Auch zu diesem Belastungsfalle lassen sich die Stabspannungen T berechnen, und nachdem dies geschehen ist, findet man auch die Verschiebungskomponente des Knoten-

punktes in der zweiten Richtung durch nochmalige Anwendung von
Gl. (62). Durch beide Verschiebungskomponenten wird dann für
einen ebenen Fachwerkträger die Gesamtverschiebung des Knotenpunktes nach Richtung und Größe vollständig bekannt.

Wenn man für eine größere Zahl von Knotenpunkten die Verschiebungen angeben soll, wird freilich die immer wieder von neuem
erforderliche Durchführung der ganzen Rechnung sehr umständlich.
Das Verfahren ist dann nicht mehr recht brauchbar, und man ersetzt
es besser durch ein anderes, das wir in § 51 kennen lernen werden.

§ 50. Der Maxwellsche Satz von der Gegenseitigkeit der Verschiebungen.

Man betrachte zwei Knotenpunkte *I* und *II* irgendeines statisch bestimmten Trägers, z. B. des in nebenstehender Abbildung
gezeichneten. Man denke sich
zuerst den Träger im Knotenpunkte *I* durch die beliebig
gerichtete Kraft *Q* belastet,
und später, nachdem die Last
Q wieder entfernt ist, die in
irgendeiner Richtung gehende
Last *P* am Knotenpunkte *II*

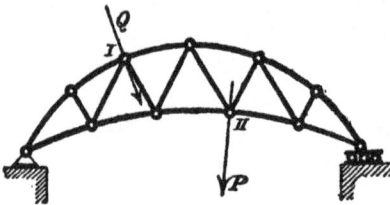

Abb. 154.

aufgebracht. Die Spannungsbilder und die Formänderungen des
Trägers sind in beiden Belastungsfällen sonst völlig voneinander
verschieden. In einer Hinsicht besteht aber zwischen beiden
Formänderungen eine sehr merkwürdige Übereinstimmung, die
durch den von Maxwell aufgestellten Satz von der Gegenseitigkeit der Verschiebungen ausgesprochen wird.

Wenn nämlich die Last *Q* am Knotenpunkte *I* angreift, verschiebt sich der Knotenpunkt *II* in irgendeiner Richtung. Wir
wollen uns aber jetzt nur um jene Komponente der Verschiebung
von *II* kümmern, die in die für *P* gewählte Richtungslinie fällt:
Diese wird durch die rechtwinklige Projektion des Verschiebungsweges von *II* auf die Richtungslinie von *P* angegeben. Ebenso
wollen wir umgekehrt, wenn nur die Last *P* am Knotenpunkte *II*
angreift, die Komponente der Verschiebung des Knotenpunktes *I*
in der für *Q* festgesetzten Richtung ins Auge fassen. Der

Satz von Maxwell sagt nun aus, daß die beiden angegebenen Verschiebungskomponenten gleich groß sind,
falls auch die Lasten P und Q von gleicher Größe sind.

Um den Satz zu beweisen, berechnen wir zunächst die Verschiebung von II in der Richtung von P unter dem Einflusse
der Last Q nach dem im vorigen Paragraphen auseinandergesetzten Verfahren. Dies geschieht, indem wir die Spannungen S
berechnen, die von der Last Q in den Stäben des Trägers hervorgerufen werden, alsdann am Knotenpunkte II eine Kraft P von
beliebiger Größe in jener Richtung anbringen, für die wir die Verschiebung bestimmen wollen, und die von dieser in den Stäben
hervorgerufenen Spannungen T berechnen. Bezeichnen wir dann
die gesuchte Verschiebung des Knotenpunktes II unter dem
Einflusse der Last Q mit x, so finden wir, da alle Bezeichnungen
in der gleichen Bedeutung wiederkehren, x einfach nach der
Gleichung (62)

$$x = \frac{1}{P} \sum r S T.$$

Ebenso können wir auch die Verschiebung y des Knotenpunktes I in der Richtung von Q unter dem Einflusse der Last P
berechnen. Es ist dazu nicht nötig, nochmals neue Kräftepläne
zu zeichnen. Denn die Stabspannungen S', die jetzt unter der
Last P in Wirklichkeit zustande kommen, stimmen genau mit
den Spannungen T überein, die zu der vorher nur willkürlich und
in Gedanken aufgebrachten Last P berechnet wurden. Ebenso
können wir die vorher wirklich vorhandene Last Q und das ihr
zugehörige Spannungsbild S jetzt in demselben Sinne als willkürlich hinzugedachtes Spannungsbild gebrauchen, wie es nach
dem Maxwell-Mohrschen Verfahren vorgeschrieben ist. Wir wollen dies dahin ausdrücken, daß die Spannungen T' — wie wir
sie zur Herstellung einer Übereinstimmung mit der früher gebrauchten Bezeichnung nennen können — gleichbedeutend mit
den Spannungen S des vorher betrachteten Belastungsfalles sind.

Die Anwendung von Gl. (62) auf die durch die Last P ver-
ursachte Formänderung des Trägers liefert nun, wenn wir diese
Übereinstimmungen beachten,

$$y = \frac{1}{Q} \sum r S' T = \frac{1}{Q} \sum r T S.$$

Dabei zeigt sich, daß die in den Ausdrücken für x und y vorkommenden Summen einander gleich sind. Man hat daher

$$\frac{x}{y} = \frac{Q}{P} \qquad (63)$$

oder, um auf die einfachste Form des Satzes zu kommen,

$$x = y \quad \text{für} \quad P = Q.$$

Die Leser des dritten Bandes wissen, daß der Satz nicht auf statisch bestimmte Fachwerkträger beschränkt ist, sondern daß er für beliebig gestaltete Körper oder Verbände von Körpern gilt, die dem Hookeschen Gesetze von der Verhältnisgleichheit zwischen Formänderungen und Spannungen gehorchen. Es schien aber nützlich, hier einen von dem dort gegebenen ganz abweichenden Beweis des Satzes vorzuführen, der sich unmittelbar auf Fachwerkträger bezieht, weil in der Folge von dem Satze gerade in dieser Form noch ein wichtiger Gebrauch gemacht werden wird.

§ 51. Der Verschiebungsplan.

Die schon in § 49 behandelte Aufgabe, die Verschiebungen der Knotenpunkte eines Trägers zu ermitteln, die zu gegebenen Längenänderungen Δl der Fachwerkstäbe gehören, kann wenigstens für einfache Fachwerkträger, mit denen man es meistens zu tun hat, auch durch Zeichnung gelöst werden. Die Lösung läßt sich auf die wiederholte Lösung der folgenden Grundaufgabe zurückführen:

Man kennt bereits die Verschiebungen von zwei Ecken eines Stabdreiecks und überdies die Längenänderungen der zu diesem Dreiecke gehörigen Stäbe; man soll die Verschiebung der dritten Ecke bestimmen.

Um zur Lösung zu gelangen, wollen wir zunächst von dem Umstande absehen, daß die Knotenpunktswege sehr klein im Verhältnisse zu den Stablängen sind. In diesem Falle gelingt die Lösung schon mit den einfachsten Hilfsmitteln, wie aus Abb. 155 zu erkennen ist. In dieser Abbildung sind I, II, III die ursprünglichen Lagen der Knotenpunkte des Stabdreieckes, und die zwischen ihnen gezogenen Linien geben die Stäbe vor der Formänderung an. Gegeben sind nach Voraussetzung die Verschiebungen v_I und v_{II} der Knotenpunkte I und II, und damit haben wir auch, wenn wir diese Strecken abtragen, die Lagen *I'* und *II'* dieser Knotenpunkte nach der Formänderung.

Um auch die neue Lage *III'* des Punktes *III* zu erhalten, brauchen wir nur von *I'* und *II'* aus zwei Kreisbögen mit den jetzt zutreffenden Längen der Verbindungsstäbe 1 und 2 zu schlagen. Der Schnittpunkt liefert *III'*, und die Verbindungslinie von *III* nach *III'* die gesuchte Verschiebung v_{III}.

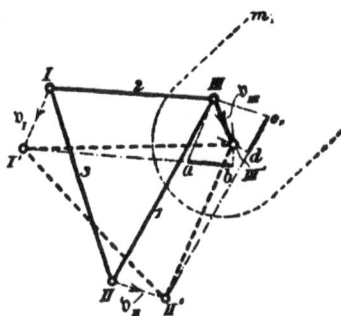

Wir wollen aber, um auf eine Vorschrift zu kommen, die sich auch für den Fall sehr kleiner Knotenpunktswege mit hinreichender Genauigkeit ausführen

Abb. 155.

läßt, anstatt dessen zunächst die ursprüngliche Länge des Stabes 2 von *I'* aus, und zwar in der ursprünglichen Richtung des Stabes 2 abtragen. Wir kommen dadurch auf den Punkt *a*. Dann tragen wir die Längenänderung Δl_2 des Stabes 2 von *a* aus ab, gleich *ab*. In der Abbildung ist angenommen, daß sich der Stab 2 verlängere; im anderen Falle wäre *ab* in entgegengesetzter Richtung von *a* aus abzutragen. Erst durch den so gewonnenen Punkt *b* ziehen wir nun den Kreisbogen vom Mittelpunkte *I'* aus. Wie man sieht, handelt es sich bei dieser Vorschrift nur um ein genauer umschriebenes Verfahren, wie die Länge des Stabes 2 nach der Formänderung in die Zeichnung eingetragen werden soll.

Hierauf verfahren wir ebenso mit dem Stabe 1. Dessen ursprüngliche Länge wird von *II'* aus in der ursprünglichen Richtung abgetragen, wodurch wir zum Punkte *c* gelangen, worauf die Längenänderung $\Delta l_1 = cd$ von *c* aus auf dieser Linie angesetzt wird. In der Abbildung ist angenommen, daß sich der Stab 1 verkürzt habe. Durch den auf diese Weise gefundenen Punkt *d* legen wir hierauf den Kreisbogen *d III'* vom Mittelpunkte *II'* aus. Der Schnittpunkt beider Kreisbögen liefert den Punkt *III'*.

Der wirklichen Ausführung des bis dahin beschriebenen Ver-

fahrens steht freilich das Hindernis im Wege, daß die Knotenpunktswege und die Änderungen der Stablängen so klein sind,
daß sich das Dreieck $I'\ II'\ III'$ vom Dreiecke $I\ II\ III$ kaum
oder gar nicht auseinander halten läßt. Die Schwierigkeit besteht
jedoch nur darin, daß in der Zeichnung neben sehr kleinen
Strecken auch sehr viel größere Strecken vorkommen. Denn so
klein auch die Knotenpunktswege und die Stabverlängerungen
sein mögen: bei einer passenden Wahl des Maßstabes lassen sie
sich doch in zweckmäßiger Größe auftragen. Die Stablängen selbst
kann man dann freilich nicht in dieselbe Zeichnung aufnehmen.
Dies ist aber auch gar nicht nötig. Man denke sich nämlich den
durch die Linie mm abgegrenzten Teil der Figur in der Um-
gebung des Knotenpunktes III von dem Reste abgeschnitten.
Schon dieser Abschnitt der Figur genügt vollständig, um den
Knotenpunktsweg von III zu ermitteln. Man kann nämlich
diesen Teil der ganzen Figur in einem beliebigen Maßstabe auftragen, ohne dazu den sehr viel größeren Rest nötig zu haben.
Zugleich sind alle Strecken in diesem Teile klein von der Ordnung der Knotenpunktswege und der Stabverlängerungen, so
daß kein Hindernis besteht, den Maßstab so zu wählen, daß alle
Strecken eine für das Auftragen oder Abmessen mit dem Zirkel
bequeme Größe erlangen.

　　Freilich braucht man eigentlich streng genommen die Punkte I'
und II', um von ihnen aus die Kreisbögen von b und d nach
III' zu schlagen. Aber gerade der Umstand, daß die Knotenpunktswege sehr klein im Verhältnisse zu den Stablängen sind,
der uns zuerst störend im Wege stand, hilft uns jetzt zur Über-
windung dieser Schwierigkeit. Ein kleiner Kreisbogen, der zu
einem großen Halbmesser gehört, kann nämlich genau genug
als geradlinig angenommen werden. Die Richtung der das Bo-
genelement ersetzenden Strecke muß natürlich senkrecht zum
Halbmesser stehen, und dessen Richtung ist in dem Abschnitte
der Figur ohnehin schon durch die Strecke ab bzw. cd vertreten.

　　In Abb. 156 ist der in Frage kommende Teil von Abb. 155
noch einmal besonders herausgezeichnet. Man überzeugt sich
leicht, daß dieser Teil für sich gezeichnet werden kann, ohne

daß man zuvor Abb. 155 entworfen zu haben braucht. Von einem beliebigen Punkte, der hier der Übereinstimmung mit Abb. 155 wegen mit *III* bezeichnet ist, den man aber sonst den Pol des Verschiebungsplanes nennt, trage man zunächst die gegebenen Knotenpunkts- wege v_I und v_{II} in einem passend gewählten Maßstabe ab. Dadurch erhält man die vorher mit *a* und *c* be- zeichneten Punkte. Hieran schließen sich die Stabverlängerungen $\varDelta l_1$ und $\varDelta l_2$, die parallel zu den gegebenen Stabrichtungen zu ziehen sind. Hiermit hat man die Punkte *d* und *b*, und es fehlen nur noch die Kreisbögen *b III'* und *d III'*. In Abb. 156 mußten diese wirklich als Kreisbögen gezogen werden, weil diese Ab bildung aus Abb. 155 losgetrennt war, in der die Knotenpunkts- wege von gleicher Größenordnung mit den Stablängen ange- nommen wurden. Hiermit hängt es auch zusammen, daß wir beim Übergange von Abb. 155 zu Abb. 156 keine Veranlassung hatten, den Maßstab zu vergrößern. In jenen Fällen, für die man die Verschiebungspläne tatsächlich zu bilden hat, ist aber Abb. 156 in weit größerem Maßstabe als Abb. 155 zu zeichnen, und die Kreisbögen *b III'* und *d III'* gehören dann zu Halbmessern von vielen Metern Länge. Es genügt dann, *b III'* als gerade Linie senkrecht zu *ab* und ebenso *d III'* senkrecht zu *cd* zu ziehen. Die Verbindungslinie vom Pole des Verschiebungsplanes zum Schnittpunkte *III'* der beiden Geraden gibt die gesuchte Ver- schiebung v_{III} des Knotenpunktes *III* nach Größe und Richtung an.

Im allgemeinen Falle stellt Abb. 156 ein Sechseck dar, das sich unter besonderen Umständen auch zu einem Fünfecke oder Vierecke vereinfachen kann, wenn nämlich einzelne Sechseck- seiten zu Null werden. Der Verschiebungsplan besteht aus einer Aneinanderreihung solcher Sechsecke, die alle eine Ecke, nämlich den Pol gemeinsam haben und von denen jedes folgende den Verschiebungsweg eines weiteren Knotenpunktes kennen lehrt, wenn die Verschiebungswege der vorhergehenden Knotenpunkte bereits als bekannt anzusehen sind.

Für die Herstellung des Verschiebungsplanes ist es übrigens gleichgültig, ob der Träger statisch bestimmt oder unbestimmt ist, falls man nur die Verlängerungen aller Stäbe bereits kennt. Man kann hierbei die überzähligen Stäbe ganz unberücksichtigt lassen. Dann muß sich von selbst zeigen, daß die Verlängerungen der überzähligen Stäbe mit den im Verschiebungsplane gefundenen Wegen ihrer Endknotenpunkte in Übereinstimmung stehen.

In Abb. 157a ist ein Balkenträger gezeichnet, von dem die durch Schattenstriche hervorgehobenen Stäbe gedrückt, die anderen gezogen sein sollen. Die Stabspannungen sollen durch Zeichnen eines Kräfteplanes, und die Stabverlängerungen $\varDelta l$ nach Gl. (60) bereits berechnet sein.

Den Verschiebungsplan zeichnet man nebenan als besondere Figur (Abb. 157b), so etwa wie einen Kräfteplan. Der Pol, von dem aus die Knotenpunktswege nach Größe und Richtung aufzutragen sind, ist in der Abbildung mit dem Buchstaben O bezeichnet. Die Stabverlängerungen, die in passender Vergrößerung angegeben wurden, sind durch ausgezogene kleine Strecken dargestellt und nur mit den Nummern der zugehörigen Stäbe bezeichnet. Die gestrichelten Linien des Verschiebungsplanes bilden den Ersatz für die in den vorhergehenden Auseinandersetzungen besprochenen Kreisbögen.

Beim Anfange stößt man auf eine kleine Schwierigkeit. Man beginnt nämlich vom festen Auflagerpunkte I her. Nun weiß man zwar, daß dessen Verschiebung gleich Null ist. Von den Verschiebungen der beiden anderen Ecken II und III des ersten Stabdreieckes I, II, II weiß man aber noch nichts. Es fehlt also hier eine der Voraussetzungen, von denen wir bei der Lösung der einfacheren Aufgabe für das Stabdreieck ausgingen.

Man hilft sich damit, daß man die ganze Aufgabe in zwei Teile zerlegt, die man nacheinander erledigt. Man denkt sich nämlich mit dem Träger zunächst nur die Änderung der Gestalt vorgenommen, während man die Lage, in die er dabei übergeht, einstweilen als gleichgültig betrachtet. Die Lage, die der Träger tatsächlich einnimmt, wird durch die Auflagerbedingungen vorgeschrieben. Nun kann man zwar die dem festen Auflagerpunkte vorgeschriebenen Bedingungen sofort verwerten, indem man seinen Knotenpunktsweg gleich Null setzt. Die Auflagerbedingung am anderen Ende, durch die der Knotenpunkt VII auf

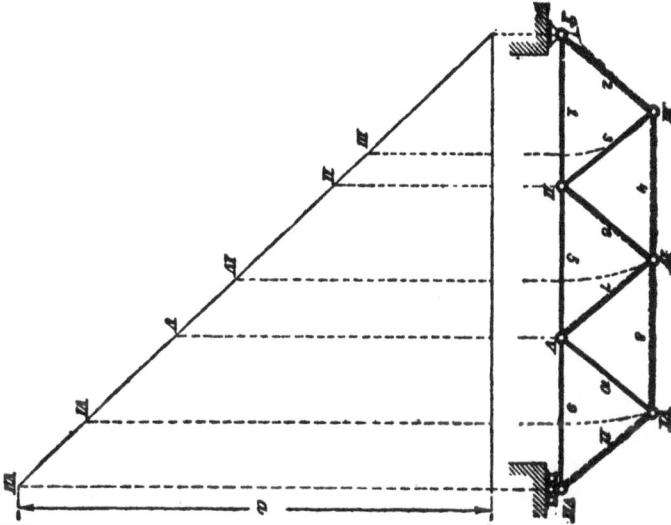

Abb. 157 a.

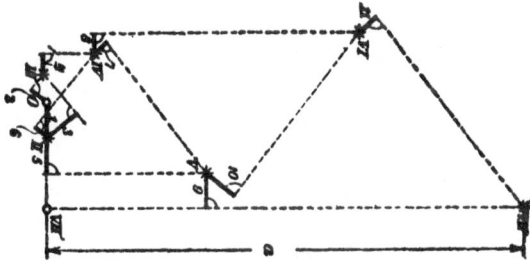

Abb. 157 b.

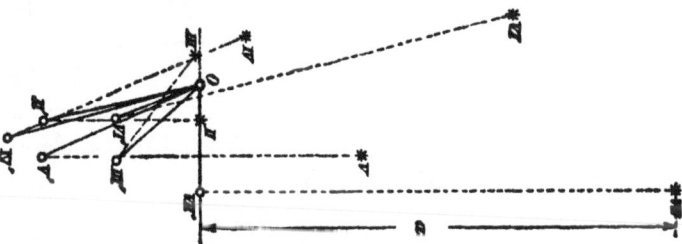

Abb. 157 c.

seiner horizontalen Auflagerbahn gehalten wird, läßt sich aber von Anfang an nicht benutzen, wenn man den Verschiebungsplan vom linken Trägerende her beginnt. Man sieht daher von der Erfüllung dieser Auflagerbedingung einstweilen ganz ab und denkt sich den Träger, nachdem er die ihm auferlegte Gestaltänderung erfahren hat, in irgendeiner anderen Lage gegeben.

Diese ganz willkürlich auszuwählende Lage kann z. B. dadurch näher bezeichnet werden, daß man sich die Richtung des Stabes 1 festgehalten denkt. In diesem Falle muß sich der Knotenpunkt II in horizontaler Richtung verschieben.

Hiermit ist — freilich unter Aufopferung der unmittelbaren Erreichung des gesteckten Zieles — die vorher erwähnte Schwierigkeit beim Anfange des Verschiebungsplanes gehoben. Wir tragen die Längenänderung $\varDelta l_1$ oder kurz 1 des Stabes 1 vom Pole des Verschiebungsplanes horizontal nach rechts hin ab. Der Stab ist nämlich nach Voraussetzung gezogen, und der Knotenpunkt II entfernt sich daher von I, d. h. er bewegt sich nach rechts hin. An den Endpunkt der Strecke 1 schreiben wir II.

Nun steht der Bestimmung des Verschiebungsweges von III nach dem vorher besprochenen Verfahren kein Hindernis mehr im Wege. Wir tragen von II aus $\varDelta l_3$ nach links oben hin ab, da der Stab gezogen ist, der Knotenpunkt III sich also infolge der Stabverlängerung von II entfernt, d. h. nach links oben hin bewegt. Ebenso tragen wir $\varDelta l_2$ von O aus nach links unten hin ab, weil Stab 2 gedrückt ist, sich also verkürzt. Die durch die Endpunkte von $\varDelta l_3$ und $\varDelta l_2$ gezogenen Senkrechten, die zum Ersatze der betreffenden Kreisbögen dienen, schneiden sich im Punkte III (entsprechend dem Punkte III' nach der Bezeichnung in Abb. 156) des Verschiebungsplanes. Die Strecke vom Pole O nach III gibt den Verschiebungsweg des Knotenpunktes III an für den Übergang des Trägers in seine neue Gestalt, aber freilich nicht zugleich in die richtige Lage, sondern in die anstatt deren willkürlich gewählte.

Nachdem III im Verschiebungsplane gefunden ist, sucht man den Punkt IV auf. Dieser Knotenpunkt ist durch die Stäbe 4 und 6 an III und II angeschlossen. Die Verschiebungs-

wege von *III* und *II* sind schon im Verschiebungsplane enthalten. Wir brauchen also nur an *III* die Stabverlängerung $\varDelta l_4$
und $\varDelta l_6$ an *II* anzutragen und durch die Endpunkte dieser
Strecken Senkrechte zu ziehen, um *IV* zu erhalten. Hierbei ist
darauf zu achten, daß die Stäbe 4 und 6 nach Voraussetzung gedrückt sind, daß sich also *IV* den Knotenpunkten *II* und *III*
nähert. Demnach ist die Strecke 4 von *III* aus nach links hin,
6 von *II* aus nach links unten hin abzutragen gewesen.

In derselben Weise findet man dann auch der Reihe nach
die Punkte *V*, *VI* und *VII* des Verschiebungsplanes. Man tut
zwar gut, sich jeden Schritt, der hierzu führt, wieder im einzelnen zu überlegen und dabei namentlich auf den Sinn zu achten,
in dem die $\varDelta l$ jedesmal anzuschließen sind. Es ist aber nicht
nötig, die Beschreibung fortzusetzen, da dabei immer nur von
neuem dieselben Worte zu wiederholen wären.

Nachdem man bis zum rechten Auflagerpunkte *VII* gelangt
ist, zeigt sich, daß man mit der willkürlichen Annahme, der Stab 1
ändere seine Richtung nicht, von der man ausgegangen war, nicht
das Rechte getroffen hat. Darum werden aber unsere Ergebnisse
noch nicht wertlos; sie bedürfen nur einer Verbesserung, die
leicht an ihnen anzubringen ist.

Jedenfalls haben wir nämlich Knotenpunktsverschiebungen
gefunden, die, wenn sie wirklich vorgenommen werden, den
Träger in jene Gestalt überführen, die er infolge der Stabverlängerungen tatsächlich annimmt. Wir brauchen also nur noch
eine Lagenänderung ohne Gestaltänderung vorzunehmen, nämlich den Träger nachträglich um den festen Auflagerpunkt *I*
so lange zu drehen, bis der andere Auflagerpunkt *VII* in die
ihm vorgeschriebene Auflagerbahn gelangt. Hierbei beschreibt
VII einen Kreisbogen, dessen Mittelpunkt *I* ist. Da dieser Kreisbogen aber nur sehr klein im Verhältnisse zum Halbmesser ist,
genügt es, ihn im Verschiebungsplane durch eine gerade Strecke
zu ersetzen, die zur Richtung des Halbmessers von *I* nach *VII*
senkrecht steht. Diese Strecke ist in Abb. 157b mit *a* bezeichnet; sie reicht vom Punkte *VII* bis zu der durch den Pol *O*
gezogenen Horizontalen.

Erst die Linie $O\,VII'$ gibt den wahren Verschiebungsweg des Knotenpunktes VII nach Größe und Richtung in dem gewählten Maßstabe an. Aus der Figur folgt, daß dieser Weg gleich der Summe der Stabverlängerungen $\varDelta l_1$, $\varDelta l_6$ und $\varDelta l_9$ ist. Dies war auch von Anfang an vorauszusehen, da sich VII von dem festen Auflager um den Betrag der elastischen Dehnung des ganzen Untergurtes entfernen muß.

Beim Zurückdrehen des seiner Gestalt nach unveränderlichen Trägers aus der zuerst willkürlich gewählten Lage in jene, die er in Wirklichkeit einnehmen muß, beschreiben auch alle anderen Knotenpunkte Kreisbögen um I als Mittelpunkt. Auch die hierdurch bedingten Verschiebungswege können wegen ihrer Kleinheit (im Verhältnisse zu den Halbmessern) durch gerade Linien im Verschiebungsplane ersetzt werden, die zu .den aus der Trägerfigur in Abb. 157a zu entnehmenden Halbmesserrichtungen senkrecht stehen. Um ihre Größen zu finden, bedenke man, daß alle diese Kreisbögen zu gleichen Zentriwinkeln gehören, nämlich jeder zu einem Zentriwinkel, der gleich der Drehung ist, die wir mit der unveränderlichen Trägerfigur vornehmen müssen, um VII auf seine Auflagerbahn zurückzuführen. Die bei der Drehung zurückgelegten Wegestrecken verhalten sich daher wie die Halbmesser der Kreisbögen, und da der Weg von VII bereits gleich der Strecke a gefunden ist, können auch die Längen der übrigen Wege sofort ermittelt werden.

Man trage etwa, wie es in Abb. 157a geschehen ist, die Strecke a nach abwärts auf, schlage die Entfernung der einzelnen Knotenpunkte von I auf die Horizontale durch I herab und ziehe von da aus Parallelen zu a. Aus der Zeichnung lassen sich dann die Größen der Verschiebungswege der zugehörigen Knotenpunkte ohne weiteres entnehmen.

Man braucht jetzt nur noch die nach Richtung und Größe bekannten Verschiebungswege an die zugehörigen Punkte des Verschiebungsplanes anzusetzen, um sofort zu jenen Punkten zu gelangen, deren Lage zum Pole die wahre Verschiebung nach Größe und Richtung angibt. Um die Deutlichkeit der Figur nicht zu beeinträchtigen, ist dies in Abb. 157b selbst nicht ausgeführt worden. Vielmehr sind die richtigen Lagen der Punkte im Verschiebungsplane in Abb. 157c besonders herausgezeichnet worden. Eigentlich hat man sich Abb. 157c mit Abb. 157b zu einer einzigen Figur übereinander gedeckt vorzustellen, so nämlich, daß sich die Pole O in beiden Abbildungen decken.

Im übrigen ist das Verfahren noch mancher Abänderungen fähig. Es ist z. B. nicht nötig, beim Auftragen des Verschiebungsplanes vom festen Auflager her zu beginnen. Man kann sich auch irgendeinen Knotenpunkt in der Mitte und einen von ihm ausgehenden Stab der Richtung nach vorläufig festgehalten denken und von hier aus den Verschiebungsplan nach beiden Seiten hin zeichnen Dann findet man freilich, daß keiner der Auflagerpunkte die ihm vorgeschriebenen Auflagerbedingungen erfüllt. Durch Drehung um einen Pol, dessen Lage leicht zu ermitteln ist, kann man aber nachträglich den seiner Gestalt nach bereits veränderten und während der Drehung daher unveränderlichen Träger in jene Lage zurückbringen, die durch die Auflagerbedingungen vorgeschrieben ist.

Dieses Verfahren hat den Vorzug vor dem vorher beschriebenen, daß der Verschiebungsplan einen kleineren Umfang annimmt, und daß man daher bei einem gegebenen Raume der Zeichenfläche den Maßstab für das Auftragen der Stabverlängerungen und der Verschiebungen größer wählen kann, wodurch die Genauigkeit erhöht wird. Man bemerkt nämlich schon an dem einfachen Beispiele, das vorher behandelt wurde, daß der Raum, den der Verschiebungsplan einnimmt, in immer stärkerem Verhältnisse anwächst, je weiter man vorschreitet.

Ferner steht es auch frei, die einzelnen Vielecke, aus denen sich der Verschiebungsplan zusammensetzt, in die Trägerfigur selbst einzutragen, so daß an jedem Knotenpunkt jenes Vieleck angesetzt wird, das vorher dazu diente, die Lage des dem Knotenpunkte entsprechenden Punktes des Verschiebungsplanes aufzusuchen. Mancher wird dieses Verfahren vielleicht für anschaulicher halten, und es soll daher durch eine besondere Figur, die sich ebenfalls auf das vorher behandelte Beispiel bezieht, erläutert werden.

Zugleich sind hierbei noch einige Abänderungen getroffen, die sich unter diesen Umständen als zweckmäßig erweisen. Die Knotenpunktsverschiebungen sind in Abb. 158 von jedem Knotenpunkte aus in vergrößertem Maßstabe abgetragen und in der Zeichnung durch starke Striche hervorgehoben. Zuerst trägt man $\mathfrak{v}_{II}$ vom Knotenpunkte II aus in beliebiger Richtung ab, indem man nur dafür sorgt, daß die Horizontalkomponente von $\mathfrak{v}_{II}$ gleich Δl_1 (in der Abbildung Δ_1 geschrieben) ist. Dann projiziert man $\mathfrak{v}_{II}$ auf die Richtung von 3 und trägt die Projektion $\mathfrak{v}'_{II}$ von III aus in gleicher Richtung auf 3 ab.

Wenn der Stab 3 seine Länge nicht änderte, müßte der Knotenpunkt *III* nach der Verschiebung auf der durch den Endpunkt von $\mathfrak{v}'_{II}$ gezogenen Senkrechten liegen. Da aber 3 gezogen ist und sich verlängert, muß die Projektion von *III* einen größeren Abstand von der Projektion von *II* auf die Richtung von 3 haben. Man hat daher Δ_3 vom Endpunkte von $\mathfrak{v}'_{II}$ aus nach dem Knotenpunkte *III* hin abzutragen und durch den Endpunkt eine Senkrechte zu ziehen, auf der der Endpunkt der Verschiebung $\mathfrak{v}_{III}$ enthalten sein muß. Ferner nähert sich der Knotenpunkt *III* dem festen Auflagerpunkte *I* wegen der Verkürzung des Stabes 2. Man trägt daher Δl_2 von *III* aus nach *I* hin ab und zieht durch den Endpunkt eine Senkrechte zur Stabrichtung. Der Schnittpunkt von ihr mit der vorigen Senkrechten liefert den Endpunkt der Verschiebung $\mathfrak{v}_{III}$.

Um zur Verschiebung des Knotenpunktes *IV* zu gelangen, der mit *II* und *III* durch die Stäbe 6 und 4 verbunden ist, projiziert

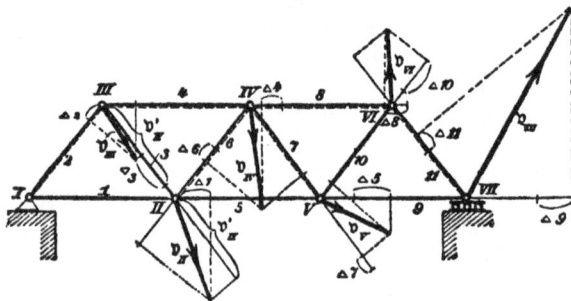

Abb. 158.

man zunächst $\mathfrak{v}_{II}$ und $\mathfrak{v}_{III}$ auf die Richtungen der Verbindungsstäbe 6 und 4. Die beiden Projektionen trägt man am Knotenpunkte *IV* im gleichen Sinne auf den Stabrichtungen ab. Hätten sich die Längen der Verbindungsstäbe nicht geändert, so müßte der Knotenpunkt *IV* nach der Formänderung auf den durch die Endpunkte jener Strecken gezogenen Senkrechten liegen. Um auch die Längenänderungen zu berücksichtigen, tragen wir Δ_4 an die eine Strecke nach links hin, Δ_6 an die andere nach links unten hin an, weil die Stäbe 4 und 6 nach Voraussetzung gedrückt sind und der Knotenpunkt *IV* sich daher den Knotenpunkten *II* und *III* nähert. Wenn wir jetzt Senkrechten zu den Stabrichtungen an den Endpunkten von Δ_4 und Δ_6 errichten, erhalten wir als Schnittpunkt die neue Lage des Punktes *IV* oder mit anderen Worten den Endpunkt des Verschiebungsweges $\mathfrak{v}_{IV}$.

In derselben Weise kann man bis zum Ende hin fortfahren. Sollte man die zuvor willkürlich gewählte Richtung von $\mathfrak{v}_{II}$ zufällig gerade richtig getroffen haben, so müßte sich dies darin zeigen, daß die

Verschiebung $\mathfrak{v}_{VII}$ des rechten Auflagerpunktes horizontal ausfiele. Im allgemeinen wird dies aber nicht zutreffen. Man muß daher nachträglich noch um I zurückdrehen, bis VII in die horizontale Auflagerbahn gelangt. Dies kann wieder so wie vorher ausgeführt werden. Man setzt an den Endpunkt jeder Strecke $\mathfrak{v}$ den bei der Drehung beschriebenen Weg an. Freilich darf man hierbei nicht etwa wirklich einen Kreisbogen aus dem Punkte I schlagen. Da alle Stabverlängerungen und Knotenpunktswege in viel größerem Maßstabe über die in kleinem Maßstabe gezeichnete Trägerfigur gedeckt sind, lassen sich die Teile des Verschiebungsplanes nicht in unmittelbare Beziehung zu den Teilen der Trägerfigur setzen. Jener Punkt I, von dem aus man den Kreisbogen zu ziehen hätte, liegt vielmehr viel weiter ab, so wie es der Maßstab des Verschiebungsplanes im Gegensatze zum Maßstabe der Trägerfigur erfordert. Man ersetzt daher, wie schon früher, den Kreisbogen durch eine zum Radius senkrecht gezogene Gerade. Die Richtung des Radius wird hierbei durch die vom Knotenpunkte I der Trägerfigur gezogene Verbindungslinie richtig angegeben. — Um die Deutlichkeit der Figur nicht durch Hinzufügung weiterer Linien zu beinträchtigen, ist von der Ausführung der Zurückdrehung in Abb. 158 abgesehen worden.

§ 52. Die Stabspannungen im einfach statisch unbestimmten Träger.

Wenn ein Stab oder eine Auflagerbedingung überzählig ist, gibt es zu jedem Belastungsfalle unendlich viele statisch gleich gut mögliche Spannungsbilder. Denkt man sich nämlich den überzähligen Stab oder die überzählige Auflagerbedingung entfernt und bringt dafür an den Endpunkten des Stabes oder an dem Auflagerpunkte äußere Kräfte von beliebiger Größe an, so wie sie von dem Stabe oder durch den Auflagerzwang ausgeübt werden könnten, so sind dadurch die Spannungen in dem übrigbleibenden statisch bestimmten Träger eindeutig bestimmt. Da man aber die Größe der Stabspannung des überzähligen Stabes oder der überzähligen Auflagerkomponente beliebig wählen kann, hat man im ganzen Träger unendlich viele Spannungsbilder, die vom Standpunkte der Mechanik des materiellen Punktes oder des starren Körpers aus alle gleich möglich sind.

Von allen diesen verschiedenen Spannungszuständen kann aber nur einer wirklich zustande kommen, und um ihn unter

allen möglichen herauszufinden, bedarf es noch einer über die
Lehren der Mechanik starrer Körper hinausreichenden Kenntnis
über das Verhalten des Trägers gegenüber aufgebrachten Lasten.
Hierzu verhilft uns die Lehre von den elastischen Formänderun-
gen. Wenn der Stoff, aus dem die Stäbe angefertigt sind, das
Hookesche Gesetz befolgt, hört jede Unbestimmtheit auf, und die
Stabspannungen können in eindeutiger Weise berechnet werden.

Wenn diese Berechnung nur für einen einzelnen Belastungsfall erforderlich ist, führt die Anwendung des bereits in § 49
besprochenen Maxwell-Mohrschen Verfahrens, das sich auf die
jetzt vorliegende Aufgabe leicht übertragen läßt, am schnellsten
zum Ziele. Man denke sich nämlich irgendeinen Stab entfernt,
der als der überzählige betrachtet werden kann. Der übrigblei-
bende statisch bestimmte Rest des Trägers möge als das „Hauptnetz" bezeichnet werden. Wir berechnen zunächst die Spannungen, die im Hauptnetze unter den gegebenen Lasten auftreten
müßten, wenn der überzählige Stab wirklich fehlte. Dies ist
nach den Lehren der früheren Abschnitte stets möglich, da das
Hauptnetz nach Voraussetzung einen statisch bestimmten Träger bildet. Man wird also etwa einen Kräfteplan zeichnen, den
wir den Kräfteplan T nennen wollen. Die aus ihm entnommene,
zu irgendeinem Stabe mit der Ordnungsnummer i gehörige Stabspannung sei mit T_i bezeichnet. Auch das Spannungsbild T gehört zu jenen, die wir für den ganzen statisch unbestimmten
Träger vorher als möglich hingestellt hatten; es ist jenes, bei
dem die Spannung des überzähligen Stabes willkürlich gleich
Null gesetzt ist.

Hierauf betrachte man das Hauptnetz unter der Annahme,
daß alle äußeren Lasten entfernt sind, während an den Endpunkten des überzähligen Stabes willkürlich Lasten angebracht werden, die gleich der Lasteinheit sind und jene Richtung haben
wie eine vom überzähligen Stabe auf seine Endpunkte ausgeübte
Zugspannung. Diesem Belastungsfalle entsprechen Spannungen
in den Stäben des statisch bestimmten Hauptnetzes, die sich ebenfalls auf bekannte Art leicht ermitteln lassen. Man wird hierzu
einen neuen Kräfteplan zeichnen, den wir den Kräfteplan u nen-

nen wollen. Die im Stabe i jetzt auftretende Spannung sei mit
u_i bezeichnet. Wirkt ferner längs der Richtungslinie des überzähligen Stabes nicht eine Zugspannung von der Lasteinheit,
sondern eine Spannung beliebigen Vorzeichens vom Werte X,
so entsprechen ihr im Hauptnetze die Spannungen $u X$.

Aus den beiden Spannungsbildern T und $u X$ lassen sich nun
auch alle anderen zusammensetzen, die den Gleichgewichtsbedingungen an allen Knotenpunkten genügen. Es muß sich also auch
jenes darunter befinden, das wir suchen und das mit dem Buchstaben S bezeichnet werden soll. Es wird sich nur darum handeln, der hierbei allein noch vorkommenden Unbekannten X
den richtigen Wert zu erteilen. Die wahre Spannung S_i im
Stabe i wird sich also in der Form

$$S_i = T_i + u_i X \qquad (64)$$

darstellen lassen.

Die elastische Längenänderung $\varDelta l_i$ des Stabes i folgt hieraus mit Benutzung der in Gl. (59) und (60) S. 294 eingeführten
Stabkonstanten r zu

$$\varDelta l_i = r_i S_i = r_i (T_i + u_i X). \qquad (65)$$

Um die Unbekannte X zu berechnen, wenden wir, wie schon
in § 49, das Prinzip der virtuellen Geschwindigkeiten an. Wir
beziehen diesen Satz auf irgendein Spannungsbild von der Art u.
Da es aber nicht nötig ist, gerade das Spannungsbild u selbst
zu nehmen, wollen wir, um dies klarer hervortreten zu lassen,
annehmen, daß im überzähligen Stabe irgendeine Spannung C
— also etwa eine Montierungsspannung — auftrete, die im Stabe i
eine Spannung $C u_i$ zur Folge hat. Äußere Lasten, abgesehen von
Auflagerkräften, die dadurch hervorgerufen werden können, kommen in diesem Spannungsbilde nicht vor.

Die Spannungen $C u$ stehen also an allen Knotenpunkten
unter sich, oder an den Auflagerpunkten mit den dort auftretenden Auflagerkräften im Gleichgewichte. Denken wir uns den
Knotenpunkten, also den Angriffspunkten dieser Kräfte, beliebige
(virtuelle) Verschiebungen erteilt, so ist die Summe der von
ihnen geleisteten Arbeiten gleich Null. Wir denken uns, wie schon

bei der früheren ähnlichen Betrachtung in § 49, diese Arbeitsgleichung für jeden Knotenpunkt angeschrieben und hierauf alle Gleichungen addiert. Dabei können wir wieder je zwei Glieder, die sich auf dieselbe Stabspannung beziehen, zu einem Gliede von der Form

$$- Cu \cdot \Delta l$$

vereinigen.

Hierbei ist es zunächst gleichgültig, welche virtuellen Verschiebungen wir voraussetzen wollen, wenn nur Δl im vorhergehenden Ausdrucke die dazu gehörige Stabverlängerung angibt. Es steht uns aber jedenfalls auch frei, jene Knotenpunktswege als die virtuellen Verschiebungen anzusehen, die bei der Formänderung des statisch unbestimmten Trägers unter dem Einflusse der gegebenen Lasten in Wirklichkeit zustande kommen. Die hierbei auftretenden Stabverlängerungen sind durch Gl. (65) — abgesehen von der darin noch vorkommenden Unbekannten X — bereits festgestellt. Wir können also die von den Stabspannungen herrührenden Glieder der Arbeitsgleichung ohne weiteres anschreiben; zum Stabe i z. B. gehört das Glied

$$- Cu_i r_i (T_i + u_i X).$$

Es bleiben nur noch die Arbeiten der Auflagerkräfte übrig, die zum Spannungsbilde Cu gehören. Diese Arbeiten sind aber gleich Null, weil sich die festgehaltenen Auflagerpunkte überhaupt nicht bewegen, während bei den längs Auflagerbahnen verschieblichen der Weg senkrecht zur Kraftrichtung steht. Die Arbeitsgleichung vereinfacht sich daher zu

$$- \Sigma Cur(T + uX) = 0. \tag{66}$$

Die Summierung hat sich auf alle Stäbe mit Einschluß des überzähligen zu erstrecken; für ihn ist, wie aus der Ableitung hervorgeht, $T = 0$ und $u = +1$ zu setzen.

Das Vorzeichen vor der Summe ist ohne Bedeutung, und auch der vorher eingeführte, unbestimmt gelassene Faktor C, der in allen Gliedern wiederkehrt, kann wieder gestrichen werden. Die Gleichung enthält daher nur die eine Unbekannte X. Die Summe läßt sich in zwei Glieder trennen, und aus der so entstehenden Gleichung

$$\Sigma urT + X\Sigma u^2 r = 0$$

erhält man durch Auflösung nach X

$$X = -\frac{\Sigma u r\, T}{\Sigma u^2 r}. \tag{67}$$

Hiermit ist die Aufgabe gelöst. Denn alle in den
Summen vorkommenden Glieder können auf Grund der
beiden Kräftepläne T und u und der Angaben über die
Längen und Querschnitte der Stäbe zahlenmäßig ange-
geben werden. Wie groß man den Elastizitätsmodul annehmen
will, bleibt übrigens gleichgültig, falls alle Stäbe aus demselben
Stoffe bestehen, da E nach Einsetzen des Wertes von r aus
Gl. (59) in jedem Gliede von Zähler und Nenner in gleicher
Weise auftritt und sich daher forthebt.

Nachdem X bekannt ist, folgt auch die Spannung jedes anderen Stabes nach Gl. (64).

Bisher nahm ich an, daß ein überzähliger Stab herausgenommen
werden soll, um zum statisch bestimmten Hauptnetze zu gelangen.
Man kann aber anstatt dessen ebensogut auch eine überzählige Auflagerbedingung beseitigen. In diesem Falle ist unter X die Komponente des Auflagerdruckes zu verstehen, die durch den beseitigten
Auflagerzwang in Wirklichkeit hervorgerufen wird.

Man überzeugt sich leicht, daß die vorhergehenden Entwicklungen
auch für diesen Fall ohne Änderung gültig bleiben. Man nehme z. B.
an, daß es sich um einen Fachwerkbogenträger handle, der aus einem
statisch bestimmten Fachwerke durch feste Auflagerung beider Endknotenpunkte hervorgegangen ist. Der festen Auflagerung beider
Endpunkte entsprechen vier Auflagerbedingungen, also eine zuviel.
Anstatt nun einen Stab herauszunehmen und dadurch zu einem Hauptnetze zu gelangen, das einen Bogenträger mit drei Gelenken darstellt,
kann man auch eine Auflagerbedingung entfernen, nämlich voraussetzen, daß der Träger nur an einem Ende fest, am anderen auf einer
horizontalen Auflagerbahn verschieblich aufgelagert sei. Als „Hauptnetz" ist das jetzt als Balkenträger aufgelagerte Fachwerk anzusehen.
Man zeichne den Kräfteplan T für die im Balkenträger durch die
gegebenen Lasten hervorgerufenen Stabspannungen. Dann bringe man
als einzige Last eine horizontale Kraft von der Lasteinheit an dem
auf dem Rollenlager sitzenden Auflagerpunkte an, die auf den festen
Auflagerpunkt zu gerichtet ist. Dieser Last entspricht ein horizontaler Auflagerdruck von derselben Größe am festen Auflager. Man
zeichne den Kräfteplan u für die hierdurch hervorgerufenen Stabspannungen im Balkenträger. Bezeichnet dann X den in Wirklich-

keit bei dem statisch unbestimmten Träger unter den gegebenen Lasten auftretenden Horizontalschub, so werden die Stabspannungen S durch Gl. (64) angegeben, und X selbst findet man durch dieselben Überlegungen wie vorher gleich dem durch Gl. (67) angegebenen Werte.

§ 53. Träger mit zwei oder mehr überzähligen Stäben.

Allzu groß ist die Zahl der überzähligen Stäbe nicht leicht bei den in der Praxis angewendeten Trägern, für die man solche Rechnungen auszuführen hat. Träger mit zwei oder drei überzähligen Stäben kommen indessen noch öfters vor. Ich werde hier einen Träger mit zwei überzähligen Stäben behandeln; man sieht nachher leicht ein, wie sich das Verfahren gestaltet, wenn die Zahl der überzähligen Stäbe (oder Auflagerbedingungen) noch größer ist.

Abb. 159 zeigt ein Beispiel für einen zweifach statisch unbestimmten Bogenträger. Denkt man sich die Stäbe X und Y herausgenommen, so bleibt ein Hauptnetz übrig, das einen statisch bestimmten Bogenträger mit drei Gelenken vorstellt. Das Mittelgelenk wird durch den Kreuzungspunkt G der beiden zwischen X und Y liegenden Diagonalstäbe dargestellt. Sind die Stäbe in G miteinander verbunden, so ist G ein eigentliches Gelenk; gehen sie aneinander vorüber, so ist G ein gedachtes Gelenk. Für die Berechnung ist es aber gleichgültig, ob der eine oder der andere Fall vorliegt. Ebenso ist es auch einerlei, ob die übrigen Diagonalen an den Kreuzungsstellen miteinander vernietet sind oder nicht: in jedem Falle bildet jede der beiden Scheiben, die im Gelenke G zusammenhängen, ein einfaches statisch bestimmtes Fachwerk, das von dem sich an den Auflagerpunkt anschließenden Dreiecke aus durch fortgesetzte Angliederung neuer Knotenpunkte durch je zwei Stäbe erzeugt werden kann.

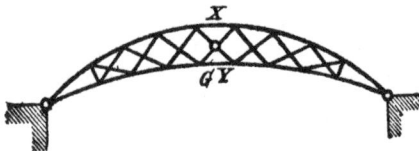

Man berechnet zunächst die Stabspannungen T, die im Hauptnetze durch die gegebenen Lasten hervorgerufen werden. Dann bringt man am Hauptnetze Kräfte von der Lasteinheit an den Endpunkten des ersten überzähligen Stabes X an, von jener Richtung, wie sie einer im Stabe X auftretenden Zugspannung entspricht. Diese beiden Lasten bringen Auflagerkräfte und Stabspannungen im Hauptnetze hervor, die auf dieselbe Art wie vorher ermittelt werden können. Der zugehörige Kräfteplan soll als Kräfteplan u bezeichnet werden.

Bis jetzt entspricht das Verfahren genau dem im vorigen Paragraphen befolgten. Hier kommt nur noch hinzu, daß man sich auch an den Endpunkten des zweiten überzähligen Stabes Y Kräfte von der Lasteinheit am Hauptnetze angebracht zu denken hat, die so gerichtet sind, wie es einer Zugspannung im Stabe Y entspricht. Auch für diesen dritten Belastungsfall führt man die Berechnung der Stabspannungen im Hauptnetze durch, indem man einen dritten Kräfteplan v zeichnet.

Versteht man unter X und Y zugleich auch die unbekannten Spannungen in den beiden überzähligen Stäben (nach Größe und Vorzeichen), so setzt sich die in irgendeinem Stabe i unter den gegebenen Lasten tatsächlich eintretende Spannung S_i aus den drei Spannungsbildern T, u und v nach der Gleichung

$$S_i = T_i + u_i X + v_i Y \qquad (68)$$

zusammen. Um die beiden Unbekannten X und Y zu ermitteln, müssen wir jetzt das Prinzip der virtuellen Geschwindigkeiten zweimal anwenden.

Das erste Mal legen wir wie früher das Spannungsbild Cu zugrunde und sehen als virtuelle Verschiebungen jene an, die die Knotenpunkte bei der elastischen Formänderung des statisch unbestimmten Trägers unter den gegebenen Lasten tatsächlich erleiden. Dies liefert die Arbeitsgleichung

$$- \Sigma Cu \cdot \Delta l = 0.$$

Beachten wir, daß Δl_i hier

$$\Delta l_i = r_i S_i = r_i (T_i + u_i X + v_i Y)$$

gesetzt werden kann, so geht die Gleichung nach Streichung des konstanten Faktors C über in

$$\Sigma u r T + X \Sigma u^2 r + Y \Sigma u v r = 0. \qquad (69)$$

Die unter den Summenzeichen auftretenden Größen sind sämtlich bekannt, und die Summen können daher zahlenmäßig ausgerechnet werden. Hierbei ist zu beachten, daß die Summen

zwar an und für sich über alle Stäbe mit Einschluß der überzähligen auszudehnen sind, daß aber T für beide überzähligen
Stäbe, u für den Stab Y und v für den Stab X zu Null wird.
Für den Stab X ist $u = +1$ und für den Stab Y ist $v = +1$
zu setzen. Tatsächlich kommen hiernach in der ersten und in
der letzten der drei Summen nur Glieder vor, die sich auf die
Stäbe des Hauptnetzes beziehen, während in der zweiten Summe
außerdem noch der Stab X durch ein Glied vertreten ist.

Dann wenden wir das Prinzip der virtuellen Verschiebungen
nochmals, und zwar auf ein Spannungsbild Cv an, worin C wieder eine beliebige Konstante bedeutet. Als virtuelle Verschiebungen nehmen wir dieselben wie im vorigen Falle an. Die Arbeitsgleichung lautet jetzt
$$- \Sigma Cv \cdot \Delta l = 0,$$
oder nach Einsetzen des Wertes von Δl und Streichung des
konstanten Faktors

$$\Sigma vr\, T + X \Sigma uvr + Y \Sigma v^2 r = 0. \tag{70}$$

Von den hier auftretenden drei Summen ist eine schon aus
der vorigen Gleichung bekannt; die beiden anderen können ebenfalls ihrem Zahlenwerte nach ausgerechnet werden. Nachdem
dies geschehen ist, bleibt nur noch übrig, die beiden Gleichungen
ersten Grades (69) und (70) nach den darin allein noch vorkommenden beiden Unbekannten X und Y aufzulösen. Man findet

$$\left. \begin{aligned}
X &= \frac{\Sigma ur\, T \cdot \Sigma v^2 r - \Sigma vr\, T \cdot \Sigma uvr}{(\Sigma uvr)^2 - \Sigma u^2 r \cdot \Sigma v^2 r}; \\
Y &= \frac{\Sigma vr\, T \cdot \Sigma u^2 r - \Sigma ur\, T \cdot \Sigma uvr}{(\Sigma uvr)^2 - \Sigma u^2 r \cdot \Sigma v^2 r}.
\end{aligned} \right\} \tag{71}$$

Kommen schließlich drei überzählige Stäbe vor und bezeichnet man den dritten mit Z, so ist noch ein weiterer Kräfteplan w
zu zeichnen für die Spannungen, die im Hauptnetze durch eine längs
des Stabes Z angenommene Zugspannung von der Lasteinheit hervorgerufen werden. In Gl. (68) hat man noch ein Glied $w_i Z$ beizufügen,
und das Prinzip der virtuellen Geschwindigkeiten ist noch ein drittes
Mal für ein Spannungsbild Cw in Anwendung zu bringen. Man erhält dadurch drei Arbeitsgleichungen, die nach den drei Unbekannten
X, Y, Z aufgelöst werden können. — Entsprechend wäre auch zu
verfahren, wenn die Zahl der überzähligen Stäbe noch größer sein sollte.

§ 54. Die Temperaturspannungen.

Wir haben bisher nur jene Spannungen berechnet, die durch
eine Belastung hervorgebracht werden. Jetzt fragen wir nach
den Spannungen, die ganz unabhängig von den Lasten durch
Temperaturänderungen der Fachwerkstäbe hervorgerufen werden.
Man bezeichnet sie als „Temperaturspannungen" oder „Wärme-
spannungen" und muß sie ebenso sorgfältig berechnen wie die
von den Lasten selbst herrührenden, da sie unter Umständen
sehr groß werden können. Die Temperaturschwankungen, durch
die sie hervorgerufen werden, sind gewöhnlich von vornherein
gegeben, z. B. bei Trägern, die im Freien aufgestellt sind, durch
die meteorologischen Erfahrungswerte.

Sehr leicht überzeugt man sich z. B. von dem Einflusse, den eine
Temperaturänderung ausübt, beim Bogenträger mit zwei Gelenken.
An einem heißen Sommertage sind die Stäbe viel wärmer als bei der
Montierungstemperatur, und wenn sie spannungslos bleiben sollten,
müßten sie die Möglichkeit haben, sich dementsprechend auszudehnen.
Wäre der Bogenträger als Balken aufgestellt, also eine Auflagerbedingung beseitigt, so würde dem kein Hindernis im Wege stehen.
Jeder Stab würde sich dann, falls alle die gleiche Temperatur haben,
im selben Verhältnisse verlängert haben, und die Trägerfigur würde
der ursprünglichen ähnlich geblieben sein. Im gleichen Verhältnisse
würde sich demnach auch die Spannweite, also die Entfernung der
beiden Auflagerpunkte vergrößert haben. Beim Bogenträger wird
aber diese Entfernung durch die Auflagerbedingungen konstant erhalten. Es muß daher ein Auflagerzwang, d. h. ein Horizontalschub
auftreten, der die Ausdehnung verhindert. Dieser hat zugleich ein
Spannungsbild zur Folge, das alle Stäbe betrifft. — Beim Bogenträger mit drei Gelenken (und überhaupt bei den statisch bestimmten Trägern) ist dies anders. Bei ihm hebt sich einfach das Mittelgelenk um soviel, daß die Spannweite ungeändert bleibt, während
jede Scheibe bei der Erwärmung ihrer ursprünglichen Gestalt ähnlich (wenn auch nicht mehr ähnlich gelegen) bleibt.

Durch die vorhergehenden Bemerkungen ist auch schon ein Weg
gewiesen, auf dem man zur Berechnung des durch die Erwärmung
hervorgerufenen Horizontalschubes beim einfach statisch unbestimmten Bogenträger gelangen kann. Dieser Horizontalschub muß so groß
sein, daß er die Vergrößerung der Spannweite durch die Erwärmung
wieder rückgängig machen kann. Versteht man daher in Gl. (62)

S. 297 unter x die gegebene Vergrößerung der Spannweite bei Wegfall des Auflagerzwanges, unter P den gesuchten Horizontalschub, unter S und T, die hier gleich miteinander sind, die durch P hervorgerufenen Stabspannungen (die gleich P mal einer Verhältniszahl sind, die aus einem Kräfteplane für $P = 1$ entnommen werden kann), so kann Gl. (62) unmittelbar nach der Unbekannten P aufgelöst werden.

Ich nehme jetzt ferner an, daß irgendein einzelner Stab, der die Ordnungsnummer k tragen möge, um t Grad Celsius erwärmt (oder bei negativem t abgekühlt) werde, während die übrigen ihre Temperatur behalten sollen. Es handelt sich darum, die Spannungen zu berechnen, die hierdurch in dem statisch unbestimmten Träger hervorgerufen werden.

Wenn der Träger einfach statisch unbestimmt ist, können wir den Stab k als den überzähligen betrachten. Es könnte freilich auch vorkommen, daß der beliebig ausgewählte Stab k gar nicht als überzähliger aufgefaßt werden dürfte, indem er nicht zu jenem Teile des ganzen Stabverbandes gehörte, der etwa allein statisch unbestimmt wäre. In diesem Falle würde aber die Temperaturänderung des Stabes k überhaupt keine Temperaturspannungen hervorrufen. Denn wenn wir ihn uns herausgenommen dächten, dürfte unter der genannten Voraussetzung der Rest nicht mehr steif unter sich verbunden sein. Der Rest würde also einer Entfernung oder Annäherung der Knotenpunkte, zwischen denen der Stab k verlief, keinen Widerstand entgegensetzen, d. h. die Ausdehnung des Stabes unter dem Einflusse der Erwärmung könnte ohne jeden Zwang erfolgen, und es kämen überhaupt keine Spannungen zustande. Da dieser Fall nicht in Betracht kommt, können wir daher den Stab k als den überzähligen ansehen.

Die im Stabe k auftretende Spannung sei mit X bezeichnet und werde, wie immer, positiv gerechnet, wenn sie eine Zugspannung ist, obschon man natürlich bei einem positiven t eine Druckspannung im Stabe zu erwarten hat. Dies muß sich aber bei der Ausrechnung von selbst herausstellen.

Wie in früheren Fällen zeichnen wir auch jetzt wieder einen Kräfteplan u, der die Spannungen im Hauptnetze angibt, die zu einer Zugspannung von der Größe der Lasteinheit im überzähligen Stabe gehören. Die tatsächlich im Stabe i auftretende Spannung S_i ist dann

$$S_i = u_i X$$

zu setzen, und es handelt sich nur noch um die Ermittlung der Unbekannten X.

Hierzu verfahren wir ebenso wie früher. Wir betrachten ein Spannungsbild Cu, das ohne äußere Lasten (abgesehen von den zugehörigen Auflagerkräften) an jedem Knotenpunkte Gleichgewicht herstellt, und wenden darauf das Prinzip der virtuellen Geschwindigkeiten an, indem wir als virtuelle Verschiebungswege der Knotenpunkte jene ansehen, die unter dem Einflusse der Erwärmung des Stabes k tatsächlich zustande kommen.

Dabei ist zu beachten, daß die Längenänderung jedes zum Hauptnetze gehörigen Stabes i

$$\Delta l_i = r_i S_i = r_i u_i X$$

zu setzen ist, während beim Stabe k noch ein Glied hinzutritt, das unmittelbar auf die Temperaturänderung zurückzuführen ist. Aus dem gegebenen Ausdehnungskoeffizienten η des Materiales (für Eisen $\frac{1}{80\,000}$ der Länge für 1^0 C) und der Länge l_k des Stabes k folgt die auf die Erwärmung allein zurückzuführende Längenänderung zu $\eta l_k t$.

Dazu kommt die von der Spannung X hervorgerufene Längenänderung $r_k X$, die für ein positives X ebenfalls positiv zu rechnen ist. Man hat daher für den Stab k im Gegensatze zu den übrigen $\Delta l_k = r_k X + \eta l_k t = r_k u_k X + \eta l_k t,$

wenn zur Herstellung der Symmetrie mit Δl_i noch der Faktor u_k mit einbezogen wird, der den Wert $+1$ hat.

Die Arbeitsgleichung lautet jetzt

$$-\Sigma C u \Delta l = 0,$$

oder nach Einführung der Werte von Δl

$$\Sigma u \cdot r u\, X + \eta l_k t = 0,$$

woraus durch Auflösung nach X

$$X = -\frac{\eta l_k t}{\Sigma u^2 r} \tag{72}$$

gefunden wird. Damit ist die zunächst gestellte Aufgabe gelöst, und man sieht auch, daß X in der Tat negativ wird, wenn t positiv ist, da sowohl η, als l_k, als $\Sigma u^2 r$ stets positiv sind. Die Summe ist auf den überzähligen Stab mit zu erstrecken, und zwar ist für ihn, wie bereits bemerkt, $u_k = +1$ zu setzen.

Die Spannung irgendeines Stabes i ist nun

$$S_i = -u_i \frac{\eta\, l_k t}{\Sigma u^2 r}. \tag{73}$$

Sollten ferner mehrere Stäbe anstatt eines einzigen ihre Temperatur um beliebig gegebene Beträge ändern, so setzt sich S_i aus einer entsprechenden Anzahl von Gliedern zusammen, die alle nach dem vorstehenden Muster gebildet sind. Hierbei ist es übrigens nicht nötig, für jeden Fall einen besonderen Kräfteplan u von neuem zu zeichnen. Kommt nämlich nachher die Temperaturerhöhung eines Stabes m in Frage, so tritt an Stelle von u in der vorhergehenden Formel einfach das Verhältnis $\frac{u_i}{u_m}$, wobei der konstante Nenner u_m^2 auch noch vor das Summenzeichen gesetzt werden kann. — Anstatt dessen kann man auch die vorige Betrachtung für den Fall der Temperaturänderung mehrerer Stäbe von neuem wiederholen.

Die unmittelbare Anwendung dieser Entwicklungen auf den Fall, daß sich alle Stäbe um gleichviel erwärmen, wäre unbequem, und man hilft sich dann besser auf andere Art, wie hier an dem Beispiele des einfach statisch unbestimmten Fachwerkbogens gezeigt werden soll. Man kann sich nämlich einen solchen Fachwerkbogen dadurch

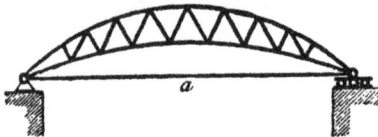

Abb. 160.

in einen Balkenträger verwandelt denken, daß man einen Stab a zwischen die Auflagerpunkte einschaltet (Abb. 160), der von so großem Querschnitte angenommen wird, daß er unter der in ihm auftretenden Spannung keine merkliche elastische Längenänderung erfährt. Man braucht dazu nur $r_a = 0$ zu setzen. Wenn dann das rechte Ende auf ein Rollenlager gesetzt wird, so ist trotzdem die Bedingung noch erfüllt, daß sich dieses Ende unter dem Einflusse von Lasten nicht zu verschieben vermag.

Dagegen kann man sich die Länge des Stabes a unter dem Einflusse von Temperaturänderungen veränderlich denken. Wenn nun alle übrigen Stäbe in der Temperatur um t^0 erhöht werden, so kommt dies auf dasselbe hinaus, als wenn sich der Stab a um t^0 abkühlte.

Hiernach kann die Spannung jedes Stabes i sofort nach Gl. (73) berechnet werden, wenn man darin Stab k durch Stab a ersetzt. Hierbei ist nur zu beachten, daß bei der Bildung von $\Sigma u^2 r$ für den überzähligen Stab a die Stabkonstante $r_a = 0$ zu setzen ist.

Ähnlich wie vorher hat man auch zu verfahren, wenn der Träger zweifach statisch unbestimmt sein sollte. Die Spannung im Stabe k, der sich um t^0 erwärmt und als ein überzähliger angesehen werden soll, sei wieder mit X, die in einem zweiten überzähligen Stabe mit Y bezeichnet. Dann hat man

$$S_i = u_i X + v_i Y$$

und für jeden Stab, mit Ausnahme von k,

$$\Delta l_i = r_i (u_i X + v_i Y).$$

Für den Stab k selbst dagegen wird

$$\Delta l_k = r_k (u_k X + v_k Y) + \eta l_k t.$$

Hierbei sind der Gleichmäßigkeit wegen u_k und v_k wieder mit aufgenommen, obschon $u_k = +1$ und $v_k = 0$ ist.

Die Anwendung des Prinzipes der virtuellen Geschwindigkeiten auf die beiden Spannungsbilder Cu und Cv liefert die Arbeitsgleichungen

$$\left. \begin{array}{l} X \Sigma u^2 r + Y \Sigma u v r + \eta l_k t = 0 \\ X \Sigma u v r + Y \Sigma v^2 r = 0, \end{array} \right\} \tag{74}$$

aus deren Auflösung die beiden Unbekannten X und Y gefunden werden.

§ 55. Einflußlinien für die statisch unbestimmten Größen.

Die Maxwell-Mohrsche Methode führt am schnellsten zum Ziele, solange es sich nur um die Berechnung der Stabspannungen für einen einzigen, oder doch nur ganz wenige Belastungsfälle handelt. Muß man dagegen sehr viele verschiedene Laststellungen in Betracht ziehen, wie sie etwa nacheinander bei der Überfahrt eines Eisenbahnzuges über eine Brücke vorkommen, so tut man besser, sich nach anderen Hilfsmitteln umzusehen, die nicht dazu nötigen, die ganze Rechnung für jede Laststellung von neuem zu wiederholen.

Der Anschaulichkeit wegen werde ich mich hierbei auf die Untersuchung des einfach statisch unbestimmten Fachwerkbogens beschränken, obschon man leicht bemerken wird, daß die ganze

Betrachtung ohne wesentliche Änderungen auch allgemeiner durchgeführt werden könnte.

Ein solcher Fachwerkbogen bildet an sich ein statisch bestimmtes Fachwerk, und der aus ihm entstehende Träger wird nur dadurch statisch unbestimmt, daß ihm vier Auflagerbedingungen vorgeschrieben sind. Als statisch unbestimmte Größe sieht man hier am besten den Horizontalschub an. Sobald dieser für irgendeine Laststellung berechnet ist, kann man alle Stabspannungen auf einfache Art, also etwa durch Zeichnen eines Kräfteplanes erhalten, da die Vertikalkomponenten der Auflagerkräfte ebenso groß sind wie bei einem Balkenträger, also durch Momentengleichungen oder mit Hilfe eines Seilecks sofort ermittelt werden können.

Man nehme nun an, daß eine Einzellast von der Größe der Lasteinheit über den Träger hin fortschreite. Zu jeder Stellung dieser Einzellast sei der Horizontalschub auf irgendeine Art berechnet. Trägt man den Abstand der Last vom einen Auflager her als Abszisse und den zu dieser Laststellung gehörigen Horizontalschub in einem passenden Maßstabe als Ordinate auf, so erhält man einen Linienzug, der als die Einflußlinie für den Horizontalschub bezeichnet wird. Es ist hierbei übrigens nur nötig, den Horizontalschub für die Laststellungen über den Knotenpunkten gesondert zu berechnen. Denn zwischen zwei Knotenpunkten wird die Last von der Fahrbahntafel aufgenommen, die sie in bekannten Anteilen auf die beiden Knotenpunkte überträgt. Da das Verhältnis dieser Anteile eine lineare Funktion der Abszisse der Laststellung ist, wird auch die Einflußlinie zwischen beiden Knotenpunkten durch eine gerade Linie gebildet. Die Einflußlinie ist daher ein Vieleck, dessen Ecken auf Lotrechten mit jenen Knotenpunkten liegen, an denen die Fahrbahntafel befestigt ist, und es ist nur nötig, die Ordinaten dieser Eckpunkte auf irgendeine Art zu berechnen.

Setzen wir für den Augenblick voraus, daß die Einflußlinie bereits gegeben sei, so kann man mit ihrer Hilfe sofort auch den Horizontalschub für eine beliebige Gruppe senkrechter Lasten angeben. Man braucht nur jede Last mit der Verhältniszahl zu multiplzieren, die der betreffenden Laststellung in der Einflußlinie entspricht, und die Summe der Produkte zu addieren. Sobald die Einflußlinie bekannt ist, unterscheidet sich daher die Berechnung des Trägers kaum noch von der eines statisch bestimmten Trägers. Ich kann mich daher hier darauf beschränken, die Ermittlung der Ordinaten der Einflußlinie für den Horizontalschub auseinanderzusetzen.

Zu diesem Zwecke kann man sich zwar auch wieder des be-

Abb. 161 a.

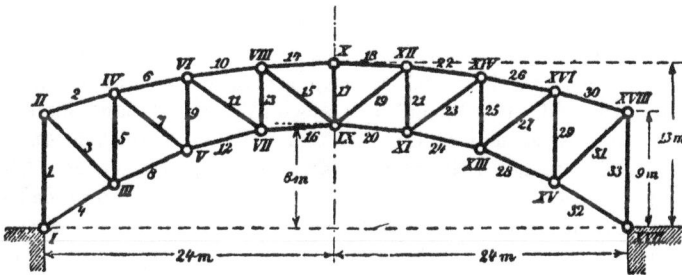

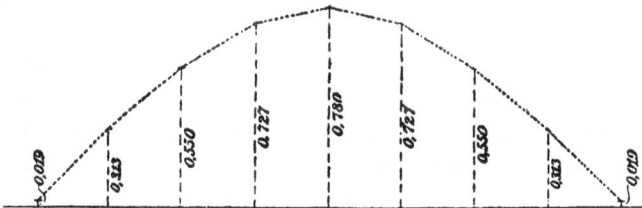

Abb. 161 b.

reits früher auseinandergesetzten Maxwell-Mohrschen Verfahrens bedienen, indem man für jeden Knotenpunkt, der zur Unterstützung der Fahrbahn dient, den zugehörigen Horizontalschub nach Gl. (67) S. 315 berechnet. Hier soll aber ein anderes Verfahren beschrieben werden, das sich auf die Anwendung des Verschiebungsplanes in Verbindung mit dem Satze von der Gegenseitigkeit der Verschiebungen gründet.

Man denke sich den in Abb. 161a gezeichneten Fachwerkbogen zunächst als Balkenträger aufgestellt und an dem auf dem Rollenlager sitzenden Auflagerpunkte eine horizontale Kraft, die gleich der Lasteinheit ist, als einzige Belastung angebracht.

Für diesen Belastungsfall wurde auf einem Zeichenblatte in größerem Maßstabe ein Kräfteplan gezeichnet, der nichts Bemerkenswertes bietet und daher hier nicht mit aufgenommen wurde. Indessen sind die aus ihm entnommenen Stabspannungen u in der weiter unten folgenden Tabelle (S. 331) angegeben.

Die Stablängen und auch die Stabquerschnitte müssen als bereits bekannt vorausgesetzt werden, wenn die Einflußlinie ermittelt oder überhaupt die Berechnung der Stabspannungen für den statisch unbestimmten Träger durchgeführt werden soll. Freilich kennt man bei der Aufstellung eines Projektes die Stabquerschnitte nicht von vornherein, sondern man beabsichtigt, sie erst auf Grund des Ergebnisses der statischen Berechnung festzusetzen. Es bleibt aber hier nichts anderes übrig, als daß man vorläufig versuchsweise Annahmen über die in Aussicht zu nehmenden Querschnitte macht, und zwar auf Grund von Erfahrungen, die man bei früheren ähnlichen Ausführungen oder auch auf Grund von Vorprojekten gewonnen hat. Überzeugt man sich dann nach den Ergebnissen der Berechnung, daß die Stabquerschnitte gegenüber der vorläufigen Annahme erheblich zu ändern sind, so muß nach Vornahme der Berichtigung die Untersuchung nochmals wiederholt werden, und zwar nötigenfalls so oft, bis eine hinreichende Übereinstimmung erzielt worden ist.

Auch die aus der Zeichnung entnommmenen Stablängen und die — übrigens ganz willkürlich gewählten — Stabquerschnitte sind nebst den danach berechneten Stabkonstanten r in der Tabelle zusammengestellt. Dabei genügte es, der symmetrischen Anordnung des Trägers wegen, die Aufzählung der Stäbe auf nur eine Trägerhälfte zu erstrecken. Der Elastizitätsmodul wurde, obschon es auf seinen genaueren Wert gar nicht ankommt, solange es sich nur um die durch die Lasten hervorgerufenen Spannungen handelt, der Anschaulichkeit wegen ebenfalls mit eingesetzt, und zwar wurde er zu $2\,000\,000$ atm angenommen. Hiernach sind die Längenänderungen

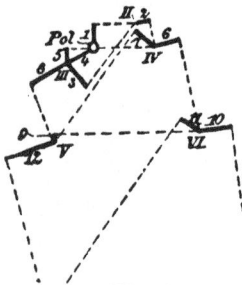

Abb. 162.

Δl der Stäbe berechnet, die zum Spannungsbilde u gehören.

Nach diesen Vorbereitungen zeichnet man den Verschiebungsplan für den angenommenen Belastungsfall. Dabei wurde zunächst

angenommen, daß Stab
4 seine Richtung nicht
ändere. Das erste Stück
des Verschiebungsplanes ist in Abb. 162 dargestellt. Dabei sind alle
Längenänderungen in
125 facher Vergrößerung aufgetragen.
Wenn man die Zeichnungen in demselben
Maßstabe fortsetzen
wollte, würde sie aber
den hier zur Verfügung
stehenden Raum überschreiten. Deshalb ist
der gesamte Verschiebungsplan außerdem
noch in Abb. 163 in
nur 40 facher Vergrößerung gezeichnet.
Wer die Zeichnung zur
Übung wiederholen
will, möge sie jedoch
in dem Maßstabe der
Abb. 162 weiterführen,
da sonst selbst bei aller
Sorgfalt nur eine ungenügende Genauigkeit erzielt werden
könnte.

Eine ausführliche Beschreibung des Verfahrens, das beim Zeichnen
des Verschiebungsplanes
einzuhalten ist, wurde
schon in § 51 gegeben.

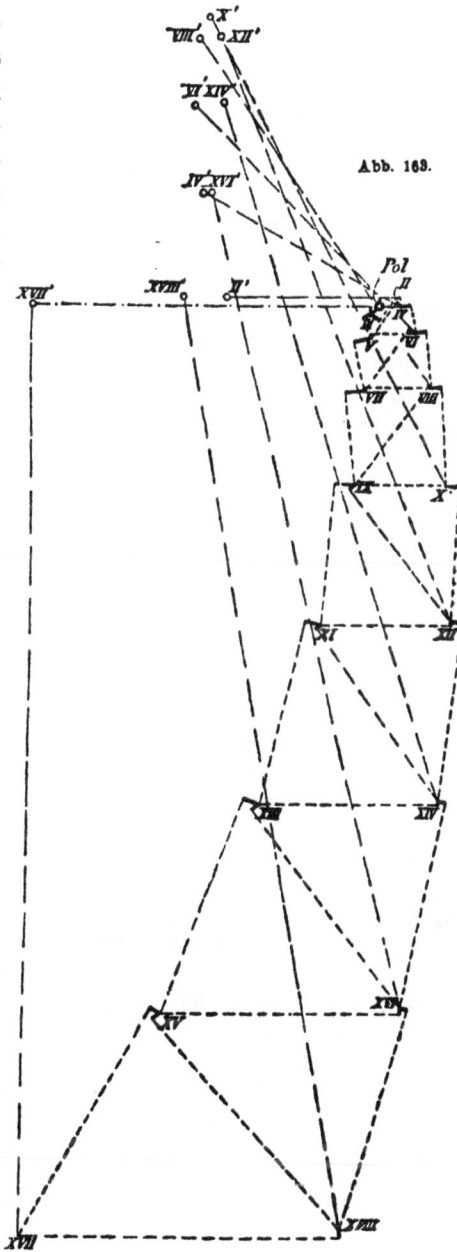

Abb. 163.

22*

Da sich hier alles nach den dort besprochenen Regeln abspielt, ist es nicht nötig, nochmals darauf zurückzukommen. Nur auf das Zurückdrehen, das nachträglich vorzunehmen ist, sobald der Verschiebungsplan bis zum Auflagerpunkte XVII hin durchgeführt wurde, gehe ich noch mit wenigen Worten ein.

Der Auflagerpunkt XVII kann sich, da jetzt vorausgesetzt war, daß er auf einem Rollenlager sitze, nur in horizontaler Richtung verschoben haben. Daß Abb. 163 zugleich eine Verschiebung in vertikaler Richtung nachweist, rührt nur von der eingangs zugrunde gelegten unzutreffenden Voraussetzung her, daß sich die Richtung des Stabes 4 nicht geändert habe. Wir müssen daher zuletzt noch eine Drehung des ganzen Trägers ohne Gestaltänderung vornehmen, durch die XVII auf die horizontale Auflagerbahn zurückgeführt wird. Hierbei beschreibt XVII einen kleinen Kreisbogen um den festen Auflagerpunkt I, der im Verschiebungsplane durch eine lotreche gerade Linie angegeben wird. Wir ziehen also in Abb. 163 eine Horizontale durch den Pol und eine Lotrechte durch XVII und erhalten als Schnittpunkt die richtige Lage $XVII'$ von Knotenpunkt XVII im Verschiebungsplane. Auch alle übrigen Knotenpunkte beschreiben beim Zurückdrehen kleine Kreisbögen um I, die im Verschiebungsplane durch geradlinige Strecken darzustellen sind, die senkrecht zu den in Abb. 161a von I nach den betreffenden Knotenpunkten gezogenen Halbmessern stehen und deren Längen sich zur Strecke $XVII-XVII'$ des Verschiebungsplanes wie die zugehörigen Halbmesser verhalten.

Dabei war es für unseren Zweck nur nötig, das Zurückdrehen mit den Knotenpunkten des Obergurtes vorzunehmen, an denen, wie dabei vorausgesetzt wird, die Fahrbahn befestigt sein soll, so daß die Lasten an ihnen angreifen. Man hat hierbei noch eine Kontrolle für die Genauigkeit der Zeichnung, indem wegen der symmetrischen Gestalt des Trägers die sich auf beiden Trägerhälften entsprechenden Knotenpunkte nach der Formänderung in gleicher Höhe, also auch die Punkte $VIII'$, XII' usf. des Verschiebungsplanes auf derselben Horizontalen liegen müssen Außerdem müssen sie auch von einer durch X' gezogenen Lotrechten nach beiden Seiten hin um gleichviel abstehen. Bei der im größeren Maßstabe auf dem Zeichenblatte ausgeführten Zeichnung war diese Probe recht befriedigend erfüllt.

Zugleich sei noch darauf hingewiesen, daß die Zeichnung erheblich hätte vereinfacht werden können, wenn man, wie es früher besprochen war, den Verschiebungsplan von dem mittleren Knotenpunkte X aus unter der — in diesem Falle auch wirklich zutreffenden — Voraussetzung konstruiert hätte, daß Stab 17 seine Richtung behält. Man hätte dann nachträglich noch eine für alle Knotenpunkte gemeinsame Verschiebung vorzunehmen gehabt, durch die der feste

Knotenpunkt I in seine Lage, also im Verschiebungsplane zum Pole (und hiermit zugleich auch Knotenpunkt XVII auf seine horizontale Auflagerbahn) zurückgeführt würde. Anstatt dessen hätte man auch umgekehrt den Pol im Verschiebungsplane nachträglich auf Punkt I rücken können, womit alle weiteren Änderungen entbehrlich geworden wären. Es hätte auch genügt, den Verschiebungsplan nur für eine Trägerhälfte zu entwerfen.

Obschon ich aber nicht unterlassen wollte, auf die Möglichkeit dieser Vereinfachungen hinzuweisen, hielt ich es doch für besser, zunächst bei dem ursprünglich angegebenen Verfahren stehen zu bleiben, da es nützlicher ist, sich zunächst einmal mit diesem gründlich vertraut zu machen.

Nachdem der Verschiebungsplan fertig ist, kann man daraus mit Hilfe des Satzes von der Gegenseitigkeit der Verschiebungen die in Abb. 161 b (S. 325) bereits unterhalb der Trägerfigur gezeichnete Einflußlinie für den Horizontalschub entnehmen. Hierzu bedenke man, daß die Lasteinheit etwa am Knotenpunkte VI eine Horizontalverschiebung des immer noch auf einem Rollenlager sitzend gedachten Auflagerpunktes XVII hervorbringt, die nach dem Maxwellschen Satze ebenso groß ist als die Vertikalverschiebung des Knotenpunktes VI bei dem vorigen Belastungsfalle, auf den sich der Verschiebungsplan bezieht. Wir entnehmen also aus Abb. 163 die senkrechte Entfernung des Punktes VI' von der durch den Pol gezogenen Horizontalen, die wir mit x_6 bezeichnen wollen, und setzen sie gleich der Vergrößerung der Spannweite, die durch eine am Punkte VI in lotrechter Richtung angreifende Lasteinheit herbeigeführt wird für den Fall, daß das rechte Auflager auf einem Rollenlager sitzt. Damit diese Verschiebung wieder rückgängig gemacht werde, müssen wir einen Horizontalschub H_6 an dem Auflager anbringen, dessen Berechnung unsere Aufgabe bildet. Wir wissen aber bereits, um wieviel sich der auf dem Rollenlager sitzende Auflagerpunkt unter dem Einflusse einer horizontalen Kraft verschiebt, die gleich der Lasteinheit ist. Dieser Verschiebungsweg, der mit y bezeichnet werden mag, ist gleich der Strecke vom Pole des Verschiebungsplanes bis zum Punkte $XVII'$. Für eine horizontale Kraft von der Größe H ist demnach der Verschiebungsweg gleich Hy, und da dies gleich x_6 sein soll, finden wir

$$H_6 = \frac{x_6}{y}. \tag{75}$$

Die beiden Strecken sind aus dem Verschiebungsplane bekannt und hiermit auch ihr Verhältnis. Daß H_6 gleich einer Verhältniszahl gefunden wird, rührt davon her, daß es zur Lasteinheit am Knotenpunkte VI gehören sollte. Wird eine Last von
der beliebigen Größe P an VI aufgebracht, so ist der zugehörige
Horizontalschub

$$H = P \frac{x_6}{y}. \tag{76}$$

Für alle übrigen Knotenpunkte findet man diese Verhältniszahlen oder „Einflußzahlen" auf die gleiche Art. Hiernach wurde
die Einflußlinie in Abb. 161b aufgetragen. Den Ordinaten sind
ihre Werte überdies beigeschrieben.

Schließlich wurde noch der Horizontalschub des Trägers für den
Fall bestimmt, daß an den Knotenpunkten II und XVIII eine Last
von je 500 kg, an allen übrigen Knotenpunkten des Obergurtes eine
Last von je 1000 kg angreift. Multipliziert man diese Lasten mit
den aus Abb. 161b ersichtlichen Einflußzahlen und addiert, so erhält man

$$H = 10 + 313 + 550 + 727 + 780 + 727 + 550 + 313 + 10 = 3980\,\text{kg}$$

Zum Zwecke des Vergleiches wurde außerdem der Horizontalschub auch nach dem Maxwell-Mohrschen Verfahren für denselben
Belastungsfall berechnet. Die Ausrechnung der Summen erfolgte in
Form der auf S. 331 folgenden Tabelle, auf die schon vorher mehrmals hingewiesen wurde.

Hierzu ist noch zu bemerken, daß die Spannungen T durch die
gegebenen Lasten in dem als Balken aufgelagerten Träger hervorgerufen werden. Sie wurden mit Hilfe eines besonderen Kräfteplanes
ermittelt, der hier nicht mit aufgenommen wurde. Der Elastizitätsmodul ist gleich 2000000 atm gesetzt.

Für den Horizontalschub findet man nun nach Gl. (67) S. 313

$$H = -\frac{\Sigma u r T}{\Sigma u^2 r} = \frac{243{,}91 \cdot 10^{-3}}{60{,}873 \cdot 10^{-6}} = 4007 \text{ kg.}$$

Es genügt nämlich, beide Summen nur auf eine Trägerhälfte zu erstrecken, da sonst nur noch der Faktor 2 in Zähler und Nenner hin-
zukäme. Deshalb sind auch in der Tabelle die Beiträge von Stab 17
zu den beiden Summen nur zur Hälfte eingesetzt.

Der Vergleich mit dem vorher gefundenen Werte von $H = 3980$ zeigt einen Unterschied von weniger als 1 Prozent, worauf es bei den in der Praxis vorkommenden Aufgaben gewöhnlich nicht ankommt. Freilich ist das Ergebnis des Vergleiches verhältnismäßig günstig, und es fragt sich, ob es sich immer so gut gestaltet. Jedenfalls ist dies nur durch große Sorgfalt beim Zeichnen des Verschiebungsplanes zu erreichen, und der nach dem Mohrschen Verfahren ermittelte Wert ist im allgemeinen als der genauere zu betrachten. Der Kräfteplan T, der bei ihm noch in Frage kommt, läßt sich nämlich genauer zeichnen als der Verschiebungsplan. Freilich kann man andererseits beim Ausrechnen der Summen auch leichter einmal einen groben Fehler begehen als beim Verschiebungsplane, bei dem er sich dem Auge sehr bald bemerklich machen würde.

Tabelle.

Stab Nr.	Stablänge l in cm	Querschnittsfläche F in qcm	$r = \dfrac{l}{EF}$ in $\dfrac{cm}{kg}$	Spannung T in kg	Verhältniszahl u	rTu	$u^2 r$
1	900	115	3,92 10^{-6}	− 4000	+ 0,59	− 9,25·10^{-3}	1,360·10^{-6}
2	630	118	2,67 „	− 3000	+ 0,50	− 4,00 „	0,667 „
3	810	89,9	4,50 „	+ 3900	− 0,65	− 11,45 „	1,900 „
4	720	115	5,14 „	0	− 1,16	0 „	4,230 „
5	730	89,9	4,05 „	− 3800	+ 0,47	− 7,27 „	0,895 „
6	610	118	2,58 „	− 6200	+ 1,00	− 16,00 „	2,580 „
7	770	89,9	4,27 „	+ 3950	− 0,64	− 10,80 „	1,750 „
8	650	115	2,83 „	+ 3150	− 1,60	− 14,25 „	7,250 „
9	600	89,9	3,33 „	− 2750	+ 0,30	− 2,75 „	0,300 „
10	600	118	2,54 „	− 8600	+ 1,43	− 31,20 „	5,200 „
11	750	89,9	4,16 „	+ 3200	− 0,55	− 7,31 „	1,260 „
12	620	115	2,70 „	+ 6200	− 2,05	− 34,30 „	21,300 „
13	530	89,9	2,94 „	− 1150	+ 0,03	− 0,10 „	0,027 „
14	600	118	2,54 „	− 9700	+ 1,60	− 39,40 „	6,500 „
15	770	89,9	4,28 „	+ 1400	− 0,23	− 1,38 „	0,226 „
16	600	115	2,61 „	+ 8600	− 2,43	− 54,50 „	15,400 „
17	500	89,9	2,78 „	− 250	− 0,14	+ 0,05 „	0,028 „
					Summen:	−243,91·10^{-3}	60,873·10^{-6}

Anmerkung: Für den Stab 17 sind nur die Hälften eingesetzt, weil er zu jeder Trägerhälfte gehört.

§ 56. Die Ausnahmefachwerke als statisch unbestimmte Konstruktionen.

Ein Fachwerk oder ein Fachwerkträger möge die zur Herstellung der Steifigkeit erforderliche Anzahl von Stäben gerade besitzen; dabei soll aber der in den vorhergehenden Abschnitten schon mehrfach besprochene Ausnahmefall vorliegen, bei dem wegen der besonderen Gestalt des Trägers die Stäbe trotz ihrer sonst ausreichenden Anzahl keine hinreichende Steifigkeit herbeiführen. Solange man die Stablängen als unveränderlich ansieht, findet man dann aus den Gleichgewichtsbedingungen, daß im allgemeinen durch irgendeine beliebig gegebene Belastung unendlich große Stabspannungen hervorgebracht werden. Indessen kann man bei den Ausnahmefachwerken auch solche besondere Belastungsarten angeben, die nicht zu unendlich großen Stabspannungen führen. Man braucht z. B. nur zwei durch einen Stab verbundene Knotenpunkte mit zwei entgegengesetzt gleichen Kräften auseinanderzuziehen. Wenn andere Lasten nicht vorkommen, treten offenbar keine unendlich großen Stabspannungen auf, da der Stab zwischen beiden Knotenpunkten schon für sich allein ausreicht, um die angenommene Belastung aufzunehmen, ohne daß die übrigen dabei mitwirken müßten. Man wäre jedoch im Irrtume, wenn man auf Grund dieser Überlegung annehmen wollte, daß dieser Stab nun auch allein gespannt würde, während die übrigen spannungslos blieben. Die Ausnahmefachwerke sind vielmehr solchen Lasten gegenüber, die nicht zu unendlich großen Stabspannungen führen, statisch unbestimmt.

Denkt man sich nämlich den Stab zwischen den beiden belasteten Knotenpunkten entfernt, so erhält man einen Mechanismus, der sich zwar im allgemeinen zu bewegen vermag, der sich aber unter der gegebenen Belastung im Gleichgewichte befindet. Um sich davon zu überzeugen, lasse man den Mechanismus eine unendlich kleine virtuelle Bewegung ausführen. Dabei ist die Summe der Arbeiten der beiden Lasten gleich Null (oder doch unendlich klein zweiter Ordnung), weil sich nach der Voraussetzung, daß es sich um ein Ausnahmefachwerk handeln soll, die Entfernung der beiden Angriffspunkte bei der Bewegung nicht ändert. Das ist aber die ausreichende Bedingung für das Gleichgewicht der beiden äußeren Kräfte an dem Mechanismus. Hiernach kann auch schon durch Spannungen in den zu dem Mechanismus gehörigen Stäben an jedem Knotenpunkte Gleichgewicht hergestellt werden, ohne daß dabei der herausgenommene Stab mitwirken müßte. Man erkennt daraus, daß in dem Ausnahmefachwerke bei den hier in Frage kommenden Belastungsfällen unendlich viele Spannungsbilder möglich sind, die an allen Knotenpunkten Gleichgewicht herstellen. Bei dem einfachsten Falle, daß nur die Endknotenpunkte eines Stabes auseinandergezogen werden, unterscheiden sich diese verschiedenen Spannungsbilder in dem Verhältnisse voneinander, nach dem sich die Last auf den dazwischen liegenden Stab und auf den nach dessen Fortnahme entstehenden Mechanismus verteilt.

Ferner erkennt man, daß im Ausnahmefachwerke auch selbst beim Fehlen aller Lasten Stabspannungen möglich sind. Denn man denke sich irgendeinen Stab beliebig gespannt. Nimmt man ihn heraus und ersetzt seine Spannung an den Endknotenpunkten durch äußere Kräfte, so ist, wie wir schon vorher sahen, der entstehende Mechanismus unter dem Einflusse dieser Kräfte im Gleichgewichte. Man kann daher Stabspannungen in den zu dem Mechanismus gehörigen Stäben angeben, die mit der willkürlich angenommenen Spannung des herausgenommen gedachten Stabes überall Gleichgewicht herstellen.

Obschon das Ausnahmefachwerk sonst als ein Grenzfall des statisch bestimmten Fachwerkes erscheint, teilt es, wie aus diesen Betrachtungen hervorgeht, viele Eigenschaften mit dem statisch unbestimmten Fachwerke. In der Tat muß man auch zur Berechnung der Stabspannungen für jene Belastungsfälle, die nach dem Vorhergehenden überhaupt als zulässig erscheinen, dieselben Methoden anwenden wie beim statisch unbestimmten Fachwerke.

Man nehme also einen Stab heraus und ermittele mit Hilfe eines Kräfteplanes T die Spannungen in den Stäben des Mecha-

nismus, die zu den gegebenen Lasten gehören. Dann zeichne man
einen Kräfteplan *u*, der die Spannungen im Mechanismus liefert,
die durch eine Einheitsspannung in dem vorher beseitigten Stabe
hervorgerufen werden. Nachdem dies geschehen ist, findet man
die Spannung *X* des beseitigten Stabes auf Grund derselben
Überlegungen wie in § 52 nach der schon damals für das statisch
unbestimmte Fachwerk abgeleiteten Formel (67) S. 315

$$X = -\frac{\varSigma u\, r\, T}{\varSigma u^2 r}.$$

Auch die Spannungen aller übrigen Stäbe folgen dann leicht
in derselben Weise wie früher.

§ 57. Die Ausnahmefachwerke bei beliebiger Belastung.

Wird ein Ausnahmefachwerk in beliebiger Weise belastet,
so müßten die Stabspannungen unendlich groß werden, wenn die
Stäbe ihre Längen nicht ändern könnten. In Wirklichkeit wird
aber unter dem Einflusse der Belastung und der durch sie hervorgerufenen Stabspannungen eine Gestaltänderung des Fachwerkes eintreten, die, wie wir schon wissen, im Verhältnisse zu
den elastischen Längenänderungen der Stäbe sehr groß ist. Damit hört der Ausnahmefall auf, genau verwirklicht zu sein, und
die Spannungen der Stäbe werden nicht unendlich groß, sondern
nur, weil sich die Gestalt des Fachwerkes immerhin nicht viel
von der dem Ausnahmefalle entsprechenden entfernt hat, sehr
groß ausfallen.

Im allgemeinen wird man nun zwar, wie schon früher bemerkt
wurde, die Ausnahmefachwerke ihrer ungünstigen Eigenschaften
wegen vermeiden. Wenn es sich aber nur um verhältnismäßig
geringe Lasten handelt, die von einer Tragkonstruktion aufzunehmen sind, so daß man die dadurch hervorgerufenen, wenn
auch sehr stark vergrößerten Spannungen nicht zu fürchten
braucht, kann man doch gelegentlich mit Rücksicht auf andere
Erwägungen zur Ausführung von Ausnahmefachwerken schreiten. Man muß dann imstande sein, die tatsächlich (an Stelle der
unendlich großen) auftretenden Stabspannungen zu berechnen.

Die früher besprochenen Methoden für die Ermittlung der Stabspannungen versagen in diesem Falle. Wenn man bereits wüßte, in welche Gestalt das Fachwerk infolge der Belastung endgültig übergeht, wäre die Lösung der Frage freilich sehr einfach. Denn nach der Gestaltänderung ist das Fachwerk nicht mehr im Ausnahmefalle, und damit wird es statisch bestimmt. Kann man also aus der unmittelbaren Beobachtung an einem bereits ausgeführten Ausnahmefachwerke die Gestaltänderung feststellen, die es nach einer Belastung erfahren hat, so findet man die nun in den Stäben bestehenden Stabspannungen sofort durch Zeichnen eines Kräfteplanes oder auch nach einer der anderen früher besprochenen Methoden. Die Schwierigkeit besteht aber darin, daß man die zu erwartende Gestaltänderung von vornherein nicht kennt, sondern sie selbst erst voraussagen soll.

Abb. 164 zeigt ein Beispiel, an dem die Lösung der Aufgabe durchgeführt werden soll. Die Stäbe 3 und 3′ sollen im span-

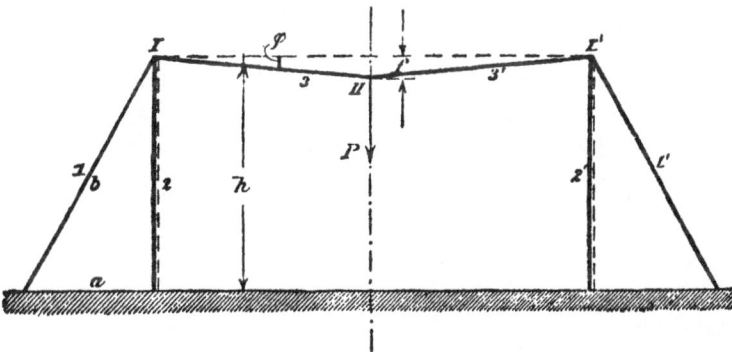

Abb 164.

nungslosen Zustande in eine Gerade fallen, Knotenpunkt *II* also mit *I* und *I′* ursprünglich in gleicher Höhe liegen. Nachdem die Last *P* am Knotenpunkte *II* angebracht ist, senkt sich dieser um eine Strecke *f*, die zwar im Vergleiche zu den Stablängen immer noch klein, gegenüber den elastischen Längenänderungen der Stäbe dagegen sehr groß ist. Man soll *f* und die Stabspannungen berechnen.

In der Gestalt, die das Stabgerüst nach der Belastung aunimmt, wie es in der Abbildung gezeichnet ist, bildet es einen statisch bestimmten ebenen Fachwerkträger. Die Knotenpunkte *I* und *I'* sind durch je zwei Stäbe mit der festen Erde, und der Knotenpunkt *II* mit den beiden vorigen ebenfalls durch zwei Stäbe verbunden. Kennt man die Senkung *f* von Knotenpunkt *II* und hiermit die Trägergestalt nach der Formänderung, so braucht man zur Ermittlung der Stabspannungen nur zwei Kräftedreiecke zu zeichnen, zuerst das für Knotenpunkt *II* und dann das für *I*. In Abb. 165 ist der aus den beiden Kräftedreiecken bestehende Kräfteplan angegeben. Die Spannungen in der rechten Trägerhälfte stimmen mit denen in der linken der Symmetrie wegen überein.

Abb. 165.

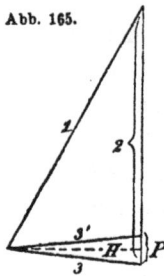

Der Umstand, daß die neue Trägergestalt bereits ausreichend durch den Verschiebungsweg eines einzigen Knotenpunktes beschrieben wird, erleichtert die Aufgabe erheblich. Die Knotenpunkte *I* und *I'* sind steif mit der festen Erde verbunden, und ihre Verschiebungswege während der Gestaltänderung sind daher von derselben Ordnung klein wie die Längenänderungen der Stäbe, also viel kleiner als die Senkung *f* des Knotenpunktes *II*. Deshalb genügt es auch, die Senkung *f* zu kennen, um die Stabspannungen zu berechnen.

Freilich haben die kleinen Horizontalverschiebungen der Knotenpunkte *I* und *I'* selbst einen großen Einfluß auf die Größe der Senkung *f* von *II*. Zunächst möge aber, um die Lösung der Aufgabe für den allereinfachsten Fall vorweg zu nehmen, vorausgesetzt werden, daß sich die Knotenpunkte *I* und *I'* überhaupt nicht verschieben.

In diesem Falle findet man *f* aus der folgenden einfachen Rechnung. Man bezeichne die ursprüngliche Länge von Stab 3 mit *l*, die Längenänderung mit Δl, dann ist nach dem pythagoreischen Satze

$$(l + \Delta l)^2 = l^2 + f^2$$

und hieraus, mit Vernachlässigung des von höherer Ordnung

kleinen Gliedes Δl^2 gegenüber $2l\Delta l$,

$$\Delta l = \frac{f^2}{2l}. \tag{77}$$

Andererseits hängt aber Δl auch mit der Stabspannung S zusammen, und diese kann aus einem Kräftedreiecke entnommen werden. Man braucht sich nur in Abb. 164 von I aus eine Parallele zu $3'$ bis zur Symmetriachse gezogen zu denken, um ein Dreieck zu erhalten, das unter Voraussetzung eines passend gewählten Maßstabes als Kräftedreieck betrachtet werden kann. Man hat daher die Proportion

$$\frac{S}{P} = \frac{l}{2f} \quad \text{und hieraus} \quad S = \frac{Pl}{2f}. \tag{78}$$

Für die Stabverlängerung Δl findet man daraus, unter Benutzung der Stabkonstanten r,

$$\Delta l = rS = \frac{Prl}{2f}. \tag{79}$$

Setzt man die beiden für Δl aufgestellten Ausdrücke einander gleich, so erhält man eine Gleichung, in der f die einzige Unbekannte bildet. Man findet

$$\frac{f^2}{2l} = \frac{Plr}{2f} \quad \text{und hieraus} \quad f = \sqrt[3]{Pl^2r}.$$

An Stelle von r kann man noch seinen Wert $\frac{l}{EF}$ einführen und nachträglich auch noch S durch Einführung des Ausdruckes für f in die zuvor schon aufgestellte Formel (78) berechnen. Dadurch erhält man

$$f = l\sqrt[3]{\frac{P}{EF}}; \quad S = \frac{1}{2}\sqrt[3]{P^2EF}. \tag{80}$$

Im Gegensatze zu den stabilen Fachwerkträgern, bei denen Spannungen und Formänderungen im gleichen Verhältnisse anwachsen wie die Lasten, zeigt sich daher beim Ausnahmefachwerke, daß zu einer 8fachen Last P nur die doppelte Einsenkung f und die vierfache Spannung S gehört. Wenn man bedenkt, daß das Fachwerk um so widerstandsfähiger wird, je weiter es sich vom Ausnahmefalle entfernt, kann dies auch nicht überraschen. Bei der Deutung der Formeln beachte man, daß das darin neben P vorkommende Produkt EF selbst eine Kraft vorstellt, aber eine ganz außerordentlich große, die z. B. bei Eisen ungefähr 2000 mal so groß ist als die zulässige Spannung des Stabes 3.

Nach Erledigung des einfacheren Falles kehre ich nun zur ursprünglichen Aufgabe zurück. Aus dem Kräfteplane in Abb. 165 erkennt man, daß sich die Spannungen von 3 und 3′ nur unerheblich von ihrer Horizontalkomponente H unterscheiden, und daß auch 2, obschon der Unterschied hier etwas größer ist, genau genug bis zum Endpunkte von H, anstatt bis zum Endpunkte von P, gerechnet werden kann. Wenn man sich diese geringe Vernachlässigung, die ohne merklichen Einfluß auf das Schlußergebnis ist, zur Vereinfachung der Rechnung gestattet, stehen die drei Spannungen S_1, S_2, S_3 in einem von vornherein bekannten Verhältnisse zueinander, da sie sich wie die Seiten b, h, a des zwischen den Stäben 1 und 2 liegenden Dreieckes der Trägerfigur zueinander verhalten. Man hat daher

$$S_1 = S_3 \cdot \frac{b}{a} \quad \text{und} \quad S_2 = S_3 \cdot \frac{h}{a},$$

und hieraus folgt für die Längenänderungen der Stäbe 1 und 2

$$\Delta l_1 = S_3 \cdot r_1 \frac{b}{a} \quad \text{und} \quad \Delta l_2 = S_3 \cdot r_2 \frac{h}{a}.$$

Wäre S_3 gleich der Lasteinheit, so könnte man die Verschiebung des Knotenpunktes I sofort mit Hilfe des in Abb. 166 gezeichneten Verschiebungsplanes erhalten. Die Horizontalkomponente des unter dieser Voraussetzung gefundenen Verschiebungsweges ist in der Abbildung mit c bezeichnet. Da S_3 aber nicht gleich der Lasteinheit ist, so hat diese Horizontalkomponente den Wert $S_3 \cdot c$.

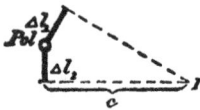
Abb. 166.

Das Ausweichen von I um eine kleine Strecke in horizontaler Richtung hat auf die Senkung f von II denselben Einfluß, als wenn sich der Stab 3 um das gleiche Maß mehr gedehnt hätte. An Stelle von Gl. (77) tritt daher jetzt

$$S_3 c + \Delta l_3 = \frac{f^2}{2 l_3}.$$

Die Gleichungen (78) und (79) können dagegen ohne weiteres übernommen werden. Man hat daher

$$\Delta l_3 = \frac{P l_3 r_3}{2 f},$$

und wenn man dies und den Wert von S_3 in die vorhergehende Gleichung einsetzt, findet man

$$\frac{P l_3}{2 f} c + \frac{P l_3 r_3}{2 f} = \frac{f^2}{2 l_3}.$$

In dieser Gleichung ist f die einzige Unbekannte, und durch Auflösen findet man

$$f = \sqrt[3]{P l_3^2 (c + r_3)}. \tag{81}$$

Natürlich kann man die Strecke c des Verschiebungsplanes, wenn man will, auch durch trigonometrische Rechnung bestimmen, da von dem Vierecke, in dem es als Seite vorkommt, zwei Seiten $\left(\Delta l_1 = r_1 \dfrac{b}{a} \text{ und } \Delta l_2 = r_2 \dfrac{h}{a}\right)$ und alle Winkel gegeben sind. Die zeichnerische Ermittlung ist aber bequemer und soll daher hier beibehalten werden

Setzt man in (Gl. 81) $c = 0$, so geht sie wieder — unter Beachtung des für r_3 einzusetzenden Wertes — in die erste der Gl. (80) über. — Nachdem f bekannt ist, findet man auch S_3 in derselben Weise wie vorher, und hierauf S_1 und S_2. Es ist nicht nötig, die Formeln anzuschreiben.

Dagegen soll noch auf einen besonderen Umstand hingewiesen werden, der sich geltend macht, wenn man den Verschiebungsplan, der in Abb. 166 nur bis zum Knotenpunkte I ausgedehnt wurde, zum Knotenpunkte II weiterzuführen sucht. In Abb. 167 ist das erste Vieleck des Verschiebungsplanes in Übereinstimmung mit Abb. 166 aufgetragen. Man beachte nun, daß sich Knotenpunkt II der Symmetrie wegen nur in lotrechter Richtung nach abwärts ver-

Abb. 167.

schieben kann. Zieht man also vom Pole aus die Linie p in lotrechter Richtung, so muß auf ihr der Punkt II des Verschiebungsplanes enthalten sein. Trägt man ferner von I aus die Längenänderung Δl_3 ab, so liegt II auch auf einem durch den Endpunkt dieser Strecke gehenden Kreisbogen, dessen sehr großer Halbmesser durch die Länge des Stabes 3 angegeben wird. Wollte man aber, wie es sonst stets geschehen darf, den Kreisbogen durch eine senkrecht zur Stabrichtung gezogene gerade Linie q ersetzen, so würde diese parallel zu p gehen, und der Schnittpunkt II fiele ins Unendliche. Dies bestätigt zunächst, daß die Senkung von II jedenfalls sehr groß ist im Verhältnisse zu den Längenänderungen der Stäbe. Zugleich erkennen wir aber, daß es hier mit Rücksicht auf die verhältnismäßig große Länge des Kreisbogens nicht mehr zulässig ist, ihn durch eine Gerade zu ersetzen, die senkrecht zur Richtung des ersten Halbmessers steht.

Bezeichnet man den Winkel zwischen der Richtung von 3 und der Horizontalen in Abb. 164 mit φ, und beachtet man, daß dieser Winkel zugleich der Zentriwinkel des Kreisbogens ist, den wir durch

eine Gerade ersetzen wollen, so erkennt man, daß die zum Kreisbogen gehörige Sehne den Winkel $\frac{\varphi}{2}$ mit der lotrechten Richtung
einschließt. Wir ziehen also in Abb. 167 eine Linie r, die gegen q
um $\frac{\varphi}{2}$ geneigt ist. Der Schnittpunkt von p und r liefert den Punkt II
des Verschiebungsplanes. — Freilich setzt diese Konstruktion voraus,
daß φ vorher schon auf andere Art ermittelt ist.

Anmerkung. Die vorstehende Betrachtung führt freilich nur
für das einfache Beispiel zum Ziele, das in Abb. 164 dargestellt war,
und sie läßt sich nicht ohne weiteres auf andere Fälle übertragen.
Ich hatte daher schon lange den Wunsch, ein allgemein brauchbares
Verfahren für die Berechnung der Stabspannungen und der Gestaltänderungen in den Ausnahmefachwerken für beliebig gegebene Lasten
abzuleiten, was mir schließlich auch gelungen ist. Das Ergebnis habe
ich zuerst in der Abhandlung „Die Lösung der Spannungsaufgabe für
das Ausnahmefachwerk" in den Sitzungsberichten der Münchener Akad.
d. Wiss. 1915, S. 211 veröffentlicht. Diese erste Abhandlung enthält
jedoch nur die allgemeinen Formeln ohne nähere Erläuterungen; die
vollständige Durchrechnung mit Anwendungen auf bestimmte Beispiele kann man in meinem Beitrage zur Festschrift „Otto Mohr zum
80. Geburtstage", S. 63, finden (Verlag von W. Ernst & Sohn, Berlin 1916).

Ich bemerke noch, daß das Hauptbeispiel, an dem ich in der
Festschrift das Berechnungsverfahren dargelegt habe, den in Aufgabe 31 S. 221 besprochenen und dort durch Abb. 112 dargestellten
Stabverband betrifft. Bei Aufgabe 31 wird die Lösung abgebrochen,
nachdem erkannt ist, daß ein Ausnahmefall vorliegt, während in der
neueren Bearbeitung die vollständige Lösung gegeben wird. Außerdem ist in der Festschrift auch über die Ergebnisse von Messungen
berichtet, die ich an einem kleinen Versuchsfachwerke zum Vergleiche mit den theoretisch abgeleiteten Formeln vorgenommen habe.
Die Theorie sowohl als der Versuch lehrten, daß die Ausnahmefachwerke immerhin gar nicht unbeträchtliche Lasten zu tragen vermögen,
daß sie aber dabei sehr große Gestaltänderungen erfahren. Es ist
daher nicht so sehr ein Mangel an Tragfähigkeit, als vielmehr die
große Verschieblichkeit bei der elastischen Formänderung, die ihre
Anwendung bedenklich erscheinen läßt.

Ein näheres Eingehen auf diese neue Theorie der Ausnahmefachwerke würde hier zu weit führen; ich muß es daher bei diesem Hinweise bewenden lassen.

Aufgaben.

40. Aufgabe. Die Stäbe 1 und 2 in Abb. 168 liegen in einer senkrechten Ebene und sind an einer Wand befestigt, mit der sie ein gleichseitiges Dreieck von 1 m Seitenlänge bilden. Beide Stäbe sind aus Winkeleisen von 15 qcm Querschnittsfläche gebildet. Um wieviel senkt sich der freie Knotenpunkt unter einer Last P von 5000 kg, wenn der Elastizitätsmodul = 2·10⁶ atm. gesetzt wird?

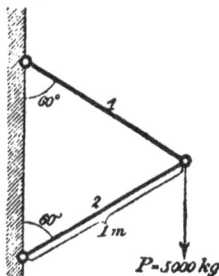

Abb. 168.

Lösung. Nach der Maxwell-Mohrschen Formel, Gl. (62), ist die Senkung x des Knotenpunktes

$$x = \frac{1}{P} \sum S T r,$$

und hier fällt das Spannungsbild S mit dem Spannungsbilde T zusammen, und jede dieser beiden Spannungen ist für jeden Stab dem Absolutwerte nach gleich P oder gleich 5000 kg. Die Stabkonstante r ist für jeden Stab

$$r = \frac{l}{EF} = \frac{100 \text{ cm}}{2 \cdot 10^6 \frac{\text{kg}}{\text{cm}^2} \cdot 15 \text{ cm}^2} = 3{,}33 \cdot 10^{-6} \frac{\text{cm}}{\text{kg}}.$$

Setzt man diese Werte in die Gleichung ein, so erhält man

$$x = \frac{1}{5000} \cdot 2 \cdot 5000^2 \cdot 3{,}33 \cdot 10^{-6} = 3{,}33 \cdot 10^{-2} \text{ cm} = 0{,}33 \text{ mm}.$$

Die Senkung beträgt also $\frac{1}{3}$ mm. — Es ist nützlich, für dieses einfache Beispiel zur Übung auch den Verschiebungsplan zu bilden. Dies ist in Abb. 169 geschehen. Von einem Pole O aus trägt man zunächst die Längenänderungen der Stäbe ab. Für jeden Stab ist die Längenänderung

$$\Delta l = 5000 \text{ kg} \cdot 3{,}33 \cdot 10^{-6} \frac{\text{cm}}{\text{kg}} = 16{,}67 \cdot 10^{-3} \text{ cm},$$

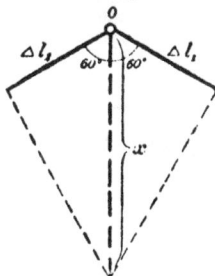

Abb. 169.

und zwar verlängert sich Stab 1 um diesen Betrag, während sich Stab 2 um ebensoviel verkürzt. In Abb. 169 sind diese Längenänderungen in hundertfacher Vergrößerung abgetragen, und zwar Δl_1 von O aus nach rechts abwärts, weil die Verlängerung von Stab 1 für sich genommen eine Bewegung des freien Knotenpunktes nach dieser Richtung hin hervorbringt, während Δl_2 nach links abwärts aufzutragen ist. Hieran schließen sich die zum Ersatze der Kreisbögen dienenden Senkrechten, und deren Schnittpunkt liefert den gesuchten Punkt des Verschiebungsplanes. Man erkennt nun auch, daß sich der freie Knotenpunkt ausschließlich in senkrechter Richtung verschiebt. Auch aus der Figur findet man, ohne erst nachmessen zu müssen, daß der Verschiebungsweg doppelt so groß ist als die Längenänderung jedes der beiden Stäbe.

41. Aufgabe. Ein an einer Wand befestigter Kragträger, der in Abb. 170a gezeichnet ist, trägt am freien Ende eine Last P von 5000 kg. Man soll die Stabspannungen ermitteln, hierauf den Verschiebungsplan zeichnen und außerdem die Senkung des belasteten Knotenpunktes auch nach dem Maxwell-Mohrschen Verfahren berechnen. Die Stablängen l, Querschnitte F und Stabkonstanten r sind in den ersten Spalten der nachstehenden Tabelle zusammengestellt.

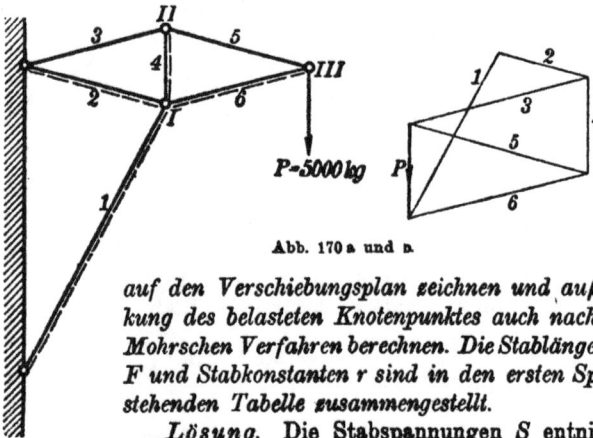

Abb. 170 a und b.

Lösung. Die Stabspannungen S entnimmt man dem leicht zu zeichnenden reziproken Kräfteplan in Abb 170b und trägt sie in die folgende Tabelle ein:

Stab Nr.	l in cm	F in qcm	r in $\dfrac{\text{cm}}{\text{kg}}$	S in kg	$\varDelta l = rS$ in cm	rS^2 in cm kg
1	800	40	$10 \cdot 10^{-6}$	$-\ 10\ 000$	$-\ 10 \cdot 10^{-2}$	1000
2	400	20	$10 \cdot 10^{-6}$	$-\ 5000$	$-\ 5 \cdot 10^{-2}$	250
3	400	16	$12,5 \cdot 10^{-6}$	$+\ 10\ 000$	$+\ 12,5 \cdot 10^{-2}$	1250
4	200	12,5	$8,0 \cdot 10^{-6}$	$-\ 5000$	$-\ 4 \cdot 10^{-2}$	200
5	400	16	$12,5 \cdot 10^{-6}$	$+\ 10\ 000$	$+\ 12,5 \cdot 10^{-2}$	1250
6	400	25	$8,0 \cdot 10^{-6}$	$-\ 10\ 000$	$-\ 8 \cdot 10^{-2}$	800
					$\varSigma r S^2 = 4750$	

Die letzten beiden Spalten lassen sich hierauf ebenfalls sofort ausfüllen. Für die Senkung des belasteten Knotenpunktes hat man nach Gl. (62)

$$x = \frac{1}{P} \sum rST$$

oder hier, wo das Spannungsbild T mit dem Spannungsbilde S zusammenfällt,

$$x = \frac{1}{P} \sum rS^2 = \frac{1}{5000} \cdot 4750 = 0{,}95 \text{ cm}.$$

Der Verschiebungsplan ist in Abb. 171 gezeichnet, und zwar in fünffacher Größe. Man beginnt dabei mit Knotenpunkt *I*, der durch die Stäbe 1 und 2 an zwei Punkte der Wand angeschlossen ist, die sich nicht verschieben können. Hierauf läßt man Punkt *II* und dann Punkt *III* folgen. — Aus dem Verschiebungsplane erkennt man übrigens, daß der belastete Knotenpunkt *III* nicht nur eine Senkung, sondern außerdem auch noch eine kleine horizontale Verschiebung nach rechts hin erfährt.

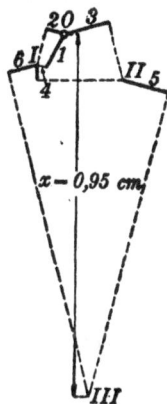

Abb. 171.

42. Aufgabe. *Sechs Stäbe sind zu einem Quadrate mit eingeschobenen Diagonalen (Abb. 172) verbunden und haben alle gleichen Querschnitt. An den Endknotenpunkten von 5 greifen zwei Lasten von der Größe P an; man soll die dadurch hervorgerufenen Stabspannungen berechnen.*

Lösung. Wir betrachten Stab 6 als überzählig. Im Hauptnetze nimmt dann Stab 5 die Spannung *P* allein auf, während die übrigen Stäbe spannungslos sind. Dies folgt schon daraus, daß im statisch bestimmten Hauptnetze nur auf eine Art Gleichgewicht an allen Knotenpunkten hergestellt werden kann. Die eine, sofort als möglich erkannte Art der Lastübertragung, bei der nur Stab 5 in Spannung gerät, ist daher die richtige. Man kann sich davon auch noch durch die Überlegung überzeugen, daß nach Beseitigung des überzähligen Stabes 6 die Stäbe 1 und 2 allein an einem Knotenpunkte zusammenstoßen, an dem keine äußere Kraft angreift. Da diese Stäbe nicht in die gleiche Richtungslinie fallen, könnten Spannungen, die etwa in ihnen auftreten sollten, unmöglich im Gleichgewichte miteinander stehen. Beide Stäbe sind also, ebenso wie die Stäbe 3 und 4, für die sich dieselbe Betrachtung wiederholen läßt, unter der Voraussetzung, daß Stab 6 beseitigt ist, spannungslos. Man hat also

$$T_5 = + P \quad \text{und} \quad T_1 = T_2 = T_3 = T_4 = 0.$$

Nun bringt man an den Endknotenpunkten des beseitigten Stabes Kräfte von der Lasteinheit an von solcher Richtung, wie sie einer in diesem Stabe auftretenden Zugspannung entsprechen. Die Spannungen im Hauptnetze, die diesem Belastungsfalle entsprechen, lassen

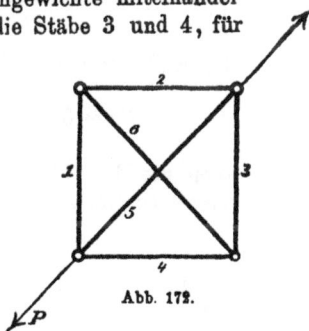

Abb. 172.

sich durch Zeichnen eines Kräfteplanes ermitteln. Es ist aber gar nicht einmal nötig, den Kräfteplan wirklich auszuführen, da man bei der Einfachheit der Figur sofort vorauszusehen vermag, wie groß diese

Spannungen ausfallen. Man hat nämlich (wenn wie gewöhnlich das negative Vorzeichen eine Druckspannung angibt)

$$u_1 = u_2 = u_3 = u_4 = -\frac{1}{\sqrt{2}} \quad \text{und} \quad u_5 = +1.$$

Hierbei ist daran zu erinnern, daß die Spannung u des überzähligen Stabes stets gleich $+1$ zu setzen ist, also

$$u_6 = +1.$$

Die Stabkonstanten r sind für die vier Umfangsstäbe untereinander gleich; der gemeinsame Wert sei mit r ohne Zeiger bezeichnet. Für die Diagonalen sind die Stabkonstanten der größeren Länge wegen $\sqrt{2}$ mal so groß, also

$$r_1 = r_2 = r_3 = r_4 = r \quad \text{und} \quad r_5 = r_6 = r\sqrt{2}.$$

Nun bleibt nur noch übrig, die aufgestellten Werte in die Gl. (67)

$$X = -\frac{\Sigma u r T}{\Sigma u^2 r}$$

einzuführen. Zur Summe im Zähler trägt hier nur der Stab 5 ein Glied bei. Von den sechs Gliedern der Summe im Nenner sind jene vier, die sich auf die Umfangsstäbe beziehen, untereinander gleich und ebenso die beiden anderen unter sich. Man hat daher

$$X = -\frac{u_5 r_5 T_5}{4 \cdot u_1^2 r_1 + 2 \cdot u_5^2 r_5} = -\frac{r\sqrt{2} \cdot P}{4 \cdot \frac{1}{2} r + 2 \cdot r\sqrt{2}} = -0{,}293\,P.$$

Der überzählige Stab erfährt demnach eine Druckspannung. Auch die Spannungen der übrigen Stäbe ergeben sich nun nach der Gleichung

$$S = T + uX,$$

also z. B. für den Stab 1

$$S_1 = 0 + \left(-\frac{1}{\sqrt{2}}\right) \cdot (-0{,}293\,P) = +0{,}207\,P.$$

Auch die drei übrigen Umfangsstäbe nehmen Zugspannungen von demselben Betrage auf. Der Stab 5 endlich erfährt die Spannung

$$S_5 = +P + (+1) \cdot (-0{,}293\,P) = +0{,}707\,P.$$

Anmerkung. Hier war vorausgesetzt, daß die Diagonalstäbe 5 und 6 an der Kreuzungsstelle übereinander weggehen, ohne miteinander verbunden zu sein. Aber auch dann, wenn man sie an dieser Stelle miteinander verbindet, treten dieselben Spannungen auf wie vorher. Jede Diagonale besteht dann aus zwei Stäben, und wir haben im ganzen acht Stäbe, zugleich aber auch einen Knotenpunkt mehr.

Die notwendige Stabzahl für fünf Knotenpunkte beträgt sieben, demnach ist das Fachwerk immer noch einfach statisch unbestimmt. An Stelle des Stabes 6 nehmen wir jetzt einen der beiden Stäbe heraus, in die 6 durch den mittleren Knotenpunkt zerlegt ist. Die Kräftepläne T und u fallen nun gerade so aus wie vorher, abgesehen davon, daß im Kräfteplan u die andere Hälfte von 6 ebenfalls mit der Spannung $+1$ vorkommt. Bildet man hierauf die Summen, die in der Formel für X auftreten, so ändert sich an der im Zähler überhaupt nichts; bei der Summe im Nenner kommen zwar jetzt für jede Diagonale zwei Glieder vor, die aber zusammen ebensoviel ausmachen als das eine Glied im vorigen Falle. In der Tat erhält man daher für X denselben Wert.

Übrigens gilt dies ganz allgemein für zwei sich kreuzende Stäbe, solange an der Kreuzungsstelle keine äußeren Kräfte angebracht werden. Nur wenn sich drei (oder noch mehr) Stäbe an derselben Stelle überkreuzen, wird durch ihre Verbindung der Spannungszustand im allgemeinen geändert.

43. Aufgabe. Zwölf Stäbe (vgl. Abb. 173) sind zu einem regelmäßigen Sechsecke mit einem im Mittelpunkte gelegenen Knotenpunkte vereinigt. Wie groß ist der Anteil der Last P, der von den in die gleiche Richtungslinie fallenden Stäben 7 und 10 aufgenommen wird, wenn alle Stäbe gleich untereinander sind?

Lösung. Man denke sich etwa Stab 1 beseitigt. In dem dann verbleibenden statisch bestimmten Hauptnetze sind (ähnlich wie bei der vorigen Aufgabe) nur die in die Lastrichtung fallenden Stäbe 7 und 10 mit der

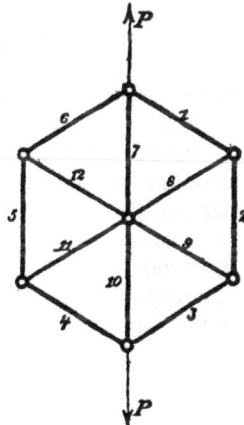

Abb. 173.

Spannung $+P$ beansprucht; alle übrigen T sind gleich Null. Bringt man hierauf längs der Richtungslinie des beseitigten Stabes eine Zugspannung $+1$ als Belastung des Hauptnetzes an, so erfahren alle Umfangsstäbe Spannungen $+1$ und alle Radialstäbe Spannungen -1. Der Kräfteplan u setzt sich nämlich, wie man leicht erkennt, aus lauter gleichseitigen Dreiecken zusammen. In der Formel

$$X = -\frac{\Sigma u\, r\, T}{\Sigma u^2 r}$$

kann zunächst in jedem Gliede von Zähler und Nenner der konstante Faktor r gestrichen werden. Die Summe im Zähler umfaßt nur zwei Glieder, die sich auf die Stäbe 7 und 10 beziehen und von denen jedes gleich $(-1) \cdot (+P) = -P$ zu setzen ist. In Σu^2 sind alle

Glieder gleich, und diese Summe ist gleich 12. Man hat daher

$$X = -\frac{-2P}{12} = +\frac{P}{6}.$$

Für S_7 erhält man

$$S_7 = T_7 + u_7 X = + P + (-1) \cdot \left(+ \frac{P}{6} \right) = + \frac{5P}{6}.$$

Die Spannung im Stabe 10 ist ebenso groß. Alle Umfangsstäbe haben eine Zugspannung von der Größe $\frac{P}{6}$, und die Radialstäbe 8, 9, 11, 12 eine Druckspannung von derselben Größe aufzunehmen.

Anmerkung. Wenn der mittlere Knotenpunkt fehlte, die Stäbe sich also an dieser Stelle ohne Verbindung überkreuzten, läge ein Ausnahmefachwerk vor, das trotz Erfüllung der Bedingung für die notwendige Stabzahl bei der angenommenen Belastung, die zu keinen unendlich großen Stabspannungen führen kann, statisch unbestimmt wäre. Die Stabspannungen würden aber dann ebenso groß ausfallen als im vorigen Falle. Man erkennt dies, auch ohne nochmalige Durchführung der Rechnung nach der in § 56 gegebenen Anleitung, am einfachsten daraus, daß auch bei fester Verbindung in der Mitte die in dieselbe Diagonale fallenden Radialstäbe gleiche Spannungen haben. Man ändert daher nichts, wenn man die Verbindung nachträglich wieder aufhebt. — Natürlich gilt dies aber nur für den besonderen Belastungsfall, der hier vorausgesetzt war. Bei beliebiger Belastung verhält sich das steife, statisch unbestimmte Fachwerk mit mittlerem Knotenpunkte ganz anders als das Ausnahmefachwerk mit durchgehenden Diagonalen ohne Verbindung an der Kreuzungsstelle.

44. Aufgabe. Abb. 174 zeigt eine radartige Konstruktion, die ebenfalls ein Fachwerk mit einem überzähligen Stabe darstellt. Die Speichen sind in der Mitte miteinander verbunden, und der Radkranz soll einen Kreis bilden. Der zwischen zwei aufeinanderfolgenden Speichen liegende Bogen des Radkranzes weicht nicht viel von der zugehörigen Sehne ab, und die geringe Krümmung hindert nicht, diesen Teil als einen Stab aufzufassen, der die Enden der Speichen miteinander verbindet. Das Rad soll im mittleren Knotenpunkte mit P belastet sein. Man soll die Stabspannungen unter der Voraussetzung berechnen, daß eine Speiche lotrecht steht, so daß der Auflagerdruck P des Fußbodens

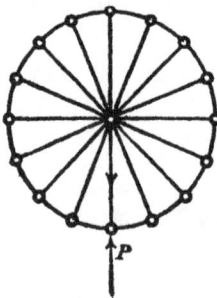

Abb. 174.

in die Speichenrichtung fällt.

Lösung. Die Zahl der Speichen sei *n*, so daß zwei aufeinanderfolgende den Winkel $\frac{2\pi}{n}$ miteinander bilden. Die Speichen seien alle

gleich untereinander, und ihre Stabkonstante sei mit r, die Stabkonstante der Radkranzstäbe mit r' bezeichnet. Wir verfahren wie bei
der vorigen Aufgabe, indem wir einen Stab des Radkranzes als überzählig betrachten. Dann erfährt nach dessen Beseitigung nur die lotrecht nach abwärts gehende Speiche eine Spannung $-P$. Eine Zugspannung von der Größe 1 im überzähligen Stabe hat ferner in allen
Radkranzstäben die Spannung $u = +1$ zur Folge, während die
Speichen dadurch sämtlich in eine Druckspannung von der Größe $\frac{2\pi}{n}$
versetzt werden. Hierbei ist vorausgesetzt, daß die Zahl der Speichen
groß genug ist, um den zwischen ihnen liegenden Bogen mit der
Sehne vertauschen zu dürfen. Für die Spannung der überzähligen
Stäbe erhält man nun

$$X = -\frac{\left(-\frac{2\pi}{n}\right) \cdot r \cdot (-P)}{n \cdot \left(\frac{2\pi}{n}\right)^2 r + n \cdot r'} = -P \frac{2\pi}{4\pi^2 + n^3 \frac{r'}{r}}.$$

Auch alle übrigen Stäbe des Radkranzes erfahren eine Druckspannung von dieser Größe. Die Speichen erfahren mit Ausnahme der in
die Lastrichtung fallenden eine Zugspannung von der Größe

$$P \frac{4\pi^2}{n\left(4\pi^2 + n^3 \frac{r'}{r}\right)},$$

und die in die Lastrichtung fallende eine Druckspannung von der Größe

$$P - P \frac{4\pi^2}{n\left(4\pi^2 + n^3 \frac{r'}{r}\right)}.$$

Bei dieser Lösung ist freilich, wie überall in der Theorie des Fachwerkes, der Biegungswiderstand der Stäbe vernachlässigt, während
der Radkranz, wenn er einen verhältnismäßig steifen Querschnitt besitzt, wegen der in kurzen Abständen aufeinanderfolgenden Knotenpunkte auch einen merklichen Biegungswiderstand aufweisen wird,
durch den die Art der Lastübertragung erheblich geändert werden
kann. Eine Behandlung der Aufgabe mit Berücksichtigung des Biegungswiderstandes des Radkranzes gehört in das Gebiet der Festigkeitslehre und kann hier nicht weiter verfolgt werden.

Anmerkung. Bringt man in der Mitte des Rades an Stelle des
Knotenpunktes eine „Nabe" von verhältnismäßig großem Durchmesser
an, so ist diese als eine Scheibe aufzufassen, an die die Knotenpunkte
des Radkranzes durch die Speichen und die Radkranzstäbe angeschlossen sind. Man findet in diesem Falle. daß gerade die notwen-

dige Stabzahl vorhanden ist, um einen unverschieblichen Anschluß
zu bewirken. Zugleich liegt aber dann ein „Ausnahmefall" vor, falls
die Speichen immer noch in radialer Richtung gehen, denn die von
einer Scheibe ausgehenden Stäbe dürfen sich, um eine steife Verbindung herzustellen, nicht alle in demselben Punkte schneiden. Man
hilft sich dadurch, daß man die Speichen alle um einen gewissen
Winkel gegen den Radius schräg stellt. Räder dieser Art werden
häufig ausgeführt. Sofern man den Biegungswiderstand der Radkranzstäbe immer noch vernachlässigen darf, steht der Berechnung der
Stabspannungen für jeden beliebigen Belastungsfall nach der Lehre
vom statisch bestimmten Fachwerke kein Hindernis im Wege. —
Häufig ordnet man auch — bei den Rädern der Fahrräder — die
Speichen in zwei Kegelflächen an und erhält dann ein räumliches
Fachwerk. Ferner werden auch oft in jeder Kegelfläche zwei Speichen-
scharen angeordnet, von denen die eine Schar gegen den Radius um
denselben Winkel, aber in der entgegengesetzten Richtung gedreht
ist wie die andere. Durch diese Anordnung erreicht man, daß die
Speichen alle nur auf Zug widerstandsfähig zu sein brauchen; die
Speichen der beiden Scharen verhalten sich zueinander etwa wie die
früher besprochenen Gegendiagonalen bei den Schwedlerschen Kuppeln. Freilich spielt auch in diesen Fällen der Biegungswiderstand
des Radkranzes gewöhnlich eine so wichtige Rolle, daß die Behandlung nach den Lehren der Fachwerktheorie nicht ausreicht.

*45. Aufgabe. Abb. 175 stellt einen — der Einfachheit wegen
nur aus wenigen Stäben zusammengesetzten — Bogenträger dar, der
in den Punkten I und IV fest aufgelagert ist. Man soll den Horizontalschub berechnen, der durch die am Knotenpunkte II angreifende*

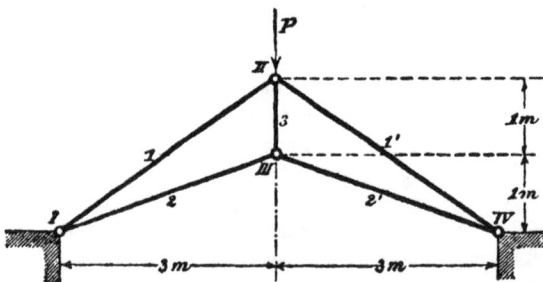

*Last P hervorgebracht
wird, wenn die Stäbe
die in der nachstehen-
den Zusammenstellung
angegebenen Quer-
schnitte haben.*

Erste Lösung. Das
Fachwerk ist an sich
statisch bestimmt; der
Träger ist aber einfach
statisch unbestimmt,
weil ihm vier Auf-

Abb. 175.

lagerbedingungen vorgeschrieben sind. Als überzählig betrachte man
die Auflagerbedingung, die eine Verschiebung von *IV* in horizontaler
Richtung verhindert. Die zugehörige Auflagerkraft, also der gesuchte
Horizontalschub, bildet dann die statisch unbestimmte Größe *X*, die

nach der Maxwell-Mohrschen Formel zu berechnen ist. Als „Hauptnetz" ist der als Balken aufgelagerte ganze Träger zu betrachten. Der Kräfteplan T für die Hauptnetzspannungen wird durch Abb. 176 angegeben. Abb. 177 zeigt den Kräfteplan u für die Spannungen, die im Hauptnetze durch einen von außen her als Belastung angebrach-

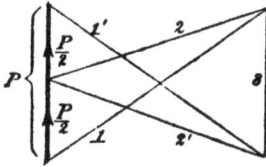

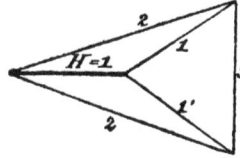

Abb. 176.　　　　　　　Abb. 177.

ten Horizontalschub $H = 1$ hervorgerufen werden. Dies alles stellt man in der folgenden Tabelle zusammen. Dabei ist der Elastizitätsmodul, obschon es auf dessen Größe, sofern er nur überhaupt bei allen Stäben gleich ist, nicht ankommt, der Übersichtlichkeit wegen zu $2 \cdot 10^6$ atm angenommen. Die Längen l folgen aus den in die Abb. 175 eingeschriebenen Maßen; die Querschnitte sind willkürlich angenommen

Tabelle.

Stab Nr.	l in cm	F in qcm	r in $\dfrac{cm}{kg}$	T	u	$r u T$	$u^2 r$
1	360,2	25	$7{,}21 \cdot 10^{-6}$	$-1{,}803\,P$	$+1{,}202$	$-15{,}62$	$10{,}41$
2	316,2	15	$10{,}54 \cdot 10^{-6}$	$+1{,}581\,P$	$-2{,}108$	$-35{,}13$	$46{,}84$
3	100,0	10	$5{,}00 \cdot 10^{-6}$	$+1{,}000\,P$	$-1{,}333$	$-6{,}67$	$8{,}89$
1	360,6	25	$7{,}21 \cdot 10^{-6}$	$-1{,}803\,P$	$+1{,}202$	$-15{,}62$	$10{,}41$
2	316,2	15	$10{,}54 \cdot 10^{-6}$	$+1{,}581\,P$	$-2{,}108$	$-35{,}13$	$46{,}84$
					$\Sigma =$	$-108{,}17$	$123{,}39$

In der Spalte für $r u T$ ist überall der Faktor $10^{-6} \cdot P$, in der Spalte für $u^2 r$ der Faktor 10^{-6} beizufügen. Nach der Formel erhält man jetzt

$$X = \frac{108{,}17 \cdot 10^{-6}\,P}{123{,}39 \cdot 10^{-6}} = 0{,}88\,P.$$

Zweite Lösung (mit Hilfe des Verschiebungsplanes). Man berechnet die r und u wie vorher und zeichnet den Verschiebungsplan unter der Voraussetzung, daß am Balkenträger eine horizontale Auflagerkraft von 1 kg als äußere Belastung an dem auf Rollen gelagerten Auflagerpunkte IV angreift. Für die Längenänderungen der Stäbe erhält man

$$\Delta l_1 = \quad 7{,}21 \cdot 10^{-6} \cdot 1{,}202 = +8{,}67 \cdot 10^{-6}\ \text{cm};$$
$$\Delta l_2 = -21{,}52 \cdot 10^{-6};$$
$$\Delta l_3 = -\ 6{,}67 \cdot 10^{-6}.$$

Der Verschiebungsplan ist in Abb. 178 in 25 000 facher Vergrößerung gezeichnet. Die vom Pole nach II, III, IV gezogenen Strecken geben die Verschiebungen der zugehörigen Knotenpunkte unter der Voraussetzung an, daß Stab 2 seine Richtung beibehalten hätte. Hierauf wird eine Drehung des Trägers um Knotenpunkt I ausgeführt, durch die der Auflagerpunkt IV wieder auf seine Auflagerbahn zurückgebracht wird, so daß nur die Horizontalverschiebung bestehen bleibt. Im Verschiebungsplane wird der kleine Kreisbogen IV—IV' durch eine gerade Linie ersetzt. Auch II und III verschieben sich hierbei nach II' und III'. Die Verschiebungswege sind rechtwinklig zu den aus der Trägerfigur ersichtlichen Halbmessern und proportional zu diesen abzutragen, wobei die Länge des Verschiebungsweges IV—IV' zum Vergleiche dient. Zur Prüfung für die Genauigkeit der Zeichnung dient die Bedingung, daß II' und III' lotrecht übereinander liegen müssen und daß ihr Abstand gleich Δl_3 sein muß.

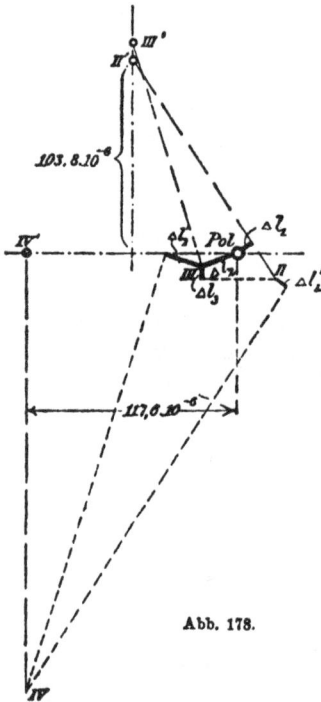

Aus dem Verschiebungsplane entnimmt man, daß sich Knotenpunkt II bei dem vorausgesetzten Belastungsfalle um $103{,}8 \cdot 10^{-6}$ cm in senkrechter Richtung verschiebt. Nach dem Maxwellschen Satze von der Gegenseitigkeit der Verschiebungen erfährt Knotenpunkt IV eine ebenso große Verschiebung in horizontaler Richtung, wenn an dem Balkenträger die Last von 1 kg im Knotenpunkte II angebracht wird. Für P kg ist die Verschiebung das P-fache. Um diese Verschiebung wieder rückgängig zu machen und hierdurch auf den Fall des Bogenträgers zu gelangen, müssen wir eine horizontale Auflagerkraft X an IV anbringen. Aus dem Verschiebungsplane erfahren wir aber ferner, daß sich Knotenpunkt IV um eine Strecke von $117{,}6 \cdot 10^{-6}$ cm in horizontaler Richtung verschiebt, wenn an ihm eine horizontale Kraft von 1 kg angebracht wird. X folgt daher aus der Gleichsetzung

$$X \cdot 117{,}6 \cdot 10^{-6} = P \cdot 103{,}8 \cdot 10^{-6} \quad \text{zu} \quad X = 0{,}88\,P.$$

Abb. 178.

Das Ergebnis stimmt mit dem vorher auf anderem Wege gefundenen überein, wobei jedoch zu bemerken ist, daß der Verschiebungsplan, aus dem die angegebenen Knotenpunktswege entnommen sind, doppelt so groß als hier in der Abbildung gezeichnet wurde, um genauere Werte zu erlangen.

46. Aufgabe. Aus sechs Stäben, die alle gleichen Querschnitt von 50 qcm Fläche haben, ist ein Stabverband (Abb. 179 a) in Gestalt eines regelmäßigen Dreiecks mit einem in der Dreiecksmitte liegenden Knotenpunkte zusammengestellt. Der Stab 1 wird um 40° C erwärmt. Wie groß sind die dadurch hervorgerufenen Spannungen, wenn der Ausdehnungskoeffizient gleich $\frac{1}{80000}$ für 1° C und der Elastizitätsmodul gleich $2 \cdot 10^6$ atm gesetzt wird? Die Dreiecksseite kann gleich 1 m angenommen werden.

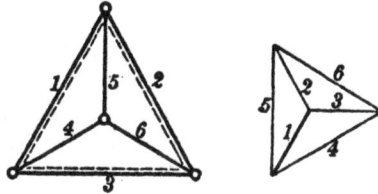

Abb. 179a und b.

Lösung. Man zeichnet zuerst den Kräfteplan Abb. 179b für das statisch bestimmte Fachwerk, das durch Wegnahme von Stab 1 übrigbleibt, und zwar für den Fall, daß längs der Richtungslinie des beseitigten Stabes an dessen Endpunkten Zugspannungen von der Lasteinheit auftreten. Das ist der in § 52 mit u bezeichnete Kräfteplan. Die Spannungen für die Stäbe 1, 2, 3 werden alle gleich $+1$, die der Stäbe 4, 5, 6 alle gleich $-\sqrt{3}$ oder gleich $-1,73$ gefunden.

Die Stabkonstanten der Umfangsstäbe sind unter sich gleich, und zwar gleich

$$\frac{l}{E\,F} = \frac{100\ \text{cm}}{2 \cdot 16^6\ \text{atm} \cdot 50\ \text{cm}^2} = 1 \cdot 10^{-6}\ \frac{\text{cm}}{\text{kg}},$$

während die der inneren Stäbe 4, 5, 6 daraus durch Division mit $\sqrt{2}$, also gleich $0{,}577 \cdot 10^{-6}\,\frac{\text{cm}}{\text{kg}}$ gefunden werden.

Hiernach wird

$$\sum u^2 r = 3 \cdot 1^2 \cdot 10^{-6} + 3\,(\sqrt{3})^2 \cdot \frac{10^{-6}}{\sqrt{3}} = 8{,}196 \cdot 10^{-6}\ \frac{\text{cm}}{\text{kg}}$$

erhalten. Für die in Gl. (72) S. 321 vorkommende Größe $\eta\,l_k t$ hat man hier $\frac{1}{2000} \cdot 100 = \frac{1}{20}$ cm, und die angeführte Formel liefert daher für die Spannung X des erwärmten Stabes 1

$$X = -\frac{\eta\,l_k t}{\sum u^2 r} = -\frac{\dfrac{1}{20}}{8{,}196 \cdot 10^{-6}} = -6100\ \text{kg}.$$

Das Minuszeichen entspricht einer Druckspannung. Auch die Stäbe 2 und 3 haben eine ebenso große Druckspannung aufzunehmen, während die inneren Stäbe eine $\sqrt{3}$ mal so große Zugspannung erfahren.

Man bemerkt nachträglich leicht, daß es nichts ausmacht, wenn man alle Stablängen in demselben Verhältnisse größer oder kleiner annimmt. Jede Stabkonstante r wird dann nämlich in demselben Verhältnisse vergrößert oder verkleinert wie der im Zähler der Formel für X auftretende Faktor l_k, während alle anderen Größen in der Formel unverändert bleiben. Die Stabspannung X bleibt daher ebenfalls ungeändert und mit ihr auch alle anderen Spannungen. Deshalb hieß es auch in der Aufgabe, daß „die Dreieckseite zu 1 m angenommen werden könne“: in der Tat wäre nämlich eine Angabe über die Stablängen entbehrlich gewesen.

47. Aufgabe. Aus den Stäben 1, 2, 3 ist das aus Abb. 180 im Aufriß und Grundriß ersichtliche Bockgerüst zusammengestellt. Am oberen Knotenpunkte greift eine horizontale Kraft Q von 2000 kg an, die in der durch den Stab 2 gelegten Lotebene enthalten ist (siehe Grundriß). Man soll zuerst die Stabspannungen bestimmen und hierauf nach dem Maxwell-Mohrschen Verfahren die Verschiebung nach Größe und Richtung ermitteln, die der Angriffspunkt der Belastung erfährt. Für Stab 1 soll die Stabkonstante gleich $30 \cdot 10^{-6}$ und für

Stab 2 und 3 gleich $20 \cdot 10^{-6} \dfrac{cm}{kg}$ sein.

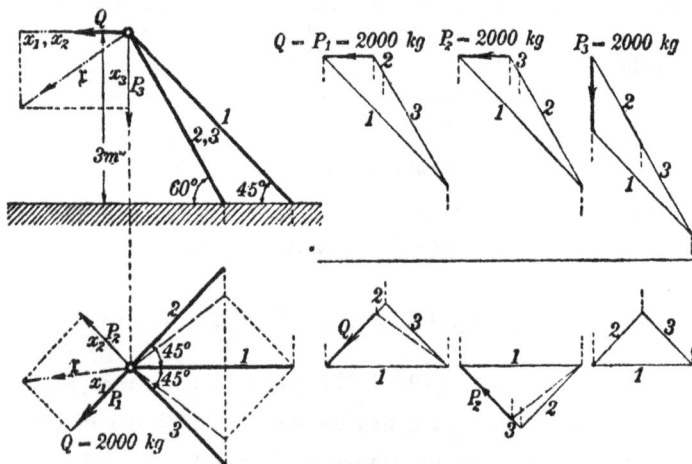

Abb. 180.   Abb. 181.   Abb. 182.   Abb. 183.

Lösung. Da 2 und 3 im Aufrisse zusammenfallen, kann in Abb. 181 der Aufriß des der Zerlegung von Q nach den drei Stabrichtungen dienenden Kräftevierockes sofort gezeichnet werden. Hierauf kann der Grundriß nach Herabtragen von 1 aus dem Aufrisse durch Ziehen der Parallelen zu 2 und 3 vervollständigt und der Schnittpunkt von 2 und 3 in den Aufriß übertragen werden. Zur Kontrolle oder zur genaueren Zeichnung kann man auch noch die Schnittlinie der durch 2 und 3 einerseits und durch Q und 1 andererseits gelegten Ebenen in Abb. 180 konstruieren, zu der die Diagonale im Kräfteviereckc der Abb. 181 parallel gehen muß. Man findet die Stabspannungen S für 1, 2, 3 zu

$$+ 4720; \quad - 600; \quad - 3750 \text{ kg}$$

Um die Verschiebung des Knotenpunktes nach dem Maxwell-Mohrschen Verfahren berechnen zu können, wählen wir zunächst drei aufeinander senkrecht stehende Richtungen, und zwar die beiden ersten horizontal in den durch die Stäbe 2 und 3 gehenden Lotebenen und die dritte vertikal nach abwärts. Die Komponenten der Verschiebung $\mathfrak{x}$ nach diesen drei Richtungen seien mit x_1, x_2, x_3 bezeichnet; sie sind einzeln zu berechnen, indem man in ihren Richtungen Kräfte P_1, P_2, P_3 anbringt und für jede von ihnen die zugehörigen Stabspannungen T ermittelt. Die Kraft P_1 geht in der Richtung von Q und stimmt daher mit Q überein, wenn man sie ebenfalls zu 2000 kg annimmt. Für die Lasten P_2 und P_3, die ebenso groß genommen wurden, sind die Stabspannungen in den Kräfteplänen Abb. 182 und Abb. 183 ermittelt.

Die Ergebnisse sind in der folgenden Tabelle zusammengestellt

Stab	S	r	Δl	T_1	T_2	T_3	$T_1 \Delta l$	$T_2 \Delta l$	$T_3 \Delta l$
1	$+4720$	$30 \cdot 10^{-6}$	$+141{,}6 \cdot 10^{-3}$	$+4720$	$+4720$	$+3850$	668	668	545
2	$- 600$	$20 \cdot 10^{-6}$	$- 12 \cdot 10^{-3}$	$- 600$	-3750	-3050	7	45	37
3	-3750	$20 \cdot 10^{-6}$	$- 76 \cdot 10^{-3}$	-3750	$- 600$	-3050	281	45	229
						$\Sigma T \Delta l =$	956	758	811

Hieraus folgt nach Gl. (62)

$$x_1 = \frac{956}{2000} = 0{,}478 \text{ cm}; \quad x_2 = 0{,}379 \text{ cm}; \quad x_3 = 0{,}405 \text{ cm}.$$

Aus den drei Anteilen läßt sich die Verschiebung $\mathfrak{x}$ in Abb. 180 zusammensetzen. Die wahre Größe der Verschiebung beträgt 0,725 cm.

48. Aufgabe. An Knotenpunkt I des in Abb. 184 gezeichneten Stabgerüstes greift eine Last P von 2000 kg an. Die Stabkonstanten seien für die obern Ringstäbe 1, 2, 3 gleich $2 \cdot 10^{-6}$ und für die Netzwerkstäbe 4 bis 9 gleich $3 \cdot 10^{-6} \frac{cm}{kg}$. Man soll die Stabspannungen, sowie die Senkung des belasteten Knotenpunktes 1 ermitteln.

Lösung. Zunächst folgt aus den Betrachtungen in § 45, daß die Stäbe 1, 2, 3 des oberen Ringes Spannungen von gleicher Größe und abwechselndem Vorzeichen haben müssen. Am Knotenpunkte *I* kann man daher die Spannungen von 1 und 2 zu einer Resultierenden zusammensetzen, die mit der den Winkel zwischen 1 und 2 halbierenden Linie zusammenfällt. Nachdem dies erkannt ist, zerlegt man *P* nach dieser Winkelhalbierenden und den Richtungslinien von 4 und 5. Da sich 4 und 5 im Aufrisse decken, bildet der Aufriß des windschiefen Kräftevierecks ein Dreieck, das in Abb. 185 sofort gezeichnet werden kann. Auch die Grundrißprojektion ist ein Dreieck, weil sich *P* als Punkt projiziert. Dann zerlegt man die Dreieckseite im Grundrisse, die die Resultierende aus 1 und 2 darstellt, nach 1 und 2, worauf man auch den Aufriß vervollständigen kann. Die Stabspannung 3 erhält man im Grundrisse aus der Bedingung, daß die Resultierende aus 1 und 3 in die aus der früheren Betrachtung bekannte Richtung fallen muß.

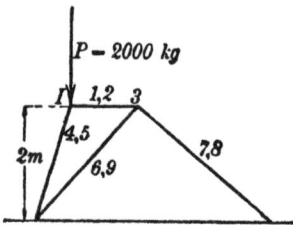
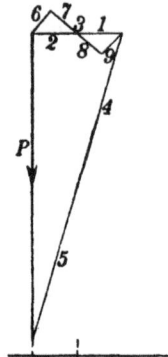
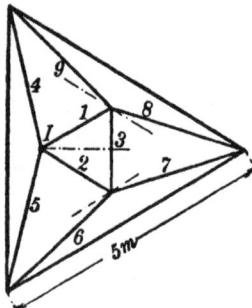
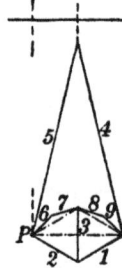

Abb. 184.   Abb. 185.

Nachdem der Kräfteplan gezeichnet ist, trägt man die Spannungen in die folgende Tabelle ein, mit deren Hilfe man auch die Bewegung von Knotenpunkt *I* in Richtung der Last *P* berechnet.

Stab	1	2	3	4	5	6	7	8	9
S	-350	-350	$+350$	-1640	-1640	$+230$	-230	-230	$+230$
r	$2 \cdot 10^{-6}$	$2 \cdot 10^{-6}$	$2 \cdot 10^{-6}$	$3 \cdot 10^{-6}$	$3 \cdot 10^{-6}$	$3 \cdot 10^{-6}$	$3 \cdot 10^{-6}$	$3 \cdot 10^{-6}$	$3 \cdot 10^{-6}$
$100 \cdot r S^2$	24,5	24,5	24,5	806,9	806,9	15,9	15,9	15,9	15,9

Hiernach ist $\qquad\qquad \Sigma r S^2 = 17{,}51$

und daher die Senkung $x = \dfrac{1}{P} \Sigma r S^2 = \dfrac{17{,}51}{2000} = 0{,}875 \cdot 10^{-2}$ cm.

49. Aufgabe. Vier Stäbe sind zu einem statisch unbestimmten Bockgerüst zusammengestellt, das in Abb. 186 im Aufriß und Grundriß gezeichnet ist. An dem oberen Knotenpunkte greift in der angegebenen Richtung eine Last P von 1000 kg an. Wie groß sind die Stabspannungen, wenn alle Stäbe gleiche Querschnitte und gleichen Elastizitätsmodul, daher auch gleiche Stabkonstanten haben?

Lösung. Stab 1 wurde als überzählig betrachtet und für das aus 2, 3, 4 gebildete Hauptnetz der Kräfteplan *T*, Abb. 187, in Auf-

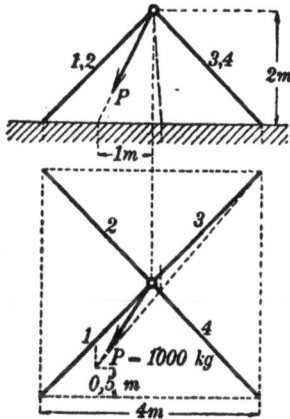

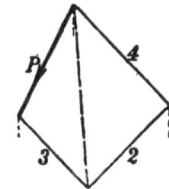

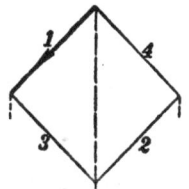

Abb. 186.	Abb. 187.	Abb. 188.

riß und Grundriß nach dem Culmannschen Verfahren ermittelt. Der Kräfteplan *u* in Abb. 188 für die Lasteinheit im Stabe 1 konnte in derselben Weise gebildet werden. Für die Spannung X im Stabe 1 hat man dann nach Gl. (67)

$$X = -\frac{\Sigma u r\, T}{\Sigma u^2 r}$$

oder, wenn man berücksichtigt, daß hier alle r einander gleich sind, einfacher

$$X = -\frac{\Sigma u\, T}{\Sigma u^2}.$$

Nun folgt aus den Kräfteplänen für die

Stäbe	1	2	3	4
$T =$	0	-970	$+810$	-1140
$u =$	$+1$	-1	$+1$	$-1,$

und wenn man diese Werte einsetzt, erhält man

$$X = -\frac{2920}{4} = -730 \text{ kg.}$$

Für die drei anderen Stäbe findet man hierauf der Reihe nach

$$- 240; \qquad + 80; \qquad - 410 \text{ kg.}$$

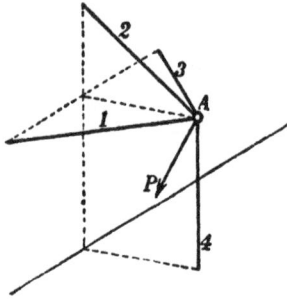

Abb. 189

50. Aufgabe. Ein Knotenpunkt A wird, wie Abb. 189 in einer axonometrischen Zeichnung und die Abbildungen 190a bis 190c in drei Rissen zeigen, durch vier Stäbe mit der festen Erde verbunden. Einer davon geht abwärts zum Fußboden, während die drei anderen an einer senkrechten Wand befestigt sind. An A greife eine Last P von 1000 kg an, die parallel zur Wand geht und einen Winkel von 45° mit der Lotrechten bildet. Man soll zuerst die Stabspannungen unter der Voraussetzung berechnen, daß nur die drei nach der Wand gehenden

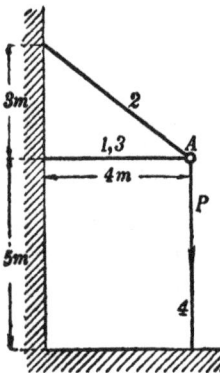

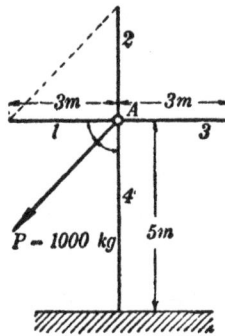

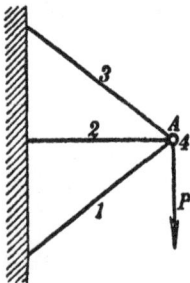

Abb. 190a bis 190c.

Stäbe vorhanden sind, der lotrechte Stab also fehlt. Dann sollen die Stabspannungen auch für den Fall berechnet werden, daß alle vier Stäbe vorhanden sind. Die Stäbe haben alle 5 m Länge, alle den gleichen Querschnitt von 40 qcm und den Elastizitätsmodul von 2000000 atm.

Lösung. Die Last P fällt in die durch die Stäbe 1 und 2 gelegte Ebene. Wenn Stab 4 fehlt, muß daher 3 spannungslos sein. Die Spannungen von 1 und 2 sind aus dem Kräfteplane T zu entnehmen, der in Abb. 191 im Aufriß und Grundriß gezeichnet ist. Um die zweite Frage zu beantworten, bringt man längs der

Richtungslinie von 4 die Lasteinheit am Knotenpunkte *A* an und zeichnet dafür den Kräfteplan *u* in Abb. 192 im Aufriß und Grundriß.

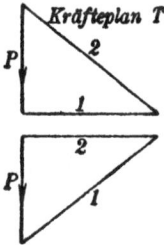

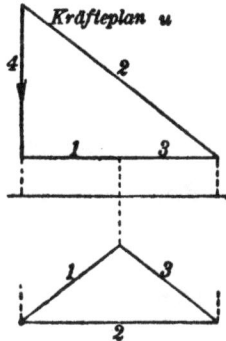

Abb. 191.

Abb. 192.

Die weitere Ausrechnung ergibt sich dann mit Hilfe der nachstehenden Tabelle nach Gl. (67), die hier, weil alle Stabkonstanten gleich sind, wieder

$$X = - \frac{\Sigma u T}{\Sigma u^2} = \frac{2938}{5,18} = - 561 \text{ kg}$$

geschrieben werden kann.

Stab Nr.	T	u	uT	u^2	S
1	− 1170	− 0,84	+ 984	0,70	− 699
2	+ 1170	+ 1,67	+ 1954	2,78	+ 228
3	0	− 0,84	0	0,70	+ 471
4	0	+ 1,0	0	1,0	− 561
			$\Sigma =$ 2938	5,18	

Die letzten Stellen sind, wie immer bei diesen Rechnungen, nicht mehr sicher.

Siebenter Abschnitt.

Theorie der Gewölbe und der durchlaufenden Träger.

§ 58. Gleichgewichtsbedingungen für das Tonnengewölbe.

Gewölbe von zylindrischer Gestalt, wie sie besonders bei den gewölbten Brücken vorkommen, bezeichnet man als Tonnengewölbe. Unter der Achse eines Tonnengewölbes ist eine Linie zu verstehen, die entweder mit der Zylinderachse zusammenfällt oder jedenfalls senkrecht zur Ansichtszeichnung des Gewölbes und hiermit auch senkrecht zur Brückenachse steht.

Von der Last, die das Gewölbe zu tragen hat, nehme ich an, daß sie in der Richtung der Gewölbeachse gleichförmig verteilt sei, während sie im Gewölbequerschnitte beliebig verteilt sein kann. Es ist dann gleichgültig, wie lang das Gewölbe in der Richtung der Gewölbeachse sich ausdehnt, da sich jeder zwischen zwei aufeinanderfolgenden Querschnitten liegende Abschnitt unter denselben Bedingungen befindet wie ein anderer. Es genügt daher, einen einzigen Querschnitt zur Betrachtung auszuwählen.

Die von dem Gewölbe aufzunehmende Last besteht gewöhnlich aus einer Erdüberschüttung oder einer Übermauerung. Denkt man sich das Gewölbe in dem zuletzt genannten Falle fortgenommen, so ist es nicht unmöglich, daß sich die Last trotzdem selbst noch trägt, da sich auch die Übermauerung selbst wie ein Gewölbe verhalten kann. Wenn nun auch bei den Fällen, die wir vor allem im Auge haben, namentlich bei weit gespannten Brückengewölben, eine so große Tragfähigkeit der Übermauerung odor Überschüttung nicht anzunehmen ist, so vermag sie doch immerhin bis zu einem gewissen Grade eine Entlastung des Gewölbes herbeizuführen. Auf diesen günstigen Umstand nimmt man jedoch bei der Berechnung des Gewölbes keine Rücksicht; man nimmt vielmehr an, daß die Last ohne inneren Zusammenhang sei und keine horizontalen Kräfte übertrage, so daß jeder Teil der Rückenfläche des Gewölbes das senkrecht nach abwärts gerichtete Gewicht des gerade über ihm befindlichen Teiles der Belastung aufzunehmen habe. Dazu kommt dann noch das Eigengewicht des Gewölbes.

Wenn die Last aus einer Übermauerung von demselben Raumgewichte wie der Wölbbogen besteht, gibt die Höhe der Übermauerung an jeder Stelle ohne weiteres ein Maß für die dort auftretende Belastung an. Im anderen Falle, also etwa bei einer Erdüberschüttung, kann man sich diese durch eine gleich schwere Übermauerung von entsprechend geänderter Höhe ersetzt denken. Auch die beweglichen Lasten, die bei einem Brückengewölbe vorkommen, die aber gegenüber der viel größeren Eigenlast meist nicht viel ausmachen, denkt man sich durch eine gleich schwere zusätzliche Übermauerung in entsprechender Verteilung ersetzt. Man erhält dann im Gewölbequerschnitte eine auf Mauerlasten zurückgeführte Fläche, deren obere Begrenzung die Belastungslinie heißt. Diese und die Gewölbeform seien gegeben; es handelt sich dann um die Entscheidung der Frage, ob das Gewölbe unter den gegebenen Umständen im Gleichgewichte bleiben wird oder ob ein Einsturz zu befürchten ist.

In Abb. 193 ist der Gewölbequerschnitt nebst der Belastungslinie AB gezeichnet. Man fasse einen einzelnen Wölbstein ins Auge, der in der Figur durch Schraffierung hervorgehoben ist. An diesem wirkt zunächst das Gewicht der zwischen den Linien m und n liegenden Lasten samt dem Eigengewichte des Wölbsteines. Dieses Gewicht G ist dem Inhalte der zwischen den Linien m und n und den beiden Wölbfugen liegenden Fläche proportional und geht durch den Schwerpunkt der Fläche; es ist daher als vollständig gegeben anzusehen. Außerdem greifen an dem Wölbsteine die in den beiden Fugen übertragenen Kräfte R und R_1 an. Über Lage, Größe und Richtung der Fugendrücke R und R_1 ist zunächst nichts bekannt. Jedenfalls müssen sich aber, damit Gleichgewicht besteht, die drei Kräfte G, R und R_1 in demselben Punkte schneiden und ihre geometrische Summe muß Null sein. Aus diesen Bedingungen ließe sich R_1 nach Größe, Richtung und Lage ermitteln, wenn R bereits bekannt wäre.

Denkt man sich diese Ermittlung vorgenommen und geht darauf zu einem benachbarten Wölbsteine über, so ist für diesen der eine Fugendruck sofort gegeben, da er sich nach dem Wechselwirkungsgesetze nur der Pfeilrichtung nach von dem Fugendrucke an dem jenseits der Fuge liegenden, vorher schon be-

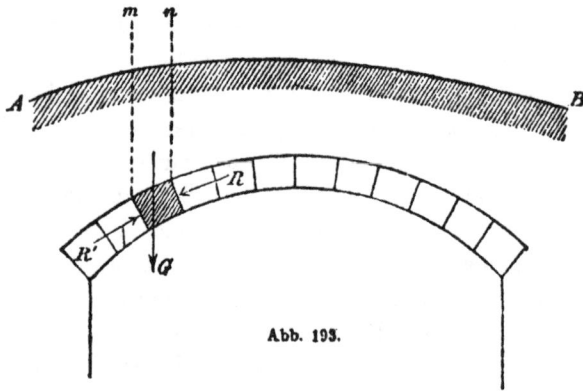

Abb. 193.

trachteten Wölbsteine unterscheidet. Der andere Fugendruck kann daher wie vorher nach Lage, Größe und Richtung ermittelt werden. Dies läßt sich dann weiterhin in derselben Weise fortsetzen. Man erkennt daraus, daß alle Fugendrücke mit Hilfe dieser einfachen Kräftezerlegungen sofort gefunden werden können, sobald die in einer einzigen Fuge übertragene Kraft bekannt ist.

Der hiernach allein noch fehlende erste Fugendruck in irgendeiner Fuge läßt sich dagegen durch bloße Gleichgewichtsbetrachtungen nicht ermitteln. Das Gewölbe ist vielmehr statisch unbestimmt, und zwar dreifach statisch unbestimmt, da drei — auf verschiedene Art zu wählende — Bestimmungsstücke erforderlich sind, um Lage, Größe und Richtung irgendeines Fugendruckes näher zu bezeichnen.

Falls das Gewölbe überhaupt tragfähig ist, sind sehr viele

Gleichgewichtszustände statisch gleich gut möglich. Jeder zulässigen, sonst aber beliebigen Wahl für den ersten Fugendruck entspricht ein anderer Gleichgewichtszustand. Zulässig ist dabei freilich nur eine solche Wahl, bei der überhaupt Gleichgewicht bestehen kann, worauf sofort noch näher einzugehen sein wird. Jedenfalls muß, wenn der Einsturz nicht erfolgen soll, mindestens eine Annahme für den ersten Fugendruck möglich sein, die das Gleichgewicht sichert. Ein Gewölbe, bei dem nur ein einziger Gleichgewichtszustand möglich wäre, sieht man aber nicht als hinreichend sicher an, da jede Gewißheit darüber fehlt, daß dieser eine Gleichgewichtszustand dann auch wirklich zustande käme. Man verlangt vielmehr einen gewissen Überschuß an Standsicherheit, so daß innerhalb eines nicht zu kleinen Bereiches verschiedene Gleichgewichtszustände statisch möglich sind.

§ 59. Die Einsturzmöglichkeiten.

Um die Frage zu beantworten, ob ein Gewölbe für eine beliebig getroffene Wahl des ersten Fugendruckes im Gleichgewichte steht oder nicht, müssen wir uns überlegen, auf welche Art der Einsturz des Gewölbes erfolgen kann. Aus der Erfahrung weiß man, daß bei der überwiegenden Mehrzahl der Gewölbeeinstürze das Nachgeben der Pfeiler oder Widerlager die Veranlassung bildet. Es wird sich später zeigen, auf welche Weise man sich von dieser Einsturzgefahr Rechenschaft zu geben vermag. Vorerst soll aber, da es sich jetzt nur um die Tragfähigkeit des Gewölbes selbst handelt, von diesem Umstande abgesehen, also vorausgesetzt werden, daß die Widerlagsmauern hinreichend standfest sind.

Dann kommt ferner in Betracht, daß der Einsturz durch ein Gleiten der Wölbsteine übereinander längs der Fugen eingeleitet werden könnte. Coulomb, der bekannte Physiker, der sich, soweit beglaubigte Nachrichten vorliegen, zuerst mit der Frage des Gewölbegleichgewichtes beschäftigt hat, sah diese Einsturzgefahr als die wesentlichste an. Sie läßt sich aber durch einen geeigneten Fugenschnitt stets vermeiden. Ein Gleiten der Wölb-

steine übereinander kann nämlich nach der Lehre von der Reibung nur dann eintreten, wenn der Fugendruck mit der Normalen zur Fuge einen Winkel einschließt, der den Reibungswinkel übersteigt. Der Reibungswinkel zwischen Stein und Stein
ist sehr groß. Wenn ein weicher Mörtel dazwischenliegt, kann
er freilich erheblich kleiner werden; aber auch dann ist er immer
noch ausreichend, um ein Gleiten zu verhüten, wenn die Fugen-
richtungen einigermaßen zweckmäßig gewählt werden. Tatsächlich ist daher die Gleitgefahr, wenn sie auch immerhin im Auge
behalten werden muß, von viel geringerer Bedeutung, als Coulomb annahm.

Eine andere Einsturzmöglichkeit besteht darin, daß das Gewölbe durch Öffnen einiger Fugen (der sogenannten Bruchfugen)
in mehrere Teile zerfällt, die sich um die Kanten der Bruchfugen abwechselnd nach entgegengesetzten Richtungen hin drehen.
Wenn diese Bewegungen weit genug fortgesetzt werden, weichen
einzelne Teile so weit nach oben hin aus, daß die anderen Raum
zum Herabstürzen erlangen. Hierbei ist zu beachten, daß die
Zug- und Haftfestigkeit des Mörtels, die vor dem Öffnen der
Fugen überwunden werden muß, in vielen Fällen nur gerinᴄ zu
veranschlagen ist. Man fordert daher gewöhnlich, daß das Gleichgewicht des Gewölbes auch schon ohne Zuhilfenahme der Zugfestigkeit des Mörtels genügend gesichert sei. Für diesen Fall
läßt sich die Bedingung für das Gleichgewicht gegen Drehen
benachbarter Wölbsteine gegeneinander um eine Fugenkante
leicht angeben. Der Angriffspunkt des resultierenden Fugendruckes muß nämlich auf der Fuge selbst enthalten sein und
darf nicht in deren Verlängerung fallen. Denn in die Verlängerung der Fuge könnte er offenbar nur dann fallen, wenn in der
Fuge außer Druckkräften an einzelnen Stellen auch Zugkräfte
übertragen würden.

Bei dieser Betrachtung ist jedoch noch keine Rücksicht auf
die begrenzte Druckfestigkeit des Wölbstoffes genommen, und
diese ist es, die nun tatsächlich den Ausschlag gibt. Schon dann,
wenn der Angriffspunkt des Fugendruckes in die Nähe einer
Fugenkante fällt, steigt die Druckbeanspruchung an dieser Kante

so erheblich, daß dort ein Zertrümmern des Wölbstoffes statt-
findet. Nachdem dieses Absplittern der Kanten erfolgt ist, steht
den vorher besprochenen Drehungen der einzelnen Wölbteile
gegeneinander schon dann kein Hindernis mehr im Wege, wenn
auch der Angriffspunkt des Fugendruckes noch innerhalb der
ursprünglichen Fugenlänge liegt. Man muß daher verlangen, daß
der Fugendruck nicht nur an keiner Stelle über den Gewölbequerschnitt hinaustritt, sondern daß er sich auch den Begren-
zungslinien des Gewölbes nirgends so weit nähert, daß die zulässige Druckbeanspruchung des Wölbstoffes überschritten wird.
Als möglich im vorher erörterten Sinne sind daher nur
nur solche Gleichgewichtszustände des Gewölbes anzusehen, die dieser Forderung genügen und bei denen
überdies an keiner Stelle ein Gleiten der Wölbsteine
gegeneinander zu befürchten ist.

Die größte Kantenpressung, die zu einem gegebenen Fugendrucke
gehört, kann unter der hier wie in anderen Fällen üblichen Annahme
eines linearen Spannungsverteilungsgesetzes leicht ermittelt werden.
Der Fugendruck (oder seine zur Fugenrichtung senkrecht stehende
Komponente, die sich aber von dem gesamten Fugendrucke unter den
gegebenen Verhältnissen nur unerheblich unterscheiden kann) sei für
die Länge $= 1$ des Gewölbes in der Richtung der Achse mit R, die
Fugenlänge mit f und der Abstand des Druckmittelpunktes von der
Fugenmitte mit u bezeichnet. Dann ist die Kantenpressung σ

$$\sigma = \frac{R}{f} \pm \frac{6\,R\,u}{f^2} \tag{82}$$

zu setzen. Dies ist nämlich die aus der Festigkeitslehre bekannte
Formel für die exzentrische Druckbelastung. Das erste Glied stellt
die von dem zentrisch angebrachten Drucke herrührende, gleichförmig
verteilte Spannung, das zweite Glied die zu dem Momente Ru gehörige zusätzliche Biegungsspannung dar, wobei zu beachten ist, daß
das Widerstandsmoment der Fuge gleich $\frac{f^2}{6}$ zu setzen ist, da die
Fuge ein Rechteck von den Seitenlängen f und 1 bildet. Das obere
oder untere Vorzeichen des zweiten Gliedes ist zu wählen, je nachdem die dem Druckmittelpunkte benachbarte oder die jenseits der
Mitte liegende Kante in Frage kommt. Die größte Kantenpressung
entspricht dem positiven Vorzeichen.

Die Formel ist indessen nur so lange gültig, als sich die ganze

Fuge an der Lastübertragung beteiligt. Setzt man $u = \dfrac{f}{6}$, so sinkt
der Druck an der jenseits liegenden Kante auf Null, und wenn u noch
größer wird, treten an dieser Kante Zugspannungen auf. Vermag der
Mörtel Zugspannungen aufzunehmen, so ist die Formel zwar auch
dann noch gültig. Im anderen Falle tritt aber auf der Zugseite ein
Aufklaffen der Fuge ein. Das Spannungsverteilungsdiagramm geht
dann in ein Dreieck über, das sich nur über den unter Druck stehenden Teil der Fuge erstreckt und dessen Schwerpunkt auf der Richtungslinie von R liegt. Der Abstand von R bis zur Kante ist $\dfrac{f}{2} - u$,
die an der Druckübertragung beteiligte Strecke der Fuge das Dreifache davon, und die Kantenpressung wird doppelt so groß als der
Mittelwert des Druckes längs jener Strecke. Daher ist die vorige
Gleichung für diesen Fall zu ersetzen durch

$$\sigma = 2 \cdot \frac{R}{3 \left(\dfrac{f}{2} - u \right)}. \tag{83}$$

§ 60. Stützlinie und Drucklinie.

Eine gebrochene Linie, die die Druckmittelpunkte aller Fugen miteinander verbindet, wird die Stützlinie des Gewölbes
genannt. Da die Verteilung und die Zahl der Fugen offenbar
zufällig und unwesentlich ist, kann man sich auch unendlich
viele Fugen oder wenigstens willkürlich durch die Wölbsteine
in der Fugenrichtung gezogene „Fugenschnitte" vorstellen
und zu jedem dieser Fugenschnitte den Druckmittelpunkt aufgesucht denken. Die Stützlinie geht dann in eine Kurve über.

Eine zweite Kurve, die von der Stützlinie im allgemeinen etwas,
wenn auch gewöhnlich nicht viel verschieden ist, wird von den Richtungslinien der zu allen Fugenschnitten gehörigen Fugendrücke als
Tangenten eingehüllt. Sie wird als die Drucklinie des Gewölbes
bezeichnet. Indessen werden die Bezeichnungen „Stützlinie" und
„Drucklinie" häufig auch miteinander vertauscht, um so mehr, als beide
unter einer Annahme, die sofort näher zu besprechen ist, miteinander
zusammenfallen.

Die Stützlinie sowohl als die Drucklinie können nach den
Lehren des vorigen Paragraphen leicht gefunden werden, sobald
Lage, Richtung und Göße irgendeines Fugendruckes willkürlich

gewählt oder gegeben sind. Man sucht aber diese Aufgabe dadurch noch weiter zu vereinfachen, daß man die Richtungen der Fugenschnitte so legt, wie es dafür am bequemsten ist. Am schnellsten kommt man zum Ziele für lotrechte Fugenschnitte. In diesem Falle bildet die Stützlinie eine zu der gegebenen Belastungsfläche gehörige Seilkurve, und jede Tangente an die Seilkurve gibt zugleich die Richtung des zugehörigen Fugendruckes an, d. h. die Drucklinie fällt mit der Stützlinie zusammen.

Freilich dürfte man bei einem gemauerten Gewölbe wegen der Gefahr des Gleitens der Wölbsteine gegeneinander die Fugen nicht wirklich in dieser Richtung ausführen. Bei einem Betongewölbe dagegen kommen Fugen im eigentlichen Sinne überhaupt nicht vor, und es ist daher von vornherein gleichgültig, in welcher Richtung wir uns die Fugenschnitte bei ihm gelegt denken wollen. Aber auch bei gemauerten Gewölben steht es uns frei, uns trotz der anders gerichteten Mauerfugen auch noch Schnitte in lotrechter Richtung durch das Gewölbe gelegt zu denken, die wir als Fugenschnitte bezeichnen, und die in diesen Schnitten von der einen nach der anderen Seite hinüber übertragenen Kräfte oder „Fugendrücke" zu untersuchen.

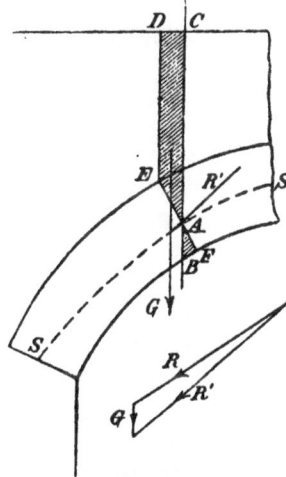

Außerdem ist man auch jederzeit leicht imstande, den Fugendruck für eine beliebig geneigte Fuge nachträglich anzugeben, sobald die Stütz- oder Drucklinie für senkrechte Fugenschnitte bereits bekannt ist. In Abb. 194 sei SS diese Stützlinie und EF die geneigte Fuge, für die der Fugendruck ermittelt werden soll. Man ziehe durch den Schnittpunkt A der Fuge EF mit der Stützlinie SS den senkrechten Fugenschnitt BC. Der zu diesem gehörige Fugendruck R ist aus dem zu dem Seilecke SS gehörigen Kräfteplane zu entnehmen. Dann ziehe man von E aus die

Abb. 194.

Lotrechte ED. Der Fugendruck R' für die geneigte Fuge EF muß dann mit R und dem zwischen den Linien DEF und BC liegenden Belastungsstreifen im Gleichgewichte stehen. Dieser Belastungsstreifen besteht aus dem Trapeze $ACDE$ mit senkrecht nach abwärts und dem kleinen Dreiecke ABF mit senkrecht nach oben gekehrtem Gewichte (dies nach oben gerichtet, weil die Fläche ABF nicht hinzukommt, sondern wegfällt, wenn wir vom senkrechten Fugenschnitte zum geneigten übergehen). Die Richtungslinie der Resultierenden G beider Gewichte kann auch als die senkrechte Schwerlinie der verschränkten Figur $BCDEF$ angesehen werden, in der ABF negativ zu rechnen ist. Durch Aneinandertragen von R und G erhalten wir R' als dritte Seite in dem untenhin gezeichneten Kräftedreiecke. Eine Parallele zu R' durch den Schnittpunkt von R mit G in der Hauptfigur liefert den gesuchten Fugendruck.

Man erkennt hieraus, daß die Stützlinie für die wirklich vorhandenen geneigten Fugen stets etwas höher liegen wird als die ihr für senkrechte Fugenschnitte entsprechende. Der Unterschied ist aber so gering, daß man ihn unter den gewöhnlich vorliegenden Umständen meist ganz vernachlässigen kann. Daher begnügt man sich in der Regel damit, die Stützlinie für senkrechte Fugenschnitte einzuzeichnen und sie zugleich für die geneigten Fugen als gültig zu betrachten. Wenn man will, kann man jedoch die besprochene geringfügige Verbesserung jederzeit leicht vornehmen.

Um die Untersuchung für die Stütz- oder Drucklinien bei senkrechten Fugenschnitten analytisch durchzuführen, geht man von der Differentialgleichung der Seilkurve aus. Diese lautet

$$H \frac{d^2 y}{d x^2} = - q,$$

wenn q die Belastungsdichte an der Stelle mit der Abszisse x und H den Horizontalschub bedeutet. Durch zweimalige Integration folgt daraus die endliche Gleichung der Kurve

$$y = - \frac{1}{H} \int dx \int q\, dx + C_1 x + C_2. \qquad (84)$$

Unter C_1 und C_2 sind die Integrationskonstanten zu verstehen. Grenzbedingungen zu deren Bestimmung stehen nicht zur Verfügung, falls nicht willkürliche Annahmen etwa über einen Fugendruck zu Hilfe genommen werden. Auch der Horizontalschub H läßt sich ohne solche Annahmen auf Grund der allgemeinen Gleichgewichtsbedingungen nicht ermitteln. In der Gleichung kommen daher drei zunächst willkürliche Konstanten vor. Dies steht in Übereinstimmung mit dem schon vorher gezogenen Schlusse, daß das Tonnengewölbe dreifach statisch unbestimmt ist.

Diese Unbestimmtheit läßt sich freilich durch geeignete Mittel bis zu einem gewissen Grade heben. Durch Anordnung von Gelenken kann man (wenigstens nahezu) der Drucklinie Punkte vorschreiben, durch die sie gehen muß. Ordnet man drei Gelenke (eins im Scheitel und an jedem Kämpfer) an, so ist die Lage der Drucklinie dadurch völlig bestimmt.

Die Berechnung der Gewölbe mit drei Gelenken erfolgt im wesentlichen genau so wie die der Bogenträger mit drei Gelenken. Die Gelenkdrücke findet man nach einem der damals besprochenen Verfahren (vgl. § 41), und hiermit kann auch die zugehörige Stützlinie ohne weiteres gezeichnet werden.

§ 61. Schiefe Projektion des Gewölbequerschnittes mit eingezeichneter Stützlinie.

Denkt man sich die Zeichnung eines Gewölbequerschnittes samt Belastungslinie, Stützlinie und deren Kräfteplan durch parallele Projektionsstrahlen auf irgendeine zur Zeichenebene nicht parallele Ebene projiziert, so stellt die erhaltene Projektion selbst wieder einen Gewölbequerschnitt dar. In diesem ist als Lastrichtung jene anzusehen, die sich als Projektion der Lastrichtung im ersten Falle ergibt. Auch die Projektion der Stützlinie bildet dann wieder eine Stützlinie für den neu erhaltenen Gewölbequerschnitt. Dies folgt leicht daraus, daß sich der Schwerpunkt jedes Belastungsstreifens mit projiziert (vgl. Bd. I § 24).

Schneiden sich beide Ebenen in einer zur wagerechten Richtung in beiden Zeichnungen parallelen Geraden, so ist die Projektion wiederum symmetrisch in bezug auf die Lastrichtung gestaltet, wenn dies von der ersten Zeichnung zutraf. Im anderen Falle erhält man aus dem symmetrischen Gewölbequerschnitte mit gleich hoch liegenden Kämpfern den Querschnitt eines sog. „einhüftigen" Gewölbes.

Bei den weit gespannten flachen Brückenbögen von verhältnismäßig geringer Wölbstärke, die man in neuerer Zeit häufig (gewöhnlich unter Anordnung von Gelenken) ausgeführt hat, muß man, um die Stützlinie einigermaßen genau einzeichnen zu können, einen un-

bequem großen Maßstab anwenden. In diesem Falle gelangt man
besser zum Ziele, wenn man die Zeichnung verzerrt ausführt, so daß
man die Ordinaten in einem größeren Maßstabe als die Abszissen
aufträgt. Man kann diese Zeichnung als eine schiefe Parallelprojek-
tion jenes Wölbquerschnittes ansehen, für den man die Untersuchung
durchzuführen hat. Die Stützlinie kann nun viel genauer eingetragen
werden. Um nachher die Kantenpressung für irgendeine Fuge zu
erhalten, muß man nur beachten, daß die Horizontalkomponente des
zugehörigen Fugendruckes in einem anderen Maßstabe auszumessen
ist als die Vertikalkomponente.

§ 62. Ältere Ansichten über die wirklich auftretende Stützlinie.

Bei einem gelenklosen Gewölbe muß man sich auf irgendeine
Art ein Urteil darüber zu verschaffen suchen, welcher von den
statisch möglichen Gleichgewichtszuständen in Wirklichkeit zustande kommt. Der erste, der sich hierüber eine bestimmte Ansicht bildete, war der englische Ingenieur Moseley, der im Jahre
1837 das sogenannte Prinzip des kleinsten Widerstandes
aufstellte und in derselben Arbeit zugleich zuerst die Stützlinie
als Hilfsmittel der Untersuchung einführte. Die Arbeit von
Moseley wurde von Scheffler ins Deutsche übersetzt und von
diesem eifrig vertreten. Die Moseleysche Theorie erlangte dadurch
eine große Verbreitung und hat auch jetzt noch manche Anhänger. Es ist daher nötig, daß man sich mit ihr bekannt macht.

Zur Zeit Moseleys galten die Bausteine als starre Körper.
Daß auch die Steine elastischer Formänderungen fähig sind, die
durchaus mit denen der Metalle vor Überschreitung der Elasti-
zitätsgrenze vergleichbar sind, hat man erst später gefunden. Sah
man aber die Steine als starre Körper an und beachtete man,
daß die Mechanik starrer Körper für sich allein nicht ausreicht,
um eine Entscheidung zwischen den als statisch gleich möglich
erkannten Gleichgewichtszuständen zu treffen, so mußte man zu
dem Schlusse kommen, daß die Mechanik starrer Körper, so wie
sie vorlag, noch nicht vollständig sein könne, sondern einer Ergänzung bedürfe. Denn offenbar kann unter den unendlich vielen
statisch möglichen Gleichgewichtszuständen immer nur einer in

Wirklichkeit auftreten, und es muß daher ein Gesetz geben nach dem sich dieser regelt. Diese — scheinbare — Lücke suchte nun Moseley durch das Prinzip des kleinsten Widerstandes auszufüllen.

Das Gewölbe wird auf einem Lehrgerüst ausgeführt das anfänglich die ganze Last allein aufnimmt. Wenn nachher das Gewölbe ausgerüstet, also seiner früheren Unterstützung beraubt wird, „sucht" es herabzufallen. Daran wird es durch die Unterstützung an den Widerlagern verhindert. Denkt man sich die Ausrüstung allmählich vorgenommen, so daß ein allmählich wachsender Teil der Last auf das Gewölbe selbst entfällt, so wird auch der Horizontalschub des Gewölbes allmählich ansteigen. Moseley schloß nun, daß dieses Anwachsen gerade nur so lange andauere, bis der Horizontalschub groß genug geworden sei, um das Gewölbe zu befähigen, die Last allein aufzunehmen. Hiernach würde nach Beendigung des Ausrüstens die Stützlinie des kleinsten Horizontalschubs (der Horizontalschub ist in diesem Falle der kleinste „Widerstand" nach der Moseleyschen Auffassung) aufgetreten sein, und diese würde nach Moseley auch weiterhin bestehen bleiben.

Die Stützlinie des kleinsten Horizontalschubs ist, wie bei allen Seilkurven, jene, die die möglichst große Pfeilhöhe hat. Bei den gewöhnlich vorkommenden Gewölbequerschnitten geht sie durch den tiefsten Punkt jeder Kämpferfuge und den höchsten Punkt der Scheitelfuge. Jedenfalls berührt oder trifft sie aber sowohl die obere als die untere Begrenzungslinie des Gewölbequerschnittes.

Als man darauf aufmerksam wurde, daß bei dieser Drucklinie die Kantenpressung an den bezeichneten Stellen, sofern man auf die Zugfestigkeit des Mörtels nicht rechnen darf, unendlich groß würde, änderte man — unter Beibehaltung derselben Schlußweise im übrigen — die Betrachtung dahin ab, daß die Drucklinie von jenen Punkten gerade nur so weit abrücke, als es die Rücksicht auf die Festigkeit des Materials erfordere. In dieser Form wird die Moseley-Schefflersche Theorie heute noch von manchen als richtig angesehen. Man nimmt also an, daß unter allen „Gleichgewichtsdrucklinien" in dem früher besprochenen Sinne die am steilsten verlaufende und daher dem kleinsten Horizontalschub entsprechende die richtige sei.

Freilich ist nun keineswegs einzusehen, weshalb dieser Vorgang des Abrückens der Stützlinie von den zunächst am meisten gefährdeten Kanten gerade nur so lange andauern soll, als es der Festigkeit oder gar der schätzungsweise als „zulässig" angesehenen Beanspruchung des Stoffes entspricht. Wenn man sich zu dieser Änderung der ursprünglichen Betrachtung, die zu einer unendlich großen Kantenpressung führte, einmal entschloß, hätte man weiter gehen, nämlich auf die Gründe eingehen müssen, die dieses Abrücken bedingen.

Das ist zuerst von Culmann geschehen, der die Formänderungen des Gewölbes als bestimmend für die Ausbildung des Gleichgewichtszustandes erkannte. Dabei vernachlässigte Culmann aber immer noch die elastische Nachgiebigkeit der Wölbsteine und achtete nur auf die Zusammendrückbarkeit des bald nach der Ausrüstung noch als ziemlich weich angesehenen Mörtels in den Fugen. Er schloß, daß die Drucklinie des kleinsten Horizontalschubes, von der er zunächst ausging, zu einer sehr starken Zusammendrückung und zu einem Ausweichen des Mörtels an den meist beanspruchten Stellen führen müsse. Sobald der Mörtel an diesen Stellen nachgibt, kommen auch die anderen Stellen der Fuge zur Lastübertragung, und die Drucklinie rückt weiter ins Innere des Gewölbequerschnittes. Indem er sich diesen Vorgang in derselben Weise weiter fortgesetzt dachte, gelangte er zu der Ansicht, daß sich schließlich der günstigste Gleichgewichtszustand einstelle, nämlich jener, bei dem die Kantenpressung an den gefährdetsten Stellen den möglichst kleinen Wert annehme. Diese Culmannsche Theorie der günstigsten Drucklinie zählte lange Zeit hindurch die meisten Anhänger. Sie unterscheidet sich in ihren Ergebnissen übrigens auch nur wenig von der heute meist als zutreffend angesehenen, die von der Betrachtung des Gewölbes als eines elastischen Bogens ausgeht und die im folgenden Paragraphen näher besprochen werden soll.

§ 63. Die Elastizitätstheorie des Tonnengewölbes.

Die Mauersteine gehorchen zwar nicht genau dem Hookeschen Gesetze von der Verhältnisgleichheit der elastischen Formänderungen mit den Spannungen, ebensowenig der Zementbeton, aus dem man in neuerer Zeit häufig große Gewölbe herstellt. Immerhin sind bis zu den als zulässig angesehenen und daher in Aussicht zu nehmenden Spannungen die Abweichungen nicht sehr erheblich. Man darf es daher als eine recht gute Annäherung an das wirkliche Verhalten betrachten, wenn man die Theorie der Gewölbe auf die allgemeinen Lehrsätze der gewöhnlichen Elastizitätstheorie stützt.

Hierzu eignet sich am besten der (im dritten Bande besprochene) Lehrsatz von Castigliano, wonach die statisch unbestimmten Größen solche Werte annehmen, daß sie die Formänderungs-

arbeit zu einem Minimum machen. Es wird sich also vor allem
darum handeln, einen Ausdruck für die elastische Formänderungsarbeit A aufzustellen, die in dem elastischen Bogen, als den wir
das Gewölbe ansehen dürfen, infolge der in ihm auftretenden
Spannungen und Formänderungen aufgespeichert ist. Dabei mag
in erster Linie angenommen werden, daß die Widerlager als
vollkommen starr und unbeweglich angesehen werden dürfen,
so daß auf sie keine Formänderungsarbeit entfällt. Dagegen
steht es späterhin auch frei, dieselbe Betrachtung auf das ganze
Bauwerk mit Einschluß der Widerlagsmauern auszudehnen, wobei
diese als Fortsetzungen des Gewölbes bis zur Fundamentsohle
hin anzusehen sind.

Für irgendeinen senkrecht zur Wölbmittellinie gezogenen
Fugenschnitt sei der Fugendruck mit R, der Abstand des Druckmittelpunktes von der Fugenmitte mit u bezeichnet. Die Formänderungsarbeit dA in einem Gewölbeelemente, das zum Bogen-
elemente ds der Wölbmittellinie gehört, setzt sich dann aus zwei
Gliedern zusammen, von denen das erste dem in der Fugenmitte
angebracht gedachten Drucke R, das andere dem Biegungsmomente $M = Ru$ entspricht. Hierbei wird vorausgesetzt, daß
kein Klaffen der Fugen eintritt. Bei jenen Gewölben, für die
man genauere Rechnungen dieser Art durchführt, um die Gestalt und Stärke des Gewölbes danach zu bemessen, trifft dies
auch stets zu. Für dA hat man dann nach den Lehren des
dritten Bandes

$$dA = \frac{R^2}{2EF} ds + \frac{M^2}{2E\Theta} ds.$$

Hierin bedeutet F die Fugenfläche, die auch gleich der Fugenlänge f gesetzt werden kann, da die senkrecht zum Gewölbequerschnitte stehende Länge der Fuge gleich der Längeneinheit
ist. Unter Θ ist das Trägheitsmoment der Fugenfläche oder
$\frac{f^3}{12}$, und unter E der Elastizitätsmodul des Wölbstoffes zu verstehen. Im ganzen wird daher die Formänderungsarbeit

$$A = \frac{1}{2E} \int \left(\frac{R^2}{f} + \frac{12 M^2}{f^3} \right) ds, \qquad (85)$$

wobei sich das Integral auf die ganze Bogenlänge (gegebenen Falles mit Einschluß der Widerlager) zu erstrecken hat.

Die Werte von R und M sind an jeder Stelle von der Stützlinie abhängig, die man ins Auge faßt. Für jede Stützlinie läßt sich A berechnen, und der Castiglianosche Satz lehrt, daß jene Stützlinie wirklich zur Geltung kommt, für die A zu einem Minimum wird. Wir wissen ferner, daß jede Stützlinie von drei Bestimmungsstücken abhängig ist, also z. B. von Größe, Lage und Richtung irgendeines Fugendruckes. Denkt man sich diese Bestimmungsstücke auf irgendeine Art ausgewählt, so können alle R und M in ihnen ausgedrückt werden. Der Ausdruck für die Formänderungsarbeit A läßt sich dann vollständig auswerten, bis auf die drei zunächst willkürlich bleibenden Bestimmungsstücke, die als die statisch unbestimmten Größen anzusehen sind. Man differentiiert nun A partiell nach jeder dieser drei Größen und setzt die Differentialquotienten gleich Null. Damit erhält man drei Gleichungen, deren Auflösung die drei statisch unbestimmten Größen liefert, womit der zu erwartende Gleichgewichtszustand des Gewölbes vollständig bekannt wird.

Hiermit ist das Verfahren im allgemeinen umschrieben. Auf die ausführliche Ausrechnung brauche ich mich hier nicht einzulassen; es genügt vielmehr, im Anschlusse an das Vorausgehende die Ableitung eines näherungsweise zutreffenden Satzes zu geben, der von Winkler aufgestellt wurde und der einen raschen Überblick darüber gestattet, welche Stützlinie ungefähr zu erwarten ist.

Das erste Glied in dem Ausdrucke für A ändert sich nämlich von einer Stützlinie zur anderen verhältnismäßig nur wenig. Für alle Stützlinien, die hierbei überhaupt in Frage kommen können, weichen die zu gegebenen Fugen gehörigen Fugendrücke R nicht allzuviel voneinander ab. Anders ist es dagegen mit dem zweiten Gliede, da die Abstände u der Druckmittelpunkte von den Fugenmitten und hiermit die Momente M bei verschiedenen Stützlinien sehr verschieden ausfallen. Dabei ist das zweite Glied, wie man aus dem Ausdrucke $M = Ru$ erkennt, der Größe nach im allgemeinen durchaus mit dem ersten vergleichbar. Nur bei solchen Stützlinien, die etwa überall sehr nahe an der Mittellinie verlaufen, wird das zweite Glied klein gegenüber dem ersten. Sehen wir aber von diesem Falle vorläufig ab, so wird A besonders dadurch verkleinert werden können, daß man das stark veränderliche zweite Glied möglichst klein macht, während man das wenig veränderliche erste Glied für eine erste Annäherung unbeachtet lassen kann. Bei der als wahrscheinlich in Aussicht zu nehmenden Stützlinie wird daher der Ausdruck

$$\int \frac{M^2}{f^3} \, ds \qquad \text{zu einem Minimum werden.}$$

Anstatt $M = Ru$ zu setzen, wie es vorher geschehen war, kann man sich von der Fugenmitte aus eine Strecke z in lotrechter Richtung bis zur Richtungslinie von R gezogen denken und R im Endpunkte von z in eine horizontale und eine vertikale Komponente zerlegen. Die horizontale Komponente ist der konstante Horizontalschub H des Gewölbes, und dessen Moment ist gleich Hz, während das Moment der Vertikalkomponente in bezug auf den Fugenmittelpunkt verschwindet. Man hat daher auch $M = Hz$, und der Ausdruck, der zu einem Minimum werden soll, geht über in

$$H^2 \int \frac{z^2}{f^3} \, ds \, .$$

Auch der Horizontalschub H zeigt bei den verschiedenen Stützlinien, die miteinander zu vergleichen sind, keine großen Abweichungen, während der zweite Faktor des Produktes stark veränderlich ist. Nimmt man überdies an, daß die Wölbstärke f konstant sei, so wird demnach ungefähr jene Stützlinie zustande kommen, für die

$$\int z^2 \, ds$$

den möglichst kleinen Wert annimmt. Dieser Ausdruck hat aber eine einfache Bedeutung: er stellt die Summe der Quadrate der in lotrechter Richtung gemessenen Abweichungen zwischen Bogenmittellinie und Stützlinie dar und kann geradezu als ein Maß für die gesamte Abweichung zwischen beiden Linien betrachtet werden. Wir können demnach mit Winkler den Satz aussprechen, daß unter den angegebenen Voraussetzungen jene Stützlinie nahezu die richtige ist, die sich der Bogenmittellinie so eng als möglich anschließt.

Gewöhnlich nimmt man freilich die Wölbstärke f nicht konstant an, sondern macht sie im Scheitel am kleinsten und läßt sie von da aus nach den Kämpfern hin etwas zunehmen, weil auch der Fugendruck R in dieser Richtung hin zunimmt. Bezeichnet man die Horizontalprojektion des Bogenelementes ds mit dx, so nimmt für gleiche dx auch ds vom Scheitel nach den Kämpfern hin zu. Für den Fall, daß sich f^3 gerade proportional mit $\frac{ds}{dx}$ ändert, daß also

$$f^3 = f_0{}^3 \frac{ds}{dx}$$

ist, wenn f_0 die Scheitelstärke bezeichnet, erhält man für den Ausdruck, der zu einem Minimum werden soll,

$$\frac{H^2}{f_0{}^3} \int z^2 dx,$$

d. h., da H nicht merklich veränderlich und f_0 konstant ist, muß

$$\int z^2 dx$$

möglichst klein werden, und auch dieses Ergebnis kann ähnlich gedeutet werden wie das vorhergehende.

Wird die Mittellinie des Bogens so gewählt, daß sie selbst mit einem zur Belastungsfläche gehörigen Seilecke zusammenfällt, also eine der statisch möglichen Stützlinien darstellt, so kann sich nach den vorausgehenden Betrachtungen die wahre Stützlinie nicht viel von der Mittellinie entfernen. Für die Mittellinie selbst als Stützlinie wird nämlich $\int z^2 ds$ oder auch $\int z^2 dx$ zu Null und daher zu einem Minimum. Man darf daraus nun freilich nicht schließen, daß die wahre Stützlinie unter den bezeichneten Umständen genau mit der Mittellinie zusammenfiele. Bei den in nächster Nähe der Mittellinie verlaufenden Stützlinien wird nämlich das zweite Glied in dem Ausdrucke für die Formänderungsarbeit

$$A = \frac{1}{2E} \int \left(\frac{R^2}{f} + \frac{12\,M^2}{f^3} \right) ds$$

überhaupt sehr klein, und es kommt dann wesentlich auf die, wenn auch an sich nicht erheblichen, Änderungen des alsdann viel größeren ersten Gliedes an. Man kann auch leicht sagen, in welchem Sinne eine Abweichung der wahren Stützlinie von der Mittellinie in diesem Falle zu erwarten ist. Je steiler nämlich die Stützlinie verläuft, um so kleiner wird der Horizontalschub H und mit ihm auch jedes R. Die Abweichung wird also nach der Richtung der Drucklinie des kleinsten Horizontalschubs hin erfolgen. Sehr groß kann aber diese Abweichung andererseits niemals werden, weil sich sonst sofort ein starkes Anwachsen des zweiten Gliedes in dem Ausdrucke für A herausstellen müßte, das weit mehr ausmachte als die Verkleinerung, deren das erste Glied fähig ist.

Diese Betrachtung liefert das für die praktische Beurteilung des Gewölbegleichgewichtes sehr wertvolle Ergebnis, daß die

elastischen Formänderungen des Gewölbes infolge der Belastung
die Stützlinie so verschieben, daß sie sich ziemlich eng an die
Mittellinie anschließt, soweit dies durch die Gestalt des Gewölbes
ermöglicht ist. Zugleich lehrt sie, daß es vorteilhaft ist, die Gestalt der Wölbmittellinie, deren Wahl dem Konstrukteur häufig
freisteht, so zu bestimmen, daß sie mit einer Seilkurve für die
Belastungsfläche zusammenfällt.

§ 64. Vereinfachte Berechnung der Gewölbe.

Die genauere Berechnung der Gewölbe auf Grund der Elastizitätstheorie, die vorher nur in allgemeinen Umrissen beschrieben
wurde, macht ziemlich viel Mühe und lohnt sich nur bei besonders großen und wichtigen Ausführungen. Da man aber bei
diesen jetzt meist Gelenke einschaltet, wird sie auch hier in der
Regel entbehrlich. Bei kleineren Ausführungen macht man das
Gewölbe lieber etwas stärker, als eigentlich nötig wäre, und be-
hilft sich dafür bei der Stabilitätsuntersuchung mit einer verein-
fachten Berechnung. Man kann es auf Grund der zahlreichen
Erfahrungen, die in dieser Hinsicht vorliegen, als verbürgt betrachten, daß ein Gewölbe, das den üblichen Vorschriften genügt,
hinreichend sicher ist.

Wenn ein Gewölbequerschnitt samt Belastungsfläche gegeben ist, zeichnet man zunächst eine Stützlinie, die durch die
Mitten der Scheitelfuge und der beiden Kämpferfugen geht.
Hierauf überzeugt man sich, ob diese willkürlich gewählte
Stützlinie nicht nur überall innerhalb des Gewölbequerschnittes
verläuft, sondern ob sie sich auch keiner Kante um mehr als
bis auf ein Drittel der betreffenden Fugenlänge nähert. Dies
sieht man nämlich als nötig an, teils um einen gewissen Überschuß an Sicherheit zu erlangen, teils um eine Zugbeanspruchung
des Mörtels und ein bei dessen Versagen zu befürchtendes Aufklaffen der Fuge zu verhüten. Hierauf berechnet man nach den
früher gegebenen Formeln die größte auftretende Kantenpressung und vergleicht sie mit der als zulässig zu betrachtenden
Druckbeanspruchung des Mauerwerks. Wird diese nirgend«
überschritten, und ist die vorher genannte Bedingung erfüllt,

so betrachtet man das Gewölbe an sich als vollkommen sicher.

Ergibt sich bei dieser Berechnung, daß die Kantenpressung überall erheblich kleiner bleibt als die zulässige Druckspannung, so schließt man, daß das Gewölbe unnötig stark ist, und hält eine Verkleinerung der Wölbstärke für angezeigt. Findet man umgekehrt, daß die zuerst gezeichnete Stützlinie nicht überall innerhalb des mittleren Fugendrittels verläuft, so kann man, namentlich für den Fall einer unsymmetrischen Belastung, zunächst versuchen, ob sich die Stützlinie durch eine Änderung in der Annahme der Druckmittelpunkte in Scheitel- und Kämpferfugen so verschieben läßt, daß sie nachher überall innerhalb des mittleren Drittels bleibt. Läßt sich dies erreichen und wird die Kantenpressung für die neu gezeichnete Stützlinie nicht zu groß, so ist das Gewölbe immer noch als hinreichend sicher für die gegebene Belastung anzusehen. Im anderen Falle muß man entweder die zuerst in Aussicht genommene Gewölbeform entsprechend abändern oder die Wölbstärken vergrößern, bis den gegebenen Vorschriften genügt ist.

Hiermit ist die Untersuchung aber noch nicht abgeschlossen. Man muß nun auch noch die Druckübertragung in den Pfeilern oder Widerlagsmauern verfolgen, am einfachsten, indem man die Stützlinie in diese hinein fortführt (durch Zusammensetzung des Kämpferdruckes des Gewölbes mit den Mauergewichten des Widerlagers), wie dies in Abb. 205 S. 398 geschehen ist. Auf diese Weise gelangt man entweder unten zu ausgedehnten Mauermassen, deren Standsicherheit ohne weiteres feststeht, oder zur Fundamentsohle. Der Druck auf die Fundamentsohle wird ebenfalls berechnet und mit der zulässigen Belastung des Baugrundes, die gewöhnlich durch baupolizeiliche Bestimmungen vorgeschrieben ist, verglichen.

§ 65. Die Kuppelgewölbe.

Die Kuppel unterscheidet sich in ihrem statischen Verhalten von dem Tonnengewölbe wesentlich dadurch, daß außer den Fugenpressungen in den Lagerfugen, deren Angriffspunkte im Gewölbequerschnitte in ihrer Aufeinanderfolge die Stützlinie bilden, auch noch Fugenpressungen in den Meridianschnitten vorkommen. Man betrachte das Gleichgewicht eines Kuppelsektors, der zwischen zwei benachbarten Meridianschnitten liegt. Unter der Voraussetzung einer ringsum symmetrischen Belastung bildet jeder Meridianschnitt eine Symmetrieebene für die ganze Kuppel. Die in je zwei entsprechenden Flächenteilen der beiden Meridianschnitte übertragenen Stoßfugendrücke setzen sich daher zu einer horizontalen Resultierenden zusammen, die in die Mittelebene des Kuppelsektors fällt. Diese horizontal nach außen hin gehenden Resultierenden treten an die Stelle des Horizontalschubes beim Tonnengewölbe. Dabei besteht aber gegenüber dem Tonnengewölbe noch der weitere Unterschied, daß sich diese Resultierenden über die ganze Mittelebene des Kuppelsektors nach einem zunächst unbekannten Gesetze verteilen.

Hieraus folgt auch, daß die Stützlinie beim Kuppelgewölbe keineswegs ein Seileck zu den Lasten des Kuppelsektors bildet. Vielmehr ist jede beliebig im Gewölbequerschnitte gezogene Linie als Stützlinie statisch möglich, falls nur die in den Meridianschnitten übertragenen Ringspannungen (oder Stoßfugendrücke) passend dazu gewählt werden. Das Gleichgewicht im Kuppelgewölbe ist daher unendlichfach statisch unbestimmt.

Auch hier gilt, wie bei den Tonnengewölben, wenn man auf die elastischen Eigenschaften des Wölbstoffes Rücksicht nimmt, der Satz, daß jener Gleichgewichtszustand zu erwarten ist, für den die Formänderungsarbeit zu einem Minimum wird. Dies wird nahezu jener sein, bei dem sich die Stützlinie so eng als möglich an die Mittellinie des Gewölbequerschnittes anschließt. Nun kann sich die Stützlinie hier bei jeder Gestalt des Gewölbequerschnittes mit der Mittellinie decken. Man nimmt also bei der Ausführung der Berechnung zunächst die Stützlinie als zusammenfallend mit der Mittellinie an und bestimmt die aus dieser Annahme folgenden Spannungen in den Meridianschnitten, die man sich der Gewölbedicke nach ebenfalls gleichförmig verteilt zu denken hat. Hierbei stellt sich nun bei den gewöhnlich ausgeführten Kuppelformen heraus, daß in den Meridianschnitten im oberen Teile Druckspannungen, weiter unten hin dagegen Zugspannungen zu übertragen wären, um den zunächst in Aussicht genommenen Gleichgewichtszustand zu verwirklichen.

Der Mörtel kann aber größere Zugspannungen nicht übertragen, und in der Tat hat man auch bei vielen der berühmtesten Kuppelbauten die Erfahrung gemacht, daß sich in den unteren Teilen der Kuppel Risse einstellten, die in der Richtung der Stoßfugen (also der Meridianschnitte) verlaufen. Um diesem Übelstande abzuhelfen, hat man gewöhnlich nachträglich eiserne Reifen um die unteren Teile der Kuppel gelegt, die diese ähnlich zusammenhalten, wie die Reifen ein Faß. Man erreichte dadurch, daß nun in der Tat in den Meridianschnitten Zugspannungen übertragen werden konnten, zwar nicht mehr im Mauerwerke selbst, sondern in den eisernen Reifen, die dafür eintraten. Nebenbei bemerkt sind diese eisenarmierten Kuppeln als die ersten Vorläufer der heute so viel angewendeten Eisenbetonkonstruktionen zu betrachten.

Will man aber, daß das Gleichgewicht der Kuppel auch ohne eine Verstärkung durch Eisenringe gesichert sei, so muß man von jener Stelle ab, wo sonst die Zugspannungen einsetzen würden, die Stützlinie nach abwärts ohne Heranziehung der Ringspannungen fortsetzen. Im unteren Teile ist dann die Stützlinie wieder ein Seileck zu den Lasten des Kuppelsektors. Sie ist ferner auch in die Widerlagsmauern der Kuppel hinein fortzusetzen. Entspricht die in dieser Weise ermittelte Stützlinie überall denselben Forderungen, wie sie schon beim Tonnengewölbe erhoben wurden, so kann das Gleichgewicht auch ohne Zuhilfenahme einer Verstärkung durch Eisenringe als gesichert gelten

In Abb. 195 ist nach diesem Plane die Untersuchung für eine oben geschlossene Kuppel durchgeführt, die nur ihr eigenes Gewicht zu tragen bestimmt ist. Der Kuppelquerschnitt wird durch Fugen, die rechtwinklig zur Mittellinie gezogen sind und deren längs der Mittellinie gemessenen Abstände gleich groß gewählt wurden, in acht Abschnitte eingeteilt. Die zu diesen Abschnitten gehörigen Gewichte im Kuppelsektor verhalten sich zueinander wie die Produkte aus den mittleren Wölbstärken und den Entfernungen der Schwerpunkte von der Kuppelachse. Das dem Abschnitte 5 entsprechende Gewicht wurde

im Kräfteplane durch die mittlere Wölbstärke dieses Abschnittes dargestellt. Um die Gewichte der übrigen Abschnitte im gleichen Maßstabe auftragen zu können, mußten deren mittlere Wölbstärken im
Verhältnisse der Schwerpunktsabstände zum Schwerpunktsab-
stande des fünften Abschnittes verkleinert oder vergrößert
werden. Dies ist im unteren Teile der Figur, der keiner weiteren Erläuterung bedarf, ausgeführt
worden.

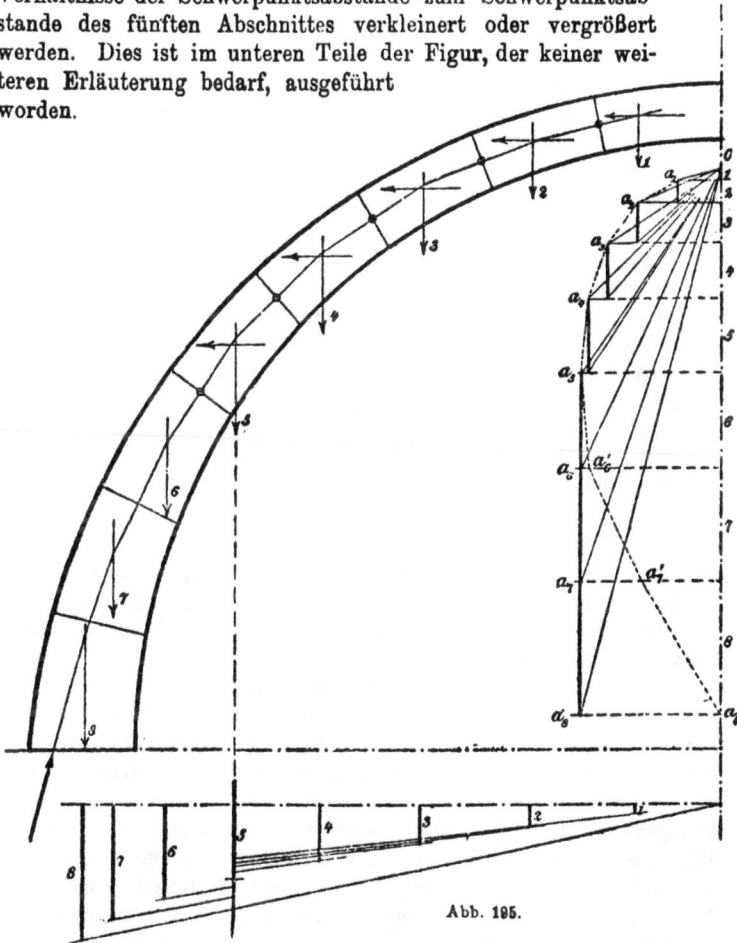

Abb. 195.

Die Linien 1, 2 usf. im Kuppelquerschnitte sind durch die Schwerpunkte der betreffenden Abschnitte des Kuppelsektors zu ziehen, die
etwas weiter nach außen hin liegen als die Schwerpunkte der zugehörigen Abschnitte des Kuppelquerschnittes. Indessen macht sich
der Unterschied nur bei den oberen Abschnitten stärker bemerklich;
bei den tiefer liegenden ist er unerheblich.

Im oberen Teile soll die Stützlinie mit der Mittellinie zusammenfallen. Ferner kann angenommen werden, daß sich die Ringspannungen innerhalb jedes Abschnittes gleichförmig über die Fläche verteilen. Die in der Mittelebene des Kuppelsektors liegende Resultierende der in den beiden Meridianschnitten übertragenen Ringspannungen ist daher durch den Schwerpunkt des zugehörigen Querschnittsteiles horizontal nach außen hin zu ziehen. Der Schnittpunkt dieser Resultierenden für den obersten Abschnitt mit der Richtungslinie des Gewichtes 1 ist mit der Mitte der nächsten Lagerfuge zu verbinden. Die Verbindungslinie gibt die Richtung des zugehörigen Fugendruckes an. Da das Gewicht 1 bekannt ist, liefert das Dreieck, dessen Hypotenuse $O a_1$ und dessen vertikale Kathete 1 ist, im Kräfteplane sofort die Größe des Fugendruckes und die Resultierende aus den Ringspannungen

Dann geht man zum Abschnitte 2 über, setzt dessen Gewicht mit dem von oben kommenden Lagerfugendrucke zusammen, ermittelt den Schnittpunkt der Resultierenden mit der Resultierenden der Ringspannungen für diesen Abschnitt (in der Abbildung gehen die Richtungslinien der drei Kräfte zufällig fast genau durch einen Punkt) und verbindet den Schnittpunkt mit der nächstfolgenden Fugenmitte. Dadurch werden die Richtungen aller am Abschnitte 2 angreifenden Kräfte bekannt. Auch die Größen der beiden bis dahin noch unbekannten folgen ohne weiteres aus dem Kräfteplane. Der Fugendruck auf die untere Fuge wird durch die Strecke $O a_2$, die Resultierende aus den Ringspannungen durch die horizontale Komponente der Strecke $a_1 a_2$ angegeben. In derselben Weise setzt man die Zeichnung weiter nach unten hin fort.

Wenn man zum fünften Abschnitte gelangt ist, bemerkt man, daß die Resultierende aus den Ringspannungen, die durch den horizontalen Abstand von a_4 und a_5 im Kräfteplane dargestellt wird, nur noch sehr klein ist. Beim sechsten Abschnitte würde diese Resultierende negativ (nach innen zu gerichtet) werden, d. h. es müßten Zugspannungen in den Meridianschnitten auftreten, wenn man die Stützlinie hier immer noch mit der Mittellinie zusammenfallen lassen wollte. Wir nehmen daher an, daß im sechsten, siebenten und achten Abschnitte überhaupt keine Ringspannungen mehr auftreten, und setzen nur jedesmal den von oben her kommenden Fugendruck mit dem Gewichte des Abschnittes zusammen. Hierdurch erhält man den unteren Teil der Stützlinie, auf dessen Gestalt es vorwiegend ankommt.

Sitzt die Kuppel auf einer Mauertrommel, so ist die Stützlinie in diese hinein fortzusetzen, indem man den von der Kuppel herrührenden Fugendruck mit dem Gewichte des Trommelsektors zusammensetzt. Zu dessen Darstellung im Kräfteplane ist natürlich ebenso zu verfahren wie bei den vorhergehenden Kuppelabschnitten. Ringspannungen sind in der Mauertrommel außer Ansatz zu lassen.

Will man ferner durch Umlegen von eisernen Reifen vermeiden, daß schräg gerichtete Kräfte von der Kuppel auf die Trommel übertragen werden, so ergeben sich die von den Eisenreifen aufzunehmenden Spannungen ebenfalls aus dem Kräfteplane. Man setzt dann die Stützlinie auch im unteren Teile längs der Mittellinie fort, wozu die Punkte a_6', a_7' und a_8' im Kräfteplane gehören. Die horizontalen Komponenten der Strecken $a_5'a_6'$, $a_6'a_7'$ und $a_7'a_8'$ geben nach einer sofort vorzunehmenden einfachen Umrechnung die von den Eisenreifen aufzunehmenden Ringspannungen an.

Für diese Umrechnung nehme man an, daß der Winkel zwischen den beiden Meridianebenen, die den betrachteten Kuppelsektor begrenzen, $d\alpha$ sei. Die Länge eines Abschnittes der Mittellinie zwischen zwei aufeinanderfolgenden Fugen in der natürlichen Größe gemessen sei l, der Schwerpunktsabstand des fünften Abschnittes von der Kuppelachse s, der Maßstab der Zeichnung $\frac{1}{n}$ und das Gewicht der Raumeinheit des Mauerwerkes γ. Dann sind die Gewichte im Kräfteplane so aufgetragen, daß die Längeneinheit ein Mauervolumen $nlsd\alpha$ und daher eine Kraft von der Größe $nls\gamma d\alpha$ vorstellt. Nun gibt die Strecke $a_7 a_7'$ die Resultierende der zum siebenten Abschnitte gehörigen Ringspannungen in diesem Maßstabe an. Die Ringspannungen selbst stehen senkrecht zu den beiden Meridianebenen, die den Kuppelsektor begrenzen, und bilden einen Winkel miteinander, der um $d\alpha$ von einem gestreckten abweicht. Ihre Resultierende ist gleich der Größe von einer von ihnen, multipliziert mit $d\alpha$. Umgekehrt wird daher die in einem Teile des Meridianschnittes übertragene Ringspannung aus jener Resultierenden durch Streichen des Faktors $d\alpha$ gefunden. Hiernach bedeutet die Längeneinheit der Strecke $a_7 a_7'$ im Kräfteplane eine von den Eisenreifen aufzunehmende Ringspannung von der Größe $nls\gamma$. Wäre also z. B. $a_7 a_7'$ gleich 1 cm oder 0,01 m, der Maßstab der Zeichnung 1 : n gleich 1 : 100, $l = 2$ m, $s = 9$ m und das Gewicht von 1 m³ Mauerwerk gleich 2000 kg, so würde die Ringspannung im siebenten Abschnitte gleich $100 \cdot 0,01 \cdot 2 \cdot 9 \cdot 2000$ oder gleich 36000 kg zu setzen sein. — Ähnlich ist auch bei allen anderen Umrechnungen zu verfahren, z. B. wenn man die Kantenpressungen in einer Fuge ermitteln will. Der zunächst einzuführende Faktor $d\alpha$ hebt sich dann jedesmal wieder heraus.

Bei diesem Beispiele wurde vorausgesetzt, daß die Kuppel nur ihr eigenes Gewicht zu tragen habe. Kommt noch eine Belastungsfläche hinzu, so erhöhen sich die Gewichte der einzelnen Abschnitte entsprechend, während das Verfahren im übrigen genau so beizubehalten ist.

Auch dann übrigens, wenn die Kuppel tatsächlich nur ihre Eigenlast aufnehmen soll, muß man sie doch unter der Voraussetzung berechnen, daß ihr überdies noch eine passend gewählte fremde Last
(in symmetrischer Verteilung um die Kuppelachse) aufgebürdet sei.
Im anderen Falle würde jeder Maßstab für die Bemessung der erforderlichen Wölbstärke fehlen. Macht man nämlich die Kuppel schwächer (namentlich in ihrem oberen Teile), so vermindern sich die
Lasten in demselben Maße wie die Fugenflächen, und die Beanspruchung des Stoffes bleibt dieselbe. Mit Rücksicht auf zufällige Umstände, die eine andere Art der Belastung herbeiführen könnten, ist
aber die Kuppel mit größerer Wölbstärke trotzdem als sicherer zu
betrachten als die mit schwächerer Wölbstärke. Man trägt dem am
besten durch Annahme einer etwa gleichförmig verteilten zufälligen
Belastung Rechnung. Dann ergibt sich, wie groß die Wölbstärke
etwa im Scheitel zu wählen ist, damit die Druckbeanspruchung nicht
zu groß ausfällt. Endlich sei noch bemerkt, daß die genauere Berechnung der Kuppeln eine schwierige Aufgabe der Festigkeitslehre bildet,
die zur „Theorie der Schalen" gehört, worüber man näheres in „Drang
und Zwang" von A. und L. Föppl, Band 2 finden kann

§ 66. Die graphische Berechnung der durchlaufenden Träger.

Zunächst möge es sich um den in Abb. 196 dargestellten Fall
handeln. Ein Balken sei in drei Punkten A, B, C unterstützt.
Die eine Öffnung AB soll eine irgendwie verteilte Belastung

Abb. 196.

tragen, während die an-
dere Öffnung unbelastet
ist. Es wird verlangt, die
Momentenfläche zu bil-
den, ferner auch, was damit eng zusammenhängt, die Auflagerkräfte auf den drei Stützen und die Scherkräfte V, die zu den
einzelnen Querschnitten gehören, anzugeben.

Ihrer allgemeinen Gestalt nach kann die zu dem Belastungsfalle in Abb. 196 gehörige Momentenfläche ohne Schwierigkeit
angegeben werden. Man bedenke nämlich, daß die Stütze C auch
entfernt werden kann, wenn man dafür nur eine senkrecht nach
abwärts gerichtete Kraft an dem Trägerende anbringt, die so
bemessen wird, daß sich der Punkt C nicht in senkrechter Richtung — weder nach oben noch nach unten hin — verschiebt.
Der dann nur noch auf den Stützen A und B aufliegende Träger
hat außer den gegebenen Lasten der Spannweite AB noch die

der Größe nach vorläufig unbekannte Last an dem vorkragenden Ende C aufzunehmen. Das Biegungsmoment setzt sich daher an jeder Stelle aus zwei Teilen zusammen, von denen der eine von den gegebenen Lasten, der andere von der Einzellast im Punkte C herrührt.

Der erste Teil wird mit Hilfe des Seilecks, durch das man die gegebenen Lasten verbindet, nach den Lehren des zweiten Abschnittes leicht gefunden. Ist die Belastung gleichförmig über die Spannweite A B verteilt, so bildet dieser Teil der Momentenfläche einen Parabelabschnitt; aber auch bei anderer Lastverteilung kann er immer leicht ermittelt werden. Jedenfalls ist das hierzu gehörige Moment innerhalb der Öffnung A B überall positiv, nämlich so gerichtet, daß es eine Biegung des Balkens hervorruft, bei der sich die Hohlseite der elastischen Linie nach oben hin kehrt, während es an den Stützen A und B und auf der Strecke BC gleich Null ist.

Der von der Einzellast im Punkte C herrührende zweite Teil des Biegungsmomentes ist im Gegensatze hierzu längs des ganzen Balkens A C negativ; nur an den Enden A und C wird er zu Null Die zugehörige Momentenfläche wird, wie gleichfalls aus den Lehren des zweiten Abschnittes hervorgeht, ein Dreieck, dessen Ecken auf den drei Auflagervertikalen liegen.

Setzen wir nun beide Teile zusammen, so erhalten wir im ganzen eine Momentenfläche von der in Abb. 197 angegebene Gestalt. Die von den gegebenen Lasten herrührende positive Momentenfläche sowohl, als das Dreieck A D C der negativen Momente

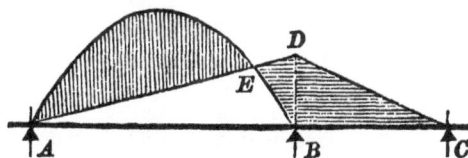

Abb. 197.

sind dabei der besseren Vergleichbarkeit wegen von der Balkenachse aus nach oben hin abgetragen. Innerhalb der Strecke A B kommt nur der Unterschied zwischen den positiven und den negativen Beiträgen zum Biegungsmomente in Betracht. Im Punkte E, wo sich die beiden Linien überschneiden, ist das Biegungsmoment Null, links von der durch E gezogenen Vertikalen überwiegt der positive, rechts davon der negative Beitrag. Die hiernach verbleibenden Flächen sind durch Schraffierung hervorgehoben, und zwar die zu positiven Momenten gehörigen durch vertikale, die zu negativen gehörigen durch horizontale Schraffierung. Für jeden Punkt der Balkenachse wird demnach das zugehörige Biegungsmoment nach Größe und Vorzeichen durch den Abschnitt angegeben, der von einer durch diesen Punkt gezogenen Lotrechten in die schraffierten Flächen hineinfällt.

Um die Figur genau im Maßstabe zeichnen zu können, fehlt uns nur noch die Höhe BD des Dreieckes ADC, also das Biegungsmoment über der Mittelstütze. Dieses soll nun aus der Bedingung ermittelt werden, daß die elastische Linie durch die drei vorgeschriebenen Punkte A, B, C gehen muß.

Wir erinnern uns, daß die elastische Linie ein Seileck bildet, dessen Belastungsfläche die Momentenfläche ist. Es ist dabei nicht nötig, den Horizontalzug dieses Seileckes nach der dafür früher aufgestellten Formel zu wählen, denn wenn er anders angenommen wird, erhalten wir die elastische Linie nur in entsprechender Verzerrung. Das Maß der Verzerrung ist aber hier gleichgültig, denn an der Bedingung, daß die Ordinaten an den drei Punkten A, B, C zu Null werden müssen, wird dadurch nichts geändert.

Wir wollen ferner von der Seilkurve, die zu der Belastungsfläche in Abb. 197 gehört, nur die Tangenten an den drei Punkten A, B, C ins Auge fassen, da dies für unsere Zwecke schon genügt. Die Seilspannungen bei A und B müssen mit den Lasten, die dazwischenliegen, und ebenso die bei B und C mit den zwischen ihnen liegenden Lasten im Gleichgewichte stehen. Auf dieser Bemerkung beruht die Lösung der Aufgabe.

Über BC bildet die Belastungsfläche ein Dreieck. Die Resultierende der durch sie dargestellten Lasten geht durch den Schwerpunkt des Dreieckes, und die vertikale Schwerlinie kann sofort angegeben werden, wenn man auch von der Höhe des Dreieckes noch nichts weiß; sie muß nämlich jedenfalls von B aus ein Drittel der Länge von BC auf BC abschneiden. Auf dieser der Lage nach bekannten Schwerlinie müssen sich die Tangenten der elastischen Linie in den Punkten B und C schneiden.

Über AB denken wir uns die Belastungsfläche wieder in die beiden Anteile zerlegt, aus denen sie vorher zusammengesetzt wurde. Der negative, durch das Dreieck ABD dargestellte Anteil liefert wieder eine nach oben gekehrte Resultierende, die durch den Schwerpunkt des Dreieckes geht, also ein Drittel der Spannweite AB von

B aus auf AB abschneidet. Auch der positive Anteil kann durch eine Resultierende ersetzt werden, die durch den Schwerpunkt der betreffenden Fläche geht und nach abwärts gerichtet ist. Da als Beispiel eine gleichförmige Belastung der Öffnung AB angenommen wurde, geht die Schwerlinie dieses Teiles der Belastungsfläche für die elastische Linie hier durch die Mitte; aber auch in jedem anderen Falle könnte diese Schwerlinie leicht gefunden werden.

Die durch die Punkte A und B gehenden Seilspannungen müssen im Gleichgewichte mit den beiden soeben angeführten Lasten stehen. Dabei ist zu beachten, daß die Richtungslinien beider Lasten bekannt sind, während man nur von der senkrecht nach abwärts gerichteten Last, die durch den Schwerpunkt des positiven Anteiles der Momentenfläche geht, von vornherein die Größe kennt. Auch die Größe der nach oben gehenden Last zwischen B und C ist vorläufig unbekannt.

Dies hindert jedoch nicht, zu den der Lage nach bekannten Lasten I, II, III das Seileck 1, 2, 3, 4 in Abb. 198 sofort auszuführen. Man ziehe

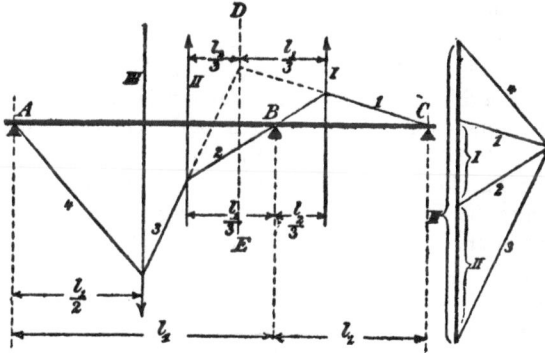

Abb. 198.   Abb. 199.

von C aus den Seilstrahl 1 in beliebiger Richtung. Diese Linie kann als die Tangente an die in entsprechender Verzerrung aufgetragene Seilkurve im Punkte C aufgefaßt werden. Der Seilstrahl 2, der die Tangente an dieselbe Seilkurve im Punkte B darstellt, schneidet sich mit 1 auf der gegebenen Richtungslinie I und folgt hieraus sofort. Um die Seilspannung 2 ferner mit der Last II zusammenzusetzen, beachten wir, daß sich 1 und 3 jedenfalls auf der Resultierenden der dazwischenliegenden Lasten I und II schneiden müssen. Wenn uns nun auch diese beiden Lasten der Größe nach vorläufig nicht bekannt sind, so kennen wir doch ihr Verhältnis. Denn I stellt das senkrecht nach oben gehende Gewicht des Dreieckes BCD in Abb. 197 und II das von ABD dar, und die beiden Dreiecksflächen verhalten sich zueinander wie ihre Grundlinien AB und BC oder wie die beiden in Abb. 198 mit l_1 und l_2 bezeichneten Spannweiten. Die Resultierende der beiden parallelen und gleich gerichteten Kräfte I und II liegt zwischen beiden und teilt den Abstand zwischen ihnen im umgekehrten Verhältnisse zu den Größen beider Kräfte. Tragen wir daher $\frac{I_1}{3}$ von I aus nach links oder $\frac{I_2}{3}$ von II aus nach rechts hin ab, so erhalten wir die Richtungslinie DE der Resultierenden aus I und II. Wir brauchen jetzt nur 1 bis zum Schnittpunkte mit DE zu verlängern, um den durch diesen Punkt gehenden Seilstrahl 3 zu erhalten. Der Seilstrahl 4 endlich schneidet sich mit 3 auf der Richtungslinie von III und geht durch den Punkt A.

Von den vier Seilstrahlen des soeben konstruierten Seileckes haben nur 1, 2 und 4 eine unmittelbare Beziehung zur elastischen Linie des Balkens, indem sie deren Tangenten in den Punkten C, B, A unter der Voraussetzung einer entsprechend gewählten Verzerrung darstellen. Der Seilstrahl 3 ist nur als Hilfsmittel dazwischengeschoben und hat mit der elastischen Linie unmittelbar nichts zu tun.

Nachdem das Seileck gefunden ist, können wir nachträglich auch den ihm zugehörigen Kräfteplan in Abb. 199 zeichnen. Hierbei ist zu beachten, daß III auch der Größe nach gegeben ist, indem es den von vornherein bekannten positiven Anteil der Momentenfläche in Abb. 197 darstellt. Die Strecken I und II, die man durch Ziehen der Parallelen zu den Seilstrahlen in Abb. 198 erhält, geben die Inhalte der Dreiecke BCD und ABD in Abb. 197 im gleichen Maßstabe an. Man braucht hierbei nur auf das Verhältnis der Strecken II und III im Kräfteplane, der in ganz willkürlichem Maßstabe gezeichnet sein kann, zu achten. Da der positive Anteil der Momentenfläche in Abb. 197 und das Dreieck ABD zur gleichen Grundlinie AB gehören, liefert das aus Abb. 199 entnommene Verhältnis $II:III$ unmittelbar das Verhältnis der durchschnittlichen Höhen beider Flächen. Trägt die Öffnung AB des durchlaufenden Trägers eine gleichförmig verteilte Last, so ist der positive Anteil der Momentenfläche ein Parabelsegment, dessen durchschnittliche Höhe $\frac{2}{3}$ der größten Höhe ausmacht. Bezeichnen wir daher die Pfeilhöhe dieser Parabel mit f, so ist die Höhe BD des Dreieckes ABD gleich $\frac{4}{3} f \cdot \frac{II}{III}$. Nachdem BD auf diese Weise ermittelt ist, kann Abb. 197 sofort im richtigen Maßstabe aufgetragen werden.

Hat der Träger in beiden Spannweiten gegebene Lasten aufzunehmen, so ermittelt man zuerst die Momentenfläche unter der Voraussetzung, daß nur eine Spannweite belastet, die andere unbelastet sei, wiederholt dann das Verfahren für den Fall, daß die zweite Öffnung belastet und die erste unbelastet ist, und addiert beide Momentenflächen zueinander. Die dem gegebenen

Belastungsfalle entsprechende Momentenfläche setzt sich daher
aus zwei positiven Anteilen zusammen, von denen zu jeder
Spannweite einer gehört und die ebenso groß und ebenso gestaltet sind, als wenn diese Spannweite durch einen einfachen
Träger überdeckt wäre, der die zugehörigen Lasten aufzunehmen
hätte, sowie aus einem negativen Anteile, der wiederum ein
Dreieck ADC wie in Abb. 197 bildet, dessen Höhe BD jedoch
gleich der Summe der Höhen ist, die zur Belastung der linken
und der rechten Öffnung für sich genommen gehören.

Für einen über drei oder noch mehr Öffnungen
durchlaufenden Träger läßt sich dasselbe Verfahren ohne
wesentliche Änderung gleichfalls durchführen, solange nur eine
der beiden Endöffnungen belastet ist. Es ist daher nicht nötig,
hierfür ein besonderes Beispiel vorzuführen. Dagegen muß noch
ein Hilfsverfahren dazutreten, wenn eine der Mittelöffnungen belastet ist. In Abb. 200 ist ein über drei Öffnungen durchgehen-
der Träger gezeichnet, dessen Mittelöffnung BC eine gleichförmig verteilte Belastung aufnehmen soll, während die beiden
Endöffnungen als unbelastet vorausgesetzt werden. An Stelle
der gleichförmig verteilten kann übrigens auch eine irgendwie
anders angeordnete Belastung der Mittelöffnung treten, ohne
daß sich darum die Betrachtung zu ändern brauchte.

Man denke sich die beiden Stützen A und D entfernt und
die Auflagerkräfte durch passend gewählte Lasten ersetzt, die so
zu bestimmen sind, daß die Punkte A und D keine Bewegung
in vertikaler Richtung ausführen. Wenn diese Kräfte von vornherein bekannt wären, könnte man die Momentenfläche mit Hilfe
eines Seileckes sofort erhalten. Jedenfalls kennt man aber aus
dieser Überlegung bereits die allgemeine Gestalt der Momentenfläche. Die Lasten an den Enden A und D des auf B und C
gestützten Trägers bringen nämlich überall negative Momente
hervor, die durch das Viereck $AEFD$ in Abb. 201 dargestellt
werden. Dazu kommen die positiven, durch das Parabelsegment
über BC dargestellten Momente, die durch die gegebenen Lasten
in der Öffnung BC unmittelbar hervorgerufen werden. Beide
Momentenflächen überschneiden sich, und die Unterschiede zwi-

schen ihnen, die durch Schraffierung hervorgehoben sind, geben
wie im früheren Falle die im ganzen auftretenden Biegungsmomente an. Um Abb. 201 richtig auftragen zu können, bleiben
nur die Höhen *BE* und *FC*, d. h. die Momente über den Mittel-
stützen zu ermitteln.

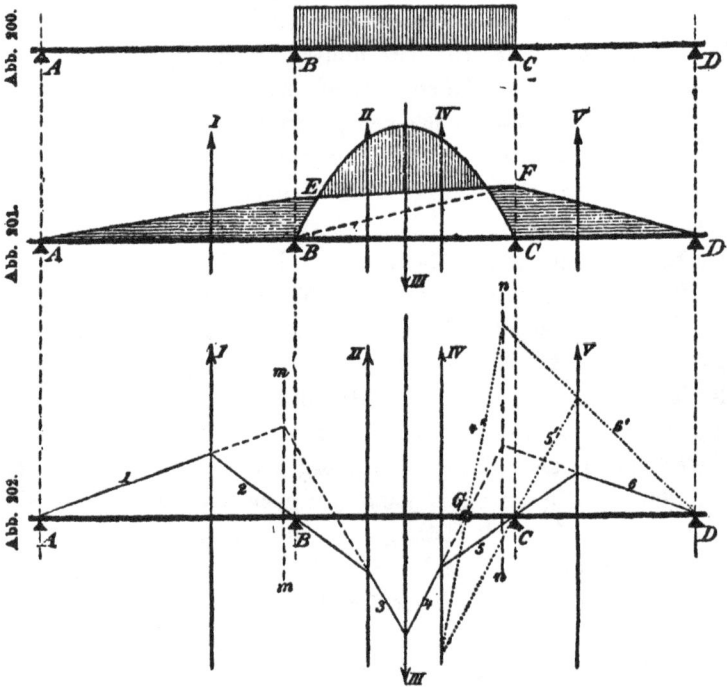

Abb. 200 bis 202.

Dies geschieht wieder auf Grund der Erwägung, daß die elastische Linie, die ein Seileck zur Momentenfläche als Belastungsfläche
bildet, durch die vorgeschriebenen Punkte *A*, *B*, *C*, *D* gehen muß.
Wir achten nur auf die durch diese Punkte gehenden Seilspannungen
der in beliebiger Verzerrung gezeichneten Seilkurve, von denen wir
wissen, daß sie mit den zwischen ihnen liegenden Lasten, die wir in
geeigneter Weise zusammenfassen, im Gleichgewichte stehen müssen.
Diese Lasten für das „zweite“ Seileck sind in Abb. 201 eingetragen.
In den beiden Endöffnungen kommt nur je eine Last in Frage, die
durch den Schwerpunkt des zugehörigen Belastungsdreieckes geht.
In der Mittelöffnung geht *III* durch den Schwerpunkt des Parabelsegmentes; diese Last ist von allen allein ihrer Größe nach sofort

bekannt, da sie durch die Fläche des Parabelsegmentes dargestellt
wird. Das Trapez $BEFC$ vom negativen Anteile der Momentenfläche zerlegen wir durch die Diagonale BF in zwei Dreiecke und
führen die nach oben gekehrten Lasten dieser Dreiecke gesondert ein.
Wir erreichen dadurch, daß auch die Richtungslinien II und IV, die
durch die Schwerpunkte der Dreiecke gehen, sofort angegeben werden können, wenn man auch die Inhalte der Dreiecke noch nicht
kennt. Ebenso muß man übrigens auch verfahren, wenn eine End-
öffnung belastet ist.

Wir tragen jetzt die hiermit ermittelten Richtungslinien der Lasten
von I bis V in Abb. 202, die nichts mehr enthält, was noch als unbekannt anzusehen wäre, von neuem ein. Zugleich ziehen wir die
Linie mm als Richtungslinie der Resultierenden von I und II, die
ebenso wie im früheren Falle gefunden wird, da sich auch jetzt die
Lasten I und II oder die Dreiecksflächen AEB und BEF in Abb. 201
wie die Spannweiten AB und BC zueinander verhalten müssen.
Ebenso kann die Linie nn als Richtungslinie der Resultierenden aus
IV und V gefunden werden, indem man den Abstand zwischen IV
und V im umgekehrten Verhältnisse der Spannweiten BC und CD
teilt, d. h. indem man den Abstand von C bis V von IV aus nach
rechts hin aufträgt.

Wir zeichnen ferner das durch die vorgeschriebenen Punkte A,
B, C, D gehende Seileck zu diesen Lasten, indem wir die Seilspannung 1 in beliebiger Richtung — entsprechend der beliebig zu wäh-
lenden Verzerrung der elastischen Linie — eintragen. Auf 1 folgen
2 und 3 sofort, da sich 1 und 3 auf mm schneiden müssen, während
2 durch B gehen muß. Die Fortsetzung 4, 5, 6 macht indessen zunächst einige Schwierigkeit, da man vorerst nicht wissen kann, in
welcher Richtung 4 weiterzuführen ist.

Man bedenke jedoch, daß die Richtungslinien von 4, 5, 6 ein
Dreieck miteinander bilden müssen, das sechs vorgeschriebene Bedingungen zu erfüllen hat, wodurch es ausreichend gekennzeichnet
wird. Die Seiten müssen nämlich durch drei vorgeschriebene Punkte
gehen (4 durch den Schnittpunkt von 3 mit III, 5 durch C und 6
durch D), und die Ecken müssen auf drei gegebenen Geraden liegen,
die parallel zueinander sind, nämlich auf den Geraden IV, nn und V.

Wir zeichnen zuerst irgendein Dreieck, das nur fünf der aufge-
zählten Bedingungen erfüllt. Zu diesem Zwecke ziehen wir die Linie
$6'$ in beliebiger Richtung durch D und reihen daran in leicht er-
sichtlicher Weise die Seiten $4'$ und $5'$. Das Dreieck $4'5'6'$ erfüllt
nur die eine Bedingung nicht, daß $4'$ durch den Endpunkt von 3
gehen sollte. Denkt man sich das Dreieck $4'5'6'$ veränderlich, so daß

es stets dieselben fünf Bedingungen erfüllt, so muß sich die Seite $4'$ ebenfalls um einen festen Punkt drehen. Dieser Punkt G muß auf der Balkenachse liegen, da eines der Dreiecke $4'5'6'$ mit allen Punkten und Seiten auf die Balkenachse fällt. Punkt G ist daher als Schnittpunkt von $4'$ mit der Balkenachse bekannt.

Auch das gesuchte Dreieck $4\,5\,6$ bildet eines der Dreiecke $4'5'6'$, und wir wissen jetzt, daß 4 durch den Punkt G zu ziehen ist. Nachdem dies geschehen ist, macht auch die Fortsetzung 5, 6 keine Schwierigkeiten mehr.

Von den Seileckseiten 1 bis 6 sind 1, 2, 5, 6 Tangenten an die in entsprechender Verzerrung aufgetragene elastische Linie in den Auflagerpunkten, während die dazwischen eingeschobenen Seiten 3 und 4 in keiner unmittelbaren Beziehung zur elastischen Linie stehen.

Nachdem das Seileck gefunden ist, kann man dazu wie im früheren Falle nachträglich den Kräfteplan zeichnen. Da die Last III ihrer Größe nach bekannt ist, folgen daraus auch die Größen der übrigen Lasten. — Hiermit findet man die Inhalte der Dreiecksflächen I, II, IV, V in Abb. 201, so daß dem richtigen Auftragen von Abb. 201 kein Hindernis mehr im Wege steht. — Auch für den Fall, daß mehrere Öffnungen belastet sind, kann man so verfahren, wie es schon vorher bei dem einfacheren Falle des über zwei Öffnungen durchlaufenden Trägers auseinandergesetzt worden ist.

§ 67. Gleichung von Clapeyron.

Wenn jede Öffnung des durchlaufenden Trägers nur eine gleichförmig verteilte Belastung trägt, die aber bei den einzelnen Öffnungen verschieden groß sein darf (und bei einigen daher auch gleich Null sein kann), erhält man die Biegungsmomente über den Stützen, die man zum Auftragen der Momentenfläche nötig hat, auch sehr einfach durch Rechnung, mit Hilfe der von Clapeyron aufgestellten „Gleichung der drei Momente"

Die Zahl der Öffnungen kann jetzt beliebig groß sein. Wir denken uns zwei aufeinanderfolgende Öffnungen, die wir als die n^{te} und die $(n+1)^{te}$ bezeichnen, herausgegriffen. Die positiven Anteile der Momentenflächen bestehen wieder aus Parabelabschnitten, die negativen aus Trapezen. Abb. 203 gibt den zu den beiden Öffnungen gehörigen Teil der Momentenfläche an. Die Pfeilhöhen der Parabeln sind mit B_n und B_{n+1} bezeichnet. Trägt die n^{te} Öffnung eine Belastung q_n für die Längeneinheit, so hat man für das Biegungsmoment B_n, das in der Mitte dieser Öffnung entstehen würde, wenn diese durch einen einfachen Träger überdeckt wäre,

$$B_n = \frac{q_n l_n^2}{8} \quad \text{und ebenso} \quad B_{n+1} = \frac{q_{n+1} l_{n+1}^2}{8}. \tag{86}$$

Die Momente M_n, M_{n+1} und M_{n+2} über den drei Stützen sind dagegen vorläufig unbekannt.

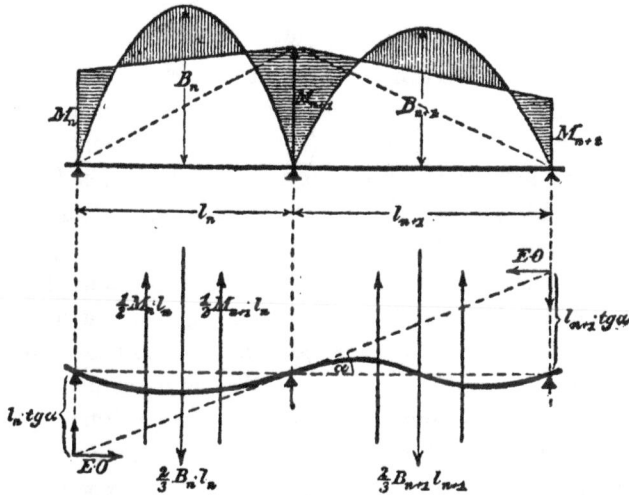

Abb. 203.

Im unteren Teile von Abb. 203 ist der zu den beiden Öffnungen gehörige Abschnitt der elastischen Linie des Balkens gezeichnet. Wir wissen, daß die elastische Linie als ein Seileck aufgefaßt werden kann, dessen Belastungsfläche durch die Momentenfläche gebildet wird. Wie schon früher, ersetzen wir die zu jeder Öffnung gehörigen Lasten durch drei Resultierende von bekannter Lage. In der n^{ten} Öffnung erhalten wir die durch die Mitte der Spannweite nach abwärts gehende Belastung $\frac{2}{3} B_n l_n$, indem der Inhalt der Parabel gleich Zweidrittel von dem Produkte aus Grundlinie und Höhe ist. Freilich ist B_n nicht eigentlich selbst die Höhe der Parabel, sondern das Biegungsmoment, das aus der Ordinate der Momentenfläche durch Multiplikation mit dem Horizontalzuge H_I des ersten Seileckes gefunden wird.

26*

Wir können uns aber alle Lasten mit demselben Faktor H_{I} multipliziert denken, falls wir dann nur auch den Horizontalzug H_{II} des zweiten Seilecks, der nach Gl. (27) S. 93

$$H_{\mathrm{II}} = \frac{E\Theta}{H_{\mathrm{I}}}$$

ist, mit H_{I} multiplizieren, ihn also gleich $E\Theta$ setzen. — Das Trapez mit den Seiten M_n und M_{n+1} zerlegen wir in zwei Dreiecke, deren Lasten mit $\frac{1}{2} M_n l_n$ und $\frac{1}{2} M_{n+1} l_n$ anzusetzen sind. Beide gehen nach oben hin und teilen die Spannweite l_n in drei gleiche Teile. Ebenso verfahren wir in der zweiten Öffnung.

Die durch die n^{te} und die $(n+1)^{\text{te}}$ Stütze gehenden Seilspannungen müssen mit den drei zuvor aufgeführten Lasten im Gleichgewichte stehen. Wir schreiben dafür eine Momentengleichung in bezug auf den n^{ten} Stützpunkt als Momentenpunkt an. Die durch diesen Stützpunkt gehende Seilspannung fällt aus der Momentengleichung fort. Der Winkel, den die durch den $(n+1)^{\text{ten}}$ Stützpunkt gehende Seilspannung mit der Horizontalen bildet, sei mit α bezeichnet. Wir verlegen den Angriffspunkt dieser Seilspannung auf die durch die n^{te} Stütze gehende Auflagervertikale und zerlegen sie dort in eine vertikale und eine horizontale Komponente. Die vertikale Komponente geht durch den Momentenpunkt und tritt daher nicht in die Momentengleichung ein. Die horizontale Komponente ist der vorher schon zu $E\Theta$ festgestellte Horizontalzug des zweiten Seileckes. Dessen Moment ist gleich $-E\Theta l_n \operatorname{tg} \alpha$. Die Momente der drei Lasten lassen sich ebenfalls sofort anschreiben, und im ganzen erhält man daher

$$- E\Theta l_n \operatorname{tg}\alpha - \frac{1}{2} M_n l_n \cdot \frac{l_n}{3} + \frac{2}{3} B_n l_n \cdot \frac{l_n}{2} - \frac{1}{2} M_{n+1} l_n \cdot \frac{2 l_n}{3} = 0.$$

Eine Momentengleichung von derselben Form schreiben wir ferner auch für die $(n+1)^{\text{te}}$ Öffnung, und zwar in bezug auf den $(n+2)^{\text{ten}}$ Stützpunkt als Momentenpunkt an. Auch hier wird wieder die durch den $(n+1)^{\text{ten}}$ Stützpunkt gehende Seilspannung zum Schnitte mit der durch den Momentenpunkt gehenden Vertikalen gebracht und dort in zwei Komponenten zerlegt, von denen nur die Horizontalkomponente $E\Theta$ in die Momentengleichung eintritt. Die Gleichung lautet

$$- E\Theta l_{n+1} \operatorname{tg} \alpha + \frac{1}{2} M_{n+2} l_{n+1} \cdot \frac{l_{n+1}}{3} - \frac{2}{3} B_{n+1} l_{n+1} \cdot \frac{l_{n+1}}{2}$$
$$+ \frac{1}{2} M_{n+1} l_{n+1} \cdot \frac{2 l_{n+1}}{3} = 0.$$

Wir wollen beide Gleichungen, nachdem die in ihnen vorkommenden Faktoren l_n bzw. l_{n+1} weggehoben sind und mit 6 multipliziert ist, noch einmal untereinander schreiben. Sie lauten dann

$$\left.\begin{aligned} - 6 E\Theta \operatorname{tg} \alpha - M_n l_n + 2 B_n l_n - 2 M_{n+1} l_n &= 0, \\ - 6 E\Theta \operatorname{tg} \alpha + M_{n+2} l_{n+1} - 2 B_{n+1} l_{n+1} + 2 M_{n+1} l_{n+1} &= 0. \end{aligned}\right\} \quad (87)$$

Subtrahiert man sie voneinander, so heben sich die mit dem unbekannten Winkel α behafteten Glieder gegeneinander fort, und nachdem man die Glieder passend geordnet hat, erhält man die **Clapeyronsche Gleichung**

$$M_n l_n + 2 M_{n+1}(l_n + l_{n+1}) + M_{n+2} l_{n+1} = 2 (B_n l_n + B_{n+1} l_{n+1}). \quad (88)$$

Zwischen je drei aufeinanderfolgenden Stützenmomenten M_n, M_{n+1} und M_{n+2} besteht eine Gleichung von dieser Form, in der alle übrigen Größen bekannt sind, da man für die B die dafür vorher schon aufgestellten Werte einsetzen kann. Schreibt man alle diese Gleichungen für je zwei aufeinanderfolgende Öffnungen an, so erhält man ebenso viele Gleichungen als unbekannte Stützenmomente. Diese lassen sich daher durch Auflösen der Gleichungen ermitteln, womit die gestellte Aufgabe gelöst ist.

Bei einem Träger, der über nur zwei Öffnungen durchgeht, sind z. B. die Momente M_n und M_{n+2} an den Enden gleich Null zu setzen, und die Gleichung der drei Momente enthält nur noch das unbekannte Moment M_{n+1} über der Mittelstütze, das daraus sofort gefunden werden kann. Bei einem Träger über drei Öffnungen sind nur die Momente über der zweiten und der dritten Stütze unbekannt, und die Gleichung kann zweimal angeschrieben werden, einmal für die erste und zweite und das nächste Mal für die zweite und dritte Öffnung. Bezeichnet man allgemein die Zahl der Öffnungen mit m, so ist die Zahl der unbekannten Stützenmomente gleich $(m-1)$, und ebenso viele Gleichungen lassen sich auch nach der Clapeyronschen Formel ansetzen.

Hierbei ist vorausgesetzt, daß die Enden frei aufliegen. Sollten diese eingespannt sein, so sind die zugehörigen Stützenmomente freilich nicht gleich Null zu setzen, und man hat zwei Unbekannte mehr, als Gleichungen vorhanden sind. Dafür kann man aber in diesem Falle auch noch zwei neue Gleichungen angeben. Man nehme z. B. an, daß die $(n + 1)^{te}$ Öffnung in Abb. 203 die letzte und der Träger über der Endstütze $(n + 2)$ eingespannt sei. Dann muß auch die zugehörige Endtangente der elastischen Linie horizontal gerichtet sein. Schreibt man daher nun noch eine Momentengleichung für den $(n + 1)^{ten}$ Stützpunkt an, so hebt sich das Moment der letzten Seilspannung fort, und man erhält unter dieser Voraussetzung

$$-\frac{1}{2} M_{n+1} l_{n+1} \cdot \frac{l_{n+1}}{3} + \frac{2}{3} B_{n+1} l_{n+1} \cdot \frac{l_{n+1}}{2} - \frac{1}{2} M_{n+2} l_{n+1} \cdot \frac{2 l_{n+1}}{3} = 0,$$

oder nach Wegheben der gemeinsamen Faktoren usf.

$$M_{n+1} + 2 M_{n+2} = 2 B_{n+1}, \tag{89}$$

und eine Gleichung von derselben Form gilt auch für die erste Öffnung, wenn der Träger auch über der ersten Stütze eingespannt ist, nämlich

$$M_2 + 2 M_1 = 2 B_1.$$

Die Clapeyronschen Gleichungen reichen daher in Verbindung mit diesen beiden auch bei eingespannten Enden aus, um alle unbekannten Stützenmomente zu berechnen.

Aufgaben.

51. Aufgabe. Für ein symmetrisch gestaltetes und symmetrisch belastetes Gewölbe soll eine Drucklinie eingezeichnet werden, die durch die Mitten von Scheitel- und Kämpferfuge geht.

Lösung. Die Hälfte des Gewölbequerschnittes ist in Abb. 204 a gezeichnet; AB sei die Belastungslinie und BC die Symmetrieachse. Man ziehe durch den Anfangspunkt F der inneren Wölblinie einen lotrechten Fugenschnitt DE und teile die zwischen DE und BC liegende Belastungsfläche in eine Anzahl lotrechter Streifen von gleicher Breite. In der Abbildung sind sechs Belastungsstreifen gewählt, eine Zahl, die schon ausreicht, um die einzelnen Streifen näherungsweise als unendlich schmal betrachten zu können, und die andererseits auch noch nicht so groß ist, daß dadurch die Ausführung der Zeichnung erschwert würde. Die einzelnen Streifen können genau genug als Trapeze betrachtet werden, deren Schwerpunkte aufgesucht und durch kleine Kreise hervorgehoben wurden. Die durch diese Schwerpunkte gehenden Lasten 1, 2 usf. sind wegen der gleichen Breite der Streifen den mittleren Höhen proportional. Im Kräfteplane,

Abb. 204b, wurden die Lasten durch $^1/_6$ der mittleren Streifenhöhe dargestellt. Hierauf wählt man einen Pol O beliebig und vereinigt die gegebenen Lasten durch das im unteren Teile von Abb. 204a gezeichnete Seileck SS. Durch den Schnittpunkt der äußersten Seilstrahlen geht die Schwerlinie a der ganzen Belastungsfläche. Außerdem ermittelt man auch noch die Schnittpunkte der übrigen Seilstrahlen mit dem horizontalen Anfangsstrahle und zieht durch sie die Lotrechten b, c, d, e. Man kann diese Linien als Schwerlinien jener Teile der Belastungsfläche ansehen, die vom Scheitel bis zum fünften, vierten, dritten oder zweiten Belastungsstreifen reichen.

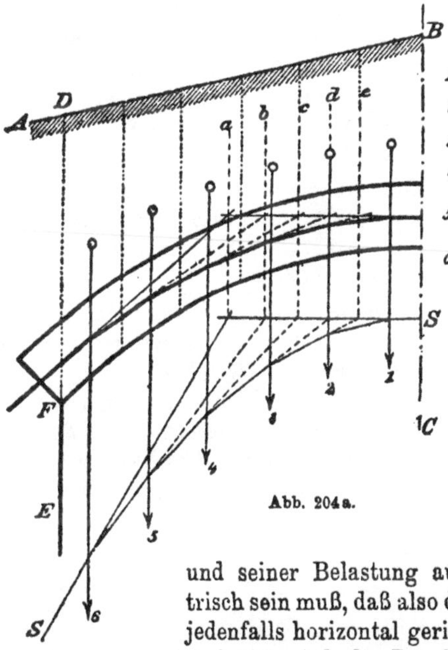

Abb. 204b.

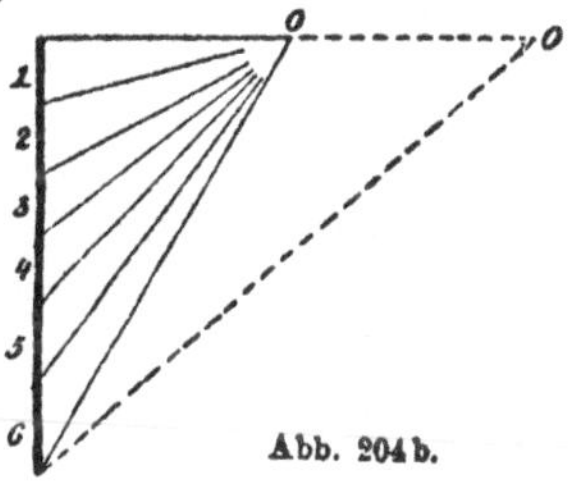

Abb. 204a.

Nach diesen Vorbereitungen kann man leicht jede gewünschte Drucklinie in den Gewölbequerschnitt eintragen. Zunächst beachte man, daß wegen der vollständigen Symmetrie des Gewölbes und seiner Belastung auch die Drucklinie symmetrisch sein muß, daß also der Druck in der Scheitelfuge jedenfalls horizontal gerichtet ist. Da in der Aufgabe verlangt wird, die Drucklinie durch die Mitten von Scheitel- und Kämpferfugen zu führen, ziehen wir eine Horizontale durch die Mitte der Scheitelfuge, suchen deren Schnitt mit der Schwerlinie a auf und verbinden den Schnittpunkt mit der Mitte der Kämpferfuge. Die Verbindungslinie gibt die Richtungslinie des Kämpferdruckes an, da sich diese Kraft mit dem Drucke in der Scheitelfuge und dem Gewichte der Gewölbehälfte im Gleichgewichte halten und daher mit ihnen in demselben Punkte treffen muß. Zieht man zu dieser Linie eine Parallele im Kräfteplane durch den Endpunkt der Last 6, so erhält man den Pol O' des neuen, zur gesuchten Drucklinie gehörigen Kräfteplanes.

Anstatt aber die Drucklinie durch Ziehen von Parallelen zu den Polstrahlen im Kräfteplane zu bilden, ist es bequemer, darauf zu achten, daß sich jeder andere Seilstrahl der Drucklinie mit dem horizontalen Seilstrahle auf einer der Linien a, b, c, d, e schneiden muß. Dies folgt sowohl aus dem in § 11 bewiesenen Satze über die zu denselben Lasten, aber zu verschiedenen Polen im Kräfteplane gehörigen Seilecke, als auch daraus, daß jene Linien als Schwerlinien der zwischen der Scheitelfuge und den übrigen Fugenschnitten gelegenen Teile der Belastungsfläche angesehen werden können.

Um nachträglich aus dem Kräfteplane auf die Größe des Fugendruckes und die dadurch hervorgebrachte Kantenpressung zu schließen, beachte man, daß jede Strecke im Kräfteplane zunächst einen Flächeninhalt angibt, nämlich ein Rechteck, dessen Grundlinie gleich der Breite jedes Belastungsstreifens und dessen Höhe gleich dem Sechsfachen der betreffenden Strecke ist. Dieser Fläche entspricht ein Mauervolumen und diesem ein Gewicht.

52. Aufgabe. Nach welchem Gesetze muß die innere Wölblinie gestaltet sein, wenn die Belastungsfläche nach oben durch eine horizontale Gerade begrenzt wird und eine Stützlinie möglich sein soll, die mit der inneren Wölblinie zusammenfällt?

Lösung. In bezug auf ein durch den Bogenanfang in horizontaler und vertikaler Richtung gelegtes Koordinatensystem seien die Koordinaten eines Punktes der gesuchten Wölblinie x und y, die Höhe der Belastungslinie über dem Koordinatenursprunge a, die Spannweite l und die als gegeben zu betrachtende Pfeilhöhe des Bogens f. Die Höhe der Belastungsfläche bei der Abszisse x ist dann gleich $a - y$ zu setzen, und die Differentialgleichung der Wölblinie lautet, da sie mit einer Stützlinie zusammenfallen soll,

$$H \frac{d^2 y}{d x^2} = y - a.$$

Die allgemeine Lösung dieser Differentialgleichung ist

$$y = a + A e^{\frac{x}{\sqrt{H}}} + B e^{-\frac{x}{\sqrt{H}}}.$$

Die Integrationskonstanten A und B folgen aus den Grenzbedingungen, nach denen $y = 0$ für $x = 0$ und $y = f$ für $x = \frac{l}{2}$ werden muß. Dazu kommt zur Bestimmung des gleichfalls unbekannten Horizontalschubes H die Bedingung, daß im Scheitel, also für $x = \frac{l}{2}$, der Differentialquotient von y zu Null werden muß. Die drei Gleichungen lassen sich nach den Unbekannten A, B und H

ohne Schwierigkeit auflösen, und durch Einsetzen der gefundenen Werte erhält man für y

$$y = a - \frac{a-f}{2}\left\{ \left(\frac{a + \sqrt{2af - f^2}}{a-f}\right)^{\frac{2x-l}{l}} + \left(\frac{a + \sqrt{2af - f^2}}{a-f}\right)^{\frac{l-2x}{l}} \right\},$$

womit die Aufgabe gelöst ist.

53. Aufgabe. Auf einen Pfeiler stützen sich von beiden Seiten her Gewölbe in ungleicher Höhe (Abb. 205); man soll die Standsicherheit des Pfeilers untersuchen.

Lösung. Der rechts angreifende Bogen ist halbkreisförmig. In einem solchen Falle ist der untere Teil des Bogens nicht mehr zum Gewölbe, sondern schon als Bestandteil des Widerlagers zu rechnen. Jedenfalls muß nämlich der Pfeiler den vom Gewölbe kommenden Horizontalschub aufnehmen. Dies kann aber nicht oder wenigstens nicht ausschließlich durch die horizontale Kämpferfuge geschehen, sondern die unteren Teile des Gewölberückens, die vom Pfeilermauerwerke gegen eine horizontale Verschiebung gestützt sind, müssen sich daran wesentlich mit beteiligen. Die bei der Behandlung der Gewölbe vorangestellte Annahme, daß auf den Wölbrücken nur Lasten in lotrechter Richtung einwirkten, ist demnach im unteren Teile des halbkreisförmigen Bogens sicher nicht mehr erfüllt, d. h. dieser Teil ist bei der Untersuchung des Gewölbes nach den dafür früher gegebenen Lehren ganz auszuschließen und dafür als Bestandteil des Widerlagers zu behandeln.

Nun fragt sich freilich, wie weit man diesen unteren Teil rechnen soll. In der Abbildung ist der Fugenschnitt xx gezogen und angenommen, daß der rechts davon liegende Teil als Gewölbe, der links davon liegende als Widerlager anzusehen sei. Man könnte aber xx ganz gut auch etwas mehr nach links oder mehr nach rechts rücken. Im allgemeinen empfiehlt es sich in solchen zweifelhaften Fällen, die beiden äußersten Lagen, die man schätzungsweise noch für annehmbar halten kann, in Aussicht zu nehmen und die Betrachtung für die beiden Grenzfälle gesondert durchzuführen. Dabei muß nicht gerade verlangt werden, daß das Gleichgewicht auch für beide Grenzfälle noch hinreichend gesichert sei; man weiß vielmehr umgekehrt, daß Gewölbeeinstürze nur dann zu erfolgen pflegen, wenn überhaupt auf keine Art mehr Gleichgewicht zustande kommen kann. Immerhin wird man sich nicht damit beruhigen, nachgewiesen zu haben, daß das Gewölbe gerade noch an der Grenze des Gleichgewichts steht, sondern man wird noch einen gewissen Spielraum für die Gleichgewichtszustände verlangen, die keinen Einsturz befürchten lassen. Hierüber wird man sich am besten dadurch einen Überblick ver-

schaffen, daß man die äußersten Fälle in Betracht zieht. In Abb. 205
ist indessen nur für eine mittlere Lage des Schnittes xx die Ermittlung durchgeführt; für andere Annahmen von xx wäre sie in derselben Weise zu wiederholen.

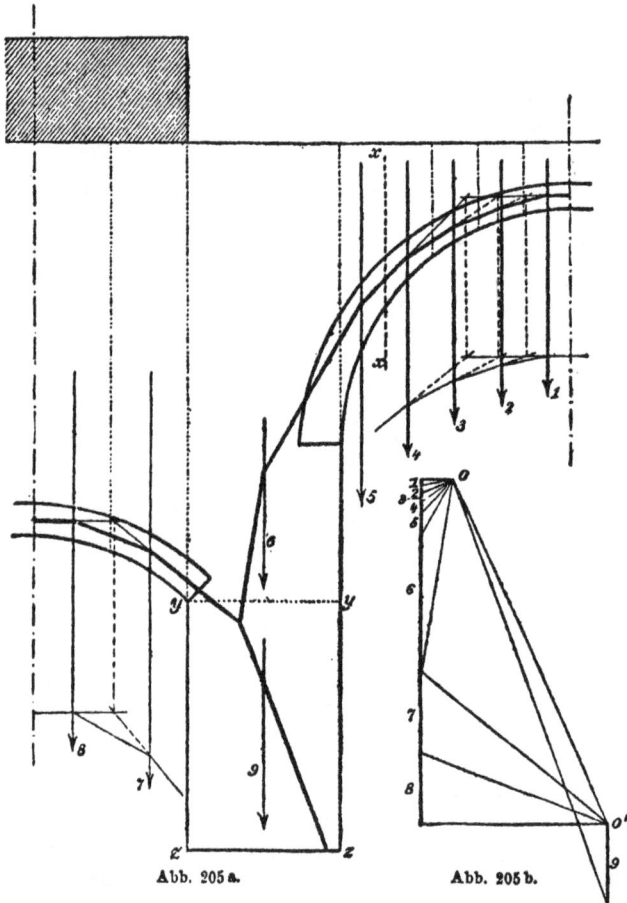

Abb. 205 a.　　　　　　Abb. 205 b.

Für den rechts von xx liegenden Teil des Bogens zeichnet man
nun eine Stützlinie, die durch die Mitten der Scheitelfuge und der
Fuge xx geht. Dies wird genau so durchgeführt wie in Aufgabe 51
und bedarf hier keiner weiteren Besprechung. Den zum Schnitte xx
gehörigen Fugendruck setzt man dann mit dem Gewichte des links
von xx gehörigen Abschnittes 5, und die daraus hervorgehende Re-

sultierende weiterhin mit dem Pfeilergewichte 6 zusammen, das bis zum Kämpfer des unteren Bogens, also bis zu dem mit yy bezeichneten horizontalen Fugenschnitte gerechnet ist.

Hierauf zeichnet man auch die zum unteren Bogen gehörige Drucklinie, die durch die Mitten von Scheitel- und Kämpferfuge gelegt wird. Im Kräfteplane Abb. 205 b kann O' als der zu dieser Drucklinie gehörende Pol angesehen werden. Die für die erste Zusammensetzung der Lasten dienenden Seilecke wurden übrigens mit Hilfe von Kräfteplänen gezeichnet, die in die Abbildung nicht mit aufgenommen sind. — Vereinigt man die vom oberen Bogen und dem Pfeilergewichte 6 herstammende Kraft mit dem Kämpferdrucke des unteren Bogens, so erhält man den im Kräfteplane durch die Strecke OO' dargestellten resultierenden Fugendruck für den Fugenschnitt yy. Dieser ist dann ferner noch mit dem zwischen yy und zz liegenden Pfeilergewichte 9 vereinigt, womit der Druck auf den Pfeilerfuß gefunden wird. — Wenn man will, kann man zwischen yy und zz auch noch einige andere horizontale Fugenschnitte einschalten und die zugehörigen resultierenden Fugendrücke in derselben Weise ermitteln. Man erhält dann den Verlauf der Stützlinie im Pfeiler noch etwas genauer. Die Berechnung der Kantenpressung in der Fuge zz kann nach den früher gegebenen Anleitungen nun auch noch leicht ausgeführt werden.

In Abb. 205 ist angenommen, daß die Belastungslinie der bleibenden Last nach oben durch eine horizontale Gerade begrenzt sei, daß aber auch eine über dem linken Bogen stehende verhältnismäßig große bewegliche Last hinzukomme, die ebenfalls in einer Übermauerungshöhe ausgedrückt ist. Diese könnte ebensogut auch über dem rechten Bogen stehen, und die Untersuchung wäre für diesen Belastungsfall zu wiederholen. Dabei zeigt sich indessen, daß der hier betrachtete Fall der gefährlichere für den Bestand des Pfeilers ist.

Schließlich bemerke ich noch, daß außer den durch die Mitten von Scheitel- und Kämpferfugen gezogenen Stützlinien natürlich auch noch andere möglich sind, und darunter solche, die dem Bestande des Pfeilers günstiger sind als jene. Es ist daher selbst dann, wenn für keine Lage der vorher eingeschätzten Linie xx Gleichgewicht des Pfeilers ohne Überschreitung der zulässigen Kantenpressung möglich ist, immer noch keineswegs zu erwarten, daß der Pfeiler nun auch wirklich einstürzen müsse. Zu erwarten ist weit eher, daß nach geringen Bewegungen des Pfeilers ein anderer Gleichgewichtszustand in den Wölbbögen zustande kommt, der für die Beanspruchung des Pfeilers günstiger ist. Erst dann, wenn es auch durch solche Veränderungen in den Lagen der Stützlinien in den Gewölben nicht möglich sein sollte, einen mit der Festigkeit des Baustoffes verträglichen Gleichgewichtszustand herzustellen, wäre ein Einsturz ohne Zweifel zu erwarten.

54. Aufgabe. Ein Träger ist auf beiden Seiten eingespannt und trägt die in Abb. 206 angegebenen Lasten. Man soll die Gestalt der Momentenfläche nach dem in § 66 besprochenen Verfahren ermitteln.

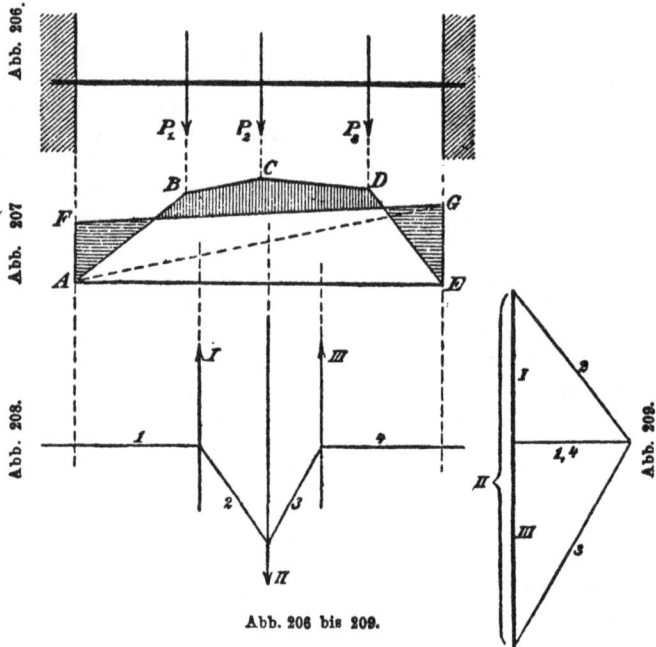

Abb. 206 bis 209.

Lösung. Die Momentenfläche wird jedenfalls aus einem Seilecke $ABCDE$ in Abb. 207 gebildet, das zu den gegebenen Lasten sofort gezeichnet werden kann, dessen Schlußlinie FG aber vorläufig unbekannt ist, da deren Lage von den Auflagerkräften und Einspannmomenten abhängig ist. Die Endtangenten 1 und 4 der elastischen Linie in Abb. 208 müssen beide horizontal sein und auf dieselbe Gerade fallen. Zwischen den Seilspannungen 1 und 4 des zweiten Seilecks liegen die aus der Momentenfläche hervorgehenden Lasten I, II, III. Man ermittelt die Schwerlinie und den Inhalt des positiven Anteils $ABCDE$ der Momentenfläche und kennt damit die Last II nach Lage und Größe. Von der Lastlinie I weiß man, daß sie eine Schwerlinie des Dreieckes AFG bildet und daher um ein Drittel der Spannweite vom linken Auflager entfernt ist. Die zum Dreiecke AGE gehörige Lastlinie ist um ebensoviel vom rechten Auflager entfernt. Man zieht die Seilspannung 2 in Abb. 208 in beliebiger Richtung (entsprechend der willkürlichen Verzerrung der elastischen Linie) und schiebt 3 dazwischen. Hierauf kann der zu dem Seileck gehörige Kräfteplan in Abb. 209 konstruiert werden, indem man die der Größe nach bekannte Last *II* in einem passend gewählten Maßstabe abträgt und Parallelen zu den Seilstrahlen zieht. Dadurch findet man die Größen der Lasten *I* und *III* in demselben Maßstabe, d. h. die Flächen der Dreiecke AFG und AGE in Abb. 207. Hiermit kennt man auch die Höhen AF und GE dieser Dreiecke, d. h. die beiden Einspannmomente des Balkens, und die Verbindungslinie FG liefert die gesuchte Schlußlinie, womit die Aufgabe gelöst ist.

Nachtrag.

§ 20a. Berechnung der Eigenschwingungszahl 1. Grades eines gespannten Seils mit aufgesetzten Lasten.

Die Berechnung der Eigenschwingungszahl eines zwischen zwei festen Punkten gespannten Seils, auf dem mehrere Massen sitzen, ist die gleiche wie die Berechnung der Eigenschwingungszahl einer Drehschwingungsanordnung. Wegen der Überführung von Drehschwingungen auf ebene Schwingungen (z. B. Seilschwingungen), sowie wegen Austausch von Federn gegen Massen und umgekehrt siehe O. Föppl, Ing. Arch. 1940, S. 178.

Die graphische Berechnung der Dreheigenschwingungszahlen ist von Gümbel (Z. d. VDI 1912, S. 1025) erstmalig angewandt worden. Kutzbach hat in der Z. d. V. 1917, S. 917, ein graphisches Verfahren der Berechnung von Eigenschwingungszahlen beliebiger Schwingungsanordnungen mitgeteilt, das er in der Z. d. V. 1918, S. 100, ergänzt und verbessert hat. Mit diesem Verfahren, das in der Praxis oft angewendet wird, kann man insbesondere auch die Schwingungen vom höheren Grad rasch bestimmen. Das Verfahren von Kutzbach ist von Baranow Z. d. V. 1931, S. 184, dadurch ergänzt worden, daß man zuerst die Schwingungen vom höchsten Grad ermittelt und anschließend die niedrigeren Eigenschwingungszahlen daraus ableitet.

Besonders anschaulich und rasch zum Ziele führend ist die
Anwendung des im nachfolgenden mitgeteilten Verfahrens insbesondere dann, wenn nur die Schwingungszahlen ersten und zweiten Grades berechnet werden sollen, wie es vielfach in der Praxis
verlangt wird. Wir gehen aus vom Schwingungsbild eines Seiles
mit n Massen, das in Abb. 51a gegeben ist. Das Seil, das mit
einem gegebenen Horizontalzug H gespannt ist und auf dem die
Massen m_n sitzen, schwingt senkrecht zu seiner Achse mit der
zu berechnenden Schwingungszahl n_1 oder der Schwingungs-
frequenz $\omega = \dfrac{n_1 \pi}{30}$. Wenn durch Abb. 51a die Ausschläge ξ der
Schwingung 1. Grades etwa durch eine photographische Moment-
aufnahme gegeben sind, ist mit der Aufzeichnung des schwingungs-
elastischen Bildes die Eigenschwingungsfrequenz ω festgelegt.
Es ist:
$$\xi_i = \xi_{i_0} \cos \omega t \qquad (30\,\mathrm{a})$$

dabei ist ξ_{i_0} der Größtausschlag der Masse m_i und ω die Winkel-
geschwindigkeit der Schwingung. Es ist vorausgesetzt, daß sich
die Aufnahme Abb. 51a nur auf die Schwingung vom 1. Grad
beziehen soll. Es dürfen also keine Schwingungen vom höheren
Grad zusätzlich auftreten. Die Beschleunigungskraft P_i, die vom
Seil auf die Masse m_i ausgeübt wird, ist:

$$P_i = m_i \frac{d^2 \xi_i}{dt^2} = - m_i \xi_{i_0} \omega^2 \cos \omega t \qquad (30\,\mathrm{b})$$

ΣP_i wird von den lotrechten Auflagerkräften A und B übertragen,
deren Größtwerte A_0 und B_0 sind

$$A + B = \Sigma P_i; \qquad A_0 + B_0 = \omega^2 \Sigma m_i \xi_{i_0}. \qquad (30\,\mathrm{c})$$

Die Kräfte P_i sind von $i = 1$ bis $i = n$ zu nehmen.

Während einer Viertelschwingung leisten die Kräfte P den
Impuls J:

$$J = \int_{\omega t = 0}^{\omega t = T/4} (A_0 + B_0) \cos \omega t \, dt = (A_0 + B_0) \frac{1}{\omega} \qquad (30\,\mathrm{d})$$

Die Bewegungsgröße $L = \Sigma m_i \left(\dfrac{d \xi_i}{dt} \right)_a$ beim Durchgehen durch die

Mittellage a — also zur Zeit $\omega t = \dfrac{\pi}{2}$ — ist:

$$L = \omega \Sigma m_i \xi_{i_0}. \qquad (30\,\mathrm{e})$$

Aus (30 d) und (30 e) folgt, was auch schon aus Gl. (30 c) unmittelbar hervorgeht:

$$\omega^2 = \frac{A_0 + B_0}{\Sigma\, m_i\, \xi_{i_0}}. \qquad (30\,\mathrm{f})$$

In der Abb. 51 a sind alle Werte auf der rechten Seite der Gl. (30 f) bestimmt. Es ist daraus ω berechenbar. Es ist:

$$A_0 + B_0 = H\left(\frac{r}{a} + \frac{r}{b}\right) = H\,\frac{g}{a}. \qquad (30\,\mathrm{g})$$

Aus (30 f) und (30 g) folgt:

$$\omega^2 = \frac{H\,g}{a\,\Sigma\,m_i\,\xi_{i_0}} = \frac{H}{a}\cdot\frac{g}{\xi_{10}}\,\frac{1}{\Sigma\left(m_i\dfrac{\xi_{i_0}}{\xi_{10}}\right)}. \qquad (30\,\mathrm{h})$$

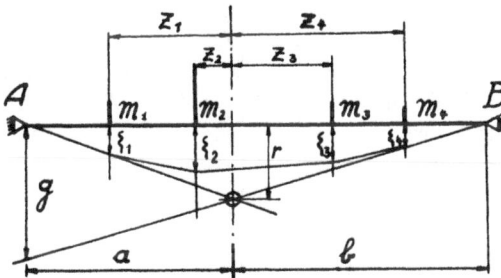

Abb. 51 a.

In dieser Gleichung ist H der Horizontalzug des Seils, der gegeben sein muß. $\dfrac{g}{\xi_{10}}$ und $\dfrac{\xi_{i_0}}{\xi_{10}}$ sind Verhältnisgrößen, die ohne Rücksicht auf den Maßstab aus der Abb. 51 a entnommen werden können. a und m_i müssen unter Berücksichtigung des Maßstabs aus den gemachten Längen- und Massenangaben in Gl. (30 h) eingesetzt werden.

Wenn sich die Abb. 51 a nicht auf ein schwingendes Seil, das an den beiden Enden festgehalten ist, sondern auf eine Drehschwingungen ausführende Welle bezieht, auf der an beiden Enden Schwungmassen sitzen, dann müssen die Drehschwingungsmassen m_i auf Wellenstücke l_i nach

$$l_i = \alpha\, m_i' \qquad (30\,\mathrm{i})$$

und die Wellenstücke l_i' auf Drehschwingungsmassen m_i nach

$$m_i = \frac{l_i'}{\alpha} \qquad (30\,\mathrm{k})$$

umgerechnet werden. Der Umrechnungsbeiwert α fällt, da es nur auf das Produkt der Massen m_i mal der den Federlängen verhältnisgleichen Größe a ankommt, aus Gl. (30h) heraus. Bei den beiden Umrechnungen von Massen in Federn und umgekehrt muß natürlich der gleiche Umrechnungsbeiwert gewählt werden.

Das Schwingungsbild der Abb. 51a wird geschätzt. Um eine Kontrolle zu haben, daß man einigermaßen richtig geschätzt hat, ist zu beachten, daß die äußeren Kräfte $A_0 + B_0$ in der Umkehrlage gleich der Resultierenden aus den Massenkräften $m_i \xi_i \omega^2$ sind. Die resultierende Auflagekraft in lotrechter Richtung geht aber durch den Schnittpunkt O der beiden äußeren Seilstrahlen. In Abb. 51a ist deshalb:

$$\sum m_i \xi_i z_i = 0. \qquad (301)$$

Die Abb. 51a muß also so aufgezeichnet werden, daß Gl. (301) erfüllt ist. Wenn das der Fall ist, kann durch Einsetzen der Werte aus dieser Abbildung in Gl. (30h) sofort ω^2 bestimmt werden. Die Gl. (301) liefert eine Kontrolle dafür, ob das Schwingungsbild in Abb. 51a richtig abgeschätzt worden ist.

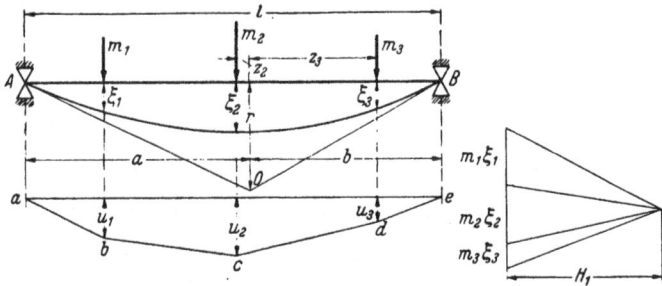

Abb. 51 b.

§ 20b. Berechnung der Biegeschwingungszahl 1. Grades eines Balkens mit aufgesetzten Massen.

Für eine zweifach gelagerte Welle ist in Abb. 51b die geschätzte Biegeschwingungslinie 1. Grades eingetragen, für die die Eigenschwingungszahl berechnet werden soll.

Nach § 19 ist für die Berechnung der elastischen Linie, die unter den bei der Bewegungsumkehr wirkenden Massenkräften zustande kommt, eine Seilbelastung anzunehmen, die gleich der aus der Belastung des Balkens hervorgehenden Momentfläche ist. Die Kräfte, die bei der Schwingung auf die Welle wirken, sind $\xi_i\, m_i\, \omega^2$. Die Größe von ω^2 kennen wir nicht. Da jede Massenkraft ω^2 enthält, lassen wir diese Größe vorläufig weg und tragen im Seileck die Werte $m\xi$ (also die Kräfte geteilt durch ω^2) untereinander auf. Zu einer beliebig gewählten lotrechten Strecke $\dfrac{H_1}{\omega^2}$ erhalten wir die Momentenfläche $a\,b\,c\,d\,e$, die unter die Biegungslinie eingetragen ist. Bei der Auftragung des Seilecks rechts ist ein Maßstab γ zu berücksichtigen, der die Dimension kg sec²/cm hat und der angibt, durch welche Länge eine bestimmte Kraft $\omega^2\, m_i\, \xi_i$ wiedergegeben wird. Der gleiche Maßstab γ gilt auch für den Seilzug H_1. Wenn die Länge von $\dfrac{H_1}{\omega^2}$ in Abb. 51 b s cm beträgt, ist also der Seilzug $H_1 = \gamma\, s\, \omega^2$.

Die Momentenfläche in Abb. 51 b (unten) wird nach § 19 als Belastung für ein neues Seil angesehen, das mit dem Seilzug H_2 gespannt ist. Seil und Balken haben gleiche elastische Linie, wenn zwischen den Werten $E = $ Elastizitätsmodul, $\Theta = $ Trägheitsmoment der Welle, $u = $ Ordinate in Abb. 51 b (unten) und $q = $ Belastung der Seillinie, die an jeder Stelle die gleiche Durchbiegung hat wie der Balken, nach S. 92; die Gleichung besteht:

$$H_2 = \frac{q\,E\,\Theta}{u\,H_1} \qquad\qquad (30\,\mathrm{m})$$

In dieser Gleichung ist q in kg/cm und u in cm einzusetzen.

Wenn die schwingungselastische Linie in Abb. 51 b (oben) richtig geschätzt und die Schwingungsfrequenz ω ebenfalls richtig angenommen ist, dann muß die Seillinie, die man unter Verwendung des Seilzugs H_2 aufzeichnen kann, der Ausgangslinie in Abb. 51 b (oben) genau gleichen. Für die schwingungselastische Linie müssen die beiden Auflagekräfte A und B senkrecht zum Seil, nämlich $H_2\,(r/a)$ bzw. $H_2\,(r/b)$ gleich sein der Summe der Belastungen des Seils, d. h.

$$\int q\,dx = H_2\left(\frac{r}{a} + \frac{r}{b}\right) \qquad\qquad (30\,\mathrm{n})$$

An die elastische Linie sind in den beiden Enden Tangenten gelegt, die sich im Punkte O schneiden. r ist der Abstand zwischen O und der Geraden $A\,B$. Es sind aber nicht nur die beiden resultierenden Kräfte gleich groß, sondern sie müssen auch zusammenfallen, d. h. es muß ähnlich wie bei der Berechnung (30 l) der Eigenschwingungszahl einer Seilschwingungsordnung die Gleichung erfüllt sein

$$\int q\, z\, dx = 0 . \tag{30 o}$$

Dabei ist z der Abstand eines Elementes $q\, dx$ von der Resultierenden R, die durch den Schnittpunkt O der beiden Tangenten gelegt ist; oder mit anderen Worten: Der Schnittpunkt O dieser Tangenten in Abb. 51 b (oben) muß über dem Schwerpunkt der Belastungsfläche $\int q\, dx$, d. h. über dem Schwerpunkt der Momentenfläche $abcde$ liegen, was bei den Annahmen der Abb. 51 b, wie man sieht, nicht ganz zutrifft. Mit Hilfe dieser Angabe kann man die geschätzte elastische Linie in Abb. 51 b (oben) verbessern.

Für die Berechnung der Schwingungsfrequenz muß noch eine Beziehung zwischen u und q unter Berücksichtigung der Gl. (30 m) aufgestellt werden. Man sagt: es wird u gleich q gemacht, wobei aber berücksichtigt werden muß, daß die beiden Größen in verschiedenen Maßstäben gemessen werden, so daß man also zusätzlich angeben muß, welcher Umrechnungsmaßstab zugrunde gelegt werden soll. Man kann etwa sagen: 1 cm in der Länge u soll 1 kg/cm in der laufenden Belastung q bedeuten. Außer der Angabe $q = u$ muß noch die Dimension μ (kg/cm²) beigefügt werden. Unter Berücksichtigung der Gleichsetzung und der Dimensionsangabe geht (30 m) über in

$$H_2 = \frac{E\,\Theta\,\mu}{H_1} = \frac{E\,\Theta\,\mu}{\omega^2\,\gamma\,s} . \tag{30 q}$$

Die Gl. (30 n) und (30 q) liefern den Wert ω^2, für den die neue schwingungselastische Linie gleich der Ausgangslinie in Abb. 51 b (oben) ist, nämlich

$$\omega^2 = \frac{E\,\Theta\,\mu\left(\dfrac{r}{a} + \dfrac{r}{b}\right)}{\gamma\,s\int q\, dx} \doteq \frac{E\,\Theta\,r\,(a+b)}{\gamma\,s\,a\,b\int u\, dx} . \tag{30 r}$$

Der Dimensionsfaktor μ ist herausgefallen, weil q/μ unter dem ersten Integral durch u ersetzt worden ist; d. h. bei Anwendung der Gl. (30 r) ist es gleichgültig, in welchem Maßstab die Größe u in die Größe q übergeführt wird. Die Größe γ ist im cm-kg-sec-System gleich kg sec²/cm.

Auf der rechten Seite von (30r) sind alle Größen bekannt. Das Produkt γs ist bei der Aufzeichnung der Abb. 51 b (seitlich) festgelegt worden. Der Wert $\int u\,dx$ kann aus Abb. 51 b (unten) entnommen werden. Man kann also die Eigenfrequenz ω oder die Eigenschwingungszahl $n_1 = 30\,\pi/\omega$ berechnen, ohne eine neue Seillinie zu konstruieren. Die Annäherungsrechnung ist sehr weitgehend, weil man ja die Ausgangslinie mit Hilfe von (30o) sehr weitgehend verbessern kann.

Die einzige Schwierigkeit, die bei der Anwendung der Gl. (30r) auftritt, besteht darin, daß man den Wert γ in der richtigen Dimension einsetzen muß. Um dieser Schwierigkeit aus dem Wege zu gehen, kann man den Seilzug H_1 in Abb. 51 b (seitlich) gleich der Summe der in vertikaler Richtung aufgetragenen Seilbelastungen machen:

$$H_1 = \omega^2 \, \Sigma \, m_i\,\xi_i \, . \tag{30s}$$

Der Seilzug H_1 ist aber nach den vorausgegangenen Festsetzungen $\omega^2\,\gamma\,s$. Unter Berücksichtigung dieses Wertes kann (30r) in folgender Form geschrieben werden

$$\omega^2 = \frac{E\,\Theta\,r\,(a+b)}{(\Sigma\,m_i\,\xi_i)\,a\,b\int u\,dx} = E\,\Theta\,\frac{r}{\Sigma\,m_i\,\xi_i} \cdot \frac{a+b}{a} \cdot \frac{1}{b\int u\,dx} \, . \tag{30t}$$

(Seilzug H_1 gleich $\omega^2\,\Sigma\,m_i\,\xi_i$).

In Gl. (30t) ist u die Ordinate in Abb. 51 b (unten), die den wahren Längenabmessungen a, b der Welle und den angenommenen Durchbiegungen ξ_i in Abb. 51 b (oben) entspricht. Die Summierung ist von $i = 1$ bis $i = n$ zu erstrecken. Auf den Maßstab für ξ_i kommt es nicht an, weil im gleichen Verhältnis mit ξ_i der Wert r im Zähler anwächst.

In Gl. (30t) müssen die Werte E (kg/cm²), Θ (cm⁴) und $m\,\dfrac{\text{(kg sec}^2)}{\text{cm}}$ in ihren wahren Größen eingesetzt werden. Im letzten Ausdruck der Gl. (30t) ist b eine Länge, während $\int u\,dx$ durch eine Fläche gegeben ist, die verhältnisgleich dem Quadrat der Länge $l = a + b$ ist. Die Ordinate u in Abb. 51 b wächst im Verhältnis mit der Seillänge l, da die Winkel, unter denen die einzelnen Strahlen gezogen werden, bei der Annahme $H_1 = \omega^2\,\Sigma\,m_i\,\xi_i$ unabhängig vom Längenmaßstab der Abbildung sind. Im Aus-

druck $b \int u\,dx$ erscheint deshalb der Längenmaßstab der Abb. 51 b
in der 3. Potenz. Die Größe $b \int u\,dx$ muß man in der gleichen
Längeneinheit ausmessen, die man bei der Angabe der Werte E,
Θ und m zugrunde gelegt hat. Wenn man also die letzten drei
Werte im cm-kg-sec-System festgelegt hat, muß man $b \int u\,dx$
in cm³ aus der Abbildung entnehmen und mit der 3. Potenz
des Längenmaßstabes, in dem l aufgezeichnet worden ist, multiplizieren. Die richtige Berücksichtigung des Maßstabes in Abb. 51 b
erfordert kein zusätzliches Nachdenken.

Sachverzeichnis.

Seite

Achsenrichtung des Nullsystems 131
Aufeinanderfolge der Pfeile im
  Kräfteplane . . . . ι 30
Auflagerbedingungen . . 210, 239
Auflagerkräfte von Balken . . 63
Ausnahmefachwerke als sta-
  tisch unbestimmte Konstruk-
  tionen 334, 340
Ausnahmefälle, Bockgerüst. . 13
—, Zerlegung nach 6 Linien . 143
—, ebenes Fachwerk 175
—, Verbindung von Scheiben 182
—, nach Hennebergs Methode 188
—, sechseckige Grundfigur. . 195
—, kinematische Methode . 202
—, analytische Untersuchung. 204
—, Netzwerkkuppel 259
—, Beispiel unter den Auf-
  gaben 221
Balkenträger 211
Belastungslinie und Belastungsfläche 66, 359

Biegungsmoment 79
—, resultierendes 156, 160
Bildungsweisen des Fachwerkes 180
Bockgerüst 8
—, elastische Formänderung . 352
—, statisch unbestimmt . . . 355
Bogenträger mit drei Gelenken 215
—, statisch unbestimmt . . . 323
—, unbestimmt, Beispiel . . . 348

Seite

Bowsches Verfahren für Kräfte-
  pläne 26
Clapeyronsche Gleichung. . . 390
Cremonasche Kräftepläne . . 21
Culmann, Zerlegen von Kräften
  nach gegebenen Richtungs-
  linien 7, 37
—, Gewölbetheorie 370

Derrick-Kran 54
Determinantenbedingung für
  Fachwerke 209
Differentialgleichung der Seil-
  kurve 67
Drahtseil 105
Dreigelenkbogen. 212, 215
Drucklinie 364
Durchlaufende Träger . . . 382

Einfache Fachwerke. 171
Einflußlinien 217, 323
Einsturzmöglichkeiten bei Ge-
  wölbe 361
Elastische Linie 91, 111
Elastizitätstheorie der Gewölbe 370
Eulerscher Polyedersatz . . . 241

Fachwerkträger 210
Flächeninhalte 99
Flechtwerk 241
Flechtwerkträger 245, 270
Fugenschnitte von Gewölben . 364

Seite

Gedachtes Gelenk 181
Gegendiagonalen 251
Gegenseitigkeit der Verschie-
bungen. 298
Gelenkgewölbe 367
Gerbersche Träger . 84, 110, 213
Gleichwertigkeit von Kraft-
kreuzen 124
Grundfigur 42, 176, 189
Günstigste Drucklinie . . . 370

Hauptnetz. 312
Hennebergsche Methode . 185, 277
Hyperbelfunktionen 75

Imaginäre Gelenke 181, 189,
211, 231, 233

Kantenpressungen in Gewölben 363
Kettenlinie 73, 105
Kinematische Methode (Fach-
werke). 198
Konjugierte Geraden (Null-
system). 131
Koordinaten einer Kraftgruppe 141
Kraftachse eines Stabes . . . 255
Kraftkreuz 113
Kraftkreuztetraeder 136
Kräftepaar 116
Kräfteparallelepiped. 5
Kräfteplan 15
Kragträger 84
Krangerüst (Flechtwerkträger) 270
Kuppelgewölbe 376

Leipziger Kuppel 288
Löhlesche Flechtwerkdächer . 269
Lokomotive, Gewichtsvertei-
lung 103

Maximalmomentenfläche . 78, 109
Maxwellscher Satz. 296

Seite

Maxwell-Mohrsche Methode 293
Mittelbare Belastung 81
Mohr, Trägheitsmomente. . . 86
—, elastische Linie 91
—, statisch unbestimmte Fach-
werke 293
Momentenfläche. 77
Momentenmethode. . 39, 146, 203
Momentenvektor 119
Montierungsspannungen . . . 251
Moseleysche Gewölbetheorie . 368
Müller-Breslau, Kraftzerlegung 10
—, kinematische Methode . 199

Nehls, Trägheitsmomente . . 89
Netzwerkkuppel. 257
Notwendige Stäbe. . . . 167, 235
Nullinie und Nullebene . . . 129
Nullsystem 130

Parabel als Seilkurve 70
Parabelbogen,Näherungsformel 72
Pascalsches Sechseck 197
Pol und Polstrahlen. 60
Polonçeau-Binder 16, 40
Prinzip des kleinsten Wider-
standes. 368
— der virtuellen Geschwindig-
keiten (Fachwerke) 295
Projektionen von Gewölbequer-
schnitten. 367

Reziproke Kräftepläne. . . . 21
Rittersche Methode 39

Scheibe 180
Schlußlinie vom Seilpolygon . 65
Schwedlersche Kuppel . 246, 290
Schwungradwelle 156
Sechseckige Grundfigur . 189, 225
Seileck. 59
— durch drei Punkte 217

	Seite			Seite
Seilkurve	66	Trägheitsmomente		86
Sekundärspannungen	256			
Spannungsbilder	172	Überzählige Stäbe		168
Stabkonstante	294			
Stabvertauschung	170	Verschiebungsplan		300
Starrer Körper als Fachwerk-		— für Ausnahmefachwerke		339
element	238	Versteifte Hängebrücke		214
Statisch bestimmte Fachwerke	171	Vollständige Vierecke		59
Statisch unbestimmte Träger				
(Berechnung)	311	Wärmespannungen	319,	351
Stützlinie	364	Wiegmann-Binder	16,	40
		WilliotscherVerschiebungsplan		300
Telegraphendrähte	70, 104	Windschief liegende Kräfte		133
Temperaturspannungen	319, 351	Winklerscher Satz (Gewölbe)		372
Tisch mit sechs Beinen (Kräfte-				
zerlegung)	149, 162	Zentralachse vom Kräftesystem		139
Tonnenflechtwerk	244, 266	Zerlegung einer Kraft nach ge-		
Tonnengewölbe	358	gebenen Richtungslinien	5,	
Träger mit drei Gelenken	215	37, 62, 142, 162—166		
— mit schiefer Auflagerung	101, 211	Zimmermannsche Kuppel		278